国家哲学社会科学成果文库
NATIONAL ACHIEVEMENTS LIBRARY
OF PHILOSOPHY AND SOCIAL SCIENCES

数据主权论纲：
权利体系与规制进路

冉从敬　著

科学出版社

内 容 简 介

本书主要围绕数据权利体系，梳理数据及其权利内涵，把握全球数据主权发展态势，关切国际数据权利体系演进、数据权利保护模式，并梳理我国数据权利发展现状与建构路径；分别围绕主权视角下数据权利规制的关键场景——数据跨境、关键挑战——数据垄断、关键工具——数据产权，探讨数据主权风险、国际治理进展、我国治理现状，思考主权视角下我国数据权利治理进路与具体方案，并从个人数据、政府数据角度展开主权视角下数据权利治理实证研究。

本书适合于信息管理、数据治理、图书情报及相关领域的理论工作者和实际工作者阅读参考，也可以作为高等学校相关专业硕士研究生和博士研究生的教学参考书。

图书在版编目（CIP）数据

数据主权论纲：权利体系与规制进路 / 冉从敬著 . —北京：科学出版社，2023.5

（国家哲学社会科学成果文库）

ISBN 978-7-03-074972-7

Ⅰ . ①数…　Ⅱ . ①冉…　Ⅲ . ①数据管理－研究－中国　Ⅳ . ① TP274

中国国家版本馆 CIP 数据核字（2023）第 035933 号

责任编辑：徐　倩　陶　璇 / 责任校对：贾娜娜
责任印制：吴兆东 / 封面设计：有道设计

科 学 出 版 社 出版
北京东黄城根北街 16 号
邮政编码：100717
http://www.sciencep.com

北京厚诚则铭印刷科技有限公司印刷
科学出版社发行　各地新华书店经销
*

2023 年 5 月第　一　版　　开本：720×1000 1/16
2024 年 10 月第二次印刷　　印张：31 1/4　插页：2
字数：430 000

定价：**298.00 元**
（如有印装质量问题，我社负责调换）

《国家哲学社会科学成果文库》
出版说明

为充分发挥哲学社会科学优秀成果和优秀人才的示范引领作用，促进我国哲学社会科学繁荣发展，自 2010 年始设立《国家哲学社会科学成果文库》。入选成果经同行专家严格评审，反映新时代中国特色社会主义理论和实践创新，代表当前相关学科领域前沿水平。按照"统一标识、统一风格、统一版式、统一标准"的总体要求组织出版。

全国哲学社会科学工作办公室

2023 年 3 月

前　言

当今世界，随着人类进入数字化时代，大数据、云计算等信息技术广泛应用于经济社会、国防军事等领域。全球化发展不断深化，数据的生产、传播共享以及产业运用在全球范围内蓬勃发展，数据在市场经济和产业布局中也成了基本要素，影响着国家重大决策和经济发展，在某些领域其地位甚至高于原油等刚需原材料资源，也正重塑着国家竞争能力和企业创新能力。早在 2012 年 3 月，美国政府就通过发布《大数据研究和发展倡议》确立了基于大数据的信息网络安全战略；欧盟的科学数据基础设施投资已超过 1 亿欧元，其力推的《数据价值链战略计划》也通过发掘大数据的巨大市场价值和潜力为 320 万人增加了就业机会，同时欧盟在"地平线 2020"科研规划（Horizon 2020）之中纳入了数据信息化基础设施建设内容；此外，联合国还推出了"全球脉动"项目，以期望借助大数据预测部分地区的失业、灾害、疾病传播等灾难，以便据此实施救济和帮助。由此，新的数字化时代下，数据价值凸显并成为国家战略储备资源，深刻影响国家和社会发展。

数据驱动时代，围绕数据资源的争夺与挑战不断加深，数据主权导向下的新国际治理秩序正在形成。全球数字化转型进程加快，数字经济纵深发展，不断提升经济社会的数字化、网络化和智能化水平。数据作为数字经济的关键生产要素，具有重要的经济属性，数据价值日趋凸显。然而，数据产权治理体系的不健全导致数据权属及资源配置不明，难以有效监管数据主体及其行为，无法实现数据市场的良性分配，阻碍了数字经济可持续发展，也造成了数据垄断、大数据杀熟、数据侵权等不良影响，危害着数字生态和社会健康发展。因此，世界各国均加快构建数据产权治理体系，以解决在数据归属、数据确权、数据共享与流动、数据交易、数据监管等环节的关键问题，保障数据经济稳定运行，推动社会健康发展与综合国力的提升。

数据主权是国家主权在大数据时代下的新延伸、新发展，数据主权既根植于历久弥新的传统主权理论，也着眼于万物互联互通与数字经济蓬勃发展的当代社会场景。在第一章"绪论"中，本书从历史维度对数据概念及其权利属性予以界定，把握主权视角下数据的权利体系与特征，并对大数据时代下主权的治理态势与争议焦点进行梳理，从而明晰大数据时代下数据主权兴起的法理与现实基础。在第二章"数据权利体系研究"中，本书对当前国际数据权利体系演化进行研究。选择德国、美国和俄罗斯的数据权利体系进行调研，从个人数据权利体系、企业数据权利体系和国家数据权利体系三个层面对这三个国家的数据权利体系进行分析，梳理其演化过程和权利体系内容。在此基础上，总结德国、美国和俄罗斯数据权利体系演化的核心价值取向和基础理念，总结出沿袭式、修正式和突进式三种数据权利演化模式，对这三种数据权利演化模式的演化阶段和演化特点进行分析梳理，并梳理我国数据权利发展现状与构建路径。第三章"主权视角下数据权利规制关键场景：数据跨境"、第四章"主权视角下数据权利规制关键挑战：数据垄断"、第五章"主权视角下数据权利规制关键工具：数据产权"，分别对"数据跨境"、"数据垄断"和"数据产权"这几类主权视角下的数据权利规制关键场景、关键挑战、关键工具进行解释和分析，并提出相关建议。第六章"主权视角下的数据权利治理实证——以政府数据为例"从政府数据权利的基础理论入手，调研主权视角下我国数据流动产权治理的现状与困境，通过借鉴美国和英国的做法，提出我国政府数据流动产权保护的制度路径。

本书由笔者撰写大纲与要点，并在前期研究成果的基础上撰写初稿，研究生参与部分撰写和资料补充。具体分工为：前言，冉从敬；第一章，冉从敬，黄海瑛；第二章，冉从敬，何梦婷，王冰洁；第三章，冉从敬，何梦婷，王欢；第四章，冉从敬，何梦婷，刘先瑞；第五章，冉从敬，何梦婷，刘妍；第六章，冉从敬，何梦婷，刘妍。全稿由冉从敬、何梦婷统一修改。

本书为笔者主持承担的国家社会科学基金重大项目"总体国家安全观视域下的大数据主权安全保障体系建设研究"（项目编号：21&ZD169）、国家社会科学基金重大项目"健全国家大数据主权的安全体系研究"（项目编号：18VSJ034）、国家工程实验室"面向网络主权战略的政府大数据治理机制研究"的研究成果。本书出版过程中，科学出版社的各位编辑与专家给予了本书大力支持，付出了辛勤劳动，正是有赖于各位专家、编辑、同学的宝贵支持和投入，本书才得以按期面世。由于本人的学识所限，书中一定还存在许多不足之处，恳请各位行业专家与读者朋友批评指正。

冉从敬

2022 年 4 月 25 日

目　录

CONTENTS

第一章

绪　　论

近年来，随着物联网以及移动互联网的发展、高性能云计算的突破及其基础设施的普及，微型计算机（personal computer，PC）、平板电脑、手机等智能终端设备以及遍布全球的传感器，收集和存储了大量的数据。这些数据的飞速生成和聚焦，迫使人们迈入大数据时代。大数据的应用已全面融入全球 IT（internet technology，互联网技术）、零售、交通、教育、医疗等各个行业，深刻改变着全球经济利益以及安全格局。

第一节　数据及其权利内涵

一、数据的内涵与基本属性

（一）数据的定义

数据并非伴随大数据而生，而是自古有之。远至人类结绳记事，利用图形记录事件，再至人们的口口相传，文字的产生，诗歌的传颂，文字的世代传递，无一不是数据的流通与传递。它既有形也无形，与人类社会的发展密切相关。所以，数据究竟是什么？数据是对客观世界的观察，是关于社会、经济、自然现象的数量指标的统计资料[1]。虽然数据的诞生远远早于信

---

[1] 刘树成. 现代经济词典[M]. 南京：凤凰出版社，江苏人民出版社，2005：950.

息技术和大数据技术，但数据这一概念逐渐为人们所关注，则与大数据时代、网络技术密切相关。网络的普及更是加快了数据的流通与传递。大数据技术增强了人们处理海量数据的能力，曾经没有价值的海量的无序数据，在数据挖掘、数据清洗、数据分析等数据技术支持下，迸发出无限生机和极高的经济价值。大数据技术在得到人们关注的同时，其不当应用也引发了诸多数据安全问题，由此，大数据应用及其保护愈来愈受关注。

在日常生活中，数据与信息这两个概念经常混用。从学理上讲，数据、信息和知识的关系呈金字塔状，逐级提升。信息是对数据加工处理后的结果，知识则是得到验证的、能够正确反映客观世界的信息。同时，数据、信息与隐私也存在一定的区分。隐私应是存在一定私密性的、与公众利益无关的个人信息，是信息的一部分。而从目前各国立法现状上讲，个人数据、个人信息和个人隐私等根据各国习惯不同常常混用。中国、日本、韩国、俄罗斯等国家主要使用"个人信息"（personal information）的表述，如《中华人民共和国个人信息保护法》（以下简称《个人信息保护法》）中的规定；欧盟国家大多使用"个人数据"（personal data）的表述，如欧盟《通用数据保护条例》（General Data Protection Regulation，GDPR）第 4 条对个人数据范围的界定；美国及受其影响较大的国家（地区）多使用"个人隐私"（personal privacy）来表述，如美国《儿童在线权益保护法案》《消费者权益保护法案》中的规定；而澳大利亚使用"个人资料"（personal file）的表述。这四种表述虽在字面上有差别，但具体意义相近，因而本书将使用"个人数据"的概念，在对非使用"个人数据"表述的国家的数据权利体系进行分析时，将使用这一国家所使用的表述。

（二）数据的类型

数据根据分类标准的不同，可以划分为不同的类型。按照数据性质，可以分为定性数据和定量数据；根据数据的领域，可以分为工业数据、农业数据、商业数据、学术数据等多种类型；根据数据经过处理的步骤，可以分为原始数据和衍生数据，原始数据即未经处理、没有经过任何加工的数据，衍生数据为加工后的数据；根据数据主体，可以分为个人数据、企业数据、国家数据。笔者在对数据权利体系进行探究时，主要选择了根据数据主体进行分类的方式，原因有二：一是数据来源庞杂数量庞大，随着技术的发展，数据的类型和领域愈发多样，无论是数据性质、数据领域还是数据处理步骤的分类方式，都缺乏稳定性，数据可能会随技术的发展而发生变化。而数据的主体则较为稳定，受数据相关技术影响较小，将数据主体作为数据分类方式，能够对较长一段时期内的数据权利体系进行探究。二是权利是需要法律的保障才能生效的，因此对数据权利体系的研究是建立在法律及相关案例的基础上的。目前国内外对数据权利的法律保障主要是运用主体与领域相结合的方式，例如个人信息保护法、商业秘密保护法等。因此，笔者采用主体分类标准，将数据分为个人数据、企业数据和国家数据，之后在对法律及相关案例进行调研的基础上，通过分析个人数据权利体系、企业数据权利体系和国家数据权利体系的演化进程，总结其共性和特性，从而对数据权利体系进行研究。具体而言，个人数据、企业数据和国家数据的范畴如下。

个人数据，是指与自然人相关的所有数据。欧盟《通用数据保护条例》中将个人数据（personal data）定义为"与已识别或者可识别的自然人相关的任何数据"，其中"可识别的自然人"指的是"通过姓名、身份证号、定位数据、网络标识符号以及特定的身体、心理、基因、精神状态、经济、文化、社会身份等识别符能够被直接或间接识别到身份的自然人"。其中，个人数据通常包括自然人的姓名、出生日期、身份证号、住址、电话号码、交易信息、健康生理信息等。个人数据按照敏感程度可以分为敏感型数据和一般型数据。我国 2018 年 5 月开始实施的《信息安全技术 个人信息安全规范》中将"个人敏感信息"定义为"一旦泄露、非法提供或滥用可能危害人身和财产安全，极易导致个人名誉、身心健康受到损害或歧视性待遇等的个人信息"①。与之无关的则为一般型数据。法律会对敏感型数据加以特殊的保护。

企业数据，通俗而言是企业拥有的、可支配的数据。企业数据可分为两类，第一类是企业自身基本情况数据，包括企业人才数据、经营数据、知识产权、发展战略等。对于这一类的数据，企业通常通过建设数据库和数据平台的形式进行管理。这部分数据，企业拥有绝对的所有权。第二类是企业经用户授权收集到的用户个人数据，包括原始数据和衍生数据。对于这一类数据，企业通常采用三种方式收集：①用户个人上传。例如用户在 App（application，应用程序）注册账户时填写的身份信息。②企业收集。企业采用直接或间接的形式收集用户信息，例如淘宝对用户交易信息的收集，导航软件通过收集定位信息进行实时定位等。③企业间数据流动或数据共享。例如通过数据交易中心进行数据流动，或是建设数据平台进行数据共享。需要注意的是，个人数据、企业数据和国家数据在大多数情况下是相互独立的，而企业收集到的个人数据就是个人数据与企业数据的交叉情况。这一部分数据，企业经由用户同意后，有处理加工数据的权利，也有利用技术措施保障数据安全的义务。

国家数据，即国家机关所拥有的数据。《现代汉语词典》（第 7 版）将国家机关定义为"行使国家权力、管理国家事务的机关。包括国家权力机关、国家行政机关、审判机关、检察机关和军队等"。我国将国家数据范畴划定为四类，按照机密性依次为：①涉及国家安全和公共安全的数据，例如军事机密、国防数据、反恐数据、外交数据等。此类数据与国家利益息息相关，一旦泄露，会对国计民生造成极大的影响。②国家机关所掌握的与民生和经

---

① 信息安全技术　个人信息安全规范[EB/OL]．（2017-12-29）[2022-12-28]. https://www.tc260. org.cn/upload/2018-01-24/1516799764389090333.pdf.

济相关的数据及统计数据，包括税务数据、经济增长数据、就业统计数据等。这一部分与民生和经济发展密切相关，通常会由国家机关统计后进行公布。③国家机关所公布的政策法规数据，包括行政法规、国民经济发展规划、财政预算决算信息、突发公共事件的应急预案等。这一部分主要是国家机关所制定的规划章程，包括政治、法律、经济、民生、教育等多个方面，由国家机关进行公示。④国家机关自身拥有的数据，包括人员数据、财务数据等。这一部分通常由国家机关进行内部管理，部分进行公示。

（三）数据的权利属性

对数据的序化治理依赖完备的数据法规，而数据的权利属性是制定数据化资源确权、开放、流通、交易的相关制度，完善数据产权保护制度，构建数据主权治理战略的基石。数据具有民法上客体的特征，表现为：①存在于人体之外，数据是对事实、活动的数字化记录，呈现为非物质性的比特构成；②具有确定性，数据必须依赖一定的载体为存在条件，其内容是确定的、稳定的，其载体所承载的数据的内容和数量都可以独占和控制，如欧盟的数据可携权等相关法律均规定数据主体对其自身相关的数据拥有控制性的权利；③具有独立性，数据本身的呈现形式是比特，所承载的内容是事实和活动，数据能够独立存在，能够与其所表现的形式媒介在观念和制度上进行分离，并具有独立的利益指向；④具有民法以"无形物"作为权利客体的特征，数据所依托的物理介质和承载的内容都具有无形性的表征，数据是以其所含内容来界定权利义务关系的，具有类似知识产权所具有的信息垄断性的内在特征①。概而言之，数据存在于人体之外，具有确定性、独立性，具有民法上客体的特性，同时其客体的自然属性及其特殊性决定了数据难以依靠

---

① 李爱君. 数据权利属性与法律特征[J]. 东方法学，2018，（03）：64-74.

现有权利制度予以全面规制，必须建立新的保护制度与治理规范。对于数据的权利属性在学界已有广泛讨论，一般认为数据兼具人格权、财产权和国家主权属性。

其一，数据具有人格权属性。人格权是以权利者的人格利益为客体的民事权利[①]，指以人的价值、尊严为内容的权利（一般人格权），并个别化于特别人格法益（特别人格权），例如生命权、身体、健康、名誉、自由、信用、隐私[②]。数据，特别是个人数据，明确地涵盖了自然人如姓名、身份证号、家庭住址、信用状况、运动轨迹、爱好等全方面的个人特征，可以指向和识别具体自然人，具有明确的人格权属性。

其二，数据具有财产权属性。客体作为法律上的财产需要具备三个积极要件：有用性、稀缺性和可控制性。当前，数据的商品化、战略资源化已经从实践上证明数据的使用价值和其作为资源的稀缺性，数字经济的快速发展进一步彰显数据作为财产、资源的属性。同时，数据可被记录、加密、存储，并依托于具体的载体和数据控制者，使其可被控制和支配，数据的可控制性得到彰显，由此可见，数据符合法律上财产的要件，具有法律上的财产属性。

其三，数据具有国家主权属性。数据被广泛地运用于科技、教育、医疗、军事等领域之中，现代国家主权的争端不仅仅停留在传统分类下的领土、领陆、领空等，更多地向数字空间扩展，以"棱镜门"为代表的国际事件正式表明，在信息时代，数据已与国家安全、社会发展相互交叉竞合，"数据主权"保卫能力决定了一个国家在未来的位置[③]。在实践中，主权国家有权运用国家权力对数据施以控制和管辖已成共识：俄罗斯联邦法律规

---

① 谢怀栻. 论民事权利体系[J]. 法学研究，1996，（02）：67-76.
② 王泽鉴. 民法概要. 第2版[M]. 北京：北京大学出版社，2011：38.
③ 任彦. 捍卫"数据主权"[N]. 人民日报，2015-01-14（21）.

定外国资本不能控股境内重要的数据企业与网站；巴西采取最强有力的措施来规范跨境数据流通，认为除非有充分理由允许将数据传输到国外，否则要求在本地处理数据，而且跨境数据传输的许可证最多可授予三年；德国规定除非有特殊法律依据，否则不允许个体跨境访问位于其他司法管辖区的服务器[①]；我国早在 2010 年的《中国互联网状况》白皮书中就已明确将位于我国领土界线内的互联网划归我国的主权管辖范围[②]，其后在 2015 年颁布的《中华人民共和国国家安全法》（以下简称《国家安全法》）、2016 年颁布的《中华人民共和国网络安全法》（以下简称《网络安全法》）以及 2021 年颁布的《中华人民共和国数据安全法》（以下简称《数据安全法》）中进一步对国家在网络空间中的主权进行了明确。由此可见，数据主权在各国战略蓝图与治理方案中兴起并开始发展，数据资源由此带有明确的国家主权性质。

二、数据权利的内涵与类别

大数据的快速发展，对世界各国是机遇也是挑战。在互联网快速发展、大数据和云计算应用愈发频繁的今天，数据犯罪层出不穷，个人数据泄露、数据滥用、网络诈骗等严重影响着数据安全。2019 年的《中国网民权益保护调查报告》显示，七成以上网民曾遭遇过个人信息被泄露的情况。除了个人数据安全受到侵犯，企业和国家数据安全也面临着挑战和危机。就目前的立法现状而言，一直被划入商业秘密范畴进行保护的企业数据，缺乏系统性保护。在面对侵权行为时，只能借助商业秘密保护法、民

---

① Osula A M. Transborder access and territorial sovereignty[J]. Computer Law & Security Review, 2015, (6): 719-735.

②《中国互联网状况》白皮书[EB/OL].（2010-06-08）[2021-02-16]. 国务院新闻办公室网站, http://www.scio.gov.cn/tt/Document/1011194/1011194.htm.

法、刑法等的保护。Facebook 的数据泄露事故①说明现有的商业秘密保护对企业数据而言尚不完全适用。同时，随着数据资源战略地位的提升，国际对数据主权愈发重视，数据主权的战略地位越来越高。各国陆续推出数据主权相关政策，力争在保护数据安全的同时，在数据主权竞争中占据优势地位。美国于"9·11"恐怖袭击后推出的《美国爱国者法案》（USA PATRIOT Act）是对美国政府搜集和分析全球个人数据的权力的确认。这一法案受到欧洲国家的广泛反对，时任德国总理默克尔表示，欧洲的数据应该归属于欧洲，互联网公司需要在欧洲相关政府部门的许可下，与美国情报部门分享数据。基于此，多个国家和地区纷纷出台数据保护法规，建设数据保护法律体系。

2011 年，法国网络与信息安全局（Agence Nationale de la Sécurité des Systèmes d'Information，ANSSI）颁布了《信息系统防御和安全战略》（Information systems defence and security strategy），这是法国历史上第一份国家信息安全战略报告。2014 年，日本国会众议院表决通过《网络安全基本法》。同年，俄罗斯议会通过了《信息、信息技术和信息保护法》（Russia's Federal Information，Information Technology and Information Protection Law）的修正案及相关互联网通信规范《俄罗斯联邦个人数据法》（Russian Federation Personal Data Act），规定俄罗斯公民个人数据必须留存于俄罗斯境内。2018 年 5 月 25 日，欧盟 GDPR 正式生效，与同期的数据保护法律相比，GDPR 的保护最为严格，其扩大了管辖范围并且制定了严格的惩处措施。在这样的国际形势下，我国也开始积极部署数据保护法律体系。2012 年人大常委会颁布《全国人民代表大会常务委员会关于加强网络信息保护的决定》（以下简称《关于加强网络信息保护的决定》），以人大常委会决议的形式保

---

① 人民网.脸书回应逾 5 亿用户信息遭泄露：系黑客于 2019 年抓取[EB/OL].（2021-04-08）[2023-03-20].http://usa.people.com.cn/ n1/2021/0408/c241376-32072604.html.

护个人信息。2016 年颁布《网络安全法》(2017 年 6 月 1 日实施),对网络安全、个人信息保护和数据跨境流通等内容进行规范。

(一)数据权利的定义

权利一词有着悠久的历史。1949 年,英国社会学家马歇尔所发表的作品《公民身份与社会阶级》中提出了社会权的概念,他认为社会权是"从某种程度的经济福利与安全到充分享有社会遗产并依据社会通行标准享受文明生活等一系列权利"。《牛津法律大辞典》将权利定义为:"由特定的法律制度规定的赋予某人的好处或利益。"①权利作为一个法学概念,与义务相对,是法律赋予权利主体作为或不作为的许可、认定及保障。此外,与权利经常混淆的,还有"权益"这一概念。权益一词包含多重含义,一方面指的是公民受法律保护的权利与利益,例如《中华人民共和国消费者权益保护法》(以下简称《消费者权益保护法》)中的权益概念,另一方面在会计学上指资产。而与本书的权利相关的,是权益的第一重含义,即公民受法律保护的权利与利益。权利与利益存在一定的区别,权利是一个法律概念,而权益是权利与利益的结合体。例如知识产权中的专利权,这是一种人身权利,而专利权的财产权益就是专利所有者通过行使专利权获得利益,这种获利就是权益。

数据权利的诞生则远远晚于数据和权利,它是伴随信息技术的产生而出现的。20 世纪六七十年代,随着计算机和自动化科技的发展,隐私又发展出新的内容——个人数据。个人数据是隐私信息化的产物。经由数字化处理的个人数据,以互联网为载体,快速传递。相较于传统的个人隐私,个人数据更容易受到外界的侵害,且侵害后果更为严重。1970 年,德国黑森州

---

① Walker D M. 牛津法律大辞典[M]. 李双元,等译.北京:法律出版社,2003:969.

颁布了世界上第一部专门针对个人数据保护的法律，随后欧洲各国纷纷出台自己的数据保护法，数据权利的概念逐渐诞生。但在当时，数据权利也仅限于个人数据权利。企业数据权利在相当长的一段时间内，都和商业秘密、反不正当竞争密切相连。而国家数据通常和国防安全、国家机密保护密切相关。21 世纪以后，随着大数据快速发展、数据的经济价值日益凸显、国际网络空间争夺愈演愈烈，企业数据权利和国家数据权利概念被相继提出。所以，什么是数据权利？顾名思义，就是法律赋予权利主体数据不受侵犯的权利。根据权利主体的不同，数据权利的内涵有所区别。

（二）数据权利的类别

前文根据数据主体的不同，将数据分为了个人数据、企业数据和国家数据。而对于数据权利的划分，也沿用数据的划分标准，即根据权利主体的不同，分为个人数据权利、企业数据权利和国家数据权利。下面将对这三种数据权利进行概述，对其范围进行界定。

个人数据权利，顾名思义，个人拥有的对个人数据的控制权利，具体包括删除权、访问权、可携权、遗忘权、拒绝权、更正权等。对于个人数据权利的定位，目前仍存在一定的争议。部分学者认为应将其划为财产权的范畴，将个人数据作为资产进行保护。而目前大多国家和国际组织是从人权的角度来保护个人数据权利的。在这方面，作为欧洲个人数据保护立法源流的《与自动处理个人数据相关的个人保护的欧洲委员会公约》（Convention for the Protection of Individuals with regard to Automatic Processing of Personal Data，以下简称《108 公约》）既定位于保护个人尊严和保护基本人权和基本自由，还强调必须与其他人权和基本自由相协调。而美国惯用的隐私权的概念，其内涵也远大于我们通常理解的具体人格权意义的隐私权，美国法律上的隐私权实质承载着保障私生活领域内的个人尊严、人格自由的使命。而笔者认为，对于个人数据权利应为财产权还是人格权的界定，不仅仅要看当前立法的实践情况，也要看对于权利主体更重要的是哪个方面。而对于目前的个人用户，保护个人数据的主要目的是避免个人数据被非法泄露、被滥用，其经济层面的意义较少，因此在本书中，主要从人格权的角度对个人数据权利进行分析。除此之外，对个人数据权利和隐私权的关系也存在争议。从学术上讲，个人数据权利和隐私权是不同时代的产物。隐私权相较于个人数据权利，更倾向于对敏感数据的保护。然而在各国立法实践中，个人数据权利和隐私权只是表述不同，实际意义不存在太大区别，下文进行的个人数据权利分析，实际是对各国的个人数据权利和隐私权进行的分析。笔者使用个人数据权利的表述，但是在分析使用隐私权表述的国家时，沿用该国家的表述。

企业数据权利，则是企业对企业数据所拥有的控制权。企业数据权利可以分为两个部分，一部分是企业对自身数据的控制权，例如对企业经营数据的保护。另一部分是企业对用户数据的使用权，例如数据收集、数据使用、数据流动等。对于这一部分权利，企业会受到较多的限制，例如在进行数据收集时应征得用户同意，需要采用技术措施保护用户数据等。需要注意的是，当企业对用户数据进行匿名化处理和深加工后，用户数据已转化为企业自身的知识产权成果，这也被纳入企业自身数据的控制权中进行讨论。在对企业数据权利进行分析时，笔者将对这两部分内容进行分析。

国家数据权利，即国家对其所拥有的数据的控制权。在前文，对国家数据按照机密性分为了四类。但实际上，国家数据权利可以笼统分为对内数据权利和对外数据权利。对内主要是信息公开和信息安全。对外则涉及跨境数据流通、数据主权等范畴。需要注意的是，个人数据和企业数据的跨境流通，在本书中被纳入国家数据权利进行讨论。虽然其数据主体不是国家，但是在跨境流通的范畴下，所流通的数据皆代表国家利益，因而被纳入国家数据权利。个人和企业数据权利主要探讨其在国内的数据使用及流通。

三、数据权利体系的厘定

体系是指由一群有关联的个体组成，根据某种规则运作，能完成个别元件不能单独完成的工作的群体。可以发现，其中有三个关键：有关联、多个个体、根据某种规则运作。而将数据权利作为体系进行探究，主要是考虑其系统性，将其作为一个整体，探究其运作规则以及具体内容。事实上，无论是数据权利体系还是权利体系，目前都没有成型的概念或规范。因而，本书基于研究目的和对权利以及体系的定义，将数据权利体系定义为与数据权利相关的个体组成的系统。而数据权利体系也有大有小，只要其具有完整性和系统性，大至一个国家或一个地区的数据权利，小至某一项数据权利，都可以称为数据权利体系。笔者主要采用从整体到局部的研究理念，从宏观的角度，探究数据权利体系的发展历史和权利基础，分析数据权利体系最基本的核心点。从微观的角度，探究数据权利体系的具体内容。包括权利分布、权利的限制、救济机制等。

在此，要对个人数据权利体系和企业数据权利体系进行说明的是，这两个数据权利体系存在一部分关联性。企业数据权利受到个人数据权利的限制，相当于在企业数据权利下，个人数据权利在某种程度上是对企业数据权利行使的限制。为了保障数据权利体系的完整性和系统性，突出其重点特征，笔者将这一部分纳入对企业数据权利体系的限制中，例如企业应采取一定的技术和组织措施保护数据安全，对数据主体的合法请求应予以回应等。个人数据权利体系更侧重于数据主体的权利分布与限制。除此之外，本书在对各国或地区数据权利体系进行描述时，主要采用该国或地区法律使用的概念进行分析，例如欧盟使用数据主体，美国使用用户或消费者，我国使用信息主体等。

数据权利及其体系已引发学界广泛关注与讨论。对国际数据权利体系的研究，国内主要聚焦于数据权利概念界定、某一数据权利的分析、某一国家或地区的数据权利保护分析或对比以及对我国的建议。

（一）数据权利概念研究

在数据权利的属性界定上，学界存在两种不同的观点。一类是强调数据权利的人格权属性，将其作为隐私权进行严格保护[①]。另一类则是强调数据权利的财产权属性，强调其对经济的巨大推动力[②]。而在数据权体系建设上，学界也存在争议。肖冬梅和文禹衡对数据权谱系的建设进行研究，将数据权分为数据主权和数据权利，数据人格权和数据财产权组成数据权利，而数据主权包括数据管理权和数据控制权[③]。吕廷君则认为不应该将数据权简单划分为数据主权和数据权利，他认为数据权体系是一个由国家数据主权、政府数据权、社会组织数据权和公民数据权等多种权利、权力构成的复合型体系[④]。李勇坚则从另一个角度对这一问题进行探究，他将数据划分为原始数据、信息和隐私三个层次，相应建立起以"防止损害权"为核心的权利体系[⑤]。而齐爱民和盘佳指出数据主权原则、数据保护原则、数据自由原则和数据安全原则是大数据保护应遵循的原则，应基于以上原则建设数据权

---

① 维克托·迈尔·舍恩伯格，肯尼思·库克耶. 大数据时代：生活、工作与思维的大变革[M]. 周涛，等译.杭州：浙江人民出版社，2013：17.
② 科斯. 财产权利与制度变迁[M]. 上海：上海三联书店，1994.
③ 肖冬梅，文禹衡. 数据权谱系论纲[J]. 湘潭大学学报（哲学社会科学版），2015，39（06）：69-75.
④ 吕廷君. 数据权体系及其法治意义[J]. 党政干部参考，2017，（22）：35-36.
⑤ 李勇坚. 个人数据权利体系的理论建构[J]. 中国社会科学院研究生院学报，2019，26（05）：95-104.

法律制度①。

（二）数据权利法律研究

在国际数据权利保护的相关法律制度研究上，欧盟和美国的法律是学者研究的核心聚焦点。2018 年 5 月 25 日，欧盟的 GDPR 正式生效。自 2012 年该法案发布草案以来，它就成了个人数据保护领域的焦点。学者们对其内容、与 1995 年欧盟颁布的《95/46/EC 法令》（Directive95/46/EC，又称为《个人数据保护指令》，以下简称《指令》）的对比、重要意义以及会对国际格局和跨国企业发展造成的影响进行深入分析。何治乐和黄道丽将 GDPR 的出台背景概括为法律规则统一的必要性、减轻执法负担的必要性及技术和贸易的全球化发展需要②。杨一泽在对 GDPR 进行条款解析的基础上，从理论的角度分析 GDPR 对数据控制者、数据管理者和数据参加者的法律适用性③。而彭星则通过对 GDPR 的分析，提出我国征信监管应建立系统的信息保护法律体系、设计具体的信息保护条款、明确信息保护监管机构以及构建完善的数据跨境移动规则④。苗振林以 GDPR 为依据，分析数据可携权的立法背景、内容以及对我国的启示与借鉴⑤。除了 GDPR，美国的《澄清域外合法使用数据法案》（Clarifying Lawful Overseas Use of Data Act，CLOUD Act，以下简称《CLOUD 法案》）也颇受关注，该法案于 2018 年 3 月正式生效，主要是对域外数据的管辖权进行界定。许可指出

---

① 齐爱民，盘佳. 数据权、数据主权的确立与大数据保护的基本原则[J]. 苏州大学学报（哲学社会科学版），2015，（01）：64-70.
② 何治乐，黄道丽. 欧盟《一般数据保护条例》的出台背景及影响[J]. 信息安全与通信保密，2014，（10）：72-75.
③ 杨一泽. 欧盟个人数据保护条例适用研究[D]. 哈尔滨工业大学. 2017.
④ 彭星. 欧盟《一般数据保护条例》浅析及对大数据时代下我国征信监管的启示[J]. 武汉金融，2016，（09）：42-45.
⑤ 苗振林. 欧盟数据可携权立法评析[J]. 许昌学院学报，2018，37（5）：83-87.

《CLOUD 法案》重新界定了美国数据主权边界，将数据主权从物理层边界延伸到技术上的"控制边界"，对国际数据主权竞争有重大影响[①]。洪延青将《CLOUD 法案》的基本内容概括为两点，一是关于采用"数据控制者标准"，二是关于外国政府机构调取存储于美国的数据。他认为这一法案可以让美国的数据获取之手伸向境外，并且保证对美国数据的绝对控制[②]。夏燕和沈天月指出，我国应当借鉴《CLOUD 法案》中的有利思路，在司法协助领域做出前瞻性部署，促进电子数据跨境流动，进而逐步引领跨境数据流动区际或者国际规则的制定[③]。

　　除了欧盟和美国的法律法规，学者对其他国家的数据保护法律也有所关注。王亦澎对德国于 2015 年颁布的《信息技术安全法》（IT-Security Act，ITSA）进行研究，通过分析该法案的主要内容，对其可能存在的安全标准不明确、企业事故负担成本过高、隐私保护等问题进行了探讨[④]。淡修安和张建文则聚焦于俄罗斯商业秘密保护，从立法演进的视角对俄罗斯商业秘密保护的发展进行探究，得出俄罗斯已形成民法典和商业秘密保护法共同作用的二元体制格局的结论[⑤]。方禹对 2017 年日本施行的新版《日本个人信息保护法》进行解读，对"个人信息"的范围、"知情同意"等问题进行探究[⑥]。汪坤从数据主体、数据控制者、数据监管者三个层面，在横向梳理美国、欧盟、俄罗斯、新加坡等国家和地区数据保护相关法律法规的基础上，比较了这些国家或地区在个人数据保护方面不同的立法策略与思路，为我国

---

① 许可. 数据主权视野中的 CLOUD 法案[J]. 中国信息安全，2018，（04）：40-42.
② 洪延青. 美国快速通过 CLOUD 法案明确数据主权战略[J]. 中国信息安全，2018，100（04）：35-37.
③ 夏燕，沈天月. 美国《CLOUD 法案》的实践及其启示[J]. 中国社会科学院研究生院学报，2019，（05）：105-114.
④ 王亦澎. 德国新信息技术安全法及其争议和评析[J]. 现代电信科技，2016，46（4）：23-27.
⑤ 淡修安，张建文. 俄罗斯联邦技术秘密保护之嬗变：以立法演进为视角[J]. 广东外语外贸大学学报，2012，23（1）：52-56，61.
⑥ 方禹. 日本个人信息保护法（2017）解读[J]. 中国信息安全，2019，（05）：81-83.

制定和出台数据保护相关法律法规和行政规章提供参考①。

（三）某一国家或地区的数据权利保护研究

在对某一国家或地区的数据保护研究中，欧盟是研究的热点。杨希对欧盟个人数据保护的发展历史进行梳理，对欧盟个人数据的内部规制和外部控制进行研究，总结其特点，并指出我国应明确规制模式、建立多元化数据管理制度、丰富外部合作机制②。张金平将欧盟数据权的演进按照时间划分为四个阶段，概括其发展特点及发展脉络，提出对我国的启示③。吴迪则是对欧盟和 APEC（Asia-Pacific Economic Cooperation，亚太经济合作组织）的个人数据跨境流动的规制模式进行比较，指出欧盟更侧重于个人权利的保护，而 APEC 的个人数据跨境流动规制模式更有利于数据自由流动和贸易的自由发展④。东方对欧盟和美国跨境数据流动法律从规制模式、立法基础、价值取向三个方面进行比较，以期为我国提出建议⑤。

除此之外，对美国、英国、新西兰等数据保护较为先进的国家，学者的关注度也较高。刘曦以微软诉美国境外数据索取案为切入点，对数据管辖权进行研究⑥。王少辉和杜雯对新西兰的个人隐私保护制度进行了分析，指出新西兰建立了法律保障与行业自律相结合的隐私保护模式——共同管制模式，并对新西兰的隐私保护现状进行了概述⑦。刘家玲梳理了日本个人信息

---

① 汪坤. 从各国数据保护法律法规看数据保护要点[J]. 现代电信科技，2017，43（03）：61-64.

② 杨希. 欧盟个人数据保护体系的代际发展及借鉴——内部规制与外部扩展的典范[J]. 国际商务（对外经济贸易大学学报），2019，（05）：145-156.

③ 张金平. 欧盟个人数据权的演进及其启示[J]. 法商研究，2019，36（5）：182-192.

④ 吴迪. 个人数据跨境流动的国际规制[D]. 武汉大学，2018.

⑤ 东方. 欧盟、美国跨境数据流动法律规制比较分析及应对挑战的"中国智慧"[J]. 图书馆杂志，2019，38（12）：92-97.

⑥ 刘曦. 微软诉美国境外数据索取案研究——以数据管辖权和数据主权为视角[D]. 武汉大学，2017.

⑦ 王少辉，杜雯. 大数据时代新西兰个人隐私保护进展及对我国的启示[J]. 电子政务，2017，（11）：65-71.

保护的发展脉络，并指出日本的个人信息保护缺乏对个人主体的限制[1]。黄如花和刘龙对英国政府的数据开放中的个人隐私保护进行研究，指出英国所采用的开放政府许可协议使得英国对可豁免开放数据的规定更为自主，信息专员办公室的设置完善了个人隐私保护[2]。伦一通过对澳大利亚的数据保护立法和个人数据跨境流动制度情况进行梳理研究，为我国完善数据跨境流动规则提出建议[3]。

对国际数据权利体系的研究，国际相较于国内更为实用，主要聚焦于数据保护法律以及数据权利在实际应用领域的作用。

第一，数据权利保护法律的研究。GDPR 仍是国际学者研究的重点。Puig 重点关注了 GDPR 第 82 条对赔偿诉讼的要求，包括侵权行为人的多元化、损害及其赔偿的类型以及赔偿责任的辩护等[4]。Kuner 以国际法和国际组织为切入点，研究 GDPR 与国际法的关系和对国际组织产生的影响[5]。Butler 通过比较 GDPR 和英国的《数据保护法案》对私人和政府机构施加的义务之间的区别，探究这种分歧是否合理，考虑到私人当事方越来越多地履行公共职能的情况，就未来公私分工的解释和发展提出建议[6]。Helvacioglu 和 Stakheyeva 将 GDPR 与土耳其的数据保护法律进行比较，包括个人权利、数据控制者的义务以及行政治理三个方面，还对数据跨境

---

① 刘家玲. 大数据时代个人信息保护的法律研究[D]. 浙江大学. 2016.

② 黄如花, 刘龙. 英国政府数据开放中的个人隐私保护研究[J]. 图书馆建设, 2016, (12): 47-52.

③ 伦一. 澳大利亚跨境数据流动实践及启示[J]. 信息安全与通信保密, 2017, (5): 25-32.

④ Puig, A R. Liability for data protection law infringements. Compensation of damages under article 82 GDPR[J]. Revista de Derecho Civil. 2018, 5 (4): 53-87.

⑤ Kuner, C. International organizations and the EU general data protection regulation: Exploring the interaction between EU law and international law[J]. International Organizations Law Review, 2019, 16 (1): 158-191.

⑥ Butler, O. Obligations imposed on private parties by the GDPR and UK data protection law: Blurring the public-private divide[J]. European Public Law, 2018, 24 (3): 555-572.

传输进行了分析①。GDPR 的很多模糊性措辞，为学者研究和法院判决带来了困难。Guinchard 提出应使用海伦·尼森鲍姆（Helen Nissenbaum）开发的三层分析框架对 GDPR 进行分析，充分考虑上下文的完整性，以保证 GDPR 法律的一致性②。

除此之外，国外学者更倾向于某一专门领域数据保护的研究。Michalowska 对波兰和欧盟数据保护法律中患者遗传数据的部分进行研究，提出了与患者权利保护有关的问题，并着重介绍了基因检测和基因数据保护的法律基础③。Taylor 等对数据保护中的儿童权益进行研究，对数据保护法中家长同意的限制进行探究，指出数据控制者应该在儿童有足够的能力做出判断时采用其个人的意见，而非一直采用家长的意见④。Uribe 通过研究《智利保护消费者法》，深入研究使用和处理个人数据的合同条款，他通过分析最高法院的两项裁决，探究关于使用和处理个人数据术语的具体规范⑤。

第二，数据权利在实际领域的作用。GDPR 生效后，对许多不同的法律领域产生了重大影响。Hauck 将 GDPR 与德国破产法相结合，探究在破产程序中个人数据使用权的转让问题，聚焦于电力领域，研究了欧盟数据

---

① Helvacioglu A D, Stakheyeva H. The tale of two data protection regimes: The analysis of the recent law reform in Turkey in the light of EU novelties[J]. Computer Law & Security Review, 2017, 33（6）: 811-824.

② Guinchard A. Taking proportionality seriously: The use of contextual integrity for a more informed and transparent analysis in EU data protection law[J]. European Law Journal, 2018, 24（6）: 434-457.

③ Michalowska K. Patients' genetic data protection in Polish law and EU law – selected issues[J]. Medicine Law & Society, 2018, 11（1）: 29-46.

④ Taylor M K, Dove E S, Laurie G, et al. When can the child speak for herself? The limits of parental consent in data protection law for health research[J]. Medical Law Review, 2018, 26（3）: 369-391.

⑤ Uribe, R M. Contractual terms on the use and processing of personal data and article16 of the Chilean Protection Consumer Act（Law 19, 496）[J]. Revista Chilena de Derecho y Tecnologia, 2019, 8（2）: 157-180.

保护法律与能源法之间的关系。Hauck 认为欧盟数据保护法的目标与欧盟能源法的目标之间存在明显的冲突。他尝试通过解释欧盟法律的相关规则的方式来调和这种矛盾[①]。Dewi 对国际调解在数据保护中的作用进行探究。他对印度尼西亚、澳大利亚、新加坡、菲律宾、欧盟和中国的数据保护法进行研究,讨论 2019 年 8 月 7 日开放供签署的《联合国关于调解所产生的国际和解协议公约》(简称《新加坡调解公约》)在跨境个人数据纠纷领域的有效性[②]。

不仅仅是法律领域,数据权利对很多技术的应用也产生了影响。Cekin 着眼于区块链技术和智能合约,指出智能合约为区块链网络上的交易提供了框架,允许系统参与者通过简单的超越加密货币交易来在他们之间进行许多不同的交易。但是,基于不可更改交易历史原理的区块链技术以及与此技术相关联的智能合约在数据保护法和义务法方面也带来了许多问题[③]。Lynskey 则是将预测性警务技术与 GDPR 相结合,认为预测性警务技术是否也属于数据保护规则的范围尚不确定,需要针对具体情况进行评估才能确定[④]。Sarabdeen 和 Moonesar 以迪拜电子医疗服务为案例,调研可用的电子医疗数据隐私保护法律以及人们对使用电子医疗设施是否安全可靠的看法[⑤]。

由此可见,目前,对数据权利体系的研究在国内外已经取得了重大进

---

① Hauck R. Personal data in insolvency proceedings: The interface between the new general data protection regulation and (German) insolvency law[J]. European Company and Financial Law, 2019, 16 (6): 724-745.

② Dewi S. The role of international mediation in data protection and privacy-law can it be effective?[J]. Australasian Dispute Resolution Journal, 2019, 30 (1): 61-73.

③ Cekin M S. Blockchain technology and smart contracts in terms of law of obligations and data protection law[J]. Istanbul Hukuk Mecmuasi, 2019, 77 (1): 315-341.

④ Lynskey O. Criminal justice profiling and EU data protection law: precarious protection from predictive policing[J]. International Journal of Law in Context, 2019, 15 (2): 162-176.

⑤ Sarabdeen J, Moonesar I A. Privacy protection laws and public perception of data privacy: The case of Dubai e-health care services[J]. Benchmarking, 2018, 25 (6): 1883-1902.

展，涉及多个领域。国内外在研究方向上，对数据权利保护的相关法律都颇为重视。不同的是，国内对数据权利的概念有一定研究，包括数据权属关系、数据权体系建设等内容，而国外更为关注数据权利在实际领域的作用，将其与其他法律或医疗、大数据等领域相结合进行探究。然而，无论是国内还是国外，对数据权利体系的研究尚存在一些不足。

首先，目前国内外对数据权利体系的研究过于零散，着眼于数据权利，缺少体系化、整体性研究。就上文所述，目前国内外对数据权利体系的研究主要集中于具体的数据权利、数据权利相关法律、某一国家或地区的数据权利及比较以及数据权利对于其他领域的作用。而对数据权利体系本身的研究大多是从纯理论的角度进行的，例如肖冬梅和文禹衡对数据权谱系的建构[①]，这一类的研究主要是理论上的拓展，对实践的指导意义较为有限。

其次，目前国内外对数据权利体系的比较研究多为横向研究，纵向研究较少。横向比较研究多为同一数据权利不同国家的法规政策，纵向研究大多是某一数据权利或数据权利法规的演化发展，少有对数据权利体系的演化进程进行研究。例如马民虎和冯立杨对 2001 年、2003 年和 2006 年德国《联邦数据保护法》（The German Bundesdatenschutzgesetz，BDSG）的三次修订进行梳理和比较，探究德国数据保护法的发展趋势[②]。王达和伍旭川对 GDPR 与 1995 年《指令》进行比较，指出 GDPR 相对于《指令》的主要革新在于加强个人数据权利保护、强化企业维护数据安全的责任、限制企业对个人数据的分析活动、加强对数据跨境流通的监管等[③]。

---

① 肖冬梅，文禹衡. 数据权谱系论纲[J]. 湘潭大学学报（哲学社会科学版），2015，39（06）：69-75.
② 马民虎，冯立杨. 德国联邦数据保护法的发展趋势[J]. 图书与情报，2009，26（1）：103-107.
③ 王达，伍旭川. 欧盟《一般数据保护条例》的主要内容及对我国的启示[J]. 金融与经济，2018，（04）：78-81.

第二节　全球数据主权发展态势

互联网服务无视国界的性质侵蚀了传统主权和领土管辖权的概念，地理界限在"云"中失去意义，云服务是全球计算基础设施的未来，在解决由云计算产生的复杂管辖权问题中，数据主权诉求应运而生。国际层面，数据主权是指以符合数据所在民族国家法律、惯例和习俗的方式管理数据，也指对不同国家采取的一系列方法控制的在国家互联网基础设施中生成的或通过该基础设施流通的数据，并将数据流置于国家管辖范围内。

国家数据包括有关土地、水、人口、健康、金融和犯罪的信息，随着互联网信息呈爆炸式增长，管理国家数据变得至关重要。数据支持并加强国家主权，各国正在寻找新的适当方法来管理国家数据安全。新一代信息技术催生大批中国科技企业，一部分企业掌握海量用户敏感数据，在国际资本市场积极跨国展业，有损国家数据安全和公共利益。2021 年 7 月 2 日中共中央网络安全和信息化委员会办公室（简称网信办）发布针对滴滴出行启动网络安全审查的通告，停止新用户注册①。

数据主权关乎国家利益，是国家主权的重要组成部分。我国应当将数据安全和公共利益置于国家战略高度，顺应全球数字经济的严监管趋势，全力捍卫国家数据主权。

一、数据主权的基本内涵

数据主权具体含义是什么？当前围绕数据主权的定义较为纷杂，类似狭义、广义的定义不胜枚举。总体来看，目前对数据主权的认识存在两种

---

① 网络安全审查办公室关于对"滴滴出行"启动网络安全审查的公告[EB/OL].（2021-07-02）[2023-03-20].http://www.cac.gov.cn/2021/07/02/c_1626811521011934.htm.

核心见解：①数据主权是领土主权在数据领域的延伸，定义为一国独立自主地对本国数据加以管理和利用的权力①。数据主权的主体是国家，是网络主权的核心主张②和网络主权延伸到数据层面的必然结果③，并在主权领土范围内对数据进行有效管控。这一认知发源较早且成为当前国内学界对数据主权的主流认知，如齐爱民和盘佳等相关学者对这一概念进一步细化与提升为国家对其政权管辖地域内的数据享有的生成、传播、管理、控制、利用和保护的权力④。但由于数据本身天然的跨境性，实践中这类数据主权通常会主张突破领土范围的管辖权，引发主权国家之间的法律冲突，目前各国的数据本地化立法、欧盟 GDPR 以及美国《CLOUD 法案》中的数据主权主张都属于此类⑤。②数据主权是对数据的实际占取，定义为数据主权是数据所有者占有、使用和处理其数据的能力⑥。数据主权的实际拥有者不仅是国家，而更多地指向跨国互联网信息巨头，重点在于"描述互联网信息巨头们对海量数据的占有和使用"⑦。区别于依托传统主权理论而衍生出的"网络主权""信息主权"等概念，这一认知并不认可数据主权是传统主权在数据领域的延伸，如蔡翠红认为数据主权意味着数据即使被传输到云端或远距离服务器上，仍然受其主体控制，而不会被第

① 曹磊. 网络空间的数据权研究[J]. 国际观察，2013，（01）：56.

② 刘金河，崔保国. 数据本地化和数据防御主义的合理性与趋势[J]. 国际展望，2020，12（06）：89-107+149-150.

③ 何傲翾. 数据全球化与数据主权的对抗态势和中国应对——基于数据安全视角的分析[J]. 北京航空航天大学学报（社会科学版），2021，34（03）：18-26.

④ 齐爱民，盘佳. 数据权、数据主权的确立与大数据保护的基本原则[J]. 苏州大学学报（哲学社会科学版），2015，36（01）：64-70+191.

⑤ 齐爱民，祝高峰. 论国家数据主权制度的确立与完善[J]. 苏州大学学报（哲学社会科学版），2016，1：83-88.

⑥ Filippi P D，McCarthy S，Cloud computing：centralization and data sovereignty[J]. European Journal of Law and Technology，2012，3（02）：15.

⑦ 胡凌. 什么是数据主权？[EB/OL]. （2016-09-03）[2021-10-07]https://www.guancha.cn/HuLing/2016_09_03_373298_s.shtml.

三方所操纵①。这一认知的"占有和使用"涉及了数据的收集、聚合、存储、分析、使用等一系列流程，反映了数据的商业价值与新经济的价值链，而跨国互联网公司凭借强大技术能力在此竞争中占据优势。在这两种主要认知不断发展的同时，也涌现出多重视角的综合与交叉，如翟志勇也提出了综合的认识视角，提出数据主权实际上具有双重的属性，既可以视为领土主权在数据领域的延伸，也可以视为数据世界的独立主权②。

本书认可数据主权存在及其存在的合理性，认为数据主权可细分为硬数据主权和软数据主权两大类别，二者同时包含积极地捍卫、治理本国与国际数字空间事务的权能与消极地制止他国干涉国内数字空间事务的权能。硬数据主权主要指向主权独立不容侵犯，遵循国内事务独立管辖；软数据主权主要指向主权平等不容侵蚀，遵循国际事务共同治理。换言之，硬数据主权是指一国对于关涉本国的数据对内具有天然的、无可商榷的数据控制权和数据管辖权等，软数据主权是一国对于关涉他国的数据对外具有可协商可探讨的数据治理权等（如下图 1.1）。

数据主权治理实践不断发展，"技术主权""数字主权"等新概念不断衍生，与数据主权概念协同演进，共同推进着主权视角下数据治理的新发展。

2018 年欧盟委员会提出"数字主权"（Digital Sovereignty）概念③，2020 年欧洲议会智库发布《欧洲的数字主权》（*Digital Sovereignty for Europe*）研究报告，阐述欧盟提出的数字主权背景和加强欧盟在数字领域战略自主权的行政方针，并提出二十四项可能采取的措施；随后，欧洲对外关系委员会发布《欧洲的数字主权：中美对抗背景下从规则制定者到超

---

① 蔡翠红. 云时代数据主权概念及其运用前景[J]. 现代国际关系, 2013,（12）: 58-65.

② 翟志勇. 数据主权的兴起及其双重属性[J]. 中国法律评论, 2018, 24（6）: 196-202.

③ 鲁传颖, 范郑杰. 欧盟网络空间战略调整与中欧网络空间合作的机遇[J]. 当代世界, 2020,（8）: 52-57.

级大国》（*Europe's Digital Sovereignty: From Rulemaker to Superpower in the Age of US-China Rivalry*）报告，阐述了欧盟不能继续满足于通过加强监管来捍卫数字主权，应做规则制定者，并直接参与数字竞争，保证超级经济体地位。欧盟数字主权涉及大数据、人工智能、5G、物联网以及云计算等内容，同时也强调大数据与个人隐私、信息基础设施关联，以往数字主权规则已对欧盟造成潜在的安全威胁，因此数字主权的核心仍为数据主权。

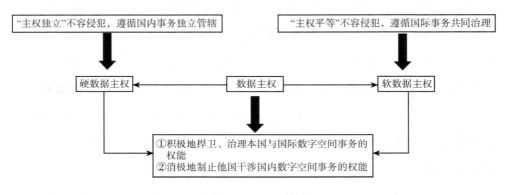

图 1.1 数据主权谱系体系图

随着信息网络技术的不断发展和创新，大数据和人工智能等前沿技术的优势可能促进新战略平衡形成，全球科技竞争加剧，信息网络技术在网络空间的应用治理问题成为各国关切，"技术主权"（technological sovereignty）引发关注。2020 年 2 月，欧盟密集发布《欧洲数据战略》（*A European Strategy for Data*）、《塑造欧洲的数字未来》（*Shaping Europe's Digital Future*）及《人工智能白皮书——追求卓越和信任的欧洲方案》（*White Paper on Artificial Intelligence-A European Approach to Excellence and Trust*）。三份战略文件已明确提出"技术主权"概念，这一概念与数据

主权密切相关，并在技术、规则和价值三方面大大拓宽了原有理论的外延①，
"描述了欧洲必须具有的能力，即基于自己的价值观、遵守自己的规则、做
出自己的选择的能力"②。

由此可见，数据主权在稳定沿袭主权概念的同时，呈现不断演化的趋势。
其延伸概念中，对数据主权中所蕴含的数据实体、数据技术深度关切，概念延
伸趋势为我们探讨数据主权风险与保障方案提供了重要参考。

二、数据主权的全球治理态势

迄今为止，全球近 60 个国家出台了数据主权相关法律，在全球数据主
权的争夺战中各国各显神通，其中以美国、欧盟与中国的数据主权布局最具
有代表性。美国主要从制度层面入手规制，欧盟主要依赖市场监管，中国采
取的是制度与市场并重的主权治理模式。

（一）美国数据主权战略

美国的数据主权安全保障及其战略建设起步于 20 世纪 80 年代，美国作
为全球最早开始建设数据主权战略的国家，至今已形成 130 余部相关的法
案制度，打造了涵盖互联网宏观整体规范及微观具体规定等各方面的完备的
数据主权战略体系。近年来，美国接连出台《国家网络战略》《CLOUD 法
案》《2018 年加州消费者隐私法案》等网络政策，谋求继续主导网络空间国
际治理规则。

在与数据有关的制度上，美国号称促进全球数据的自由流动，但实际
上是实施有利于己的流动和不利于他的全面封锁，开展的是完全的数据霸权

---

① 刘天骄. 数据主权与长臂管辖的理论分野与实践冲突[J]. 环球法律评论，2020，42（02）：180-192.
② Shaping Europe's digital future: op-ed by Ursula von der Leyen, President of the European Commission [EB/OL]. （2020-02-19）[2022-12-28]. https://ec.europa.eu/commission/presscorner/detail/es/ac_20_260.

主义。第一，在美国主导的《美国-墨西哥-加拿大协定》（United States-Mexico-Canada Agreement，以下简称《美墨加协定》）等双边、多边法律政策中，明确要求确保数据的跨境自由传输、最大限度减少数据存储与处理地点的限制，但其实质是促进数据向美国流动。第二，美国对竞争对手实施全面的数据封锁，譬如在量子计算、高端微芯片、云计算、人工智能和网络安全等被视为数字主权和战略自治的关键领域，美国启动了清洁网络计划，称其为"特朗普政府保护国家资产（包括公民隐私和公司最敏感信息）免受恶意行为者侵略性入侵的综合方法"。在此基础上，特朗普政府还通过了一系列行政命令和其他决定，对中国公司实施了重要的技术封锁。譬如通过337调查、出口管制清单等战略措施，禁用 Tic-Tok、微信等应用程序；并将半导体制造国际公司中芯国际等公司列入黑名单，声称其产品构成"被转用于军事终端用途"的"不可接受的风险"，切断了中芯国际与美国关键软件和芯片制造设备的联系；以及针对华为开展一系列技术发展限制，对其他中国科技公司，如阿里巴巴、百度、腾讯和其他云服务提供商，美国也在数据上进行长臂管辖①（long arm jurisdiction），在数据主权上实行双重标准。第三，美国对其他国家或地区采取的国家战略采取强硬的反对与干涉态度。2019 年 7 月，法国颁布了自己的国家数字税，将对在法国收入超过 2500 万欧元、全球收入超过 7.5 亿欧元的互联网公司征收 3% 的数字服务税，这引起了美国的强烈反应，美国政府立即展开调查，以确定法国的数字税是否是一种不公平的贸易做法，并威胁要对法国葡萄酒制造商和其他当地生产商征收高达 24 亿美元的报复性关税。

---

① 长臂管辖（long arm jurisdiction），是建立在"最低联系理论"和"效果理论"两种基本原则上的管辖权确定途径。最低联系理论是指案件中的被告若具备在法院所属地实施相应可产生法律效果行为的意思表示，而且可以运用法院所在地的法律来维护自身权益，那么该法院便具备管辖权；效果理论，是指只要境外某一行为在某国境内产生了"影响"或者"效果"，那么该国便可以依据"效果理论"来主张管辖权，而不需要考虑行为人的国籍和行为的发生地点。

（二）欧盟数据主权战略

在过去几年中，从隐私到数据保护、从竞争问题到保护版权和出版商的权利、从打击网上仇恨言论和虚假信息到率先进行人工智能监管，欧盟一直是数字监管领域的佼佼者，欧盟通过监管规则与惩罚措施并行强力主张数据主权，开创全球数据规制新气象，站在几乎所有旨在监管全球数字巨头权力的最前沿。如果"数字主权"意味着监管权力，那么欧洲的"主权"确实是毋庸置疑的。

与美国的宽松监管模式不同，欧盟采取的是严格的监管，欧盟通过在欧洲以及世界各地颁布对生产与销售产生影响的法规[譬如 2018 年正式出台GDPR，2020 年通过《欧洲数据治理条例（数据治理法）》提案，并公布《数字服务法》（the Digital Services Act）、《数字市场法》（the Digital Markets Act）两部法案的草案]，全力推进欧盟数据主权战略的构建。2021年 3 月，欧盟委员会发布《2030 数字罗盘：数字十年的欧洲方式》，提出了未来十年欧洲加快数字化转型的具体目标以及衡量目标完成情况的数字罗盘，并积极推进与多国的项目合作来加大对数字领域的投入力度。欧盟通过其在竞争政策、环境保护、食品安全、隐私保护和社交媒体言论监管方面设定标准的能力，发挥重要、独特和高度穿透性的力量，单方面改变了全球市场，通过单边监管全球化引发了数字领域的"布鲁塞尔效应"。欧盟法律决定了印度如何采伐木材、巴西如何生产蜂蜜、喀麦隆可可农民使用什么杀虫剂、中国乳品厂安装什么设备、日本塑料玩具中加入什么化学品，以及拉丁美洲的互联网用户有多少隐私权。这极大地影响了世界各国和各大企业的数据监管措施，企业为了进入欧洲市场，可能或主动或被动地要将数据保护标准提升至跟欧盟类似。Anu Bradford 在其著作 *The Brussels Effect* 中说，欧盟已经成为其地缘政治对手无法匹敌的全球监管霸主。

（三）中国数据主权战略

我国于 2016 年颁布的《网络安全法》从部门规章转向隐私法规，创建了一个广泛的数据保护框架，数据隐私保护在该框架下适用于几乎所有公共和私人实体。这些规定包括个人信息和"重要数据"的数据本地化要求，我国的数据本地化更多是出于国家安全考虑，而不是保护个人信息和数据主体的权利。2017 年，中央网信办发布了《个人信息和重要数据出境安全评估办法（征求意见稿）》，据此，对数据本地化要求进行了扩充，即扩展至所有网络运营商而不仅是《网络安全法》中规定的关键信息基础设施运营商，增强了数据本地化存储的严格程度。在《网络安全法》的框架下，我国陆续制定了《数据安全法》《个人信息保护法》等法律，出台了《数据安全管理办法（征求意见稿）》《个人信息出境安全评估办法（征求意见稿）》等一系列规章制度，要求在数据出境时对运营商进行安全评估，以防存在影响国家安全或损害公共利益的风险，实行严格的数据主权治理模式，确保我国的数据主权保护得到落实。

我国对数据流动采取更加保护和非干预的方式，我国拥有自己的国家内联网，互联网流通内容需要经审查，审查和约谈机制成为我国独特的数据治理措施。在强化数据跨境流动监管的同时，我国政府也在大力投资境内基础设施建设，并将在全球范围内扩大通信基础设施作为数字丝绸之路计划的一部分。这不仅创造了以中国为中心的跨国网络基础设施，而且扩大了中国在全球的政治和经济影响力。在严格限制数据本地化存储与扩大跨国网络基础设施双重战略部署下，我国既控制了国家重要数据的流动，提升了数据主权安全，又在全球范围内稳定了新兴全球经济强国的地位。

三、数据主权的全球争议焦点

在美国主要依靠法律政策争夺数据主权、欧盟依赖市场进行战略主权布局和中国政策与市场两把抓的全球数据主权治理态势下，产生了许多主权安全的争议焦点，主要体现在司法管辖和数据权属问题上。

（一）司法管辖权问题

数据的跨境分布式存储为各国政府执法机构的数据调取带来管辖权上的争议，数据主权的争夺成为各国在网络空间立法博弈的新领地。在大数据兴起之前，犯罪证据通常在请求国的领土管辖范围内可用，如今，电子邮件、社交网络帖子和其他许多内容通常存储在不同的国家，导致对普通刑事调查至关重要的证据需要跨国界调取，欧盟委员会 2018 年的一份报告指出，85%左右的刑事调查需要电子证据，在这些调查中，有三分之二需要从另一个管辖区的在线服务提供商那里获取证据。2017 年，微软公司与美国司法部产生的纠纷是一个例证[①]，微软拒绝了美国调取其存储的数据的请求，理由是该数据存储在爱尔兰的服务器上，而当时所依据的美国《存储通信法案》(Stored Communication Act) 并无域外效力。后来，《CLOUD 法案》颁布解决了其中的一些问题，根据该法案，美国执法部门可以根据《美国法典》第 18 卷第 2703 节的规定获得数据搜查令而不管数据位于何处。但该法案并未阐明美国提供商应如何响应外国政府提出的合法数据请求，假设美国提供商收到《CLOUD 法案》未涵盖国家的请求，提供商是否可以根据当地法律直接回复，或者该国是否必须使用司法协助条约程序申请美国授权都并不清楚。因此，由数据主权政策差异带来的司法管辖挑战很难解决。

大数据时代，将地域性作为定义数据传输如何监管和治理的前提，忽略了代码、市场和私人参与者在数据治理中的重要作用，因此认定国家对位于或存储在物理领土内的数据享有主权的想法过于简单化。目前，越来越多

---

① 微软为保护用户隐私拒绝向美国司法部门提供数据 [EB/OL]. (2014-12-09)[2023-03-20]. https://m.huanqiu.com/article/9CaKrnJFXfC.

的数字平台开展跨国服务，有时数字服务的总部和数据存储、处理地分布在多个不同的国家或地区。这些情况均引发了关于适用哪个国家的法规、何时以及如何解决法律冲突的挑战。这些挑战可能以数据本地化要求的形式出现，也可能以限制数据流出管辖区的形式出现，政府如何解决与全球数据流动相关的管辖问题将对商业、技术发展和创新产生重要影响。

（二）数据控制权问题

工业时代，各国对石油资源展开争夺；数字时代，数据被誉为"21世纪的石油"，围绕"数据主权"，各方也纷纷展开了博弈。无论是特斯拉维权事件中的"行驶数据到底属于谁"[①]，还是特斯拉宣布在国内建立数据中心[②]，将所有数据都存储在境内，以及欧盟强势推进数字税计划等，背后都可以看到数据主权之争愈演愈烈之势。数据主权范畴下的数据控制，是指在云计算的技术框架下，通过寻求跨境云服务提供者的合作或对其发出指令的方式，获取其控制的数据。数据控制权的争议产生了两个或两个以上相互竞争的网络外交监管和控制方案，从而产生了数据主权纠纷问题。

目前，各国为捍卫跨境数据控制权的普遍做法是通过立法要求科技公司在本国境内存储本国公民的数据，以求对互联网实施域外控制。欧盟综合利用条例和指令等"硬规则"、《打击网上非法仇恨言论行为准则》等具有全球影响力的"软规则"、数据保护和其他监管机构采取的监管行动、欧洲联盟法院判例法等，通过影响科技公司的全球政策和影响其他国家的态度与监管措施来达到数据控制的目的，在数字领域实现了"布鲁塞尔效应"[③]。

---

① 特斯拉已在中国建立数据中心称将尽一切努力确保数据安全[EB/OL].（2021-05-12）[2023-03-21]. https://baijiahao.baidu.com/s?id=1700911542430347472&wfr=spider&for=pc.

② 特斯拉行驶数据归谁？[EB/OL].（2021-04-25）[2023-03-21]. https://www.163.com/dy/article/G8F39TLD054379BW.html.

③ Bradford A. The Brussels effect[J]. Northwestern University Law Review, 2012, 107（1）: 1-68.

第二章
数据权利体系研究

第一节　国际数据权利体系演进

　　世界各国由于受到历史因素影响，经济政治发展水平不同，文化传统等存在差异，其数据权利体系的演化进程和内容都有所不同。受到篇幅限制，与其选择多个国家对其数据权利体系的演化泛泛而谈，不如选择具有代表性的国家，对其数据权利体系的演化进程和具体内容进行详细分析，对其共性和特性进行概括，为我国数据权利体系建设提供经验借鉴。基于这个理念，笔者选择了大陆法系的典型国家德国、英美法系的代表国家美国以及苏联解体后数据权利体系快速发展的俄罗斯进行研究。

　　德国作为欧共体及欧盟的核心成员国，其数据权利体系的发展受到欧洲数据权利体系的极大影响。这影响并不是单向的，而是双向的。欧洲数据权利体系的变化会推动德国数据权利体系的演进，同时，德国数据权利体系的发展也会推动欧洲数据权利体系的演进。因此在对德国数据权利体系的演化进程进行分析时，欧洲的数据权利体系也是重要一环。

一、个人数据权利

（一）德国个人数据权利

1. 演化进程

20 世纪中叶，随着电脑的应用和信息技术的发展，个人信息的收集、处理及分享愈发频繁，由此引发的个人信息保护问题逐渐得到欧洲国家的广泛关注。

1948 年《世界人权宣言》（*Universal Declaration of Human Rights*）规定了隐私权和自由表达的权利，推动了欧洲的人权保护进程。欧洲委员会（Council of Europe）在《世界人权宣言》的基础上草拟了《欧洲人权公约》，于 1953 年 9 月 3 日对成员国生效，以保护人权和基本自由，对隐私权和自由表达的权利进行了强调。这一阶段是个人数据权利的萌芽阶段，个人数据权利主要是放置于人权范围内，以非强制性条约的形式进行规定。

随着信息技术的快速发展，个人数据泄露以及被不当处理的问题愈发严重。20 世纪六七十年代，随着计算机技术的发展，个人数据的保护问题逐渐得到各国的关注。1970 年，德国黑森州颁布了世界上第一部专门针对个人数据保护的法律，开启了立法保护个人数据权利的新时代。此后，德国各联邦州也陆续开启个人数据保护的立法进程。1976 年 11 月，德国《联邦数据保护法》通过审议，于 1978 年 1 月生效，这是德国第一部全国性的个人数据权利立法，确定了公私二元制立法模式。至此，德国建立起从中央到地方的个人数据保护法规体系。在德国进行个人数据立法建设的同时，丹麦、法国、挪威、瑞典、卢森堡等国也纷纷就收集与处理个人数据问题进行立法。看到这个趋势后，欧洲委员会决定建立一套具体的原则体系和标准，以便限制不合理的收集与处理个人信息的行为。欧洲委员会于 1973 年和

1974 年推出了《73/22 与 74/29 解决方案》(Resolutions 73/22 and 74/29),建立起针对公私部门的自动处理数据库的个人数据保护原则。1981 年 1 月 28 日欧洲委员会颁布的《108 公约》向欧洲成员国开放签署,这是第一个具有法律约束力的数据保护方面的国际协议。该协议设立了个人数据保护的标准,同时也寻求安全保障与维持国际贸易所需的数据跨境传输之间的平衡。在这一阶段,德国初步建立起全面的个人数据保护法规体系,开始逐步签署欧洲条约,将本国的数据保护水平维持在不低于欧洲其他国家的水平上。

伴随着科技的发展、社会需求的变化以及与欧盟法律保持一致的要求的落实,德国《联邦数据保护法》经历过多次修改。《联邦数据保护法》第一次修改于 1990 年,在此之前,德国联邦宪法法院于 1983 年在"人口普查案"判决中提出了"信息自决权",将个人对信息的控制权上升为宪法意义上的基本权利。1990 年的这次修改是德国数据保护观念的一次进步,整体减少了公私领域间数据保护标准的差异。1995 年欧盟颁布的《指令》是关于处理个人数据保护与数据自由流动的法令,能够进一步调和个人数据权利以及数据在成员国之间的自由流动。《指令》的诞生是欧盟统一数据保护标准、建立数字经济市场的需要。该指令要求各成员国必须在三年内将《指令》内容转化为国内法予以实施,然而德国并未按期修改《联邦数据保护法》。2000 年,欧盟为此起诉德国,要求德国尽快落实《指令》的要求。2001 年,德国对《联邦数据保护法》进行了修订,以满足 1995 年欧盟《指令》的最低要求。

进入千禧年后,面对强大的美国和崛起中的中国,欧洲联合的需求愈发强烈。2000 年,欧洲议会通过的《欧盟基本权利宪章》(Charter of Fundamental Rights of the European Union)进一步完善了对欧盟基本权利的保护。欧盟于 2002 年通过的《2002/58/EC 法令》(Directive 2002/58/EC)催生了德国《电信法》(Telekommunikationsgesetz,TKG)和《电信服务法》

（Teledienstegesetz，TDG）修正案的产生。此外，德国为提高个人数据保护水平以及落实欧盟的统一要求，在 2003 年、2005 年和 2006 年又对《联邦数据保护法》进行了三次修订。2007 年《里斯本条约》（Treaty of Lisbon）加强并推进了欧盟新架构，使其功能更有效，依据该条约欧盟确定了数据保护监督官制度。

2016 年 4 月 27 日，欧洲议会通过 GDPR，于 2018 年 5 月 25 日全面实施，取代现行的《指令》。GDPR 从加强数据主体的权利保护、确定相关主体的责任制度、建立完善的监管体系等多个方面确立了完善的数据保护体系。自此，欧盟进入数据保护标准较为统一、高保护力度的数据保护时期。不同于《指令》，GDPR 可直接适用于各成员国，无须经由国内法转化。即便如此，欧洲学术界普遍认为各国不可避免地要对国内法进行一定程度上的修正。德国于 2015 年对《联邦数据保护法》进行了修订，使其与 GDPR 的要求保持一致。

2. 权利基础

与美国以隐私权为个人信息保护的理论基础不同，作为大陆法系典型代表的德国，认为一般人格权是个人数据保护的权利基础[①]。于大陆法系而言，一般人格权保护的是一般的、普遍存在的人格利益，包括人格自由、人格安全、人格尊严等全部内容，进行人格利益的全面保护。

人权的理念纵贯德国个人数据权利体系演化史。1948 年《世界人权宣言》第 12 章和第 19 章分别规定了隐私权和自由表达的权利。在此基础上草拟的《欧洲人权公约》于第 8 章和第 10 章对隐私权和自由表达的权利进行规定。1981 年开放签署的《108 公约》，要求签署国必须采取必要的步骤在国内立法时适用其原则，以便确保与处理个人信息相关的基本人权。1990

---

① 齐爱民. 大数据时代个人信息保护法国际比较研究[M]. 北京：法律出版社，2015.

年德国《联邦数据保护法》第 1 条规定："本法之目的在于保护个人免于由个人数据的传输造成人格权的侵害。"①GDPR 第 1 条将该法律的建设目的规定为"保护自然人的基本权利和自由，尤其是个人数据保护的权利"②。可见，个人数据权利于德国而言，是由人权中孕育而出，发展壮大的。

3. 具体内容

德国的数据权利体系也不是一蹴而就的，而是随着时代的发展，法规制度的完善，逐渐更新迭代的。由于德国的数据权利体系受到 GDPR 及其国内法的双重影响，以下将对这两方面进行结合，从目标、适用范围、权利分布与限制、救济机制这四个方面对德国个人数据权利体系进行探究。

纵观德国及欧盟的数据保护法规，其包含着两个目标，一是保护个人隐私和个人数据权利，如上文对德国《联邦数据保护法》的立法目的所述，德国将个人数据保护置于重要地位。二是要保护个人数据的正当使用和自由流通。与保护个人数据权利相比，保护个人数据自由流通这一点则容易被忽视。1981 年发布的《108 公约》指出："承认存在协调尊重隐私与保障信息自由流通两者的基本价值需要。"③在《指令》中，也包含个人数据自由流通的需求。而 2012 年颁布的《108 公约》修订版，则将这一点确定为："承认有必要在全球范围内提升尊重隐私和保护个人数据的基本价值，由此利于信息的自由流通。"④由此可见，促进个人数据自由流通也是个人数据权利

---

① Germany'S Federal data protection act[EB/OL]. （2019-01-28）[2022-04-18]. https://www.gdd.de/downloads/germanys-federal-data-protection-act.

② General data protection regulation[EB/OL]. （2016-04-14）[2022-04-18]. https://gdpr-info.eu/? msclkid=9dbbd549be3611ecb1466310d13a606b.

③ Convention for the protection of individuals with regard to automatic processing of personal data [EB/OL]. [2022-04-18]. https://rm.coe.int/1680078b37.

④ Consultative Committee of the Convention for The Protection of Individuals with Regard to Automatic Processing of Personal Data(T-PD)[EB/OL]. （2012-09-17）[2023-03-21]. https://rm.coe.int/0900001680686984.

体系的重要目标。

在适用范围上，德国经历了从属地主义到属人主义的变迁。无论是《108 公约》、1995 年《指令》，还是 2012 年修订后的《108 公约》，均将适用范围限定在欧盟境内。2012 年修订后的《108 公约》第一章第 3 条指出："每个缔约国承诺在其管辖范围内的个人数据处理适用本公约，以此保护任何受管辖的人的个人数据权利。"[①]而 2018 年生效的 GDPR 则将管辖范围扩大到欧盟之外，包括欧盟及为欧盟数据主体提供服务的非欧盟境内的数据控制者。德国在 2015 年对《联邦数据保护法》的修订维持了 GDPR 这一改变。

而在数据主体权利方面，随着信息技术的发展，对个人数据保护要求逐渐提高，对数据主体的权利不断强化。以德国《联邦数据保护法》为依据，数据主体拥有广泛的权利，包括知情权、更正权、访问权、拒绝权等。同时《联邦数据保护法》还强调，数据主体本人的权利是无条件适用的，不得通过法律行为排除本人权利的适用[②]。当然，数据主体的权利不仅包括以上几项权利，还包括数据主体要求数据控制者停止侵害、进行损失赔偿等民事权利。以下将结合 GDPR，对数据主体的权利进行简要说明（下文若再提及相同权利，不再对其定义进行概述）。

①知情权。数据控制者有义务向数据主体提供与其相关的处理信息，处理信息的内容根据该个人数据是否收集自该数据主体本身而有所区别。②访问权。数据主体有权从数据控制者处访问与其有关的正在被处理的个人数据与相关信息，以及在支付合理费用后获得上述数据与信息的副本。③拒绝

① Consultative Committee of the Convention for The Protection of Individuals with Regard to Automatic Processing of Personal Data(T-PD)[EB/OL].(2012-09-17)[2023-03-21]. https://rm.coe.int/0900001680686984.

② Federal data protection act[EB/OL]. [2022-04-18]. https://germanlawarchive.iuscomp.org/wp-content/uploads/2014/03/BDSG.pdf.

权。数据主体有权拒绝数据控制者基于以下目的对其个人数据进行的处理行为：为公共利益；为数据控制者的合法利益；为直销目的。④被遗忘权。数据主体有权要求原数据控制者以及其他数据控制者或数据接受者删除其个人数据。⑤限制处理权。数据主体在法律规定的特定情形发生时有权限制数据控制者的处理行为，是 GDPR 加强数据主体自决权的一种典型表现。⑥数据可携权。包括副本获取权和数据转移权，副本获取权指的是数据主体有权从数据控制者处获得以电子和结构化格式处理的数据副本，并能够进一步使用的权利。副本转移权则是数据主体有权将这些个人数据以电子和结构化格式由一个数据控制者传输到其他数据控制者，数据控制者无权阻拦。⑦更正权。数据主体有权要求数据控制者立即更正与其有关的错误个人数据、完善其不完整的个人数据。

除此之外，个人数据权利体系还包括权利例外及限制。相较于《指令》，GDPR 的规定更为具体，不仅包括数据类型和数据使用目的，也包括进行例外判断的具体条款。当个人数据涉及表达信息自由权利、访问官方文件、身份证号码、人事领域员工数据、公共利益存档目的、科学和历史研究目的、保密义务这些方面时，数据控制者可以对数据主体的权利进行适当的豁免或克减。当涉及国家安全、公共安全、司法程序、公共利益、刑事犯罪等领域时，数据控制者或处理者可以不满足数据主体的权利要求①。

而在救济机制方面，欧盟也设立了强效的救济机制，保护数据主体的合法权益。对于司法救济，GDPR 在《指令》的基础上对数据主体上诉和申请司法救济的权利进行了增强。GDPR 第 77、78、79 和 82 条规定，对于不服监管机构的决定或是监管机构不作为，数据主体有权向监管机构提出投诉，拥有针对数据控制者、数据处理者和监管机构的有效司法补救权，还拥

---

① General Data Protection Regulation[EB/OL]. [2022-04-18]. https://gdpr-info.eu/?msclkid=9dbbd549be3611ecb1466310d13a606b.

有要求数据控制者和处理者赔偿因其违反 GDPR 造成损失的权利。而德国《联邦数据保护法》除要求罚款外，还规定了刑事犯罪的惩处规则，最高处以 2 年监禁。司法救济让数据主体可以免于后顾之忧地向势力强大的数据控制者争取自己的合法权益，是个人数据保护的最后一道屏障。

（二）美国个人数据权利

1. 演化进程

与欧洲的个人数据保护政策逐渐收紧，强制力越来越强不同，美国对于隐私权的保护则是在跌宕中前行，逐步形成完善的个人数据权利体系。美国对于隐私权的保护始于 1939 年的《侵权法重述》（Restatement of the Law），该法案明确了隐私权的独立权利地位。这一时期是美国隐私权的早期立法阶段，主要依靠判例对隐私权进行规范，没有专门的成文法。

20 世纪六七十年代，随着计算机技术的发展，个人数据的保护问题逐渐得到各国的关注，欧洲各国纷纷开始了个人数据保护法的立法进程。在这种情况下，美国也开始关注个人数据的利用与保护问题。1972 年，《正当信息通则》（Fair Information Practices）出台，该规则是由美国健康、教育与福利部（The Department of Health，Education and Welfare）设立的顾问委员会发布的，旨在解决自动数据系统的管理问题，解除电脑化的数据收集系统可能给公民带来危害性后果的危机。《正当信息通则》不仅成为后来美国许多国内立法的基础，还促进了许多国际规则的形成。1974 年，美国《隐私法案》（The Privacy Act）通过，该法案适用于联邦行政机关对个人信息的收集、存储、使用和保密问题。由于该法案仅适用于联邦部会以上的机构，大大降低了该法案的作用。然而该法案确立了美国公私立法分立的立法模式，对于美国法制史有重要意义。此后，美国出台了一系列专门领域和特定事项的立法规范。在这一时期，美国主要以特定领域的立法为主，缺乏全面立法。法律具有特定的针对性和适用性，法律效力不足够强。表 2.1 为美国各行业、各领域的立法概况。

表 2.1 美国各行业、各领域个人数据法律规范

时间	法律名称	说明
1971	《公平信用报告法》（Fair Credit Reporting Act，FCRA）	用于调整征信和授信业务链中的个人信息利用与保护问题，规范对象主要是提供消费者信用调查服务的机构
1974	《家庭教育和隐私权法》（Family Educational Rights and Privacy Act，FERPA）	用以保护学生个人验证信息的安全，学校需要在获得家长书面同意的前提下才可以收集或发布学生的个人信息，仅适用于接受联邦基金的教育机构
1984	《计算机欺诈和滥用法》（Computer Fraud and Abuse Act，CFAA）	对利用计算机进行未经授权的访问或获得信息等行为进行规制
1986	《联邦有线通信政策法案》（Federal Cable Communications Policy Act，CCPA）	限制有线服务商收集、存储、公开、利用用户个人信息的行为，同时规定了用户拥有知情权
1986	《电子通信隐私法》（Electronic Communications Privacy Act，ECPA）	限制政府机关未经许可擅自窃取监听私人电子通信的行为
1988	《录像隐私保护法》（Video Privacy Protection Act，VPPA）	保护录像带租赁和销售记录的安全
1996	《健康保险便利及责任法》（Health Insurance Portability and Accountability Act，HIPAA）	适用于医疗计划和医疗服务提供者披露个人信息的行为
1998	《儿童在线隐私权保护法》（Children's Online Privacy Protection Act，COPPA）	针对有线服务商对 13 岁以下儿童的信息收集、使用行为进行规制，规定在进行一些有关信息的行为时应征得父母或监护人同意
1999	《金融服务现代化法》（Gramm-Leach-Bliley Act，GLBA）	针对金融机构的个人金融信息的使用与保护
2003	《反垃圾邮件法》（Controlling the Assault of Non-Solicited Pornography and Marketing Act，CAN-SPMA）	管制未经请求的电子邮件

在 2000 年后，计算机和信息技术的发展突飞猛进，美国的个人数据保护体系也更为全面和完善。美国一方面对现有的各个领域的数据保护法规进

行修订；另一方面苦于多个领域的数据保护法规会出现重合和冲突的问题，也在尝试建立统一的数据保护法规。2015 年 3 月，美国通过的《消费者隐私权法案（草案）》（Consumer Privacy Bill of Rights）赋予了网络服务商更多的责任。2018 年 6 月 28 日，加利福尼亚州颁布了《加利福尼亚州消费者隐私保护法案》（California Consumer Privacy Act），该法于 2020 年 1 月 1 日正式生效。这是美国第一部统一的数据保护法规，将更为有力地保护数据权利。2019 年，美国国会研究服务局（The Congressional Research Service）分别于 3 月 25 日和 5 月 9 日发布了《数据保护法：综述》（Data Protection Law：An Overview）和《数据保护与隐私法律简介》（Data Protection and Privacy Law：An Introduction，即《数据保护法：综述》的简版）两份报告，系统地介绍了美国数据保护立法现况以及在下一步立法中美国国会需要考虑的问题。

2. 权利基础

与欧洲偏好使用"个人数据"一词不同，美国则通常使用"隐私"一词。美国法律上的"隐私"的含义非常广泛，美国通过立法将隐私保护纳入到侵权法的救治体系中，旨在保护个人的独处权、个性、尊严和资质、亲密关系以及对个人信息的控制等。美国对于个人数据的保护是以隐私权为基础的。其所使用的"隐私"的内涵远大于一般意义的具体人格权的隐私权。美国法律上的隐私权实质保障了私生活领域的个人尊严、人格自由，具有人权法和宪法的渊源。

美国的隐私权始于 1890 年，一篇由沃伦（Warren）和布兰代斯（Brandeis）发表的名为"论隐私权"的论文提出了隐私权的概念，这篇发表在《哈佛法学评论》的论文被称作世界隐私权的起点[1]。1939 年，美国第

---

[1] 齐爱民. 美国信息隐私立法透析[J]. 时代法学，2005，3（02）：109-115.

一次在《侵权法重述》中，对隐私权的独立权利地位进行了明确[①]。1960年，威廉·普罗塞（William Prosser）教授在《论隐私权》这一文章的基础上结合隐私法律案例，于《加利福尼亚法律评论》上发表了《论隐私》一文，他在该文中认为隐私侵权共有四种不同利益的侵权行为。Prosser 教授关于侵害隐私领域的划分成为美国司法实践中判断隐私侵权的基础[②]。对于隐私权范围的问题，在美国历史上也广有争议。Prosser 教授将隐私权建立在人格的基础上，认为隐私权包括个人自由和个人安全。而有些学者则将隐私权狭义化。随着历史的发展，广义隐私权逐渐占据了主导地位，代表着人格不受侵犯的核心理念。

3. 具体内容

美国的数据权利体系与欧盟的一脉相承不同，其分散于各个领域、各个州的立法中，立法总体特征为分散立法、行业自律。以下将结合公私领域立法和行业政策，从目标、权利分布和权利限制三个方面对美国个人数据权利体系进行探究。

欧盟将个人数据权利视作一种基本人权，其立法目的是强化对数据权利的保护，原则上禁止商业使用，例外情况下合法授权允许。而美国则与之不同，与欧盟的数据保护比起来，美国更侧重于数据的商业利用目的，原则上允许出售等商业使用，在特定条件下禁止。美国将数据保护的目的向商业利益靠拢，原因是其发达的商品经济。与欧洲传统的人权思想不同，美国的崛起，与商业的快速发展和商业资本家的强大势力密不可分。因此美国在保护隐私权的同时，更强调数据的商业价值。

数据权利方面，主要有以下几项：知情权、删除权、拒绝权、公平服务权、访问权、更正权。大体看来权利名称与德国相似，但是其权利的行使

① 袁晓淑. 美国近代隐私权法律保护研究[D]. 安徽大学. 2019.
② 齐爱民. 大数据时代个人信息保护法国际比较研究[M]. 北京：法律出版社，2015：7-8.

范围和具体内容则不完全相同。首先是权利的适用范围和客体，由于美国没有统一的数据保护法，不同的法律针对不同的行业领域或者不同的行政单位。例如 1974 年《隐私法案》规范的对象主要包括联邦政府部级、委员会以上级别的行政机关在行使行政职权的过程中可能侵犯公民个人信息的行为。保护客体是政府机关在履行行政职务过程中掌握的个人信息记录。而 1971 年的《公平信用报告法》规范的对象主要是提供消费者信用调查服务的单位和机构，保护客体是消费者个人信用信息。同时，同一权利在不同的法律规范中，具体要求不同，会与该领域的特征相结合，更具有针对性。例如在《加利福尼亚州消费者隐私保护法案》中，拒绝权表现为消费者可以拒绝企业将其个人数据用于商业目的。而在《儿童在线隐私权保护法》中，对于年龄低于 13 岁的儿童，企业在使用其数据时需要征得其监护人同意①。可以看到，在不同的法律规范中，数据权利的强度和形式有所不同，在大部分法案（包括 GDPR）中，拒绝权表现为问责制，而在儿童数据保护方面，则表现为选择进入权，需要明确的授权方可进入。

除此之外，美国的公平服务权比较特殊。《加利福尼亚州消费者隐私保护法案》规定，"加利福尼亚人有权享有平等服务与价格，即使其行使隐私权"②。即当消费者在向企业行使隐私权时，企业不能拒绝向消费者提供服务或向消费者提供不同等级或质量的商品和服务。这一点体现出美国对经济效益的重视，也是美国数据保护目标——保证数据的经济效益的体现。

在权利限制方面，当该权利的行使会危害国家安全、他人生命健康、机密信息安全、相关证据或证人安全以及其他官方程序时，该权利不能履

---

① Children's Online Privacy Protection Act[EB/OL]. （2000-04-21）[2022-04-18].https://www.Federal-eserve.gov/boarddocs/supmanual/cch/coppa.pdf.

② California Consumer Privacy Act[EB/OL]. （2020-01-01）[2022-04-18]. https://leginfo.legislature.ca.gov/faces/codes_displayText.xhtml?division=3.&part=4.&lawCode=CIV&title=1.81.5.

行。大致看来与欧盟比较相似，区别主要有两点。一是美国的权利根据其领域的不同，其限制也会有所不同。这一点是由美国的分散立法导致的。二是美国对权利限制的规范要弱于 GDPR。除了数据应用目的外，GDPR 对数据类型和数据范围进行了明确规定，而美国则较为宽松。

在救济机制方面，美国视领域不同而有所区别。《公平信用报告法》对消费者的申诉程序进行了详细规定，对调查要求、给信息提供者的及时通知、因不重要或无关终止异议、不准确或不能证实的信息的处理这四个方面进行规定①。而在《加利福尼亚州消费者隐私保护法案》中，赋予了消费者诉讼权。对于企业违反数据保护义务而使个人数据遭受了未经授权的访问和泄露、盗窃或披露的行为，消费者可提出民事诉讼。同时，该法要求在加利福尼亚州财政内设立"消费者隐私基金"，用以抵消诉讼开支。可见，美国的救济机制也在逐步加强，降低消费者维护隐私权的门槛，便于消费者维护自身权益。

（三）俄罗斯个人数据权利

1. 演化进程

俄罗斯的个人数据权利体系的演化进程可分为三个阶段：萌芽阶段、初步发展阶段和快速发展阶段。由于俄罗斯受到苏联解体后动荡的政治经济局势以及较为保守的政治传统的影响，俄罗斯的个人数据保护要远远晚于欧洲和美国。按照时间划分，俄罗斯的个人数据权利体系的萌芽阶段为 1990 年至 1994 年，初步发展阶段为 1995 年至 2005 年，快速发展阶段为 2006 年至今。于 1995 年颁布的《信息、信息化和信息保护法》以及 2006 年颁布的《个人数据保护法》就是进行阶段划分的重要节点。

苏联解体后，俄罗斯进入一段政治经济动荡的时期，稳定社会态势成

---

① Fair Credit Reporting Act[EB/OL]. [2022-04-18]. https://www.ftc.gov/legal-library/browse/statutes/fair-credit-reporting-act?msclkid=f7eab8bdbe3a11ec9bd9f0156873139c.

为俄罗斯政府的当务之急。在这一时期，俄罗斯以制定立法计划为主，没有诞生专门的个人数据保护的相关法律。1993 年 12 月通过的《俄罗斯联邦宪法》第 23 条规定，人人享有私生活不可侵犯、保护个人和家庭秘密、个人名誉的权利，第 29 条中包含了对言论自由和信息交换自由的保障。《俄罗斯联邦宪法》为个人数据保护提供了宪法基础，然而其过于抽象，缺乏可操作性。可见，在这一阶段，个人数据权利是被纳入人权范围内，通过宪法进行保护的。

20 世纪 90 年代中期开始，俄罗斯逐渐对个人数据保护加以重视，个人信息的概念逐渐形成。1995 年俄罗斯颁布的《信息、信息化和信息保护法》第 2 条将个人信息定义为："能够识别公民个体生活事实、事件和状态的信息。"该法确定了个人数据保护的基本原则，但是没有确定相应的保护机制。1995 年，独联体成员国在明斯克签署了《人的权利与基本自由条约》（1998 年 8 月 11 日起在俄罗斯生效），该条约对隐私权和言论自由的权利进行了强调。而在 1997 年，个人数据被纳入了关于批准保密性信息清单的第188 号俄罗斯联邦总统令中。可见在这一阶段，俄罗斯将个人信息保护地位提升到法律层面，对个人信息的概念进行界定。但这一界定仍较为模糊，对个人信息和隐私、个人信息和涉密信息没有进行清晰的区分。

2006 年，俄罗斯通过了《个人数据保护法》。该法是俄罗斯前期有关个人信息保护法律制度的总结，系统地规定了对个人数据进行法律保护的具体制度①。根据 2014 年《信息、信息技术和信息保护法》修正案——第242-FZ 号修正案的内容，所有数据运营商在收集相关个人数据（包括通过网络）的过程时有义务确保通过位于俄罗斯联邦境内的数据中心对俄罗斯公民的个人数据进行记录、系统化、积累、存储、更改和提取。2015 年俄

---

① 卡佳. 俄罗斯个人信息保护法立法现状以及对中国的启示[D]. 北京邮电大学，2018.

罗斯总统签署第 264 号联邦法律，在其中对《信息、信息技术和信息保护法》的内容进行修改，用构建义务的方式规定了被学界称为"被遗忘权"的内容。

2. 权利基础

俄罗斯的个人数据权利的权利基础与德国相似，即以一般人格权为权利基础。俄罗斯的个人数据权利是从人权中诞生的，无论是《俄罗斯宪法》对个人隐私和言论自由的保护，还是俄罗斯对《世界人权宣言》和《欧洲人权公约》的认可，都体现出俄罗斯个人数据权利的来源。而俄罗斯个人数据的概念的发展，除个人数据范围愈发明确外，个人隐私的界定也愈发清晰。从 1995 年《信息、信息化和信息保护法》的"能够识别公民个体生活事实、事件和状态的信息"，到 2006 年《个人数据保护法》的"与已定义或正在定义的自然人直接相关或间接相关的信息"[①]，俄罗斯对个人数据的定义，不再局限于隐私范畴，而是指向与自然人相关的信息。

3. 具体内容

相较于美国和欧盟，俄罗斯的个人数据保护效仿了欧盟的立法模式和基本规范，采用了建立统一的个人数据保护法规对个人数据权利进行保护的立法模式，其数据处理原则及权利分布也与欧盟较为相似。以下将对俄罗斯的个人数据权利体系从目标、权利分布、权利限制等几个方面进行探究。

在个人数据权利体系的目标上，俄罗斯的主要目标是保护个人数据权利。《个人数据保护法》将立法目的确定为"对公民权利和自由的保护，个人和公民在处理他或她的个人数据时，拥有私人生活、个人和家庭秘密不被

---

① Federal law No. 152-FZ of 27 July 2006 on personal data[EB/OL]. （2006-07-27）[2023-03-30].https://wko.at/ooe/Branchen/Industrie/Zusendungen/ FEDERAL_LAW.pdf.

侵犯的权利"①。受到俄罗斯政治政策和经济社会发展现状的影响，俄罗斯政府对数据的经济价值关注度并不高，而是更为重视数据的安全性。

数据权利方面，主要有以下几项：知情权、访问权、被遗忘权、拒绝权和更正权。俄罗斯效仿了欧盟的个人数据保护制度，也采用了"知情同意"模式，即数据运营者需要获得数据所有者的同意，才能够收集、使用个人数据。数据主体拥有知情权、更正权、拒绝权等权利。而被遗忘权作为俄罗斯新引进的权利，引起了较大争议。在俄罗斯 2015 年对《信息、信息技术和信息保护法》进行的修订中，赋予了公民可以请求搜索引擎删除搜索结果中与自己有关的、指向第三方网站内容链接的权利。官方解释，该权利的内容类似于欧盟判决确立的"被遗忘权"，因此也被媒体和学者称作俄罗斯的"被遗忘权"。为配合《信息、信息技术和信息保护法》生效，俄罗斯联邦议会于 2015 年 5 月 20 日修订相关行政法规，增加行政处罚措施以保障被遗忘权的实施。自 2016 年 1 月 1 日《信息、信息技术和信息保护法》生效后，俄罗斯互联网企业 Mail. ru 和 Yandex 已收到首批"被遗忘"请求。俄罗斯引入被遗忘权的做法引起了全球性争议。英国人权组织 Article19 从被遗忘权与言论自由相协调的角度，认为俄罗斯的制度缺乏限制权利的例外规定，未对涉及公共利益或者公共事务的信息做特殊考虑。因此，Article19 呼吁俄罗斯对该法律重新审查，保证相关规定符合国际社会对言论自由的标准。

而在权利例外和限制方面，俄罗斯规定了专为个人和家庭需求处理个人数据（前提是不侵犯数据对象的权利）、处理国家保密数据、依照有关法院立法由主管当局向俄罗斯法院提供相关数据等情况，属于相应的数据权利例外豁免情形。

---

① Federal law No. 152-FZ of 27 July 2006 on personal data[EB/OL].（2006-07-27）[2023-03-30].https://wko.at/ooe/Branchen/Industrie/Zusendungen/ FEDERAL_LAW.pdf.

在俄罗斯，违反数据保护法律的处罚相当严厉，包括民事、刑事、行政处罚等多种类型，轻则罚款赔偿，重则监禁。根据《信息、信息技术和数据保护法》第 15 条，信息资源的占有者违反信息工作规章要承担法律责任。该法第 24 条规定，在非法限制信息索询和违反信息保护制度上有过错的，应依照民法、刑法以及行政法的相关规定承担责任①。

二、企业数据权利

（一）德国企业数据权利

1. 演化进程

商业秘密的保护是商品经济发展的产物。德国对商业秘密的保护源于 1898 年制定的《向不正当竞争行为斗争法》，该法率先使用反不正当竞争理论对商业秘密进行保护，对后来商业秘密的立法建设具有重要影响。1909 年，德国对《向不正当竞争行为斗争法》进行修改，颁布了《反不正当竞争法案》（Anti-unfair Competition Act），该法对商业秘密给予了较全面的法律保护。随着时代的发展，该法在 1987 年和 2004 年进行了两次大范围的修订，是德国对商业秘密保护的核心力量。由于德国没有专门对商业秘密进行立法保护，除《反不正当竞争法案》外，对商业秘密的保护还体现在《德国民法典》《德国刑法典》两大基本法中。欧盟也一直关注商业秘密的保护问题。1988 年，欧盟颁布《商业秘密集体豁免条例》，该条例对商业秘密进行了定义。1996 年的《技术转移集体豁免条例》（Technology Transfer Block Exemption Regulation，TTBER）将商业秘密纳入知识产权领域进行保护。

---

① Federal law of the Russian Federation on July 27 2006 N 152-FZ "On Personal Data" [EB/OL].（2006-07-27）[2022-04-18]. https://pd.rkn.gov.ru/authority/p146/p164/?msclkid=8833ac 19be4211ec9d304e575f852eb2.

2013 年欧盟颁布了《防止未披露专有技术和商业信息（商业秘密）被非法获取、使用和披露的指令（草案）》，经过长期讨论协商，2016 年 4 月 14 日，欧洲议会通过了《商业秘密保护指令》（Trade Secrets Protection Directive），该法案对欧盟内部形成统一的商业秘密保护体系、促进经济发展和市场竞争的有序进行起着重要作用。

而在企业对个人数据的处理方面，德国的立法规范也早于其他国家。继 1970 年德国黑森州颁布世界上第一部个人数据保护法后，德国于 1978 年出台的《联邦数据保护法》通过对个人数据保护的规范，明确了企业的数据权利和权利限制。《联邦数据保护法》是德国个人数据保护法的核心，分别于 2001 年、2003 年、2006 年、2017 年进行了多次修订。其中 2006 年和 2017 年的版本是为了协调欧盟《指令》和 GDPR 与国内法的一致而修订的。

2. 权利基础

公平竞争理论是德国商业秘密保护的理论渊源，德国将维护市场竞争秩序作为商业秘密的保护宗旨，在此基础上建立了以竞争法为核心的商业秘密保护体系。因此德国商业秘密保护的核心目的并非赔偿因商业秘密被侵害而受到损失的商业秘密拥有者，而是惩罚破坏市场秩序、影响经济有序发展的行为。

而在企业对个人数据处理的权利上，企业的权利来自"知情同意"模式下数据主体给予企业的授权，即在收集和使用个人数据之前就向数据主体明确对数据收集与使用的目的，只有获取数据主体的许可同意方能进行数据处理流程。德国《联邦数据保护法》第四节规定："个人数据的收集、处理和使用，只有在本法或任何其他法律规定允许或有规定的情况下或数据主体同意的情况下才可准许。"① "知情同意"模式的逻辑基础是数据主体通过授权同意的行为将个人数据的处分权利赋予企业，使企业能够进行数据处理流程。"知情同意"模式的根本出发点是对于个人数据权利和一般人格权的尊重②。

3. 具体内容

本书将从目标、权利分布和权利限制这三个方面对德国的企业数据权利体系进行探究。德国企业数据权利体系的目标是维护公平的市场秩序、保障企业的合法权益、促进企业发挥数据的经济价值的同时保护数据主体的数据权利。德国 2016 年的《反不正当竞争法案》将立法目的确定为"保护竞争参与者、消费者以及其他市场参与人免遭不正当竞争之害，同时保护公众对不受扭曲的竞争的利益"③。而在企业对个人数据的处理方面，个人数据保护法规通过对企业数据权利进行限制的方式明确了企业的数据权利，即"法不禁止即自由"。只要企业在法律规定的范围内、在不损害数据主体数据权利的情况下，对个人数据进行收集、处理和使用，都是被允许的。

企业数据权利体系的权利分布，根据权利行使范围和数据使用流程的不同，划分为数据管理权、数据收集权、数据使用权和数据流动权。宏观来讲，数据管理权包括后面三种数据权利，但是为了突出数据使用流程在不同时期的权利特点，将后面三种权利独立进行分析。数据管理权则更侧重于企业对自身数据的保护，包括企业自身经营数据以及经过企业深层次处理已经

---

① Federal Data Protection Act [EB/OL]. [2022-04-18]. https://germanlawarchive.iuscomp. org/wp-content/uploads /2014/03/BDSG. pdf.

② 黄震，蒋松成. 数据控制者的权利与限制[J]. 陕西师范大学学报（哲学社会科学版），2019，48（06）：34-44.

③ The act against unfair competition[EB/OL]. （2010-03-03）[2023-03-30].https://germanlawarchive. iuscomp.org/?p=822.

失去个人身份标识的个人数据。数据收集权指的是企业在合法条件下收集各种数据并存储的权利。这一权利是企业数据权利的基础和核心，企业基于合法手段收集数据才能进行数据使用和流动。数据收集包括直接收集和间接收集两种，直接收集即企业直接从数据主体处收集数据的方式，包括用户填写、信息行为收集等方式。间接收集指的是通过非直接收集获得数据的方式，包括通过数据交易或数据公开平台获得数据。数据使用权指的是通过对数据的分析处理，找出规律性的信息内容的权利。数据使用是企业利用数据指导企业经济战略或者为用户提供信息服务的主要手段，主要包括以下四种方式：分析数据从而提供服务或产品、使用相关数据保护用户权益或者按照相关法律要求使用数据、为了社会公益的研究和创新而使用数据、为个人提供相关服务而使用个人数据。在数据战略资源的地位日益凸显的当今，经济发展对数据的需求不断增强，而具有流动性特征的数据才能使经济效益最大化，数据流动权应运而生。当前的数据流动形式主要分为数据交易和数据共享两种。目前数据交易的主要形式是通过数据平台进行交易，数据共享主要是通过数据共享平台进行。

德国对于数据管理权的保护较为完善，《反不正当竞争法案》对商业秘密的侵权行为和惩罚措施进行了详细规定，对盗取和泄露商业秘密的行为，处以刑事处罚，规定了不作为请求权、损害赔偿请求权和利润收缴三种救济方法以保护企业合法权益。而数据收集权、数据使用权和数据流动权，主要是对其准许条件、行使范围、履行安全义务以及回应数据主体请求方面进行了限制。

而在权利限制上，数据管理权没有明确的限制，《反不正当竞争法案》明确了滥用权利的不合法性。同时在实际司法案例中，被控诉人能够对控诉人进行反诉。而数据收集权、数据使用权和数据流动权主要是基于对个人数据保护的目的而进行的。德国《联邦数据保护法》对于个人数据采集、处理和使用，主要有以下几条限制。①个人数据的收集、处理和使用的准许。只有在法律规定、获得数据主体的同意或有规定的情况下才可进行；如果未获得数据的主体的同意，若符合以下情况，也可以进行收集：第一，法律预先规定或强制收集；第二，依据行政职责的性质或业务目的需要收集数据；第三，向数据主体收集数据需付出不相称的努力，并且没有迹象表明数据主体最重要的合法权益受到侵害。②个人数据的收集、处理和使用的通知。数据控制者应在数据收集及使用之前告知数据主体控制者的身份、收集处理或使用的目的以及收件人的类别，并且需要在收集目的的范围内使用。③回应数据主体的请求。针对数据主体要求获得信息、数据修正、数据删除、数据限制等时，在符合要求的情况下，企业应予以满足。④赔偿问题。若企业依据法律，因收集、处理及使用未经同意或错误的个人数据而对数据主体造成损害，则企业有义务赔偿数据主体造成的损害。若企业已按照有关情况采取适当的保护措施，则不负有提供赔偿的义务。⑤企业应采取必要措施进行数据保护。规定企业要采取适当的技术措施和组织措施对个人数据进行保护；自动处理个人数据的企业需要设置数据保护官，并履行其职责；数据收集与处理遵循"最小化原则"；需定期进行数据保护审计。⑥对敏感数据的特殊规定①。

（二）美国企业数据权利

1. 演化进程

作为商品经济发达的美国，其商业秘密保护历史悠久。1837 年，美国诞生了第一起与商业秘密相关的判例。而在其后的相当长的一段时间内，美国主要依靠判例法对商业秘密进行保护，直到 1939 年出版的《侵权行为法

---

① Federal Data Protection Act[EB/OL]. [2022-04-18]. https://germanlawarchive.iuscomp. org/wp-content/uploads/2014/03/BDSG.pdf.

重述》（Restatement of Torts），从法律层面对商业秘密保护进行了规定。
1979 年《统一商业秘密法》（Uniform Trade Secret Act，USTA）颁布，这
是美国第一部专门的商业秘密保护法律，对商业秘密进行了详细规范，包括
商业秘密的定义、侵权行为及侵权责任、救济方式及惩处措施等内容。该法
案于 1985 年进行修订。1995 年美国出版了《法律重述——反不正当竞争》，
同年由美国法律协会制定了《不正当竞争法重述》，该法案是对以往各类商业
秘密保护法案及判例的综合。进入 21 世纪后，美国结合时代特征和新技术的
发展，推出了一系列保护商业秘密的法律法规。2012 年美国议会通过的《盗
窃商业秘密澄清法案》（Theft of Trade Secrets Clarification Act）和《外国经
济间谍惩罚加重法》是对 1996 年《反经济间谍法》（Economic Espionage
Act）的强化，明确了商业秘密的界定，并且加大了对经济间谍罪的惩罚力
度。2016 年，美国总统奥巴马签署《商业秘密保护法》（Defend Trade
Secrets Act，DTSA），该法为企业的商业秘密保护提供了有效保障。

而在企业对个人数据的处理方面，美国与欧盟不同，美国没有采用统
一的个人数据保护法，而是采用分散立法、行业自律的模式，平衡个人数据
权利的保护和数据的自由流动。除去根据各行业特点制定的诸如《财务隐私
权利法》《儿童在线隐私权保护法》等法律外，美国最具有代表性的行业自
律模式是 1998 年由数据企业建立的"在线隐私联盟"（Online Privacy
Alliances，OPA），该联盟发布了在线隐私准则，以规范企业对个人数据的
收集使用行为。而 2015 年美国通过的《消费者隐私权法案（草案）》和
2018 年加利福尼亚州颁布的《加利福尼亚州消费者隐私保护法案》对企业
的责任和义务进行了详细规范。

2. 权利基础

在商业秘密的保护方面，美国与德国的权利基础相同，都是基于公平

竞争理论，建立以竞争法为核心的商业秘密保护体系。企业数据权利体系的核心目的是维护市场秩序，促进经济发展。而在企业对个人数据处理的权利上，美国则与德国不同，美国的个人数据保护没有应用"知情同意"模式，即除 16 岁以下儿童，美国企业可以在没有得到同意的情况下，自由收集和使用消费者数据。相较于德国和欧盟的相关立法倾向于关注数据主体的人格利益，美国模式则更注重数据的流通价值，以数据的自由流通作为企业数据权利体系的权利基础。

3. 具体内容

本书将从目标、权利分布和权利限制这三个方面对美国的企业数据权利体系进行探究。

随着数字经济的发展，互联网公司以及互联网经济在经济发展方面的地位日益提高。如何平衡企业与个人的数据利益是各个国家都面临的难题。美国将重心落于经济发展，引入"法不禁止即自由"的行为原则，对隐私权保护采取变通的态度，以保障互联网公司的利益，推动数字经济的发展。从美国企业数据权利体系的权利基础也可以看出，美国的核心目标是维护市场秩序，创造良好的经济发展环境，促进数据的自由流通，最大化发挥数据的经济价值。

美国的企业数据权利包括数据管理权、数据收集权、数据使用权和数据流动权。美国的数据管理权拥有完善的规范措施和救济措施，对于跨国案例的裁定也有规定。为了避免商业秘密所有者因诉讼流程过长受到不可挽回的损失，《商业秘密保护法》赋予原告单方面民事扣押权，即原告有权在诉讼进程获得进展之前单方申请扣押被告涉及商业秘密的财物或信息。救济措施包括损害赔偿金、禁令救济、律师费的赔偿等。同时美国将《商业秘密保护法》的适用范围扩展到全世界，要求对发生在美国境外的盗用美国公司商业秘密的案件进行追踪与报告。而对数据收集权、数据使用权和数据流动权，主要是采取了默许的态度，对其行使范围、特殊数据处理、需给予消费者公平服务以及回应数据主体请求方面进行了限制。

而权利限制上，在数据管理权方面，美国《商业秘密保护法》规定了时间限制，应当在发现使用不正当使用商业秘密之日起三年内提起民事诉讼。该法案对企业因雇佣关系产生的商业秘密保护问题进行界定，包括雇员的权利义务和责任豁免情况，规定雇主不得对雇员进行报复。雇员可对雇主的报复行为提起诉讼，即反报复诉讼。同时还出于立法或行政目的，采用非公开的形式，将向法院或者政府机关披露商业秘密的行为列为责任豁免情况，行为人不需承担民事责任。这些主要是基于对个人数据保护的目的而进行的①。2018 年《加利福尼亚州消费者隐私保护法案》对于个人数据采集、处理和使用，主要有以下几条限制。①对消费者信息的告知。收集消费者个人信息的企业应当在收集时或者收集前告知消费者其收集个人信息的类别和具体要素、信息的收集来源类别，收集或出售信息的企业目的、信息共享第三方的类别以及个人信息的使用目的。②回应消费者的请求。对消费者获得信息、信息修正、信息删除、拒绝信息使用等要求，在符合要求的情况下，企业应予以满足。③企业尊重消费者的公平服务权，禁止因消费者提出数据权利请求就对消费者付诸歧视措施，包括拒绝提供服务或提供不同价格或不同质量的产品服务。④儿童数据的保护。在众多国家中，美国是少数没有采用"知情同意"原则的国家，而在儿童数据保护方面，美国要求企业在收集或处理未满 16 岁的消费者的个人信息之前，需要得到授权，也被称为"选

---

① Defend Trade Secrets Act of 2016（DTSA）[EB/OL]．（2016−05−11）[2020−04−20]. https://nondisclosure−eagreement.com/dtsa.html.

择进入权"①。⑤赔偿问题。若企业没有采取技术或组织上的安全措施保护个人信息安全，使得个人信息出现安全问题，企业有义务赔偿消费者因个人信息泄露造成的损害。若企业已按照有关情况采取适当的保护措施，则不负有提供赔偿的义务②。

（三）俄罗斯企业数据权利

1. 演化进程

就世界范围而言，对商业秘密进行法律保护是一种很常见的做法。然而对苏联来说，在长达 70 年的苏维埃计划经济体制时期，这种法律调整实际上是缺位的③。1990 年 6 月颁布的《苏联企业法》首次对商业秘密的保护进行规定。

1990 年 12 月《苏俄所有权法》第 2 条将生产秘密作为受法律承认的知识产权客体之一。1990 年 12 月 25 日《企业与企业活动法》（Business and Corporate Activity Law）颁布，该法案取代了《苏联企业法》。《企业与企业活动法》虽然没有规定商业秘密的定义，但是确认了企业对该知识产权客体的权利。可见，在这一阶段，已经具备商业秘密的保护意识，但仍没有明确商业秘密的概念，对其权利范围和惩处措施也不明确。

苏联解体后，俄罗斯开始了向市场经济转型的艰辛之路。出于市场经济需要法律保护，俄罗斯加快了商业秘密的立法建设。俄罗斯的商业秘密保护建设始终以民法典和《联邦商业秘密法》（Business Secret Law of

---

① 吴沈括. 《2018 年加州消费者隐私法案》中的个人信息保护[J]. 信息安全与通信保密，2018，（12）：83–100.

② California Consumer Privacy Act[EB/OL]. （2020–01–01）[2022–04–18]. https://leginfo. legislature.ca.gov/faces/codes_displayText.xhtml?division=3.&part=4.&lawCode=CIV&title= 1.81.5.

③淡修安，张建文. 俄罗斯联邦技术秘密保护之嬗变：以立法演进为视角[J]. 广东外语外贸大学学报，2012，23（01）：52–56.

Russia）为核心进行。在 1994 年通过的民法典中，首次对"职务秘密与商业秘密"进行了专门规定。而 1996 年的刑法对计算机网络犯罪的规定，体现出俄罗斯对计算机犯罪的关注与重视。俄罗斯《联邦商业秘密法》于 2004 年 7 月通过，该法尚未明确对商业秘密的专有权，而是规定了商业秘密所有者的七项权利，该法对商业秘密的调整采用了知识产权的保护制度。《联邦商业秘密法》迄今为止经历了三次修改，分别在 2006 年 2 月、2006 年 12 月以及 2007 年，其中以 2006 年 12 月第 231 号联邦法律的修改最为核心。此次修改将《联邦商业秘密法》中原属于民法调整的实体部分抽离，纳入民法典中，《联邦商业秘密法》只保留对商业秘密制度的规定。此次修改后，俄罗斯在商业秘密的立法模式上形成了民法典和单行法（《联邦商业秘密法》）的二元调整特点。

而在企业对个人数据处理方面，1995 年的《信息、信息化和信息保护法》、2006 年的《个人数据保护法》以及其后的数次修订，对企业在个人数据保护方面的义务、个人数据处理原则以及惩处措施进行了详细规定。

2. 权利基础

在权利基础上，俄罗斯与德国十分相似，无论是公平竞争理论，还是"知情同意"模式下数据所有者给予企业的授权，都与德国基本一致。笔者认为，这与俄罗斯的企业数据权利体系建设较晚，受欧洲影响较大有关，俄罗斯在公平竞争理论的基础上建立了以竞争法为核心的商业秘密保护体系。然而就法规制度和司法实践而言，俄罗斯在维护市场竞争秩序之余，更为关注市场的稳定性以及商业秘密所有者的利益。而在企业对个人数据处理的权利上，企业的权利来自"知情同意"模式下数据主体给予企业的授权，即提前向数据主体明确对数据收集与使用的目的，只有获取数据主体的许可同意方能进行数据处理流程。

3. 具体内容

本书将从目标、权利分布和权利限制这三个方面对俄罗斯的企业数据权利体系进行探究。

2004年7月通过的《联邦商业秘密法》将立法目的确定为："本联邦法调整与确认、转让、保护商业秘密有关的关系，旨在平衡商业秘密所有人与其他参与者（包括国家）在商品市场、劳务市场、服务市场上的利益，防止不正当竞争。"[①]可见，对俄罗斯而言，企业数据权利体系发展与保护并重，在保护市场正当秩序、维护经济稳定发展的同时，也要保护商业秘密。而在企业对个人数据的处理层面，俄罗斯也更侧重于个人数据的保护，从俄罗斯严格的被遗忘权规定可见一斑。

俄罗斯的企业数据权利包括数据管理权、数据收集权、数据使用权和数据流动权。俄罗斯的数据管理权起步较晚，但发展迅速。通过数十年的立法建设，俄罗斯已经具备了民法典和单行法（《联邦商业秘密法》）的二元调整的特点。《联邦商业秘密法》对商业秘密的定义、侵权行为、商业秘密所有人的权利进行了详细规定。而数据收集权、数据使用权和数据流动权，主要是对其准许条件、行使范围、履行安全义务以及回应数据主体请求方面进行了限制。

而在权利例外与限制上，根据《联邦商业秘密法》的规定，若没有足够理由证明使用商业秘密的人是非法使用，其中包括因意外或错误获得许可使用的人，则不适用于商业秘密侵害。若商业秘密所有人没有履行国家权力机关、其他国家机关和地方自治机关提供商业秘密的合法要求，以及妨碍上述机关的公务员获得商业秘密的，也应承担相应法律责任。

而数据收集权、数据使用权和数据流动权主要是基于对个人数据的保

[①] 《俄罗斯商业秘密法》[EB/OL]. （2009-05-17）[2022-04-18]. https://www.ruslaw.com.cn/plus/view.php?aid=128&msclkid=24aff725be4311eca5d0c17c889fb160.

护。俄罗斯对个人数据采集、处理和使用，主要有以下几条限制。①个人数据的收集、处理和使用的准许。只有在法律规定、获得数据主体的同意或有规定的例外情况下才可进行。②个人数据的收集、处理和使用的通知。数据经营者应在数据收集及使用之前告知数据主体经营者的身份、收集处理或使用的目的以及收集人的类别，并且需要在收集目的的范围内使用。若数据经营者需要将数据传输给第三方，也需要获得数据主体的同意。③回应数据主体的请求。主体要求获得信息，进行数据修正、数据删除、数据限制等请求时，在符合要求的情况下，数据经营者应予以满足。④赔偿问题。若数据经营者的不当操作使数据主体遭受损失，数据主体有获得赔偿的权利。⑤企业应采取必要的组织措施和技术措施对个人数据进行保护。若个人数据遭到破坏，数据经营者有义务及时告知数据主体。

三、国家数据权利

（一）德国国家数据权利

1. 演化进程

对于数据安全的保护，德国始于 20 世纪 70 年代。1975 年，德国颁布《联邦议院保密规定》（Federal Parliament Secrecy Rules），该法案对国家秘密的等级和范围进行规定。1986 年，德国通过了《德国刑法典》（German Penal Code）修正案，此次修订加入了资料伪造罪、资料变更罪、计算机破坏罪等七项计算机犯罪。同时，德国对于欧盟颁布的法律也积极参与。1992年，欧盟颁布《欧盟信息安全法律框架决议》（The EU Legal Framework of Information Security），该协议要求对信息存储进行保护。欧盟理事会于 1995 年发布的《合法拦截有关通话通信的决议》（Resolution on Legal

Interception of Calls and Communications）要求监管涉及敏感情况的通信信息，以保障国家信息安全。德国于 1997 年颁布的《信息和通信服务规范》（Information and Communication Service Specification）涉及网络犯罪、数字签名、个人隐私等多项信息安全的内容，被称作国际上第一部规范的信息安全法律，该法律是一部较为全面的综合性法律，后来作为德国信息安全的统一法和基本法使用①。进入 21 世纪后，德国以及欧盟对网络空间安全高度都较为重视。2003 年，欧盟通过的《关于建立欧洲网络信息安全文化的决议》标志着欧盟在数据安全领域由被动转为主动，通过多方协作全面提升了数据安全意识。《信息社会行动纲领》是 2006 年德国有关信息问题的表述综合，体现了德国对信息化建设的重视。2011 年德国政府发布了在网络空间行动的指南——《德国网络安全战略》（Cyber Security Strategy for Germany）。而德国于 2015 年颁布的《信息技术安全法》建立了系统完备的关键信息基础设施保护制度体系。

与欧洲其他国家相比，德国对信息公开的法律建设较晚。1977 年德国颁布的《行政诉讼法》（Administrative Litigation Act）规定了公民拥有查阅政府公文的权利。欧共体于 1979 年通过了《政府信息公开和信息自由权》的建议草案，该法案为其成员国在政府信息公开方面提供了立法原则。1990 年德国通过了《德国信息自由法》，这是德国第一部统一的信息公开法规，该法规定任何德国公民都有权通过德国政府部门获得官方信息。1994 年，德国颁布的《环境信息法》（Environmental Information Act）规定了人人都有获取环境相关信息的权利。2007 年的《消费者信息法》（Consumer Information Act）和 2008 年的《地理数据存取法》（Geographic Data Access Act）则分别对消费性产品和地理图像数据的获取规则进行了规定。

---

① 相丽玲，陈梦婕. 试析中外信息安全保障体系的演化路径[J]. 中国图书馆学报，2018，44（02）：113-131.

而德国的政府数据开放建设，则是始于 2010 年。2010 年 9 月，德国信息技术规划委员会发布"国家电子政务战略"，将"促进开放政府"的重点确定为开放政府数据。2014 年，德国针对八大工业国组织（G8）签署的《开放数据宪章》推出行动计划，要求各联邦政府部门通过德国政府开放的数据平台进行数据开放。

欧洲对数据跨境流通的立法建设始于 20 世纪 80 年代。继欧洲一系列国家开始对个人数据保护进行立法后，1981 年欧洲理事会各成员国签署的《108 公约》是历史上第一个关于数据保护的有法律约束力的国际条约，明确了个人数据跨境流动的基本法律规制。随着信息技术的发展和国际贸易流动的增多，个人数据跨境领域需要更为严格具体的规范。1995 年欧盟制定的《指令》中，对个人数据的跨境流动进行了制度性的安排，提出了"充分性"的保护标准判断。受到斯诺登事件的影响，德国开始制定数据本地化政策，对涉及本国公民的数据进行管控。2013 年 7 月，德国数据保护专员宣布，他们将要求停止将德国公民个人数据进行跨境转移的行为，直到德国政府采取有效措施保证国外情报部门对德国公民个人数据的收集、利用能够符合基本的法律规制。而在 2018 年生效的 GDPR，对跨境数据流动的规则进行了细化，沿袭了《指令》对于充分性的要求，只要符合了 GDPR 中跨境数据流动的条件，成员国就不得再予以限制。

2. 权利基础

从整体来说，德国对国家数据权利进行保护和利用的基础是数据所有权。国家与其管辖的事务的关系，如同所有权人对其物的关系。国家的数据管辖权以数据所有权为基础①。而这一点，是各个国家数据权利的共同基

---

① 汪映天. 国家数据主权的法律研究[D]. 辽宁大学. 2019.

础，下文将不再赘述。

除了作为根本基础的数据所有权外，在域外数据管辖权方面，德国采取了"属地主义"与"属人主义"相结合的方法。对本国居民在国外数据的管辖，采取"属人主义"的原则。2018 年生效的 GDPR 将管辖范围扩大到欧盟之外，包括欧盟及为欧盟数据主体提供服务的非欧盟境内的数据控制者。对本国数据流出，采取"属地主义"的原则，要求将本国公民的数据保留在本国境内。2013 年，德国电信（德国政府控股三分之一）建议德国人之间的通信数据只在德国境内的网络中传输。2014 年 2 月，德国总理默克尔建议欧洲应当建立自己的互联网基础设施，以使得数据仅保留在欧盟境内。

3. 具体内容

本书对德国的国家数据权利体系，主要从目标和权利分布这两方面进行探究。德国的国家数据权利体系的目标，一方面是保护本国数据安全，一方面是促进数字经济发展。这两点与美国有相似之处，也有不同。相同点在于两个国家都希望利用国家数据权利体系达到经济和政治的双重目的。不同点在于，美国立足于自身世界经济大国和数据霸主的地位，通过严出宽进的数据流动的原则来实现这一目的。而德国受限于有限的经济实力和数据地位，在欧盟的法律规则和统一市场下，通过较为严格的数据管辖政策来实现目标。从宏观上讲，国家数据权利主要包括属地数据管辖权和域外数据管辖权。具体到德国，则主要是数据控制权、数据共享权和域外数据管辖权。数据控制权强调的是对本国数据的保护，是对政府、企业和个人的数据进行处理和保护的权利。严格意义上数据控制权包括数据共享权，在进行分析时为了突出数据共享权的特殊性，以及数据控制权侧重于数据安全保护，将数据控制权与数据共享权分开来进行分析。数据共享权侧重于对政府和机构数据的公开共享，建立数据共享平台以达到效果，是对民众知情权的维护。而域外数据管辖权，主要是对跨境数据流动中的数据进行管理的权力。普遍而言，大多数国家都拥有数据控制权、数据共享权和域外数据管辖权，但是侧重点和特点则有所不同。

就数据控制权而言，德国高度重视信息安全和网络空间安全。在 2011年的《国家网络安全指南》中，德国政府提出了保护关键基础设施、加强技术建设、增强与欧洲其他国家的合作、建立与网络空间安全有关的部门等十个方面的内容以保护网络空间安全①。在《国家网络安全指南》中，德国政府还提出了两大原则，一是均衡原则，即安全与发展相适应，在保护信息安全的同时发展数字经济。二是全面原则，重视合作在打击互联网犯罪中的重要作用。

而在数据共享权方面，德国在一系列法律规章的指导下逐步建立起较为完善的数据开放体系。其开放数据平台能够提供多种开放标准格式，包括人口、法律、地理、环境等 14 个领域，超过两万个数据集。德国在数据公开上也格外重视公民的参与，在政府各个部门设置开放数据联系点，接受公民、企业以及媒体的共同参与。然而由于德国是由各州分别制定信息公开的法律，各州的规范内容有所差异。加上德国缺乏"默认开放"原则，其数据开放的发展较为缓慢。

在域外管辖权方面，德国采取了"属地主义"与"属人主义"相结合的方法。一方面与欧盟 GDPR 保持一致，将控制范围扩展到欧盟境外。同时采用了"充分性"的保护标准判断，欧盟委员会负责审查这些国家和地区的数据保护水平是否达到欧盟标准。到目前为止，除了欧盟 27 个成员国

---

① Cyber Security Strategy for Germany[EB/OL]. （2011-02-23）[2022-04-18]. https://www.itu.int/en/ITU-D/Cybersecurity/Documents/National_Strategies_Repository/Germany_2011_Cyber_ Security_Strategy_for_Germany. pdf.

外，只有少部分国家（地区）满足了欧盟标准，如加拿大、阿根廷、瑞士等。至于美国，欧盟认为美国并未达到欧盟的数据保护要求。但鉴于欧盟与美国频繁的贸易往来，对个人数据跨境流动需求极大，因此欧盟与美国签订了安全港协议，该协议吸收了欧盟数据保护法的主要制度。斯诺登事件爆发后，《安全港协议》（Safe Harbor Agreement）的安全性受到欧盟的质疑，后被废除，双方重新签订了具有更强约束力的《隐私盾协议》（EU-US Privacy Shield）。目前，在欧盟运营的实体实施个人数据跨境流动行为时，有如下三种合法方式：一是数据的流向国（地区）具备了欧盟认可的个人数据保护水平；二是符合三种除外情况，即数据流动得到数据主体的同意，或者数据流动为履行合同或抗辩法律请求所必需；三是数据的输出方和输入方之间签订了符合欧盟要求的合同条款或者具有约束力的公司内部规则。另一方面采取数据本地化政策，将数据保留在德国本地，以达到保护数据安全、推动本地数字经济发展的目的。

（二）美国国家数据权利

1. 演化进程

美国对国内数据的保护始于 20 世纪 60 年代。1967 年美国颁布的《信息自由法》（The Freedom of Information Act），以信息公开例外的形式对数据安全进行规定。1987 年，美国颁布了《计算机安全法》（Computer Security Law），对联邦政府计算机系统内敏感信息的安全与保密进行规定，这部法律也标志着美国数据安全立法政策的稳定[①]。而在小布什政府时期，信息政策偏向保守，"9·11" 事件发生后，美国更为重视数据安全问题。美国于 2001 年颁布《美国爱国者法案》，以防止恐怖主义为名扩大执

---

① 姚凤霞. 大数据时代国家信息主权法律保障制度研究[D]. 广西民族大学，2013.

法机关对民众信息的搜集权力。继而又相继颁布了《信息网络安全研究与发展法》（Cyber Security Research and Development Act）、《联邦信息安全管理法案》（United States Federal Information Security Management Act）、《网络安全国际战略》（National Cybersecurity Strategy）和《网络安全法案》（Cyber Security Act）等一系列法律规范，强化数据安全保护。可见，美国的信息安全制度与国际形势息息相关。21世纪以来，美国强调在对数据安全进行充分保护的情况下推动数据公开。

1967年美国颁布的《信息自由法》确定了政府数据开放的基本原则，是美国政府数据开放的奠基之作①。之后又对《信息自由法》进行了数次修订。虽然美国政府信息公开起源于1967年，但是美国开始大规模推动政府数据开放，则是在2000年之后。2007年，美国联邦政府颁布《开放政府法》（Open Government Act），将政府公开数据的范围由政府采集的数据扩大到政府采集数据及政府委托私营及非私营机构采集的数据②。2009年奥巴马签署的《信息自由法案备忘录》明确了数据开放的原则，揭开了美国数据开放的新篇章。2012年，美国总统奥巴马发表了主题为"建设21世纪数字政府"的总统备忘录。在该备忘录中，奥巴马提出了"数字政府：建设21世纪平台以服务美国人民"（Digital Government：Building a 21st Century Platform to Better Serve the American People）战略，表示应将所开放数据转化为更易开放的形态。2016年，美国参议院通过了《开放政府数据法案》（Open Government Data Act）的提案，提出应扩大政府数据开放的规模，深入政府数据的价值挖掘。2019年1月14日，特朗普签署的《开放的、公开的、电子化的及必要的政府数据法》（Open，Public，

---

① 王晶. 美国政府数据开放政策最新进展及启示[J]. 信息通信技术与政策，2019，（9）：35-38.

② Open Government Act of 2007 [EB/OL]. [2022-04-18]. https://www.justice.gov/sites/default/files/oip/legacy/2014/07/23/amendment-s2488.pdf.

Electronic, and Necessary Government Data Act）正式施行，这部法案主要是将新技术与政府数据开放相结合，以达到高效数据开放的目的。

美国是世界上最早考虑在国际经贸协定中对跨境数据流动进行规范的国家之一，美国在经济合作与发展组织（Organization for Economic Co-operation and Development，OECD）内部积极推动"数据保证"项目，减少发达国家对数据流动设置的限制，鼓励其他国家采取开放和宽松的跨境数据流动政策①。1995 年，欧盟的《指令》正式生效，其第 25 条规定欧盟成员国向第三国转移数据时第三国应提供"充分的保护水平"，然而追求数据自由流通和行业自律的美国，远远无法达到欧盟所要求的标准，导致欧美跨境数据流通问题频发。2000 年，美国与欧盟签订了《安全港协议》，以解决美国的数据保护水平无法达到《指令》要求的"充分性"的问题，协调欧美之间个人数据的跨境流动。2012 年，在美国的推动下，经济合作与发展组织构建的 CBPR 正式启动，CBPR 的实质是要求各加入国家在个人数据跨境流动时认同美国较低的保护水平。随着棱镜门事件的爆发，美国在个人数据跨境流动领域的安全问题和隐患凸显，欧洲法院于 2015 年宣布产生《安全港协议》的"2000/520 号欧盟决定"无效②。而为了便于美欧贸易过程的数据流通，2016 年 2 月，欧盟发布了《隐私盾协议》，代替了《安全港协议》。《隐私盾协议》是对《安全港协议》的强化，能够更好地保护数据主体的权利。而美国在扩展域外管辖权方面，其 2018 年发布的《CLOUD 法案》强调美国对域外数据的所有权。

2. 权利基础

而在域外数据管辖方面，美国坚持"属人主义"的原则。美国重要的

---

① 张生. 美国跨境数据流动的国际法规制路径与中国的因应[J]. 经贸法律评论，2019，（04）：79-93.
② 马芳. 美欧跨境信息《安全港协议》的存废及影响[J]. 中国信息安全，2015，（11）：106-109.

数据主权法案《CLOUD 法案》起源于微软与美国政府的法律争议，微软认为，数据存储在爱尔兰，根据"属地主义"原则，美国的搜查令只适用于美国境内，不能要求微软提供存储在爱尔兰的数据。美国政府一方认为，微软有义务在美国境内进行操作，向政府披露数据。即"数据存储地标准"和"数据控制者标准"的分歧①。而《CLOUD 法案》明确了"数据控制者标准"，即"无论通信、记录或其他信息是否存储在美国境内，服务提供者均应当按照本章所规定的义务要求保存、备份、披露通信内容、记录或其他信息，只要上述通信内容、记录或其他信息为该服务提供者所拥有、监管或控制"②。

3. 具体内容

本书对美国的国家数据权利体系，主要从目标和权利分布这两个方面进行探究。美国国家数据权利体系的目标，经济上是促进经济发展，政治目标是维护美国的数据霸主地位。为了达到经济发展的目标，美国需要保证数据自由流通。2011 年 5 月，奥巴马公布了《网络空间国际战略》（ International Strategy for Cyberspace ），该战略将保障基本自由、尊重个人隐私、确保信息自由流通作为美国制定网络空间政策所依据的基本原则。为了维护美国的数据霸权，美国出台了《CLOUD 法案》，试图控制世界范围的数据。

美国的国家数据权利体系与德国相似，包括数据控制权、数据共享权和域外数据管辖权。在数据保护和数据管控方面，美国是"双标"的。美国一方面在各种跨境贸易协议下坚持数据的自由流通，一方面强化本国数据保

---

① 数据主权视野中的 CLOUD 法案[EB/OL].（2020-10-07）[2023-03-30].https://isopp.buaa.edu.cn/info/1157/1131.htm.

② CLOUD Act[EB/OL].（2018-03-23）[2022-04-18]. https://www.justice.gov/dag/cloudact?msclkid=810d1ea9be3c11ecb535d2ead1b7787c.

护。在 2018 年 10 月，美国、墨西哥和加拿大达成的《美墨加协定》中，第
19 条对数据本地化进行规定，要求缔约方不能以要求条约所涵盖的人使用当
地计算机设备或将计算机设备安置于东道国境内作为允许当事人进行商业活
动的前提，即不能以数据本地化为理由拒绝数据的自由流动。而在 2010 年 5
月，奥巴马公布的《国家安全战略》中，将确保网络空间安全提升到战略化
高度。而在 2012 年，奥巴马向国会递交的综合性网络安全立法建议，包括关
键基础设施监管、信息安全政策、有关网络安全职位的人事授权、计算机安
全执法、数据泄露的通知、国土安全部的权力和信息共享、数据中心的选址
等七个部分。可见美国对本国的数据安全持以高度重视的态度。

美国在重视本国数据安全的同时，基于对公民权利的尊重，积极推动
政府数据开放与共享。美国参议院于 2016 年通过的《开放政府数据法案》
对政府数据开放范围、数据格式要求、主要执行机构的责任进行明确，要求
机构评估数据的安全风险，并强调了政府数据默认开放的原则[①]。

美国在强调个人数据跨境流动的自由性的同时，执行进攻性的域外数
据管辖政策，长臂管辖至其他主权国家的境内范畴，力图将美国的数据控制
权遍及全世界。美国《CLOUD 法案》所明确的"数据控制者"标准，让世
界贸易发达的美国可以借由美国企业来获取世界各地的数据。不仅如此，
《CLOUD 法案》允许"适格外国政府"向美国境内的组织直接发出调取数
据的命令，对"适格外国政府"进行了严格的评价标准，同时要求外国政府
对美国政府保留相同的数据渠道，对数据的类型和范围也进行了严格的
限制[②]。

---

① Open Government Data Act[EB/OL]. （2018-12-24）[2022-04-18]. https://www.
justice. gov/sites/default/ files/oip/legacy/2014/07/23/amendment-s2488. pdf.

② CLOUD Act[EB/OL]. （2018-03-23）[2022-04-18]. https://www.justice.gov/dag/
cloudact?msclkid=810d1ea9be3c11ecb535d2ead1b7787c.

（三）俄罗斯国家数据权利

1. 演化进程

俄罗斯对国内数据的保护则是始于苏联解体后。20 世纪 90 年代，苏联解体使得俄罗斯的政治和经济领域受到剧烈冲击，原本健全的信息安全体系也受到破坏。内部社会动荡，外部美国虎视眈眈，加上信息技术的快速发展，使得俄罗斯亟须建立信息安全体系，保护信息安全。早在 2000 年，俄罗斯通过的《俄联邦信息安全学说》便将信息安全提升到国家安全的战略高度，该报告明确指出"国家安全主要取决于信息安全"。2005 年以来，随着信息技术的快速发展，国际安全形势也愈发严峻，俄罗斯需要对信息安全进行更强有效的保护。2006 年，俄罗斯对 1995 年颁布的《信息、信息化和信息保护法》进行修订，改名为《信息、信息技术和信息保护法》，该法案对公民的信息权利和禁止公民获取的信息进行了明确规定。2013 年，俄罗斯公布《2020 年前俄联邦国际信息安全领域国家政策框架》，该政策框架对国际信息安全领域的重要问题进行描述，成为俄罗斯参与国际信息安全事务的战略计划文件。2016 年，第二版《俄联邦信息安全学说》颁布，该学说明确了俄罗斯信息领域的国家利益、信息安全面临的主要威胁、战略目标和行动方向。

20 世纪 90 年代，俄罗斯掀起民主法治的改革浪潮，腐败现象频发和非政府组织争取公民信息获取权的活动此起彼伏，呼唤着信息公开制度的建立和政府信息的公开透明。1996 年，叶利钦向国家杜马提交《信息权利法（草案）》，为政府信息公开立法奠定了基础①。2002 年，俄经贸部提出《俄罗斯政府信息公开法（草案）》。至此，俄罗斯政府信息公开法开始了长达七年的立法之旅，中间经历了多次返修和搁置，该法案触及政府利益以及政府

---

① 贺延辉.《俄罗斯政府信息公开法》研究[J]. 图书馆建设，2014，（5）：17-24.

机关的消极抵触，是导致其立法流程漫长的重要原因，也体现出其对俄罗斯推动政府透明化的重要性。2009 年俄罗斯正式颁布了《俄罗斯政府信息公开法》，于 2010 年 1 月正式生效，这是俄罗斯政府信息公开领域里程碑式的法案。

在跨境数据流通方面，斯诺登事件披露后，2013 年，俄罗斯杜马呼吁俄罗斯通过立法保护数据主权，要求电子邮件服务提供商以及社交网络公司将俄罗斯用户的数据保留在国内。俄罗斯于 2014 年 5 月通过的关于《信息、信息技术和信息保护法》的修正案及相关互联网通信规范规定，互联网信息传播者需对用户数据在俄罗斯境内进行存储备份。

2. 权利基础

除了根本基础的数据所有权外，在域外数据管辖权方面，俄罗斯是坚定的"属地主义"，即数据应保存在俄罗斯境内并留有备份。俄罗斯对跨境数据传输问题做出较为详细的规定：要求所有在俄企业必须在俄罗斯境内建立数据中心，用于存储所掌握的涉俄数据，所有在俄企业均不得在俄境外处理涉俄公民的个人数据信息。在俄罗斯境内提供互联网信息服务的企业必须在俄境内设立实体办事机构，否则将终止其业务；尚未设立实体机构的外企，须向俄罗斯政府上交已经掌握的所有涉俄公民个人数据信息[1]。俄罗斯选择了与美国截然不同的道路，这与两国的经济社会发展水平和技术水平密切相关。美国作为头号资本主义国家，拥有大量跨国公司，采用"属人主义"原则，可以通过这些跨国公司获取全世界的数据，也符合美国"长臂管辖"的作风。而俄罗斯经济实力一般，采用"属地主义"能够更好地保障本国数据安全，扼制美国的数据霸权。

---

① Federal Law No.149-F2 of July 27, 2006 on Information, Informational Technologies and the Protection of Information[EB/OL].（2006-07-27）[2022-04-28]. https://www.wto. org/english/ thewto_e/acc_e/rus_e/wtaccrus58_leg_369. pdf.

3. 具体内容

本书对俄罗斯的国家数据权利体系，主要从目标和权利分布这两方面进行探究。

俄罗斯国家数据权利体系的目标主要是保障国家数据安全。2016 年《俄联邦信息学说》提出应"保卫俄联邦网络空间的主权，实行独立自主的政策，在信息领域实现国家利益"。不仅如此，还将"消除不良信息对民众的心理影响"作为国家意识形态领域的安全目标。可见，俄罗斯的国家数据权利体系，更侧重于国家数据安全，避免他国对俄罗斯的数据侵犯和在意识形态领域的入侵。

俄罗斯的国家数据权利，与美国、法国相似，皆为数据控制权、数据共享权和域外数据管辖权。然而其权利内容则大为不同。俄罗斯国家数据权利体系的核心特点是：严密控制，境内留存。俄罗斯的数据控制权更为严格。"保持战略威慑和防止由使用信息技术而引发的军事冲突"，这是《俄联邦信息学说》所确定的俄罗斯保护国防安全的主要方向。除了针对国外，俄罗斯也加强了对国内信息的控制。2014 年俄罗斯颁布了《知名博主管理法案》，以规范网络达人在社交媒体上的言行。

在数据共享权方面，由于历史因素和政治体制的影响，俄罗斯的数据共享力度和执行力远远不如德国和美国。《俄罗斯政府信息公开法》对政府信息公开的基本原则、信息利用者的权利、政府信息提供的方式及违法责任和救济措施等内容进行了详细规定，但是由于受限制获取（即不予公开）信息不明确，公民申请公开政府信息也存在障碍，在实际执行过程中存在问题和漏洞。

俄罗斯的域外数据管辖权坚持"属地主义"原则，推行数据本地化政策。数据本地化政策广义上包括了各类对数据跨境转移的限制措施，包括但不限于：禁止信息发送到国外；在转移到他国之前应当获得数据主体的同意，或者要求在国内留有数据备份；对数据出口征税。俄罗斯执行了严格的数据本地化政策，不仅要求互联网信息传播者将俄罗斯用户的数据保留在国内，还需要在国内进行存储备份，且不允许在俄罗斯境外处理涉俄公民个人数据信息。数据本地化措施将极大程度上改变互联网的基础架构，侵蚀互联网赖以存在的根基。云计算的核心特征是打破了数据存储、处理的地域限制。然而根据本地化要求，互联网服务提供商不得不在更多国家、地区建立当地的基础设施，这将极大地增加服务商的服务成本，对信息技术的创新法则、服务贸易全球化带来消极影响。

四、国际数据权利体系演进对比

（一）德国数据权利谱系演化小结

虽然同一国家的个人数据权利体系、企业数据权利体系和国家数据权利体系建设时间不同，建设目的也不尽相同，但是作为数据权利方面的制度规划，国家在进行顶层设计时或多或少会进行统筹协调。对其共性进行梳理，可以了解整个数据权利体系演化路径，对数据权利体系研究有着重要意义。通过以上对德国个人数据权利体系、企业数据权利体系和国家数据权利体系的探究，可知德国数据权利体系主要有以下几个特点。

一是演化历史悠久，与其民主传统息息相关。无论是个人、企业还是国家数据权利，德国的数据权利概念都诞生得非常早。从德国 18 世纪诞生的商业秘密判例到世界上最早个人数据保护法都出现在德国黑森州，无一不体现着德国的民主传统培育下民众较强的权利意识对数据权利体系建设的促进作用。虽然数据权利体系建设受到政治经济发展现状、法理基础、技术水平以及社会需求等方方面面的影响，但是社会文化氛围以及公民的权利意识则是数据权利体系建设极为重要的内驱力。若是没有公民权利意识和法律观念的支撑，再完善的数据权利体系也毫无用武之地。此外，悠久的演化历史给了德国充分的试错时间。例如个人数据权利是应效仿美国以隐私权为权利基础，还是从大陆法系的法典出发以一般人格权为基础，德国就经历了选择的过程。最后放弃了舶来品，选择了更有法理基础的一般人格权。

二是与欧盟数据权利的立法建设密切相关。德国作为欧盟及欧共体的核心成员国之一，与欧盟的数据权利立法建设呈现出一种相互影响的关系。德国会签署欧盟及欧共体的法律协议，坚持欧盟所要坚持的法律理念，将法律水平提升到欧盟所要求的法律水平上。同时，德国也会影响到欧盟的立法水平。在 GDPR 出台前，德国的个人数据保护水平是高于欧盟所要求的《指令》的。GDPR 的出台受到信息技术的发展、国际形势、数字市场的建设等诸多因素的影响，且建立统一的数据保护标准、改善欧盟成员国参差不齐的数据保护水平也是 GDPR 建设的一个重要原因。

三是德国数据权利体系的核心理念是发展与保护并重。随着大数据技术的快速发展，数据的经济价值在经济发展中的作用愈发凸显。因此对各国而言，如何平衡数据权利和经济利益，是建设数据权利体系必须要考虑的一个问题。而德国对这个问题的答案是，发展与保护并重。这与德国的经济社会发展现状、国际地位以及民主传统息息相关。由于公民具有较强的权利意识和法律观念，德国不能忽视数据权利的保护。加上德国在国际上尚不能称为数一数二的大国，需要依赖欧盟才能有更好的发展，这使得德国片面追求数据自由流通和经济发展对自身没有过多的优势，反而容易造成数据安全问题。在保护数据权利的同时，建设欧盟统一数字市场，保证欧盟在世界经济中的优势地位，才是德国的发展之路。

（二）美国数据权利谱系演化小结

通过对美国个人、企业和国家数据权利体系演化的分析可以发现，美国与德国相似，都有着演化历史悠久的特点。然而与德国通过统一的数据权利法规进行数据权利规范不同，美国的立法呈现出分散立法、行业自律的特点，即联邦政府在进行统一规范的基础上，各行业通过制定行业政策和行业法规，进行有针对性的制度规范。除此之外，美国的数据权利体系还有以下两个显著特点。

一是数据权利体系含有扩张性，这与其国际地位和对外政策密切相关。从美国《CLOUD 法案》所确定的"数据控制者"标准，到美国商业秘密保护对跨国案例的裁定，皆体现着美国是"长臂管辖"理论的忠实践行者。美国作为世界上的超级大国，在经济、政治、军事等多个方面都有着超强的实力。自 21 世纪初"一超多强"的国际局面形成后，美国就一直推行霸权主义和强权政治政策，制定法规政策对跨国案件及其中的模糊地带进行管辖，而《美国爱国者法案》更是将这一政策摆在了政治台面上。随着互联网的蓬勃发展，网络空间的国际竞争日益激烈，美国在加强本国网络空间安全的同时，借助自身超强的经济实力和遍布世界的跨国公司，将数据攫取之手伸向全世界。

二是数据权利体系的核心理念是数据的自由流通和经济发展。对于数据权利与数据经济价值的平衡，美国将天平倾向了数据经济价值一侧。无论是个人数据保护没有采用"知情同意"模式，还是主导跨境数据流通协议的签订，都是基于数据自由流通这一核心目的的选择。作为经济实力最强的超级大国，美国有着广阔的经济市场和众多的跨国公司，互联网产业在整体经济中占据重要地位，在这种情况下，对海量数据进行深入挖掘，能够创造出更大的经济价值，推动经济的快速发展。

（三）俄罗斯数据权利谱系小结

俄罗斯受到苏联计划经济体制以及苏联解体后社会动荡的影响，其数据权利体系整体呈现出建设偏晚、发展迅速的特点。俄罗斯个人、企业和国家数据权利体系建设集中于 20 世纪末、21 世纪初，在二十年的时间内建成了较为完善的数据权利体系。而俄罗斯也得益于数据权利体系建设较晚的优势，可以在数据权利体系建设过程中效仿其他国家较为完善的数据权利体系，减少走弯路的可能性。在这个过程中，俄罗斯出于文化认同度和社会经济发展现状，选择了欧盟的数据权利体系作为效仿对象，将欧盟的数据权利体系与本国国情相结合，吸取了欧盟通过建设统一的数据权利法规进行数据权利规范的立法模式，采纳了欧盟的"知情同意"模式以及以竞争法为核心的商业秘密保护体系，同时根据本国的国际地位和较强的军事威慑力，采用了严格的网络安全保护制度和数据本地化政策，走出了一条具有俄罗斯特色的数据权利体系建设之路。

除对欧盟数据权利体系进行吸收借鉴外，俄罗斯的数据权利体系还有着一大特点——保守而又强硬。对于如何平衡数据权利和经济利益这个问题，俄罗斯与美国截然相反，选择数据权利的保护。无论是没有例外限制的"被遗忘权"，还是商业秘密保护中对商业秘密所有者的关注，以及严格的数据本地化政策，都体现出俄罗斯对数据权利的重视。而与之相对应的，则是对数据经济价值的忽视。自苏联解体后，俄罗斯经济发展态势疲软，产业急需转型。俄罗斯制定出这样的数据权利体系，与本国欠发达的互联网产业以及与美国的国际竞争密切相关。尤其是斯诺登事件爆发后，俄罗斯对于信息安全和网络安全报以高度的重视。

通过对德国、美国和俄罗斯的数据权利体系演化进行探究可以看出，没有哪个国家的数据权利体系是一蹴而就的，都是经历了较长的岁月洗礼，随着时代的变化、技术的发展不断更新变化。由于各国的历史传统、社会环境、经济发展水平和法律基础不同，不同国家选择了不同的数据权利体系道路。

德国数据权利体系最大的特点是"兼顾"，既是数据权利与数据经济利益的兼顾，也是公民权利意识与数字经济市场建设的兼顾。具有民主传统的德国，拥有具有较高权利意识与法律观念的公民，在欧盟的庇佑下，面对经济全球化和网络空间激烈的国际竞争，选择了兼顾数据权利与数据经济利益的道路。而美国，则依据其超强的经济实力和遍布全球的跨国公司，将数据自由流通作为数据权利体系的目标。美国通过主导签订跨国数据流通协议以及采用"数据控制者"标准，将数据控制之手伸向全世界。保证数据自由流通，对美国而言，既是经济发展的需要，也是政治政策的需求。曾经的超级大国俄罗斯，则选择了一条与美国完全相反的路径。俄罗斯将数据权利体系的重心落于数据权利保护，强调数据安全的重要性。面对经济发展的颓势和激烈的国际竞争，出于保护本国安全的需要，俄罗斯不惜以牺牲互联网产业的发展为代价，推行严格的数据本地化政策。

在对德国、美国和俄罗斯的数据权利体系进行梳理之后，下面将分别对这三个国家的个人数据权利体系、企业数据权利体系和国家数据权利体系进行横向对比。

1. 个人数据权利体系

从历史的角度看，德国和美国的个人数据权利保护体系发展时间较长，经历了从非法律效力到具有法律效力、由分散到统一的过程。而俄罗斯受到苏联解体的影响，吸取了欧洲的经验，发展时间短，速度快，缺乏完整的发展链条，缺少萌芽时期。在权利的适用范围上，德国的"属人主义"原则，跨越了地理的局限，是对个人数据权利的加强，也是对欧洲经济贸易市场的布局。美国的"属地主义"原则是出于经济发展的考量，俄罗斯的"属地主义"则是出于数据安全的原因。在权利的分布和限制上，德国具有全面的数据权利布局、具体的权利例外和限制规范。美国则由于其行业自律的立法布局，各领域的权利和限制都有所不同。而俄罗斯由于效仿了欧盟的个人数据权利体系，有着全面的数据权利布局，然而数据权利例外和限制有所不足。在救济机制方面，德国具有强有力的救济机制，美国次之，俄罗斯的效力最弱。

2. 企业数据权利体系

与个人数据权利体系的发展相比，企业数据权利体系产生更晚，发展缓慢。企业数据权利主要包括两个方面，企业自身的数据保护以及企业对个人数据的处理权利。就当前各国的立法现状而言，企业自身的数据保护通常划归于商业秘密，通过民法、刑法或专门的经济条例进行保护。而企业对个人数据的处理权利，与个人数据权利息息相关，相伴而生。总体来说，企业数据权利的法律规范与个人数据权利相比相对零散，散落在各个法律和法律案例中。

从历史的角度看，德国和美国的企业数据权利体系发展时间较长，随着时代的发展、经济和社会的变化不断变化，在不同阶段有不同的特点。而俄罗斯则受到历史因素和国家政治发展的影响，对企业数据权利关注较晚，近 20 年迅速形成较为完善并具有本国特色的企业数据权利体系。而在权利基础上，对这三个国家而言，公平竞争理论是商业秘密保护的理论基础。而在企业对个人数据的处理上，美国没有采用大多数国家采用的"知情同意"模式，而是默许企业在没有征得个人同意的情况下收集和使用个人数据。而就企业数据权利体系的目标而言，这三个国家都强调维护市场公平公正的秩序，然而侧重略有不同。德国在数据的经济价值和个人数据保护之间比较平衡，而美国则更侧重于数据经济价值的发挥，俄罗斯则偏向保守，倾向于对个人数据权利的保护。在数据权利的分布与限制上，美国最为特殊，将其商业秘密保护的范围扩大到全世界以及没有采用"知情同意"模式，这与美国超级大国的国际地位和长臂管辖的作风息息相关。

3. 国家数据权利体系

国家数据权利体系，指的是国家所拥有的数据的控制权体系，具体包括对内的数据管理权和对外的数据管辖权，对内主要包括数据保护和数据利用，对外主要是数据的跨境流通。

从历史的角度看，美国和德国的国家数据权利体系自 20 世纪七八十年代产生，随着信息技术的发展和国际环境的变化，2010 年后进入快速发展的时期。而俄罗斯受到苏联解体的影响，在一段时间内社会处于动荡状态，影响了国家数据权利体系的建设进度。在权利基础上，数据所有权是国家数据权利的根本基础。而在域外数据管辖权方面，美德俄采用了不同的原则。美国采取"属人主义"原则，配合进攻性的数据管辖政策，试图通过遍布全球的跨国公司获取全世界的数据。俄罗斯则采取了"属地主义"原则，实行本地化数据政策，强调数据的境内留存。而德国则将"属地主义"与"属人主义"相结合，一方面对欧盟及为欧盟数据主体提供服务的非欧盟境内的数据控制者进行管辖，另一方面采取数据本地化政策，将数据保留在德国本地。而在权利分布上，三个国家也各有侧重。美国最为均衡，数据控制权、数据分享权和域外管辖权都非常完备。德国侧重于数据分享权，俄罗斯则更为侧重数据控制权，这与各国的国情和发展战略密切相关。通过以上对美国、德国和俄罗斯数据权利体系的演化特点的横向对比研究，可以得出以下几条经验供我国建构数据权利体系借鉴。

（1）数据权利体系应立足于本国国情，结合国家整体方针政策进行顶层设计。通过以上对德国、美国和俄罗斯数据权利体系的分析，可以发现一个最为显著的特点，即虽然同一国家的个人数据权利体系、企业数据权利体系和国家数据权利体系并不是同时建立的，也并没有出台一个相关的规划文件进行统筹协调，但这些数据权利体系中都蕴含着该国基本的数据保护理念和数据政策。建设怎样的数据权利体系，应该如何建设，是各国立足于其历史传统、国际环境、经济社会发展水平和法律基础，结合其数据政策进行选择的结果。大力发展数据产业的美国选择了宽松的数据保护、极力扩大海外影响力的道路，而重视个人尊严、依赖欧洲市场的德国，则选择了严格的数据保护、发展区域数据经济的道路。

（2）法律是数据权利的重要保障。数据权利体系的演化进程，也是数据权利相关法律及案例的演化进程，各国数据权利体系的建设无一不伴随着法律建设和法律修订。法律建设不仅仅包括单行法立法建设，例如出台专门的个人信息保护法，也包括对现有法律的修订、法律解释的出台。只有覆盖范围足够广、具有可操作性的法律，才是数据权利保护的有力屏障。

（3）积极参与国际合作与竞争。由德国、美国和俄罗斯数据权利体系演化可以看出，整体数据权利体系演化的聚焦点呈现出由国内到国外的转变，即首先立足于国内进行数据权利体系的建设与完善，继而转向国外对数据的域外流通进行规范。这里不仅仅指的是域外数据管辖权，也包括与其他国家签订数据协议、与其他国家数据平台进行数据共享等。当前，随着云计算和大数据技术的发展，数据流通突破了地域限制，网络空间竞争愈发激烈。这种情况下，在加强域外数据流通的法律建设同时，积极参与国际合作与竞争，才能保证本国合法权益，不在国际竞争中处于落后地位。

第二节　数据权利保护模式研究

数据权利是数据权利体系的核心内容，本书通过对国际数据权利体系的分析，抽取出具有代表性的数据权利按照其演化模式的不同进行归类。根据数据权利的演化进程，将其分为三类模式，分别是沿袭式数据权利演化模式、修正式数据权利演化模式和突进式数据权利演化模式。通过对数据权利及数据权利演化模式的分析，能够更好地分析国际数据权利体系演化的共性及特性问题，从而为我国的数据权利体系建设提供经验借鉴。

一、沿袭式数据权利保护模式——以知情权和企业数据管理权为例

沿袭式数据权利模式，即数据权利自诞生之初其权利内容便相对完善，权利的主体和客体相对稳定，权利的范围和限制相对固定。需要注意的是，沿袭式数据权利演化模式并非一成不变，也会随着时代变化、社会发展而增添新的内容。例如随着数据主体权利的强化，知情权范围逐渐扩大。由于数据犯罪频发，利用大数据技术窃取商业机密被纳入法律。有着长久发展历史和清晰发展路径的知情权和企业数据管理权，是研究沿袭式数据权利演化模式的典型范例。

知情权作为个人数据权利中最为基础的一项，其发展历史悠久。知情权指的是社会成员获得与自身相关的各种有用信息的权利。广义的知情权不仅出现在个人数据权利领域，更遍布于政治、经济和社会生活的方方面面。例如政治领域对立法、司法等活动知晓的权利，医疗领域患者对病情和治疗方案的知情权，家庭中配偶和子女的知情权，企业中股东的知情权等。企业数据管理权指的是企业对自身数据进行保护的权利，从数据的来源上，可以分为企业自身数据的保护和企业对经过收集和处理的个人数据的保护。而就目前各国的立法现状而言，企业的数据保护没有像个人数据保护那样通过专门的数据保护法进行，而是划归于商业秘密，通过反不正当竞争法、专门的商业秘密保护法、民法或专门的经济条例进行保护。

（一）沿袭式数据权利演化阶段

对沿袭式数据权利演化模式而言，按照时间线可划分为三个阶段：萌芽阶段、发展阶段和成熟阶段。萌芽阶段为数据权利的概念阶段，即该数据权利尚未被法律正式确定下来，只是以概念性和宣示性的条款出现，不具备实际法律效力。发展阶段为数据权利的初期阶段，在这一阶段数据权利已经在部分国家和地区获得了法律地位，但是相较于成熟阶段，数据权利的深度和广度尚待完善。成熟阶段是数据权利的稳定阶段，数据权利的覆盖面积已经达到大部分国家和地区，数据权利内容及责任机制较为完善。

1. 萌芽阶段

1）知情权

知情权这一概念最早由美国在二战前提出，是新闻记者的追求和主张。联合国大会于 1948 年 12 月 10 日通过《世界人权宣言》，其第 19 章规定了自由表达的权利，即任何人都有自由发表意见和自由表达的权利，这些权利包括不受干扰保留意见的权利、通过媒体接受与告知信息与观点的权利。1950 年颁布的《欧洲人权公约》也对自由表达的权利进行了规定。而从法律上讲，知情权是宪法性权利。1949 年德国颁布的《德意志联邦共和国基本法》（Constitution of the Federal Republic of Germany）第 5 条规定："人人享有以语言、文字及图画自由发表及传播其意见之权利，并有自一般公开之来源接受知识而不受阻碍之权利。"简单看来，宪法保护的是公民信息自由的权利。然而信息自由不应是单向的表达，也包括对从信息传达者那里传来的思想、意见、信息等予以知悉的自由。1966 年，美国国会制定了《情报自由法》（Freedom of Information Act），该法规定每个人都有得到其应知道的信息资料的平等权利。

2）企业数据管理权

而商业秘密保护的诞生要早于知情权，商业秘密的概念产生于 19 世纪。随着工业革命和商品经济的发展，技术信息和商业信息的经济价值逐渐凸显，企业为了在竞争中占据优势地位，对具有高经济价值的信息采取保密措施。1817 年，英国诞生了首例商业秘密侵权案，而商业秘密作为一个法律术语则产生于 1847 年英国的一个商业秘密判例。商业秘密最初产生于早期英美法系的司法实践，而后大陆法系采用成文法进行规范和确定。在 20 世纪之前，商业秘密仅存在于法律判例中，对其概念和范围没有在法律上进行清晰界定。

2. 发展阶段

1）知情权

知情权正式确定法律地位始于美国于 1974 年颁布的《隐私权法》（Privacy Act），该法规定行政机关在收集个人信息的过程中，应尽量向信息主体收集信息，应向公民明确告知收集信息的用途。而知情权正式作为个人数据权利被确定下来则是通过 1977 年的《联邦数据保护法》，该法第 4 条规定，个人有权知晓数据收集者的身份、数据收集、使用和处理的目的等信息①。1980 年，国际经济与合作组织（OECD）发布了《隐私保护与个人数据流动的跨境流动指引》（Guidelines on the Protection of Privacy and Transborder Flows of Personal Data），建立了管理数据跨境流动与保护隐私与信息的规则，其中将公开原则确定为基本原则②。而欧洲委员会于 1981 年颁布的《108 公约》是第一个具有法律约束力的数据保护方面的国际协

---

① Federal Data Protection Act（BDSG）[EB/OL]. [2020-04-20]. http://www.gesetze-im-internet.de/englisch_bdsg/.

② Guidelines on the Protection of Privacy and Transborder Flows of Personal Data[EB/OL]. [2022-04-17].https://www.oecd-ilibrary.org/science-and-technology/oecd-guidelines-on-the-protection-of-privacy-and-transborder-flows-of-personal-data_9789264196391-en.

议，第 8 条规定："任何人有权每隔一段合理的时间，不过分迟延且无偿获得与其有关的个人数据是否保存于自动化数据文档的确认函，并以明了的形式得知该数据的状况。"①至此，欧共体在个人数据领域的知情权被确立。然而在这一阶段，知情权主要是原则性、宣示性的条款，其权利范围和权利限制尚不清晰，也缺乏有力的监管机构维护这一权利的行使。

2）企业数据管理权

1909 年德国的《反不正当竞争法案》（Counter Unjust Competition Law）对商业秘密进行了规范。1939 年美国的《侵权行为法重述》对商业秘密进行界定。早期商业秘密保护主要采用合同责任，侵权责任单一且适用范围较窄。此后随着商品经济的发展，企业呼唤对商业秘密保护的完善。美国继 1939 年发布《侵权行为法重述》之后，于 1979 年颁布了《统一商业秘密法》，对之前零散的商业秘密保护法律进行统一，规定了商业秘密的定义、侵权行为的认定以及救济赔偿等方面。商业秘密在美国的《统一商业秘密法》中被界定为："商业秘密是包括配方、模型、编辑、计划、设计、方法、技术、程序在内的信息。"②与我国采用的概括式定义方法不同，美国采用列举法的方式对商业秘密进行定义。列举法的方式在法律判例中具有更强的操作性。这一阶段，各国基本确定了商业秘密的构成要件、侵权行为以及法律责任，其确立的基本理念和基础框架沿用至今。

3. 成熟阶段

1）知情权

其他国家相较于美国和欧盟，由于个人数据保护发展较慢，知情权的

---

① Convention for the Protection of Individuals with regard to Automatic Processing of Personal （ 2012 ） [EB/OL]. [2020-04-20]. https://rm.coe.int/CoERMPublicCommonSearch-Services/ DisplayDCTMContent?documentId=09000016806945e6.

② Uniform Trade Secret Act[EB/OL].[2020-04-20].https://www.law.cornell.edu/wex/trade_secret.

确定较晚。例如日本、韩国、俄罗斯等国，知情权确定时间在 2000 年前后。而我国于 2012 年由全国人民代表大会常务委员会发布的《关于加强网络信息保护的决定》首次提出对维护用户知情权的规定。与此同时，知情权的权利范围逐渐扩大，适用条件和限制条件逐渐明确。欧盟 GDPR 第 13、14 条对知情权进行了规定，第 13 条主要针对个人数据是从数据主体处收集的情况，第 14 条针对个人数据从非数据主体处收集的情况。这两条法条详细列出了数据控制者应提供给数据主体的信息，包括：数据控制者的身份信息和联系方式、数据保护专员的身份信息和联系方式、处理个人数据的目的以及其合法性基础、个人数据的接受者（如果有）、数据控制者意欲向第三国或国际组织转移数据的事实及相应的安全保障措施（如果有）。除此之外，数据控制者还应当在收集数据时充分告知数据主体所拥有的权利，以确保处理行为公平、透明。并指出数据控制者更改数据收集或处理的目的时，应当及时告知数据主体相关信息。当个人数据是从非数据主体处收集时，GDPR 规定了数据控制者通知数据主体以上信息的时间限制以及例外情况。可见，欧盟的知情权是站在数据主体的角度，给予数据主体充分的数据保护。

　　伴随着知情权的发展，不同国家根据其国情不同，其权利范围和权利限制也不尽相同。与欧盟的一视同仁不同，美国对知情权的规定视法律领域不同而有所区别。美国于 2018 年颁布的《加利福尼亚州消费者隐私保护法案》要求企业应当在收集消费者信息时或者收集前告知消费者其所收集的个人信息的类别和具体要素、信息的收集来源类别、收集或出售信息的企业目的以及信息共享第三方的类别①。而美国对 13 岁以下儿童进行个人隐私保护的《儿童在线隐私保护法》（Children's Online Privacy Protection Act，COPPA）则要求网络运营商向被收集信息儿童的监护人提供从儿童那里收

---

① California Consumer Privacy Act[EB/OL]. [2022-04-18]. https://leginfo.legislature.ca.gov/faces/codes_displayText. xhtml?division=3.&part=4. &lawCode=CIV&title=1.81.5.

集的特定类型的个人信息的描述、信息的使用目的以及监护人拥有拒绝运营商使用儿童个人信息的权利[①]。

2）企业数据管理权

在经济全球化的国际形势影响下，对商业秘密进行法律建设的国家越来越多，各国除完善本国对商业秘密的法律保护外，也积极建立多边贸易协定，以减少国际贸易中的扭曲与阻力。1994 年世界贸易组织颁布了《与贸易有关的知识产权协定》（Agreement on Trade-Related Aspects of Intellectual Property Rights，以下简称 TRIPs 协议），其中第 39 条明确规定保护商业秘密。在 TRIPs 协议的推动下，韩国、俄罗斯等商业秘密保护发展较慢的国家纷纷加快商业秘密的立法保护。而美国、德国等商业秘密保护较为完善的国家，也在大数据和云计算技术的推动下，对商业秘密保护加以完善，加强对计算机犯罪的立法和惩处力度，丰富商业秘密侵权行为和责任方式，商业秘密法律建设迎来一个高峰期。至此，欧美国家已经形成了完整的商业秘密保护体系，然而以数据为载体的商业秘密与传统的商业秘密不同，数据的特性使得很难判定其是否为商业秘密，由于数据权利尚未确定财产属性，所以数据相关的商业秘密保护是否能适用商业秘密保护法律成为一个问题。

（二）沿袭式数据权利演化模式特点

1. 演化阶段清晰，演化历史悠久

沿袭式数据权利往往有着五十年以上的演化历史，漫长的演化时间使得数据权利在每一历史阶段，随着技术的发展和社会需求的变化而变化。而

---

① Children's Online Privacy Protection Act[EB/OL]. （1998-07-17）[2023-03-30].https://www.ftc.gov/legal-library/browse/statutes/childrens-online-privacy-protection-act.

在这悠久的演化历史中，数据权利随着时代的革新而产生变化，可以看到其清晰的演化路径，将其划分为明确的演化阶段。本章根据世界范围内数据权利的完善程度，将其划分为萌芽阶段、发展阶段和成熟阶段。需要注意的是，本章是以 21 世纪前叶的视角，审视数据权利的演化路径，划分演化阶段的。可能再过五十年甚至一百年，会有不同的阶段划分，而这则不在本章的讨论范围。

由于世界各国及地区的数据权利体系建设时间不同，发展水平也不同，因此在对数据权利模式进行总结时，不仅需要对数据权利的纵向演化进行分析，也需要对不同国家该项数据权利的演化历程进行横向比较。鉴于此，沿袭式数据权利模式的不同阶段不仅仅意味着数据权利的纵向演化阶段，也意味着该项权利在全世界覆盖范围的发展。以知情权为例，知情权的萌芽阶段是其概念阶段，在这一阶段主要将知情权纳入人权范围或针对政府资料的广义知情权进行探讨，个人数据权利体系中的知情权尚未诞生。而上面所指的知情权概念，只存在于美国、欧洲等数据权利发展较快的国家及地区。知情权的发展阶段是其确定法律地位的阶段，知情权拥有了明确的定义和权利范围，初步具有法律效力。而此时的知情权，也仅仅出现在美国、欧洲等发达国家及地区，覆盖范围较萌芽阶段有所扩大，但较为有限。而知情权的成熟阶段，一方面是指知情权的权利范围和权利限制基本完善，拥有有效的监管机制和救济措施；另一方面则是指知情权已经覆盖到世界上绝大部分国家和地区，对于知情权的理念内涵各国已基本达成共识。沿袭式数据权利不仅仅只有知情权和企业数据管理权，在不同的数据权利上，其演化阶段有细微区别。例如企业数据收集权、企业数据使用权和企业数据流动权。如果说知情权的演化是权利范围逐渐扩大的过程，那以上三种企业相关的权利就是权利限制越发明确的过程，即从默认企业可以收集、使用个人数据到详细规定企业收集、使用个人数据的规则和义务的过程。

2. 权利内容一定程度上保持不变

如果说沿袭式数据权利演化阶段是数据权利的变化，那数据权利内容就是其不变的部分。数据权利的内容包括其权利范围、主客体、权利限制等多项内容。需要注意的是，这里所说的不变不是完全不变。就数据权利而言，各种新技术层出不穷，公民的权利意识逐渐增强，完全不变的数据权利只能为时代抛弃。本章对变化程度的问题进行如下界定：若该项权利其最为重要的成分没有变化，那该权利与其他数据权利最大的区别仍存在，该权利仍然保持着足够的区分度，即该项权利基本保持不变。以商业秘密保护为例，虽然随着时代发展，商业秘密的侵权行为越发多样，惩处措施也更加严格，但是商业秘密保护的本质没有变化，即法人或企业拥有对具备一定条件的信息进行保护的权利，条件往往包括秘密性、价值性和创新性。与之类似的是以保护本国数据安全为要义的国家数据控制权，随着时代的发展，数据的种类越发多样，数据控制权逐渐由传统的信息安全转向数据安全和网络空间安全，然而其保护国家数据的本质并没有发生变化。

二、修正式数据权利保护模式——以被遗忘权和数据共享权为例

修正式数据权利演化模式，即随着时代发展，数据权利的内容发生变化，在保证权利的基础理念不变的前提下，权利的内涵或权利的主客体发生较大改变。主要包括两种形式，一种是对之前数据权利的继承和发展，例如国家数据共享权从信息公开发展为数据开放；一种是对之前数据权利的延伸和扩张，例如删除权发展为被遗忘权，增加数据主体可要求数据控制者通知第三方停止利用、删除从数据控制者处获得的用户数据的权利要求。之前数据权利的继承和发展这种形式与沿袭式权利演化模式容易混淆，其核心区别不在于权利内容的变化，沿袭式权利演化模式的权利内容也会随时代

发展而变化，最主要的区别在于权利主客体的变化。沿袭式权利演化模式的权利主客体不会发生变化，而以国家数据共享权为例，权利客体由信息转化为数据。可以理解为，沿袭式权利演化模式是一脉相承的，而修正式权利演化模式是剧烈变化的。

（一）修正式数据权利演化阶段

由于变化是修正式数据权利演化模式的突出特点，因此可根据数据权利演化路径，将数据权利划分为转变前阶段和转变后阶段，且将部分国家或地区的数据权利转变后是否被赋予法律地位作为划分节点。

1. 转变前阶段

1）被遗忘权

被遗忘的概念最早产生于刑事领域，用于对刑满释放的犯罪分子信息的保护。18 世纪中叶，英国颁布的《犯罪改造法》（Rehabilitation of Offenders Act）对这一权利进行了规定。1974 年，"忘却权"在法国诞生，这是第一次出现类似被遗忘权的权利，主要是轻微刑事犯罪的人或者是部分青少年犯罪分子所享有的一种限制公众媒体重复播报有关其犯罪内容的权利[①]。随着信息技术的发展和各种数据问题的凸显，各国对个人数据保护越发重视，对个人数据权利加以保护。而被遗忘权的产生，与其说是被遗忘的权利意识的演化，更不如说是对删除权的继承和发展。对被遗忘权和删除权的关系，学界持有不同的观点。有的学者认为两者是等同的关系，有的学者认为两者密切相关且存在差异性。而本章认为，被遗忘权是对删除权的延伸和扩张。以下将以欧盟的立法为例，探究两者的演化历程和差异性。

---

① 杨虹. 被遗忘权的法律保护[D]. 江西财经大学. 2019.

欧盟的删除权最早出现于 1981 年的《个人数据自动处理中的个人保护公约》中，其第 8 条对删除权进行了规定。该法案将删除权笼统规定为"如果数据处理违反了实施本公约所规定的法律，数据主体有权请求消除该数据"①。此后，在 1995 年欧盟颁布的《指令》中，将删除权规定为"在该数据处理不符合指令的规定，特别是数据不完整或者不准确时，数据主体可以要求对数据的删除"②。随着网络技术的发展，用户在享受互联网便利的同时，其一举一动也被记录下来。正如维克托·舍恩伯格的《删除：大数据取舍之道》中的理论那样，在数字时代，记忆成为主流，而遗忘则成为例外③。在这一阶段，被遗忘权仅作为概念存在，尚未出现在个人数据权利体系内，删除权占据核心地位。

2）国家数据共享权

国家数据共享权指的是国家对政府或机构拥有的数据进行公开和共享的权利。在对数据共享权的演化阶段进行分析之前，首先对政府"信息公开"和政府"数据开放"进行辨析，明确数据共享权的内涵。政府信息公开，可以是一项制度，也可以是一种行为。制度，是国家和地方制定规范信息公开活动的规定。行为，是政府机关向不特定的对象传递信息的活动。而数据开放和信息公开的最大不同，在于数据的原始性。信息是经过处理的、不完整的数据，而数据则是没有经过加工和解读的原始记录。政府数据开放则是指政府部门对其在履行行政职能、管理社会公共事务过程中采集和储存的大量原始数据，除依法涉密的之外，全部、及时地以开放的格式永久免费和免于授权地向公众开放。政府数据开放是信息公开在大数据时代的发展，

---

① Convention for the Protection of Individuals with regard to Automatic Processing of Personal（1981）[EB/OL].[2020-04-20].https://rm.coe.int/CoERMPublicCommonSearch-Services/DisplayDCTMContent?documentId=0900001680078b37.

② Directive 95/46/EC[EB/OL].[2022-04-18].https://aws.amazon.com/cn/blogs/security/tag/directive-9546ec/.

③ 维克托·迈克·舍恩伯格. 删除——大数据取舍之道[M]. 袁杰译. 杭州：浙江人民出版社，2013：9.

更加强调数据的原始性和规模性，更加注重政府数据的开发利用。而本节讨论的国家数据共享权，则包括信息公开和数据开放，即既包括未加工的数据，也包括已加工的数据，与第二章对国家数据的定义保持一致。政府信息公开的思想源自有着悠久民主历史的欧洲。1766 年，瑞典颁布《出版自由法》，规定公民有权以出版为目的阅读政府文件。1789 年法国的《人权宣言》（Declaration of the Rights of Man and of the Citizen）规定了公众有获得行政数据的权利。二战后，政府权力高度集中，民众对信息公开的呼声越来越高。在美国，媒体与立法、司法和执法并立，以"第四种力量"的地位存在于社会中。1934 年，"信息自由"一词被引入美国。20 世纪 40 年代中期，在美国广为开展的政治运动中，有组织地公开联邦政府文件是重要的一项。1946 年美国制定的《联邦行政程序法》（Administrative Procedure Act，APA）中有涉及政府信息公开的内容。1967 年美国颁布的《信息自由法》，奠定了美国政府信息公开的法律基础。法国于 1978 年出台的《行政文书公开法》规定了公民拥有访问行政文件的权利。进入 21 世纪后，政府信息公开发展迅速。2001 年，日本政府出台了《信息公开法》，对政府信息公开进行规范。俄罗斯历经七年立法之旅，于 2009 年颁布了《俄罗斯政府信息公开法》，这是俄罗斯政府信息公开领域里程碑的法案。

这一时期，是政府信息公开产生并逐步发展的时期，政府信息公开确定法律地位和基本制度框架，各国纷纷以颁布专门法的形式对这一权利进行规定，对信息公开的形式、程序以及例外情况进行明确。在这一期间，出现了默认公开与非默认公开的区别。默认公开即政府信息除例外情况外，皆应按照规定程序和形式进行公开。而非默认公开，则是对规定的领域进行公开。很显然，前者的信息开放程度要远远高于后者。

2. 转变后阶段

1）被遗忘权

被遗忘权首次提出于 2012 年欧洲委员会颁布的《通用数据保护条例》。欧盟委员会在《指令》的基础上，对删除权进行扩张，增加了权利适用条件和限制条件，并且规定应当将数据主体要求清除的有关个人数据的链接或副本的情况告知第三方。被遗忘权正式确定于 2015 年通过的 GDPR 中，至此，被遗忘权的法律地位正式确立。

在技术快速发展导致现有法规滞后的情形下，个人数据保护法规通过补充数据主体权利的方式，来增强数据主体对个人数据的控制力。被遗忘权是数据主体应对大数据时代的有效武器。被遗忘权不仅对数据主体个人意义重大，还将对企业、产业乃至大数据发展产生深刻影响。欧盟立法中提出的被遗忘权影响力最大，逐步对其他国家产生影响。各个国家和地区基于不同的政治背景、法规制定考虑，也逐步引入了这一新型权利。以下将对各国的"被遗忘权"内容进行对比分析。

欧盟 GDPR 第 17 条对被遗忘权进行了规定，共计 3 款。其中第 1 款仍然以传统的删除权为基础，即用户拥有删除保存在数据控制者处的个人数据的权利。用户行使该项权利需要具备两个条件，一是用户个人意愿不同意数据被继续处理，二是数据控制者没有合法理由继续保存数据。而第 2 款则是对传统删除权的扩张，即数据控制者不仅有义务删除自己所控制的数据主体的数据，也要对其传播的数据负责。若数据主体提出请求，数据控制者有义务通知第三方停止利用、删除从数据控制者处获得的用户数据①。对于数据快速流动的互联网而言，确定并通知第三方是对数据控制者一项极大的考验。

而对于美国而言，则是有限定的被遗忘权。2013 年美国加利福尼亚州

---

① General Data Protection Regulation[EB/OL]. [2022-04-18]. https://www.investopedia.com/terms/g/general-data-protection-regulation-gdpr.asp.

颁布了"橡皮擦法案"，该法案要求以 Google、Twitter 为首的大型互联网公司应允许未成年人删除自己在社交媒体上的个人数据，该法案于 2015 年 1 月 1 日正式生效。与欧盟 GDPR 的规定相比，美国将权利主体限定为加利福尼亚州境内的未成年人，将适用对象限定为社交网站。与将行使条件规定为数据主体自己发布的不同，欧盟则是无论是自己发布的还是其他主体发布的都可以主张删除数据。

而俄罗斯扩大了被遗忘权的适用范围，对具体程序进行了细化。2015 年，俄罗斯颁布了《联邦法律第 264-FZ 号》，该法案是对《信息、信息技术和信息保护法》和《民事诉讼法》第 29 条和第 402 条进行修订整合后的成果。该方案于 2016 年生效。该法案对被遗忘权进行了规定，赋予了公民删除个人信息及指向第三方网站内容链接的权利，将适用范围限定为搜索引擎。与 GDPR 的规定相比，俄罗斯将适用范围确定为公民可对指向自己且包含以下积累数据的搜索结果链接行使权利：存在三年以上的真实数据；违法发布的数据。除此以外，俄罗斯明确了"搜索引擎"的定义，对公民行使权利的程序进行了细化。

2）政府数据共享权

在日本、俄罗斯等仍在进行信息公开的法律建设时，美国已经开始逐步向数据开放转变。美国是全球率先把"大数据"和"公共数据开放"提升至战略层次的国家。2009 年，美国总统奥巴马提出"开放式政府"的建设规划，并于 2012 年出台《数字政府战略》，提出要采用数字化服务的形式，以提高政府服务水平。同样是 2012 年，法国总理在公共行动现代化部际委员会首次会议上对法国政府开放数据政策的主要原则进行了阐述。日本 2013 年公布了《创建最尖端 IT 国家宣言》，该文件对日本从 2013 年到 2020 年的大数据发展规划进行了描述，强调了大数据对政务建设的重要性。2016 年，法国颁布了第一部开放式法案——《数字共和国法案》

（Digital Republic Law），这对于法国的数据开放有着重要意义。在这一时期，各国主要依靠出台战略政策的形式对数据开放进行顶层设计，依靠加强重要基础设施建设、建设开放数据平台、培养大数据人才的形式推动数据开放进程。美国、法国、英国等数据开放发展较快的国家，通过开源平台提供多个主题的海量数据集供用户下载，提供多种下载格式以及用户互动功能，充分发挥数据开放对政府数据价值的挖掘，已走在世界数据开放的前列。

虽然各个国家践行数据共享权的方式不同，其权利内涵和范围也不尽相同，但是其基本理念是一致的。从政治角度说，是为了保障公民参政议政的权利，建设服务型、透明化政府。政府数据共享可以使公民充分了解政府的行为举动，做到"心中有数"，也使政府可以及时收到公民的意见反馈，有利于政府的良性发展。而从大数据利用的角度说，政府数据共享通过深入挖掘海量信息，将大量"无用数据"变废为宝，从中获得有效信息，从而获得解决问题的新方案。

（二）修正式数据权利演化模式特点

修正式数据权利演化模式最为突出的特点是，数据权利内容发生剧烈变化。而在剧烈变化之后，仍称作修正式数据权利而非一项新的数据权利，则是由于该项数据权利是由前者的演化和延伸而来，仍带有前一项数据权利的权利内容。如果说沿袭式数据权利演化模式是 1+0.1+0.1+0.1 的过程，那修正式数据权利演化模式就可称作 1+1 的过程。

以被遗忘权为例，传统的删除权指的是数据主体对错误或不准确的个人数据拥有要求数据控制者删除的权利。而被遗忘权在此基础上，加入了在一定条件下要求搜索引擎删除涉及个人数据的网络链接的权利。同样都是删除，但是权利的客体从数据控制者扩展到搜索引擎，删除的对象也从数据延伸到网络链接。被遗忘权对删除权进行了较大程度的扩展，而这一扩展，与互联网"记忆"的特性息息相关。

信息公开向数据开放的转化与被遗忘权对删除权的扩展有一定的相似性。国家数据共享权的改变，主要在于权利客体和进行公开/开放的方式与流程的变化。我国《中华人民共和国政府信息公开条例》（以下简称《政府信息公开条例》）第二条将政府信息规定为"行政机关在履行职责过程中制作或者获取的，以一定形式记录、保存的信息"①。而数据开放的客体则是海量的未经过加工的数据。数据的原始性是数据开放和信息公开的最大不同。而在公开/开放形式上，信息公开的形式较为原始，主要依靠政府信访部门、图书馆等公共事业单位和政府网站进行公开，信息分散在各个部门，查找难度大，大多也不提供下载功能，且公民申请信息公开的流程普遍较为烦琐。而对数据开放而言，统一的开放数据平台已经是必备项，公民可以较为轻松地获得政府部门在其工作过程中产生的大量非涉密数据，且这些数据通常采取开放的格式供用户下载，部分网站还提供便捷的沟通功能，可以及时有效地进行咨询。政府数据开放是信息公开在大数据时代的发展，强调对政府数据采用大数据技术挖掘其价值，强调数据量的规模性和数据尚未处理的状态。

三、突进式数据权利保护模式——以数据可携权和拒绝权为例

与沿袭式数据权利演化模式和修正式数据权利演化模式不同，突进式数据权利演化模式强调的是"新"，这个"新"是相对于数据权利体系而言的。因此突进式数据权利演化模式强调的是在数据权利体系确定之初没有，是随着时代的需要应运而生的。在这里需要注意的是如何判断数据权利体系

---

① 中华人民共和国政府信息公开条例[EB/OL].（2019-04-15）[2022-12-28]. http://www.gov.cn/zhengce/content/2019-04/15/content_5382991.htm.

确定的时间及确定时的权利。由于各国的情况不同，个人、企业和国家的数据权利体系建设也不相同，很难概括出一个具体的时间。由于权利是由法律进行规范和保障的，因此本章将数据权利体系的建立与该国的立法建设相结合，即将该国对这一领域的数据权利保护的立法粗略估计为数据权利体系的建立，立法时确定的权利为数据权利体系的原始权利。需要注意的是，这里的立法可能不仅是一部，而是由较短的一段时期内多部法律构成的。

（一）突进式数据权利演化阶段

与沿袭式和修正式数据权利演化模式不同，突进式数据权利演化模式不存在明显的演化阶段，相较于知情权、企业数据管理权等近百年的发展路径，突进式数据权利的演化可以说是快得惊人。需要注意的是，突进式数据权利并非没有演化历程，任何一种权利都不可能是一蹴而就的。而突进式数据权利演化模式与沿袭式数据权利演化模式相比，有两大突出特点，一是发展速度较快，二是数据权利体系建设之初没有，对目前世界范围内的数据权利体系而言也不是通用权利。

1. 数据可携权

数据可携权作为新型数据权利，产生于 21 世纪，是信息技术与互联网产业发展的结果。随着大数据技术的快速发展，企业对数据的收集和处理行为越发频繁，各种数据乱象层出不穷，未经同意收集用户数据、进行超出目的的数据处理以及数据泄露等情况愈演愈烈，其所造成的社会影响也越来越严重，用户需要更为强效的个人数据控制力。与此同时，大数据垄断和大数据霸权也逐渐受到关注，以 Google、微软、Facebook、亚马逊为主的美国大型互联网公司在欧洲地区近乎垄断的市场地位使得欧盟本土互联网企业的发展受到了严重的阻碍。加上欧盟统一数字市场的建设需求，欧盟将个人数据权利的加强提上日程。

2002 年欧盟颁布的《通用服务条例》（Universal Service Directive）首次提出了"可携带性"的概念，其第 30 条规定"号码可携带性"，要求各成员国应确保所有公共电话服务和移动服务的用户可以独立于提供服务的企业保留其号码[1]。同年的《框架指令》（Framework Directive）则对可移植性有了更为明确的规定，鼓励个人信息的可移植性，指出允许数据可移植性可以使企业和数据主体能够最大限度地利用平衡和透明的方式进行数据处理。该条款突出了个人数据可移植性的巨大潜力，为 GDPR 引入数据可携权奠定了法律基础。

"数据可携权"首次提出于《统一数据保护条例——欧盟委员会 2012 年建议案》中，该建议案的第 18 条对 "数据可携权"进行了详细的定义，规定数据主体拥有获得经过电子或结构化格式处理过的个人数据副本，并将其传输给另一个数据控制者的权利[2]。数据可携权是对数据主体权利的丰富和完善。2014 年 3 月，欧洲议会通过会议商讨，对该建议案进行修订，将第 18 条的"数据可携权"与第 15 条的信息获取权合并[3]。这次修改，是欧盟对"数据可携权"定位和适用范围的探索。

经过欧洲议会长达四年的讨论，数据可携权于 2016 年 3 月经欧洲议会通过，以独立条款的身份出现于 GDPR 的第 20 条。GDPR 作为全新的个人数据保护法，具有划时代的意义。为适应社会和经济的发展，GDPR 在《指令》的基础上，对立法架构、权力与责任体系、监管及惩处措施等方面进行了更为详细系统的规范。2018 年 5 月 25 日 GDPR 正式生效，数据可携权合

---

① Directive 2002/22/EC[EB/OL]. [2020-04-20]. https://eur-lex.europa.eu/legal-content/EN/TXT/PDF/?uri=CELEX:32002L0022&qid=1550862252312&from=EN.

② 李蕾. 数据可携带权：结构，归类与属性[J]. 中国科技论坛，2018，266（6）：143-150.

③ Fialova E. Data portability and informational self-determination[J]. Masaryk University Journal of Law and Technology，2014，（45）：45-46.

法独立的权利地位得到完全确立。

欧盟 GDPR 的第 20 条对数据可携权进行了详细的规定。主要包括两项权利，即副本获取权和副本转移权。副本获取权的核心是获得规定格式的数据副本，即数据主体能够要求数据控制者发送规定格式的数据副本，并且对其进行进一步使用，格式要求为电子和结构化格式。而副本转移权则是数据主体能够将这些个人数据从一个数据控制者传输到其他数据控制者，同样是以电子和结构化的格式进行。

除此之外，GDPR 对数据可携权也进行了限制。首先，GDPR 对数据传输格式进行了规定。条款要求数据副本的格式是电子和结构化格式，即数据需要经过结构化和常用格式处理。若数据副本不满足这一条件，数据主体则无法获得数据副本。其次，副本转移权要求数据主体在行使权利时不能影响或干涉对他人的正当权利或自由。基于此，当数据主体要求传输的数据涉及第三方隐私权时，数据控制者应拒绝此类请求。

2. 拒绝权

拒绝权又称为选择权或反对权，广义的拒绝权是指对于数据的收集及使用，数据主体能够选择同意或反对的权利。然而同意与拒绝虽然是一枚硬币的两面，但在个人数据权利保护体系中，其产生作用的时间则不完全相同，意义也不同。同意通常是与知情权相伴出现，形成"知情同意"模式，主要作用于个人数据被收集或使用前。而拒绝权虽然也可用于个人数据被收集或使用前，但更多出现于数据收集或使用过程中，在某种程度上可以理解为"后悔药"。加上在互联网时代，同意的方式多种多样，"默示同意"屡见不鲜，例如在使用 App 时的一键授权。在这种情况下，同意成了常规操作，更体现出拒绝的不易。因此，本章在分析时，主要对狭义的拒绝权即数据主体能够进行拒绝的权利进行分析。

拒绝权并非诞生于个人数据权利保护之始，而是随着时代和信息技术的发展，应运而生的。法国于 1978 年颁布《数据处理、数据档案及个人自由法》，提出了拒绝权的概念，规定任何自然人均依法有权反对任何与其相关的个人信息处理。而后，在时代的推动下数据主体的权利愈发完善。欧盟的《指令》对拒绝权的适用范围和数据控制者应当明示该权利的规则进行了明确。加拿大于 2003 年在《加拿大个人信息保护法》中对拒绝权进行了明确。《108 公约》作为具有法律效力的确定了个人数据保护和利用原则的国际公约，在 2012 年修订案中加入了 "数据主体能够在任何时候反对处理有关于他或她的个人数据" 的权利。欧盟于 2018 年生效的 GDPR 在《指令》的基础上对拒绝权的权利内容进行了细化和扩张，对例外情况进行了规定。而美国于 2018 年颁布的《加利福尼亚州消费者隐私保护法案》将拒绝权与公平服务权相结合，以保障消费者的合法权益。随着大数据技术和各国和地区个人数据权利体系的发展，拒绝权的规定越发清晰，权利内容逐渐扩大，对数据主体的保护效力逐渐增强。

拒绝权是个人数据权利的一项新增权利，各国的权利内容都有所不同，体现着各国不同的个人数据保护特点。以下将对各国拒绝权内容进行对比分析。

欧盟《指令》规定，数据主体有权随时拒绝数据控制者基于以下目的的对其个人数据进行的处理行为：为公共利益；为数据控制者的合法利益；为直销目的。同时该拒绝权利应当进行明示，并且提供给数据主体免费使用①。而 GDPR 在对以上规定进行细化的同时，增加了三点内容。一是拒绝权的例外情况，若数据控制者能够证明处理数据的合法依据优先于数据主体的利益、权利与自由或数据处理为提起诉讼或应诉所必要，数据控制者能够

---

① Directive 95/46/EC[EB/OL]. [2022-04-18]. https://aws.amazon.com/cn/blogs/security/tag/directive-9546ec/.

继续处理个人数据。二是在使用信息服务的背景下，数据主体可以通过使用技术规范的自动化方式来行使拒绝权。三是除了为执行公众利益任务所必要的数据处理，数据主体有权基于自身特殊情况随时拒绝为科学研究或历史研究目的、统计目的而进行的处理行为①。GDPR 对拒绝权利范围的扩展，让数据主体能够更为有效地利用法律保护自身数据权益。

而拒绝权在不同国家的个人数据权利体系中，有不同的表现形式。美国的 2018 年《加利福尼亚州消费者隐私保护法案》将拒绝权命名为"选择退出权"，还加入了公平服务权的相关规定，即：①对于向第三方出售其个人信息的企业，消费者有权随时要求其不得出售其个人信息；②向第三方出售消费者个人信息的企业，应向消费者发出通知，说明该信息可能被出售，而且消费者有权"选择退出"出售其个人信息的行为，同时，禁止企业因消费者行使自身的任何权利之故歧视该消费者②。在上文对美国个人数据权利体系进行分析时提及过，美国个人数据权利体系的核心目标是促进数据自由流通以发挥数据的经济价值。将美国与欧盟的拒绝权进行对比也可以印证这一点，欧盟更侧重于加强数据主体权利，而美国则是不希望消费者因个人数据权益受损而影响其正常消费。对美国而言，经济发展更为重要。

拒绝权在韩国的个人数据权利保护体系中体现为暂停的权利，韩国2011 年颁布的《韩国个人信息保护法》第 37 条对该权利进行了规定，包括该权利的适用情况和例外情况。数据主体可以要求个人信息处理者暂停处理个人信息，在遇到以下情况时，个人信息处理者可以拒绝数据处理的要求：法律规定；可能会对他人的生命安全和财产安全造成侵害；公共机构处理该信息的必要性；为履行与数据主体签订的合同所必需。当个人信

① General Data Protection Regulation[EB/OL]. [2022-04-18]. https://www.investopedia.com/terms/g/general-data-protection-regulation-gdpr.asp.

② 加州消费者隐私法案及条例（条文及说明）[EB/OL].（2020-01-07）[2023-03-30]. https://article.chinalawinfo.com/ArticleFullText.aspx?ArticleId=110818.

息处理者因为以上理由拒绝暂停处理的要求时，应当立即通知数据主体。可见，韩国个人数据权利体系对拒绝权的界定更倾向于在个人信息处理中停止的权利。

而拒绝权在新加坡和加拿大则表现为撤回同意的权利。新加坡 2012 年《新加坡个人数据保护法》和加拿大 2003 年《加拿大个人信息保护法》规定，对于机构为任何目的收集、使用或披露的与某人有关的个人数据，若处于没有向机构发出合理通知的情况下，该人可随时撤回已做出的同意；在通知发出后，有关机构应告知个人撤回其同意的可能后果且不能禁止个人撤回同意。对新加坡和加拿大而言，拒绝权是同意原则的附属权利，拒绝权的设置，能够起到让个人在同意企业收集或使用个人信息时减少后顾之忧的作用。

（二）突进式数据权利演化模式特点

1. 没有明确的演化阶段，演化时间较短

与沿袭式数据权利拥有动辄几十年上百年的演化历史不同，突进式数据权利只有短短二三十年的发展历史。且在突进式数据权利诞生之前，数据权利体系已经经历了漫长的演化历史，这使得突进式数据权利往往没有较为不完善的阶段。如果说沿袭式数据权利演化模式是一个人从婴儿到青壮年的发展过程，那突进式数据权利演化模式则是跳跃了一个人的婴幼儿时期，直接步入青年。以数据可携权为例，从《统一数据保护条例——欧盟委员会2012 年建议案》到 2016 年数据可携权经欧洲议会通过以独立条款的身份出现于 GDPR，只过了短短 4 年时间。算上 2002 年欧盟的《通用服务条例》提出的"可携带性"概念，也只有 14 年，且 GDPR 中的数据可携带权具有完善的数据权利内容和限制条件，并非宣示性条款。

2. 相较于数据权利体系，是新型权利

针对突进式数据权利是新型权利这一特点，首先要对数据权利体系的建设进行明确。由于在对数据权利演化模式进行分析时，考量的是世界范围内的数据权利体系，而各个国家和地区的数据保护水平发展不同，不可能确定出统一的时间点，甚至就某一国家而言，都很难确定出时间点。因此本章将数据权利体系的建立与该国的立法建设相结合，即将该国对这一领域的数据权利保护的立法粗略估计为数据权利体系的建立，立法时确定的权利为数据权利体系的原始权利。

而新型权利的"新"，主要包括两重含义。一方面是该项权利相较于原数据权利体系的数据权利具有独创性。另一方面是该项权利尚未在世界范围内普及。数据可携权就是一个非常合适的例子，数据可携权的核心是数据主体对经过电子或结构化格式处理过的个人数据，有获得个人数据副本并将其传输给另一个数据控制者的权利。数据可携权对数据格式和传输形式的要求体现出该项权利是技术发展的产物，在互联网技术不发达的 20 世纪是不会诞生该项权利的。同时，该项权利对国家或地区的数据保护水平、用户的权利意识有着较高的要求，目前只有欧盟和美国有相关条款。与数据可携权相类似的是美国的公平服务权，美国加利福尼亚州于 2018 年颁布的《加利福尼亚州消费者隐私保护法案》规定了"加利福尼亚人有权享有平等服务与价格，即使其行使隐私权"，即当消费者在向企业行使隐私权时，企业不能拒绝向消费者提供服务或向消费者提供不同等级或质量的商品和服务。这也是一项新型权利，目前仅出现在美国，这一点体现出美国对于经济效益的重视，也是美国数据权利保护体系目标——保证数据的经济效益的体现。

数据权利体系的建立和完善离不开数据权利的确立和发展。没有哪一项数据权利是一成不变的，也没有哪一项数据权利是突然出现的。数据权利的确立和发展，与时代的发展、技术的进步、各国的法律建设以及数据保护的需求息息相关。不同的权利演化模式，区别在于随着时代的发展，其权利内涵和权利内容的变化程度。

沿袭式权利演化模式以知情权和企业数据管理权为代表，强调其权利理念和权利内涵的一脉相承，并不是毫不改变，而是内核一致。例如在大数据时代，商业秘密保护加入了对利用网络窃取商业秘密的侵权行为的规范措施。再比如知情权随着个人数据保护意识的提升，其范围逐渐扩大，保护愈发严密。修正式权利演化模式以被遗忘权和数据共享权为典型，强调继承中的变化。而突进式数据权利演化模式以数据可携权和拒绝权为代表，着眼于新增权利在数据权利体系中的地位及其产生的内在原因。

通过本章对数据权利的深入挖掘可以发现，对同一数据权利，各国由于数据保护水平不同，其权利内容和范围也不同，且在各国可能有不同的表现形式，这受到各国的数据权利体系建设、社会经济发展现状、立法及司法实践等方方面面的影响。此外，数据权利的重要性不在于其名称和数量，不是数据权利体系中数据权利的数量越多越好，更重要的是其内涵和内容的扩展。法律是权利的承载，将权利写在法律上是对权利法律地位的确定，这固然重要，但是更为重要的是，法律对该权利内容的规定是什么，权利的适用范围是什么，权利主客体是否明确，权利的限制和例外是什么，权利是否有强有力的救济措施。当这些问题都被明确后，权利才能真正成为捍卫个人数据的武器。

第三节　中国数据权利发展现状与建构路径

中国数据权利体系主要由个人数据权利体系、企业数据权利体系以及国家数据权利体系三部分构成。本章分别对个人数据权利体系、企业数据权利体系、国家数据权利体系进行细致阐述，首先介绍各数据权利体系的演化进程，对相关法律规范进行梳理罗列；而后介绍各数据权利体系的主要内容，探究各数据权利体系的目标、权利分布、权利例外及限制、救济机制；接着讨论了各数据权利体系目前存在的问题；最后着重阐述中国数据权利体系的建构路径，并针对个人数据权利体系、企业数据权利体系以及国家数据权利体系存在的问题提出可行性建议，以期推动中国数据权利体系进一步完善发展。

一、个人数据权利

（一）我国个人数据权利演化进程

我国的个人数据权利体系发展较晚，以 2000 年为时间点能够划分为两个阶段。21 世纪前，我国经历了新中国成立、三大改造、改革开放等重大历史事件，经济政治进行着重大变革，法律的发展主要体现在宪法的制定和修订。而对于个人信息保护的立法，仅限于对隐私权方面的笼统立法，主要体现在《中华人民共和国宪法》（以下简称《宪法》）和《中华人民共和国民法通则》（以下简称《民法通则》）中。1954 年我国颁布的第一部《宪法》明确了公民拥有的基本权利与自由，奠定了国家对个人隐私、个人信息保护的立法基础。1986 年的《民法通则》规定公民拥有人身权，其中包括姓名权、肖像权、名誉权等人格权。可以看到，在这一阶段，我国的基本法律尚没有提出"隐私权"和"个人信息"的概念，对于个人信息权利的保护较为薄弱。

2000 年以来，随着计算机技术和互联网的发展，我国进入信息时代。而大数据技术的快速发展，使得数据挖掘、数据分析等技术被企业广泛运用，个人信息暴露于未被保护的真空环境下。同时，随着国际互联网经济的快速发展，国际的网络空间竞争愈演愈烈，国际法律冲突日益突出。而无论是欧盟，还是美国，对个人信息保护都给予了高度重视。在这样的环境下，我国的个人信息保护立法势在必行。

2000 年，第九届全国人民代表大会常委会第十九次会议通过的《全国人大常委会关于维护互联网安全的决定》对个人及国家的信息安全问题进行了强调。2003 年全国人大常委会提出了《个人信息保护法》的立法建议。2005 年修订后的《中华人民共和国妇女权利保障法》及 2006 年修订后的《中华人民共和国未成年人保护法》分别直接提出对妇女和未成年人的隐私进行保护。

随着信息技术的发展和国际态势的演变，我国从 2010 年以后不断加强网络安全与隐私保护方面的立法建设，加大政府监管力度。工业和信息化部分别于 2011 年和 2013 年颁布了《规范互联网信息服务市场秩序若干规定》和《电信和互联网用户个人信息保护规定》，对互联网市场秩序加以维护，保护公民个人权益。2012 年 12 月 28 日人大常委会颁布了《关于加强网络信息保护的决定》，以人大常委会决议的形式保护个人信息，及时出台具有法律效力的规定，弥补立法空缺，解决新立法时限长的现实问题。2013 年 2 月 1 日全国信息安全标准化技术委员会颁布《信息安全技术公共及商用服务信息系统个人信息保护指南》，制定了个人信息的安全技术要求、保护标准及个人信息出境评估等方面的国家标准。

2016 年 11 月 7 日全国人大常委会高票通过了《网络安全法》（2017 年 6 月 1 日实施），该法总结了之前各立法领域所确立的网络安全与个人信息保护的原则，符合联合国经合组织关于个人隐私信息保护的基本原则，也体现了目前各国关于数据跨境传输等数据保护方面的立法趋势，奠定了中国网络安全与隐私保护的基石。2017 年修订的《中华人民共和国民法总则》（以下简称《民法总则》）第一次直接提出保护公民的"隐私权"及保护自然人的"个人信息"，规定自然人的个人信息受法律保护。同年修正完成的《中华人民共和国刑法》（以下简称《刑法》）增加了"出售、非法提供公民个人信息罪""非法获取公民个人信息罪""侵犯公民个人信息罪"等刑事罪名。2018 年 8 月 31 日全国人大常委会通过了《中华人民共和国电子商务法》（以下简称《电子商务法》），该法对电子商务经营者在经营过程中的个人信息保护义务做出强制性规定。2021 年 8 月 20 日全国人大常委会通过了《个人信息保护法》，该法对个人信息权益进行保护，规范个人信息处理活动，促进个人信息的合理利用。2022 年 7 月，国家互联网信息办公室发布《数据出境安全评估办法》，提出数据出境安全评估坚持事前评估和持续监督相结合、风险自评与安全评估相结合等原则①。这一阶段的立法，主要呈现以下特点：①通过《刑法》和《中华人民共和国民法典》（以下简称《民法典》）进行纲领性指导；②通过修订不同领域的法律，对特殊人群的隐私权进行保护；③加强个人信息保护的专项立法。

（二）我国个人数据权利主要内容

我国的个人数据权利体系，主要由宪法、各领域法律法规、会议决议等组成。

我国个人数据权利体系的目标与欧盟较为相似，与美国侧重经济效益不同，我国追求个人数据权利和信息合理利用并重。《中华人民共和国民法典》第一千零三十四条规定"自然人的个人信息受法律保护"②。2021 年《个人信息保护法》规定"保护个人信息权益，规范个人信息处理活动，促进个人信息合理利用"③。

而在个人数据权利方面，主要是信息主体对个人信息的支配权利，具

---

① 数据出境安全评估办法 [EB/OL].（2022-07-07）[2023-03-30].http://www.gov.cn/zhengce/zhengceku/2022-07/08/content_5699851.htm.

② 中华人民共和国民法典[EB/OL].（2020-05-28）[2023-03-30].http://www.gov.cn/xinwen/2020-06/01/content_5516649.htm.

③ 中华人民共和国个人信息保护法[EB/OL].（2021-08-20）[2022-04-16]. http://www.gov.cn/xinwen/2021-08/20/content_5632486.htm.

体包括决定权、知情权、删除权、访问权、保密权、更正权、可携权等，主要分散在《网络安全法》、《电子商务法》和《信息安全技术 个人信息安全规范》中。其中，决定权强调信息主体对个人信息的支配权利，决定个人信息是否被收集以及收集的方式、目的、范围等。知情权是对知情同意的数据处理原则的呼应，强调经信息主体同意的重要性。保密权强调未经信息主体同意，信息处理主体不能将个人信息传递给他人。删除权和更正权保障了信息主体修改和删除个人信息的权利。可携权规定信息主体有权获得信息副本，并在一定条件下能够转移给其他信息处理主体。法律赋予了信息主体信息的支配权利，但对这些权利也规定了例外与限制，当个人信息与国家安全、公共安全、商业秘密等密切相关时，信息处理主体可不响应信息主体的以上请求。

在救济措施方面，我国的救济措施以诉讼为主，包括民事诉讼途径、行政检举控告和刑事责任追究机制。2012 年《关于加强网络信息保护的决定》规定"对有违反本决定行为的，依法给予警告、罚款、没收违法所得、吊销许可证或者取消备案、关闭网站、禁止有关责任人员从事网络服务业务等处罚，记入社会信用档案并予以公布；构成违反治安管理行为的，依法给予治安管理处罚；构成犯罪的，依法追究刑事责任；侵害他人民事权益的，依法承担民事责任"①。

（三）我国个人数据权利目前存在的问题

1. 个人数据权利内容模糊

《个人信息保护法》对信息主体权利的规定最为完善，其规定了我国信息主体具有个人信息权、信息决定权、信息保密权、信息访问权、信息

---

① 全国人民代表大会常务委员会关于加强网络信息保护的决定[EB/OL].（2012-12-28）[2022-04-16].http://www.gov.cn/jrzg/2012-12/28/content_2301231.htm.

更正权、信息可携权、信息封锁权、信息删除权和被遗忘权。从权利的分布和类型上并不比 GDPR 逊色。然而当仔细对这些权利进行分析时，会发现我国对于这些权利的具体规定是不完善的，法律规定过于简单，存在大量的自由裁量空间。以数据可携权为例，《个人信息保护法》对数据可携权的规定是，信息主体有权向个人信息处理者查阅、复制其个人信息，但国家机关在第十八条、三十五条规定的情形下应当拒绝提供复制本。①该条款对于非国家机关也同样适用。与 GDPR 相比，我国对数据可携权的规定过于简单，对复制本的格式没有进行规定，对权利主体也没有进行明确，是只有信息的原拥有者可以获得复制本，还是只要该复制本含有该用户信息就可以？比如多人照片。过于简单的法律规定会在实践中遇到很多不确定因素。权利的分布和覆盖范围是数据权利体系的重要内容，但更重要的是这些权利的践行，只有权利用到实处，才能够真正起到保护个人数据的作用。

2. 信息处理主体的限制不明确

首先，我国法律对信息处理主体的身份和信息收集与处理的目的没有明确的规定。我国已有的相关法律包括《网络安全法》没有对数据处理主体的身份进行规定。2021 年《个人信息保护法》第十条规定"任何组织、个人不得非法收集、使用、加工、传输他人个人信息，不得非法买卖、提供或者公开他人个人信息；不得从事危害国家安全、公共利益的个人信息处理活动"，同时在第二章第三节明确了"国家机关处理个人信息的特别规定"。相较于 GDPR 对个人数据处理行为的合法情况范围进行详细规范，我国为个人数据处理行为的合法性预留大量自由裁量空间，加上我国并没有对"特定

---

① 中华人民共和国中央人民政府. 中华人民共和国个人信息保护法[EB/OL]. （2021-08-20）[2022-04-16].http://www.gov.cn/xinwen/2021-08/20/content_5632486.htm.

目的"进行详细说明，这就导致信息收集主体的门槛变得非常的低，可以说任何信息处理者可以以任何名目收集个人信息，导致很多商家会以诸如调查问卷、电话访问等方式随意收集公民个人信息，用于其生产经营活动甚至打包出售，严重损害信息主体的数据权益。

除此之外，还会出现信息处理主体过度收集个人信息的情况。由于我国没有对信息处理主体收集与处理信息的目的进行规范，加之《个人信息保护法》对非国家机关信息处理主体不得超出特定目的收集、处理个人信息的例外情况规定过于宽松，例如与信息主体有合同或类似合同的关系，在不会损害信息主体的合法权益的情况下，信息处理主体能够超出特定目的收集和处理个人信息。而目前在移动端 App 的使用中，绝大部分用户对于隐私政策都是直接点击同意，而是否"损害信息主体的合法权益"的度量太过模糊。在这种情况下，信息处理主体就能够超出特定目的收集和处理个人信息。

3. 惩处措施不明确，救济措施单一

所谓权利的法律救济，是指权利受到侵害时法律所给予的补救。对权利人的保护则多是通过对其受到侵害的具体权利提供救济手段来实现的。《牛津法律大辞典》对"救济"的定义是："救济即纠正、矫正或改正已发生或已造成伤害、危害、损失或损害的不正当行为。"①救济具有事后性，对个人数据权利的法律救济包括民事救济、行政救济与刑事救济。救济措施是对权利的保障，是在权利受到侵害时的最后一道防线，没有救济的权利是空谈。目前我国采用的救济措施以法律诉讼为主，然而我国相关的法律规定非常模糊。我国对个人数据权利的救济措施散布在各个法律规章中，《刑法》《网络安全法》《民法典》都有规定，但是较为混乱，对民事责任和刑事责任

---

① 戴维·M.沃克（David M. Walker）. 牛津法律大辞典[M]. 李双元，等译. 北京：法律出版社，2003：958.

的适用范围不明确。《个人信息保护法》规定信息主体有获得损害赔偿的权利，然而没有专门的损害赔偿机制，需依据民法判定损害赔偿责任及赔偿金额。不仅如此，我国在这一方面的赔偿金额较低，"人肉搜索第一案"①中法院仅判决王某获得精神抚慰金 800 元。个人信息违法成本低，难以有效保护个人数据合法权益。

除此之外，我国的救济措施仍需要深入探讨。权利救济因英美法系和大陆法系的不同有所区别。有着"补救之法"之称的英美法系以损害作为救济的前提。而有着"权利之法"之称的大陆法系奉行法典法传统，强调权利先于救济。法典对公民所拥有的权利进行规定，若缺少法典对于权利的确定，司法体系不能对公民受到损害的情况加以补救②。我国虽不是大陆法系的典型国家，但也遵从大陆法系的传统，即获得救济需要满足两个前提：一是法律对该权利有明确规定，二是权利人的确受到侵害。因此我国的救济措施以法律救济为主。但是需要考虑到一个现实问题，即我国的诉讼费用问题。由于我国没有数据保护监管机构，信息主体只能选择法律诉讼的方式维护自身合法权益。然而诉讼费用和律师费的存在，使得打官司难度加大。较高的诉讼成本加上较低的赔偿金额，使得我国使用法律救济维护数据权益成为一件低性价比的事情。

二、企业数据权利

（一）我国企业数据权利演化进程

与个人数据权利体系的发展相比，我国企业数据权利体系产生更晚，

---

① 刘英团. 人肉搜索被判刑：网络不是法外之地[EB/OL]. （2014-09-12）[2023-02-27]. http://rmfyb.chinacourt.org/paper/html/2014-09/12/content 87365.htm?div=-1.

② 纪鑫鑫，高无忧，侯红扬，等. 公法视域内行政监管范围研究[J]. 商品与质量：学术观察，2014，（1）：168.

发展缓慢，我国对商业秘密的保护散见于民法、劳动法、刑法、反不正当竞争法等法律中。1993 年，《中华人民共和国反不正当竞争法》（以下简称《反不正当竞争法》）首次规定了商业秘密的概念、侵犯商业秘密行为的表现形式以及相应的民事和行政责任。1995 年颁布的《关于禁止侵犯商业秘密行为的若干规定》强调了商业秘密的概念、细化了商业秘密的内涵、增加了侵犯商业秘密的行为、明确了行政责任的承担方式。2005 年，最高人民法院颁布的《最高人民法院关于审理不正当竞争民事案件应用法律若干问题的解释》详细提出了判断商业秘密民事赔偿范围的标准。

直至 2010 年以前，我国法律对于数据的财产属性尚未明确，企业数据被划为商业秘密的范畴，依靠《反不正当竞争法》进行保护。然而随着信息技术和大数据产业的发展，数据的经济效益越来越高，给社会经济发展提供了巨大推动力，对企业的重要性逐渐提升。而由于数据的连通性，数据侵权极易发生，从 Facebook 数据泄露一案①中可窥端倪。然而在频发的数据侵权案件中，我国对于数据是否具有财产属性，数据侵权应按照反不正当竞争还是侵犯数据权利处理，都仍有异议。在 2017 年"大众点评诉百度不正当竞争案"中，法院以不正当竞争行为进行判决，但也指出，"经营者的权益并非可以获得像法定财产权那样的保护强度"②。2018 年淘宝诉美景一案，被称为大数据的标杆性案件。淘宝公司旗下的"生意参谋"核心业务是为淘宝和天猫的商家提供数据分析和建议。而美景公司所运营的"咕咕生意参谋众筹"网站，利用技术手段获取"生意参谋"数据产品中的数据内容并提供给他人获取

---

① 泄露 5 亿用户数据，脸书被欧洲监管机构罚款 2.65 亿欧元[EB/OL].（2018-12-22）[2023-03-30].http://news.cctv.com/2022/11/29/ARTIsvXaozKNXVoixW7nqfDJ221129.shtml.

② 知识产权司法保护网. 上海知识产权法院民事裁定书[EB/OL].（2017-09-06）[2022-04-16]. http://www.chinaiprlaw.cn/index.php?id=4894.

利益。法院指出"淘宝公司对涉案数据产品享有竞争性财产权益"[①]，该判决为数据的财产属性的确定前进了一大步。在这种情况下，社会需求推动着立法和司法的进展。

2017 年，《反不正当竞争法》第十二条加入互联网专款，对企业利用网络进行生产经营的行为进行限制。同年，修订后的《民法总则》，提出网络虚拟财产的概念。2017 年修订的《刑法》增加了"非法侵入计算机信息系统罪"、"破坏计算机信息系统罪"、"拒不履行信息网络安全管理义务罪"和"非法利用信息网络罪"等新罪名。对于以上类别的刑事犯罪，不仅追究单位的刑事责任，还直接处罚单位的直接负责人，且判刑较重（最高可达三年以上七年以下）[②]。同年，最高人民法院就上述罪行如何量刑给出了司法解释。

而企业对个人数据的处理权利，主要包括数据收集、数据使用、数据流动等数据处理及数据交易的权利。这些权利分散于个人数据保护的法律规定下，发展脉络与个人数据保护权利体系相同。而在数据流动权方面，2014 年是一个重要的时间节点。该年，中关村数海大数据交易平台成立于北京，这是我国第一个大数据交易平台，对我国数据交易发展有着非凡的意义，标志着我国数据交易平台化时代的到来。2015 年 5 月，《贵阳大数据交易所 702 公约》由贵阳大数据交易中心颁布，该规则规定交易的不是底层数据，而是数据清洗建模分析的数据结构[③]。2017 年 12 月 8 日，习近平总书记在中共中央政治局第二次集体学习上指出，"要制定数据资源确权、开

---

① 淘宝诉美景公司大数据产品不正当竞争案[EB/OL]．（2019-01-16）[2022-12-28]．https://www.chinacourt.org/article/detail/2019/01/id/3707258.shtml.

② 中华人民共和国刑法（2017 年修正）[EB/OL]．（2020-12-26）[2022-04-16]．https://law.pkulaw.com/chinalaw/39c1b78830b970eabdfb.html.

③ 贵阳大数据交易所交易规则[EB/OL]．（2015-05-25）[2022-04-16]．https://acrobat.adobe.com/link/track?uri=urn%3Aaaid%3Ascds%3AUS%3A737b39d6-a7db-4381-b9a6-fa4da5ac3776#pageNum=1.

放、流通、交易相关制度，完善数据产权保护制度"①。

（二）我国企业数据权利主要内容

我国的企业数据权利体系，主要分散于《刑法》、《民法通则》、《反不正当竞争法》、《电子商务法》、大数据平台交易规则等法律及行业规范中。以下将主要从目标、权利分布、权利例外及限制这三个方面进行探究。

我国由于没有专门的企业数据权利法律法规，对企业数据权利的目标没有清晰表述。但是从《电子商务法》等法律规范中可以看到，我国企业数据权利体系的目标是保护企业的数据权益，提升数据对企业发展的推动力，维护市场公平竞争，促进经济发展。《电子商务法》提出了"保障电子商务各方主体的合法权益，规范电子商务行为，维护市场秩序，促进电子商务持续健康发展"②的立法目的。而《中关村数海大数据交易平台规则》的制定目的包括两个方面，一是规范大数据交易行为，维护交易秩序；二是保障交易双方合法权益。由此可见，我国企业数据权利体系的核心是两点，一为保护企业数据权益，维护市场公平。二是提高数据的转化效率，提升数据经济效益，促进经济发展。而这两点，也与我国的个人数据权利体系的目标相呼应。一为保护，二为发展。而区别在于，个人数据权利体系强调保护与发展并重，甚至保护重于发展，保护公民的个人数据权利高于个人数据流通的效益。而在企业数据权利体系方面，则是发展更重，更侧重于企业数据权益和市场秩序的维护，核心仍是市场经济的健康有序发展。

我国的企业数据权利包括数据管理权、数据收集权、数据使用权和数据流动权。在数据管理权上，《反不正当竞争法》对商业秘密进行了严密的

---

① 习近平主持中共中央政治局第二次集体学习并讲话[EB/OL].（2017-12-09）[2022-04-16]. http://www.gov.cn/xinwen/2017-12/09/content_5245520.htm.

② 中华人民共和国电子商务法[EB/OL].（2018-08-31）[2022-04-16]. http://www.gov.cn/xinwen/2018-08-31/content_5318220.htm.

规范与保护，包括商业秘密的定义、界定侵犯商业秘密的行为以及对商业秘密侵害的损害赔偿责任[①]。而数据收集权、数据使用权和数据流动权，主要是对其准许条件、行使范围、履行安全义务以及回应数据主体请求方面进行了限制。

而权利限制上，在数据管理权方面，我国尚未做出明确限制。结合我国《网络安全法》《民法典》《刑法》等法律规范以及《个人信息保护法》，对于企业收集及处理个人信息主要有以下几条限制：①非国家机关信息处理主体个人信息收集的资格。征信机构及以个人信息收集或处理为主要业务的自然人、法人或其他信息处理主体，除非获得主管部门的批准并经登记管理机关进行业务资格登记并发给执照，否则不得收集个人信息。②信息披露。非国家机关信息处理主体应当于取得收集资格后 10 日内，在政府公告、当地报纸或其他适当的媒体上对机构相关信息进行披露。③回应信息主体的请求。在针对信息主体要求获得信息、信息修正、信息删除、信息限制等要求时，在符合要求的情况下，信息处理主体应予以满足。④刑事与民事责任。信息处理主体违反个人信息保护规范的情况，视情节需承担民事或刑事责任。⑤信息处理主体应采取必要措施保护所收集或处理的个人信息安全。

（三）我国企业数据权利目前存在的问题

1. 商业秘密保护的相关法律无法充分保护企业数据

目前，主要依据商业秘密的相关法律对企业数据进行保护，然而并不是所有有价值的企业数据都能够划归为商业秘密，我国《反不正当竞争法》将商业秘密的构成要件确定为秘密性、实用性、新颖性、管理性和价

---

① 反不正当竞争法[EB/OL].（2017-11-05）[2022-04-16]. http://www.gov.cn/xinwen/2017-11/05/content_5237325.htm.

值性①。而在大数据背景下，数据数量庞大且种类多样，很多企业付出资源进行收集处理的数据无法满足商业秘密的构成要求。例如随着互联网的发展，一些关于航班动态的应用程序通过对气象、航班、机场等数据进行收集和处理，为用户提供机场航班的实时动态，包括飞机的起飞、降落、是否延误等信息。这类应用程序的核心是对不同部门的开放数据进行整合，再为用户提供个性化服务。这类企业数据作为企业的核心竞争力是需要保护的，但是这是否能划归为商业秘密，是否适用于商业秘密保护的法律法规，根据目前的法律规定尚无法确定。

除此之外，传统的商业秘密侵权方式的界定对企业数据侵权也不完全适用。我国《反不正当竞争法》对侵犯商业秘密的行为做出以下界定：①以盗窃、贿赂、欺诈、胁迫或者其他不正当手段获取权利人的商业秘密；②披露、使用或者允许他人使用以前项手段获取的权利人的商业秘密；③违反约定或者违反权利人有关保守商业秘密的要求，披露、使用或者允许他人使用其所掌握的商业秘密；④第三人明知或者应知商业秘密权利人的员工、前员工或者其他单位、个人实施前款所列违法行为，仍获取、披露、使用或者允许他人使用该商业秘密的，视为侵犯商业秘密②。然而随着互联网和大数据的发展，侵权行为越发多样，具有复杂性和隐蔽性的特点，例如网络链接侵权、网络游戏侵权、通过云平台进行数据窃取等，网络时代的数据侵权行为已经远远超出了传统商业秘密侵权行为的涵盖范围。

2. 司法救济程序不完善

在司法救济方面，主要存在两个问题，一是举证难，证据的有效性难

---

① 反不正当竞争法[EB/OL].（2017-11-05）[2022-04-16].http://www.gov.cn/xinwen/2017-11/05/content_5237325.htm.

② 反不正当竞争法[EB/OL].（2017-11-05）[2022-04-16].http://www.gov.cn/xinwen/2017-11/05/content_5237325.htm.

以确认；二是诉讼周期较长，过长的诉讼周期会加大企业的利益损失。举证难主要是由于互联网的虚拟性特征，难以将电子数据固化存档。例如在进行数据交易时，企业间往往通过数据交易平台进行数据交易，数据交易平台的存在使得一方很难发现另一方的数据偷窃行为。即使发现，也很难在庞大的数据库中获得证据①。

在大数据时代，信息的高速传播加速了数据侵权带来损害的影响速度，扩大了数据侵权的影响范围。由于数据的举证难和取得数据后数据有效性认定标准的模糊，企业诉讼周期大大延长。不同于非互联网领域的侵犯商业秘密的案例，在互联网领域过长的诉讼周期会加大被侵权一方的损失。加上我国目前以事后诉讼为主，缺乏诉前禁令的制度，受到数据侵害的一方无法阻止侵害的扩大。

三、国家数据权利

（一）我国国家数据权利演化进程

我国对数据安全的法律建设起步较晚，在 2016 年《网络安全法》出台之前，我国对数据安全的保护散落在部门法中，较为凌乱。我国于 2015 年颁布的《国家安全法》对维护国家网络空间主权、安全和发展利益进行了明确规定。2016 年 11 月 7 日，《网络安全法》正式颁布，并于 2017 年 6月 1 日开始施行。该法对国家机关及网络运营服务商的网络安全责任与义务、监测预警与应急处理措施、相关的法律责任等内容进行规定，确定了具有基础性和综合性的国家治理网络空间的法律框架。2021 年 6 月 10 日全国人大常委会通过《数据安全法》，该法对数据开发处理及利用活动进行规范，保障数据安全，保护个人和组织的合法权益，维护国家主权、安全

---

① 胡冰洋. 大数据背景下企业数据财产权的民法保护[D]. 河南大学，2019.

和发展利益。

我国的数据共享始于 2001 年科学技术部颁发的《国家科技计划项目管理暂行办法》，该条例要求各类科技计划必须建立兼容的数据库以推动数据共享。随后，国家海洋局、中国地震局和国家税务总局也制定了专门的数据管理政策对数据共享进行规范。从 2001 年到 2007 年，这是我国数据共享的产生阶段，这一阶段的数据共享主要是由个别中央部门自发进行的，数据共享多在政府内部进行。2007 年是我国数据共享进程的分水岭，该年颁布的《政府信息公开条例》，推动了政府部门的信息公开与利用。

2015 年我国颁布的《国务院关于印发促进大数据发展行动纲要的通知》（以下简称《促进大数据发展行动纲要》）明确了数据共享的范围和方式，提出要建立数据共享服务体系。此后，我国进入数据共享快速发展的阶段。2016 年出台的《国务院关于印发政务信息资源共享管理暂行办法的通知》主要对政务部门间政务信息资源共享进行规范。2017 年，贵阳市颁布《贵阳市政府数据共享开放条例》，率先建设政府数据共享平台。国务院于 2019 年修订的《政府信息公开条例》强调了"以公开为常态、不公开为例外"的信息公开原则，对信息公开的主体和范围、信息公开豁免、依申请公开的流程进行规定，是我国数据共享的纲领性文件①。

我国自 2010 年才开始关注跨境数据流动，中国人民银行于 2011 年颁布的《中国人民银行关于银行业金融机构做好个人金融信息保护工作的通知》要求银行业以及金融机构不得向境外提供个人金融信息②。2013 年发布的《征信业管理条例》规定征信机构在中国境内采集信息的整理、保存和加

①　中华人民共和国政府信息公开条例[EB/OL].（2019-04-15）[2022-12-28]. http://www.gov.cn/zhengce/content/2019-04/15/content_5382991.htm.

②　中国人民银行关于银行业金融机构做好个人金融信息保护工作的通知[EB/OL].（2011-01-21）[2022-04-16]. http://www.gov.cn/gongbao/content/2011/content_1918924.htm.

工应当在中国境内完成①。2017 年 6 月颁布施行的《网络安全法》和 2021 年 9 月施行的《数据安全法》对限制国内数据向境外转移进行了规定，2021 年 11 月施行的《个人信息保护法》对个人信息的跨境流动进行了规定。2022 年 9 月施行的《数据出境安全评估办法》，建立了以安全评估为主要手段的数据出境管理机制，成为我国数据治理的最新标准。

（二）我国国家数据权利主要内容

本书对我国的国家数据权利体系，主要从目标和权利分布这两方面进行探究。我国国家数据权利体系的主要目标是保障国家数据安全，次要目标是充分发挥大数据的作用，推动经济发展和政府服务水平的提高。《网络安全法》将制定目标确定为"为了保障网络安全，维护网络空间主权和国家安全、社会公共利益，保护公民、法人和其他组织的合法权益，促进经济社会信息化健康发展"②。而《政府信息公开条例》将立法目的确定为三点，一是保障公民获得政府信息的权利，二是提高政府工作透明度和政务服务水平，三则是挖掘政务数据的价值，使其对经济和社会发展发挥积极作用③。可见，对我国来说，在维护国家数据安全的同时，应深入挖掘大数据的价值，促进经济发展，推动透明政府的建设。

我国的国家数据权利，主要包括数据控制权、数据共享权和域外数据管辖权。在数据控制权方面，我国主要依靠《网络安全法》的规范，该法确定了网络空间主权原则、网络安全与信息化并重原则以及共同治理原则，对国家机

---

① 征信业管理条例[EB/OL]．（2013-01-29）[2022-04-16]. http://www.gov.cn/zwgk/2013-01/29/content_2322231.htm.

② 中华人民共和国网络安全法[EB/OL]．（2016-11-07）[2022-04-16]. http://www.gov.cn/xinwen/2016-11/07/content_5129723.htm.

③ 中华人民共和国政府信息公开条例[EB/OL]．（2020-12-27）[2022-04-16]. http://www.gov.cn/zhengce/2020-12/27/content_5573650.htm.

构、网络服务提供商和公民在网络安全方面的责任与义务进行规定，确定预警机制及惩处措施。在数据共享权方面，2019年修订后的《政府信息公开条例》对政府信息公开的基本原则、公开的主体与范围、主动公开的范围与流程、依申请公开的范围与流程、监督和惩处措施进行规定。我国数据共享权目前以信息公开为主，数据开放尚未全国普及。我国的域外数据管辖权坚持"属地主义"，要求关键信息基础设施涉及的重要数据应当在境内存储[①]。

（三）我国国家数据权利目前存在的问题

1. 数据共享权权利范围较窄，权利实施受到限制

数据共享权的核心在于共享，即政府部门对数据开放，公民能够获得政府部门公开的数据。在这个过程中，什么数据可以开放，政府采取怎样的形式进行开放，政府部门应怎样应对公民的诉求则是决定数据共享权能否真正落实的关键。

其次，《政府信息公开条例》部分条款的规定较为模糊。例如其第十五条规定"涉及商业秘密、个人隐私等公开会对第三方合法权益造成损害的政府信息，行政机关不得公开"[②]，该条款对"个人隐私"的定义不明确，没有对其范围进行清晰界定。除此之外，《政府信息公开条例》对于应当主动公开信息的范围、公开信息的渠道都没有明确说明，这给予了政府机关较大的自由裁量空间，使得数据共享权的实践受到影响。加之根据法律规定，若出现无法确认信息是否涉密的情况，判断是否公开信息将依据《中华人民共和国保守国家秘密法》（以下简称《保密法》）进行裁决[③]，即就法律地位和

---

① 中华人民共和国网络安全法[EB/OL].（2016–11–07）[2022–04–16].http://www.gov.cn/xinwen/2016–11/07/content_5129723.htm.
② 中华人民共和国政府信息公开条例[EB/OL].（2020–12–27）[2022–04–16].http://www.gov.cn/zhengce/2020–12/27/content_5573650.htm.
③ 刘凯洋. 我国政府数据开放立法研究[D]. 北京交通大学，2019.

法律效力而言，《政府信息公开条例》是低于《保密法》的，这使得数据共享权的践行难上加难。

2. 域外数据管辖权权利内容单薄

目前我国法律对域外数据的管辖权的规定只存在于我国《网络安全法》、《数据安全法》和《个人信息保护法》中，《网络安全法》第三十七条规定"关键信息基础设施的运营者在中华人民共和国境内运营中收集和产生的个人信息和重要数据应当在境内存储。因业务需要，确需向境外提供的，应当按照国家网信部门会同国务院有关部门制定的办法进行安全评估；法律、行政法规另有规定的，依照其规定"①。《数据安全法》第三十六条规定"非经中华人民共和国主管机关批准，境内的组织、个人不得向外国司法或者执法机构提供存储于中华人民共和国境内的数据"②。《个人信息保护法》第三十六条规定"国家机关处理的个人信息应当在中华人民共和国境内存储；确需向境外提供的，应当进行安全评估"③。并在第三章制定个人信息跨境提供的规则。规定存在很多模糊地带，例如关键信息基础设施的范围、重要数据的界定、如何评判是否是业务需要，这些问题都没有进行详细说明，使得法条的效力大打折扣。

我国经历了短短二十年数据权利体系的建设，目前数据权利体系仍处于较为初步的阶段，数据权利的规定散落在刑法、民法、会议决议等法律政策内，规定较为混乱，缺乏专门法的统一规范，存在法律建设不完善、数据权利内容单薄、缺乏有效的救济机制、惩处措施不明确等诸多问题。通过以

---

① 中华人民共和国网络安全法[EB/OL].（2016-11-07）[2022-04-16]. http://www.gov. cn/xinwen/2016-11/07/content_5129723.htm.

② 中华人民共和国数据安全法[EB/OL].（2021-06-11）[2022-04-16]. http://www.gov. cn/xinwen/2021-06/11/content_5616919.htm.

③ 中华人民共和国个人信息保护法[EB/OL].（2021-08-20）[2022-04-16]. http://www.gov. cn/xinwen/2021-08/20/content_5632486.htm.

上对我国个人数据权利体系、企业数据权利体系和国家数据权利体系的分析，我国的数据权利体系拥有以下两个特点。

第一，数据权利体系的核心理念是发展与保护并重。在这一点上，我国与德国相似，在数据权利与经济利益之间，选择了较为中庸的路线，在保护个人数据权利和数据安全的同时，保证数据的经济效益。我国选择这一路线，主要有两个原因。一个原因是我国的数据权利体系建设时吸收了欧盟数据权利体系的部分经验。这一点我国与俄罗斯相似，由于数据权利体系建设较晚，加之法理基础和社会经济发展现状的影响，我国选择了欧盟的数据权利体系作为效仿对象，将欧盟的数据权利体系与本国国情相结合，吸取了欧盟通过建设统一的数据权利法规进行数据权利规范的立法模式，采纳了欧盟的"知情同意"模式以及较为严格的数据权利保护规则。另一个原因则是我国目前处于经济转型阶段，亟须高新技术产业的快速发展。同时由于改革开放后经济的快速发展，我国的立法进度与经济发展相比相对滞后，我国需要在推动数据自由流通的同时，加快立法进程，保护数据权利与数据安全。

第二，数据权利体系发展较为保守。目前我国的数据权利，尚未呈现出明显的模式特点，比较倾向于沿袭式数据权利模式。这主要是由两方面原因导致的，一方面是我国的数据权利体系演化时间较短，数据权利体系及数据权利内容尚待完善。另一方面则是我国数据权利体系的发展较为保守，发展速度较为缓慢。在数据共享上，从 2015 年的《促进大数据发展行动纲要》明确数据共享的范围和方式，到建立试点城市，再到越来越多的城市建立数据开放平台，至今也未颁布全国性的法律规范对数据共享予以规定，就普及度而言，我国的数据共享权仍然停留在信息公开的层面。

四、中国数据权利谱系建构路径

（一）健全数据权利法律体系

我国的数据安全保护立法起步较晚，但发展迅速。2012 年，人大常委会颁布的《关于加强网络信息保护的决定》是我国进行数据安全保护立法阶段的开端，此后，一系列数据安全保护的相关法规被提上国家立法日程。《网络安全法》从 2014 年被列入立法计划，2016 年 11 月就获得了人大常委会的审议通过，用时之短在我国立法史上并不多见。而《电子商务法》也于 2016 年 12 月进入全国人民代表大会审议程序并于 2018 年 8 月通过。2020 年中国最高立法机构发布《个人信息保护法（草案）》向公众征询意见，2021 年全国人大常委会正式通过《个人信息保护法》。除了专门法的建设外，互联网和信息技术的相关内容也进入了传统法律的制定和修订工作中，《中华人民共和国食品安全法（修订）》《中华人民共和国反恐怖主义法》《消费者权益保护法（修订）》《中华人民共和国刑法修正案（九）》《中华人民共和国广告法（修订）》等法律都补充了适用网络空间的相关条款。

虽然我国的立法在紧锣密鼓地进行，但是我国目前采用的，主要是修补式的分散立法，即在各个相关立法项目中加入若干条款。例如在《反不正当竞争法》中加入"互联网专款"，在 2013 年修正的《消费者权益保护法》中加入对个人信息保护的条款。但是这样的分散立法，在法律环境的实际改善方面作用较为有限。一方面是就目前立法现状而言，原则性、宣示性条款占据了相当大的比例，这部分条款更多的作用在于确定数据保护的纲领，但无法直接用于实践。例如，2012 年的《关于加强网络信息保护的决定》，是我国首个将国际上通行的个人信息保护原则引入法律层面的政策文件，是我国个人信息保护领域的奠基性制度①。但《关于加强网络信息保护

① 王融. 我国《个人信息保护法》立法前路[J]. 信息安全与通信保密. 2017（06）：89-93.

的决定》并未对法律责任做出规定，更多代表着形式上的"制度宣示"意义。另一方面是当前叠床架屋式的立法不可避免会带来法律规定之间的相互冲突。例如《电子商务法》中对信息主体的访问权、删除权、"知情同意"机制、匿名化处理等规定，与《网络安全法》均有所冲突。

除此之外，我国的现有立法也存在很多模糊地带，缺乏具体流程和细节的规范。例如《网络安全法》第三十七条规定的数据本地化政策，其对"关键基础设施"和"重要数据"都没有明确界定，这在实际操作过程中，难免出现企业钻空子，进行非法数据传递的情况。基于此，我国应加大立法建设力度，建立完善的数据权利法律体系，对现有的法律规范进行细致化修补，提高法律可操作性。

同时，力图完善现有的数据权利相关法律。目前我国个人数据权利法律存在大量模糊地带，这严重影响了法律的可操作性。对个人数据权利法律的完善，应将重点落于细节的丰富与调整。首先应明确个人信息的概念，不仅仅采用概括式的定义方式，还应加入列举式的方式对个人信息的范围加以明确。其次应对信息主体权利的具体内容、信息处理主体的义务、信息处理主体履行义务的具体流程进行详细规范，确保法律条款的精准性，避免个人数据权利相关法律被称作"花瓶立法"①。

在企业数据权利的相关法律方面，应当对相关法条进行进一步细化和完善。首先是对商业秘密的范围进行拓展，将传统的商业秘密与企业数据相结合，进一步加强对互联网犯罪的惩处。其次是完善其侵权行为和侵权方式，2017 年《反不正当竞争法》的"互联网专款"规定了三类互联网侵权行为，然而对于技术快速发展、侵权行为层出不穷的今天，该侵权行为涉及的范围仍然有限。

在国家数据权利相关法律方面，应对信息公开和本地化政策的相关条

---

① 洪琪琳. 论个人信息权的法律保护[D]. 华侨大学，2013.

款进行细化。对于信息公开，应扩大《政府信息公开条例》所规定的信息公开范围，将信息扩展到数据层面，建设数据共享平台供用户进行下载。其次应明确信息公开的程序和渠道，对政府不予公开的信息类别进行细化，减少条款中的模糊地带。对于本地化政策，应对《网络安全法》第三十七条进行细化，对"关键信息基础设施"和"重要数据"进行界定，同时细化惩处措施，对不同侵权行为所需承担的法律责任进行明确。

（二）个人数据权利体系建构建议

1. 强化数据主体权利

1）确定知情同意原则，明确同意授权模式

就世界范围内的个人数据保护立法而言，"知情同意"原则为大多数国家所认可，我国虽也将其列入个人数据处理的基本原则，但较为模糊，并未规定是"明示同意"还是"默示同意"。明示同意指的是需要得到信息主体的同意才能收集或使用个人信息，而默示同意则是信息主体不提出反对即视为同意个人信息的收集或使用。

现如今，利用授权收集个人信息已经成为普遍现象，一些保护法规也对用户数据进行保护。2013 年《征信业管理条例》第十四条第二款规定："征信机构不得采集个人的收入、存款、有价证券、商业保险、不动产的信息和纳税数额信息。但是，征信机构明确告知信息主体提供该信息可能产生的不利后果，并取得书面同意的除外。"①但是这种书面同意并非一定需要纸质的书面同意。在我国《中华人民共和国合同法》中有这样的规定，书面形式也可以包括数据电文形式。所以，从中不难得出这样的结论，当用户在

---

① 征信业管理条例[EB/OL].（2013-01-29）[2022-04-16].http://www.gov.cn/zwgk/2013-01/29/content_2322231.htm.

网络中同意用户协议的时候，已经可以被视为书面形式，即取得了书面同意。而这样收集用户个人信息的授权，已经成了行业内的潜在标准，明示同意原则与默示同意原则的定义正在逐渐模糊。

从消减数据安全风险以及保护信息主体合法权益的目的出发，我国应对同意授权模式进行区分。我国可以将数据的类型作为同意模式的区分标准。根据个人数据泄露所带来的严重后果，可以将个人数据分为一般型数据和敏感型数据，而二者敏感程度不同，对用户的财产与精神利益的影响也不相同。参照国际惯例和我国的《信息安全技术 个人信息安全规范》，像个人财产权利、健康医疗、政治及宗教信仰这些众所周知的个人隐私均属于敏感型数据，而位置状况和未成年人数据则属于容易被人遗忘的敏感型数据。

对于不同的个人数据类型来说，应当采取不同的同意原则，即一般型个人数据可以使用默示同意原则，而敏感型数据则适用于明示同意原则。对于一般型个人数据，当企业为用户提供服务或商品，例如为用户提供私人订制服务或进行大数据推荐时，可以默认收集用户的相关数据，但也需要为用户提供退出通道——即不需要私人定制或者不需要大数据推荐。而对于敏感型数据，企业则需要在使用时做到真正"明示"用户，需要向用户告知提供此信息所需要承担的风险，并且真正需要做到用户提供单次授权，而不是"藏匿"于一大堆的授权协议中。

2）引入被遗忘权

在技术发展造成现有法规滞后的情形下，个人数据保护法规能够通过补充数据主体权利的方式，来增强数据主体对个人数据的控制力，被遗忘权是数据主体应对大数据时代的有效武器。被遗忘权不仅对数据主体个人意义重大，还将给企业、产业乃至大数据发展带来深刻影响。欧盟立法中提出的被遗忘权影响力最大，并逐步对其他国家产生影响。各国家和地区基于不同的政治背景、法规制定考虑也逐步引入了这一新型权利。

我国现行法中并无被遗忘权的权利类型。2016 年 5 月，北京海淀法院审结"全国首例被遗忘权案例"——"任某 vs 百度名誉权案"，该案是我国司法界对于被遗忘权的有益探索①。本案中名誉权和姓名权争议不大，不构成侵害名誉权和姓名权。而我国法律并没有对被遗忘权做出规定，但是法院并未直接否认原告主张，而是借鉴了欧洲法院的相关案件。法院首先将工作经历认定为个人信息，同意原告对其拥有主张权利。同时提出保护被遗忘权的前提是，被遗忘权是否具有保护的正当性和必要性。对于特定的公众来说，其工作经历并非过时的不相关的个人信息，需要被特定公众所知晓。由此可以看出，法院已经抓住了被遗忘权利的重要核心——是否特定公众对其享有知情权。从侧面也体现出我国引入被遗忘权的重要性。

被遗忘权事实上是对删除权的扩张和增强，网络时代记忆成为常态，遗忘成为奢求，被遗忘权的重要性愈发凸显。结合 GDPR 和美国的被遗忘权规定，以及我国的个人数据保护现状，我国可以将被遗忘权的主体限定为公民，适用对象为搜索引擎，公民拥有可以请求搜索引擎删除搜索结果中与自己有关的、指向第三方网站内容链接的权利。同时还应明确行使被遗忘权的例外情况及信息主体行使权利的具体程序，以增强法律的可操作性。

2. 完善数据权利救济机制

当某一权利被侵犯的时候，法律需要规定一定的救济措施。只有这样，被侵权者才能获得公正对待，反之，这项权利就形同虚设。对个人数据权利保护而言，救济措施是个人数据权利保护的最后一道屏障，让数据主体

---

① 北京法院网.海淀法院审结全国首例"被遗忘权"案[EB/OL].（2016-05-04）[2023-02-11].https://bjgy.bjcourt.gov.cn/article/detail/2016/05/id/1850523.shtml.

可以免于后顾之忧地向势力强大的数据控制者争取自己的合法权益。目前我国的救济措施较为单一，以司法救济为主。我国应丰富救济措施，加大对个人数据权利的保护力度。

首先，应在司法诉讼之外，增加调解和投诉渠道，降低信息主体维护合法权益的成本。由于我国的诉讼费用和律师费用较高，普通人很难为了侵犯数据权利这种"小事"诉诸法庭。我国应在相关机构或统一的数据保护机构提供窗口或服务平台，接受信息主体的投诉或为信息主体提供咨询。该咨询或投诉服务不收取费用，除非信息主体的请求明显无根据，尤其是重复请求时，监管机构可以以行政成本为基础收取合理的费用。其次，我国可以效仿美国设立"消费者隐私基金"的做法设立诉讼补贴，在信息主体对信息控制者提起司法诉讼后，由监管机构对信息主体的诉讼请求进行评估，若信息主体的诉讼请求不是毫无根据，监管机构可帮助信息主体申请诉讼费用减免或申请法律援助，若胜诉则律师费用由信息主体承担，若败诉则由监管机构进行补贴。此外，在数据侵权案件中通常涉及众多被侵权人，并且单个被侵权人能力有限。因此在诉讼时需要加入集体诉讼、公益诉讼等制度，才能更好地保障被侵权人的权益。

3. 分级建立个人数据保护机构

并不是所有制定个人数据保护法规的国家和地区都建立了数据保护机构，但近年来，建立数据保护机构已然成为一个趋势，并且通过立法对其赋予更多权力的情况也更为突出。在制定了个人数据保护法规的国家和地区中，有 97 部法规建立了专门的数据保护机构，这些机构具有与其他一般性的法规执行机构不同的职责，它们可以针对个人数据保护发起独立的法规执行调查、监督检查，并对违法或违规行为做出处罚。近年来的个人数据保护法规对数据保护机构赋予了越来越强大的监管权威，无论是美国、欧盟还是其他国家和地区，数据保护机构能做出的处罚限度也在提高。美国隐私保护机构对于企业的违规行为动辄处罚上千万美元每年，此外还附加长期的条件苛刻的审计条款。而根据 GDPR 的规定，欧盟的数据保护机构最高可以处以企业全球营业总额 2%的罚款。

对于个人信息保护问题，在我国并未建立一个专门对个人信息进行统一保护的机构，通常是由各部门对其监管进行延伸来处理这些问题。这样的管理措施不是长久之计，不利于规范化管理和信息主体的维权投诉。我国应以本国个人数据保护现状为核心，结合 GDPR 的数据保护机构的建设经验，分级建设个人数据保护机构。

考虑到我国目前的个人数据保护现状，因数据权益受到侵害进行投诉的案例数量不是特别多，主要建设国家–省两级数据保护机构，国家数据保护机构主要负责政策文件解读、对省级监管机构的工作监督与指导，不负责具体的数据保护监督工作，针对企业的数据保护监督工作由省级数据保护机构完成。数据保护机构的核心职责有三项，一是响应信息主体维护个人数据权利的合法诉求；二是推动企业合规建设，提高企业对数据保护法规的认识；三是提高公众的数据保护意识。数据保护机构的权力包括调查信息处理主体对数据保护法规的履行情况、向欲实施数据处理活动可能违反数据保护法规的信息处理主体发出警告、命令信息处理主体响应信息主体的合法请求、通知信息处理主体被认定违反了数据保护法规、对信息处理主体进行处罚等。

4. 提升公民个人数据保护意识

个人数据权利是法律对个人数据的保护，相当于法律赋予了公民一个保护自身数据安全的盾牌，但是否使用这个盾牌，取决于公民自身，取决于公民的个人数据保护意识。然而与欧洲相比，我国公民的数据保护意识较为薄弱。近年来中国经济的高速发展，人们过多着眼于经济领域，而在法律上尚未明确所有权地位的数据权利往往被人们忽视。

提高公民的个人数据保护意识，要从两个方面入手。其一，要提升公民对个人数据权利的认知度，公民应该了解其自身所拥有的个人数据权利，当其个人数据遭受侵犯时，应当具备维权意识，了解维权途径。其二，要提高公民的防范意识，公民在日常生活中要小心自身数据的泄露，例如，网络中来路不明的链接不要随意点开、拒绝在不正规的网站进行注册、各类需要填写个人数据的情景下都要确认个人数据是否安全且认真阅读相关信息保护政策等，从个人数据的输出根源上保护个人数据。

（三）企业数据权利体系建构建议

1. 明确企业数据权利的范围及限制

目前，对于企业的数据收集权、数据使用权和数据流动权，主要是依靠个人数据保护的相关法律确定的，即个人数据权利的相关法律对企业的数据收集、处理及披露进行限制，企业依照"法不禁止即自由"的原则行使数据收集权、数据使用权和数据流动权。然而我国的个人数据权利法律尚不健全，对企业数据权利没有加以足够的限制，法律存在大量模糊地带，使得个人数据被不合法收集、滥用、违法买卖的情况屡见不鲜，这不仅是对个人数据权益的伤害，也是对合法经营者的伤害。明确企业数据权利的范围和限制，不仅仅是为了保护个人数据权利，也是为了促进数字经济的健康平稳发展。

1）明确数据处理的合法性

就 2021 年《个人信息保护法》来看，我国对个人信息保护仍采用了较为宽松的立法方式，没有对数据处理的合法性进行明确，即只要不违反法条的规定，一切数据处理都是合法的，这大大放宽了数据处理合法行为的范围。由于法律是滞后的，法律规范很难完全覆盖侵权行为，尤其是在数据侵权行为越发多样、变化较快的当下，法律需要对数据处理的合法性进行规定，需要明晰什么数据处理行为是合法的。

结合欧盟 GDPR 的规定，本书认为数据处理合法性应当包括以下几项：①数据处理获得信息主体的授权认可；②数据处理为履行与信息主体相关的合同所必需；③数据处理是履行信息处理主体的法定义务所必要；④数据处理能够保护信息主体或另一自然人的重大利益；⑤数据处理是信息处理主体履行涉及公共利益的职责或实施已经授予的职务权限所必要；⑥信息处理主体或第三方为追求合法利益目的而进行必要的数据处理，但当该利益与要求对个人信息进行保护的信息主体的基本权利和自由相冲突时，尤其是当该信息主体为儿童时，则不得进行数据处理。

2）明确信息告知形式

《个人信息保护法》第十七条对告知义务进行了如下规定，个人信息处理者在处理个人信息前，应当以显著方式、清晰易懂的语言真实、准确、完整地向个人告知个人信息处理者的名称或者姓名和联系方式；个人信息的处理目的、处理方式，处理的个人信息种类、保存期限；个人行使本法规定权利的方式和程序以及法律、行政法规规定应当告知的其他事项。该条款对于告知义务进行了规定，然而没有明确告知的形式，应对这一点加以明确，以提高法律的可操作性。

3）明确企业应履行的保护个人信息安全的措施

《个人信息保护法》第五十七条对安全原则进行了规定，要求"发生或者可能发生个人信息泄露、篡改、丢失的情况时，个人信息处理者应当立即采取补救措施，并通知履行个人信息保护职责的部门和个人"。然而这是一个宣示性的原则，缺乏配套的措施，没有明确企业应实施的具体措施，也没有细化数据泄露后企业的具体操作流程。

对于信息处理主体应采取的技术和组织措施，应以列举的方式提出具体措施，包括：①个人数据的假名化机制和加密措施；②确保处理系统和服务能够持续保持自身保密性、完整性、有效性和自我修复的能力；③在物理性或技术性事故中恢复个人数据的有效性和对个人信息访问的能力；④定期对技术及组织措施的有效性进行测试、评估和评价，以确保其安全性。而在发生数据泄露后，应细化信息处理主体并告知信息主体和监管机构的具体信息类型，至少包括：①个人数据泄露的性质，包括所涉及的数据种类和大致数量；②个人数据泄露可能导致的结果；③企业数据保护相关负责人的姓名和具体联系方式；④信息处理主体已采取或准备采取的处理个人数据泄露的措施，还应包括减少个人数据泄露可能导致的不利影响的措施（如果有）。

2. 提高商业秘密保护对企业数据的适用性

根据前文对企业数据管理权的分析，在大数据背景下，商业秘密保护对企业数据的不适用性主要为以下两项，一是有价值的企业数据不一定能够满足商业秘密的构成要件，二是商业秘密规定的侵权行为少于当前已出现的企业数据侵权行为。

首先，由于商业秘密是一个独立的知识产权概念，我们不能因为企业数据将商业秘密的范围一味扩大，这会带来一系列的问题。对于有价值的企业数据无法满足商业秘密的构成要件这一问题，本书认为，最好是在刑法或民法中加入相关条款，将保护对象从商业秘密扩展到企业数据。以刑法为例，可以参照《网络安全法》第六十五条的规定，对《刑法》第二百八十五条第二款"非法获取计算机信息系统数据、非法控制计算机信息系统罪"和第二百八十六条"破坏计算机信息系统罪"进行调整，将"计算机信息系统数据"修改为"网络信息数据"，这样更能满足大数据时代的特征。同时对于数据保护范围也需要扩大，即企业生产经营过程中产生的各种电子数据均需要被保护，这样也涵盖了各类企业数据。

其次，明确大数据背景下企业数据的侵权行为。目前我国《反不正当竞争法》所规定的侵权行为诸如盗窃、贿赂、欺诈、胁迫等过于原始，难以涵盖企业数据的侵权行为，尤其是新类型的侵权行为层出不穷。例如 2017年深圳的非法数据获取案，该案的核心是数据爬取是否能够列为企业数据的侵权行为。本书认为，法律应采取概括式和列举式并用的方式，对企业数据的侵权行为进行规范和界定，以保护企业数据权益。

3. 设立数据保护官制度

欧美大型企业和互联网公司中，普遍设有隐私官（Chief Privacy Officer，CPO）。为保证企业有效履行数据保护的责任和义务，欧盟在 GDPR 中要求：处理个人数据的公共机构（法院以外）以及日常业务活动涉及大规模地处理个人数据，特别是敏感个人数据的企业必须设立数据保护官（Data Protection Officer，DPO）。这一职位并不是虚职，无论是外部聘用，还是企业内部员工，数据保护官都应以独立的方式履行职责。GDPR 对这一点做出细致规定，数据控制者不得对数据保护官合法履行工作职责进行干预，更不得因此解雇或惩罚数据保护官。

根据欧盟 GDPR 的规定，数据保护官是企业数据工作与外部的接口，主要负责个人数据的合规工作。而对我国来说，无论是跨国公司，还是普通企业，设立数据保护官都是必要的。对于跨国公司而言，GDPR 设置的巨额赔偿使得企业合规迫在眉睫。而对普通企业而言，由于我国企业的数据保护意识普遍较低，公民的数据意识也较为薄弱，如果只依靠国家相关机构的监督和公民的举报，很难对数据进行有效保护。从企业内部进行改革，是加强个人数据保护的重要一环，同时，也能够增强企业对自身数据的保护意识，更好地行使企业数据权利。

结合我国数据保护现状，数据保护官依法履行的职责至少有：告知企业及其员工，其所开展的数据处理活动依据我国数据保护法规（跨国企业还需依照国外法规）将负有哪些合规义务；监督企业内部的数据处理活动是否合法进行，包括对相关职责进行分配，提升员工的数据保护意识等；定期对企业数据保护情况进行评估；负责对接数据保护监督机构等。数据保护官必须具有专业的知识和职业专长，以能够胜任个人数据保护方面的合规工作。

（四）国家数据权利体系建构建议

1. 厘定数据管辖权范围

网络空间下的管辖权及其法规适用范围一直以来都是国家数据权利的核心议题。在网络空间下，互联网加快了数据流动速度，极大扩展了数据流动范围，使其能够跨越国家或地区提供服务。数据跨境流动的管辖问题涉及立法、行政管理和司法三个层面。在法规制定层面，为增强法规的适用性，提升适用效果，各国和地区有关互联网的法规逐步突破了传统法规中的属地原则。这些超越其领域管辖区域的管辖权，以保护原则、普适原则等为基础，提出对领土或管辖区域之外的主体、行为活动的管辖权，并逐步在国家法上得到了认可。2012 年美国国会推动制定的《禁止网络盗版法案》（Stop Online Piracy Act，SOPA），为加强对侵犯美国知识产权的非法网站的打击，在法案中引入对外诉讼制度，使美国司法机关对美国境外的互联网站也能发起诉讼。欧盟于 2018 年正式施行的 GDPR 将属地原则转变为属人原则。网络空间的竞争愈发激烈，在这种情况下，为保护我国的数据安全以及在网络空间竞争中不落人后，明确我国的数据管辖权范围势在必行。

对我国而言，除采用数据本地化政策保证本国数据的安全外，我国应通过数据跨境流动立法，逐步将属地原则转变为属人原则，对我国数据在国外的流动进行管辖，在网络空间的竞争中争取优势地位。此外，厘定管辖权范围，将管辖权进行扩张，也能够对我国的数据流通和跨国公司的对外贸易加以保护，促进我国数字经济的快速发展。

2. 积极参与国际规则制定

由于我国的数据权利体系尚待完善，在数据保护方面与欧盟国家存在一定的差距，加上缺少监管、缺乏法律严格制约等一系列因素，尚且无法满足欧盟的"充分性"要求，这种情况会给我国与欧盟的数据流通和国际贸易带来不便。同时，我国也没有加入美国主导的亚洲太平洋经济合作组织隐私框架中的《跨境隐私保护规则》（Cross-Border Privacy Rules，CBPR），使得我国企业还不能利用该框架中的跨境数据转移渠道。在这种情况下，我国的企业由于在跨境数据流通中缺乏政策支持，处于不利地位，不利于我国对外贸易的开展。

在经济全球化的大背景下，建立跨境数据流动合作机制、加入国际数据流动规则是保障数据自由流通和我国数据权利的重要措施。我国一方面可以凭借自身政治影响，利用"一带一路"等发展契机，建立以中国为主导的跨境数据流动合作机制，在保障我国数据安全的同时，推动贸易自由发展。另一方面，我国要积极参与到其他国家制定的跨境数据流动合作机制中，例如与欧盟建立类似欧美隐私盾的协议，降低对我国企业的数据要求标准。视情况加入《跨境隐私保护规则》，发挥我国在跨境数据流动多边保护机制中的积极作用。

大数据时代，数据资源的重要性愈发凸显，围绕数据权利开展的法律制度构建和学术研究是一个亟待解决和完善的过程。数据权利不仅仅是对数据安全性的保护，也是数据收集、处理和流动有序进行的保障。大数据蕴含着极大的经济价值，如何在发掘大数据经济价值的同时保证数据安全，如何在促进数据自由流通的前提下保护个人数据权利、企业数据权利和国家数据安全不受侵犯，是数据权利体系建设最重要的意义。

基于对数据和数据权利的概念概述，本书对数据权利体系的概念和范围进行界定，采用了系统和宏观与微观相结合的理论方法，对国际和我国数据权利体系进行全面分析。从宏观的角度，探究数据权利体系的发展历史和权利基础，分析数据权利体系最基本的核心点。从微观的角度，探究数据权利体系的具体内容，包括权利分布、权利的例外与限制、救济机制等。在对德国、美国和俄罗斯的数据权利体系进行分析的基础上，本书发现，数据权利体系的形成并非一蹴而就，也不是由某一单一因素主导，而是与各国的历史传统、政治经济发展政策、经济社会发展现状、法理基础、立法现状、社会需求乃至国际地位息息相关。各个国家的个人数据权利体系、企业数据权利体系和国家数据权利体系，虽然不是同一时间建成的，但都秉承着同样的价值取向。例如美国对数据自由流通和世界霸主地位的追求，德国对个人数据权益和地区内数字经济发展的坚持，都不仅仅是写在政策上的，而是贯彻在数据权利体系的方方面面。

数据权利是数据权利体系的重要内容，数据权利的发展会对数据权利体系的建设带来影响。本书在对国际数据权利体系进行分析的基础上，对数据权利的演化模式进行归类，将其划分为沿袭式权利演化模式、修正式权利演化模式和突进式权利演化模式。在对不同的数据权利演化模式的演化阶段和演化特点进行分析时，本书发现，虽然不同国家和地区对于同一数据权利的规定不同，不同数据权利的演化进程也不相同。但是数据权利的演化，实际上是数据权利内涵和内容的拓展，即数据权利的演化不在于该项权利出现在多少部法律上，而是在于法律对于数据权利内容的规定是否全面、具体。

基于此，对我国而言，立足我国的社会发展现状和价值取向，吸取国外数据权利体系建设的经验，走我国的数据权利体系之路才是优选。面对我国当前数据权利体系缺乏充足法律规制的现状，我国要加快专门法建设和现有法律修订，细化法律规则，完善数据权利内容规定。同时，我国也要从个人数据权利体系、企业数据权利体系、国家数据权利体系这三个方面有针对性地进行数据权利体系建构，从强化数据权利、完善救济措施、提升公民意识等多个角度完善数据权利体系。在进行数据权利体系建设的过程中，逐步明确我国的数据权利体系的核心目标和基本理念，将其融入后续数据权利体系的建构中，建设浑然一体、环环相扣的数据权利体系。

第三章
主权视角下数据权利规制关键场景：数据跨境

当前，在全球化格局重组、信息技术发展和大数据广泛应用的新背景下，数据跨境交流进一步深化，在当前尚不完善的制度法规下引发诸多安全风险与权利争端，以完善数据跨境流动治理为侧重点的数据主权战略整合趋势愈发明显，全球各国陆续在其主权宣言、数据治理政策等文件中纳入跨境数据管理方案。我国数据跨境管理在国际博弈中略显被动[①]，难以支撑我国完善数据主权治理体系和强化数据竞争实力，如何在借鉴国际数据跨境实践经验基础上，构建符合我国国情与战略需求的数据跨境治理体系，成为我国社会发展的关键。鉴于此，本章充分调研与剖析国内外数据主权视野下的跨境数据流动治理方案与实践，深入探讨数据跨境流动管辖冲突与成因，借鉴国际经验，结合我国数据主权治理实际需求，构建我国数据主权的跨境数据治理对策，力图为我国数据主权下的跨境数据流动治理提供参考方案。

随着数据对国家的政治稳定、经济发展、社会和谐的重要性日益凸显，国内外学者也均关注到跨境数据流动治理对国家主权安全的重要性，探讨两者间的关联，分析跨境数据流动中存在的数据主权争端，并探索其中的协调、合作和解决措施。早期研究集中于探讨跨境数据流动与数据主权内涵与关联，关切数据治理对数据主权的影响及其背后原因：Wriston[②]和 Hare

---

[①] 邓崧，黄岚，马步涛. 基于数据主权的数据跨境管理比较研究[J]. 情报杂志，2021，40（06）：119-126.
[②] Wriston W B.Bits, bytes, and diplomacy[J]. Foreign Affairs, 1997, 76（05）：172-182.

认为数据具有开放性和流动性，跨境数据流动同网络发展水平密切相关，威胁国家稳定发展，并引发数据主权管辖冲突[①]；Filippi 和 McCarthy 基于云计算分析了跨境数据流动给国家数据主权带来的影响[②]；Heinegg 认为跨境数据流动涉及数据信息的生产者、运输传送者和接受使用者等多个主体，在各主体分属不同国家情况下，极易引发主权争端[③]；Peterson 等在跨境数据流动背景下，进一步探讨数据主权的内涵、分类和边界范围等[④]；李海英基于全球跨境数据流动规则调整，分析了其对数字产业的影响，引发的主权风险，并提出应争取国际规则制定的话语权[⑤]。

随着实践不断进展，学界开始从数据资源、管理方、个体方等主体多角度地提出跨境数据中的主权保障策略[⑥]。Amoore 从物理和内容两层确定了数据管辖权归属[⑦]；Kristina 指出了各国政府在数字政务中应协调管辖冲突[⑧]；李艳华认为应加快统一数据保护立法，建立分类和评估机制以维护数

---

① Hare F. The virtual battlrfield：Perspectives on cyber warfare[M]//Hare F. Borders in Cyberspace：Can Sovereignty Adapt to the Challenges of Cyber Security?. Washington，DC：IOS Press，2009：88-105.

② De Filippi P，McCarthy S. Cloud computing：Centralization and data sovereignty[J]. European Journal of Law and Technology，2012，3（02）：1-21.

③ Heinegg W H V. Territorial sovereignty and neutrality in cyberspace[J]. International Law Studies，2013，89（01）：123-156.

④ Peterson Z N J，Gondree M，Beverly R. A position paper on data sovereignty：The importance of geolocating data in the cloud：in hotcloud'11 proceedings of the 3rd usenix workshop on hot topics in cloud computing [EB/OL].（2011-06-14）[2023-03-22]. https://www.usenix.org/ legacy/events/hotcloud11/tech/final_files/Peterson.pdf.

⑤ 李海英. 数据服务跨境贸易及调整规则研究[J]. 图书与情报，2019，（02）：11-15.

⑥ Ahmed S. Data portability：Key to cloud portability and interoperability[J/OL]. SSRN，2011，21：09[2021-07-16]. http://dx.doi.org/10.2139/ssrn.1712565.

⑦ Amoore L. Cloud geographies：Computing，data，sovereignty[J]. Progress in Human Geography，2016：42（01）：4-24.

⑧ Kristina I. Government cloud computing and the policies of data sovereignty[C]//22nd European Regional International Telecommunications Society（ITS）Conference. Budapest 2011：Innovative ICT Applications - Emerging Regulatory，Economic and Policy Issues，Europe：IDEAS，2011：18-21.

据自主权[1]；马兰认为应从数据范围、掌握数据资源的主体以及跨界数据流动的目的、条件方面予以规制[2]；安宝双提出保障主权安全、促进多方共治、应用先进技术、建立数据产业园区以保障数据主权[3]。

总体上，数据主权下跨境数据治理已引发广泛关注，但目前研究尚未整体把握国际形势下数据治理实践与模式，也尚未真正考虑实践中数据跨境流动的治理需求。鉴于此，本书全面展开全球跨境数据流动治理实践调研，分析其中核心治理诉求与关键着力点，综合国际治理模式与我国治理需求，构建面向我国数据主权安全需求的跨境数据流动治理对策。

第一节　跨境数据流动定义及其主权风险

数据跨境流动（cross-border data flow），主要指数据跨越物理国界的传输和操作，或是数据虽未跨越国界但可被第三国的主体访问和使用[4]。大数据时代跨境数据流动趋势不断增强，全球互联互通背景下的数据跨境流动是实现经济、技术等全球化均衡发展的必备要件。当前国际数据跨境治理体系尚不完善，数据跨境在带来巨大经济、社会、文化价值的同时，也威胁国家安全与社会公共利益[5]，跨境规制方案成为数据主权安全保障焦点，成为维护国家数据主权的核心要义。

立足国家数据主权安全保障需求，世界各国都不断以相关法律、政策及战略完善数据跨境安全管理体系。1980 年开始，欧盟持续颁布《关于隐私保护与个人跨境数据转移指南》（Guidelines on the Protection of Privacy and Transborder Flows of Personal Data）、《有关个人数据自动化处理的个

---

① 李艳华. 全球跨境数据流动的规制路径与中国抉择[J]. 时代法学，2019，（05）：106-116.
② 马兰. 金融数据跨境流动规制的核心问题和中国因应[J]. 国际法研究，2020，（03）：82-101.
③ 安宝双. 跨境数据流动：法律规制与中国方案[J]. 网络空间安全，2020，（03）：1-6.
④ 张茉楠. 数字主权背景下的全球跨境数据流动动向与对策[J]. 中国经贸导刊，2020，（12）：49-52.
⑤ 蒋洁. 云数据跨境流动的法律调整机制[J]. 图书与情报，2012，（06）：57-63.

体保护公约》（Convention for the Protection of Individuals with regard to Automatic Processing of Personal Data）和《个人数据保护指令》等跨境治理条例，并以 GDPR 进一步夯实"外松内严"原则，对数据跨境转移做出专门规定；2019 年，俄罗斯在《主权互联网法》（Sovereignty Internet Law）中首次提出"数据传输本地化"要求；2020 年，日本发布《个人信息保护法修改法》（Amended Act on the Protection of Personal Information），力图解决个人数据跨境流动风险；2021 年 6 月，我国《数据安全法》出台，其第一章的第十一条规定"国家积极开展数据安全治理、数据开发利用等领域的国际交流与合作，参与数据安全相关国际规则和标准制定，促进数据跨境安全、自由流动"①，提升数据跨境流动安全问题至总则高度。

第二节　主权视角下跨境管辖冲突成因和解决

前文已对现有主要区域的跨境数据流动管理体系和实践中所体现的具体管辖冲突做了具体分析，本节意图在前文分析的基础上，结合具体的理论对跨境数据流动中的管辖冲突做深入探讨，进而得出现有管辖冲突的产生原因，并基于已有经验总结出现有冲突的主要解决途径。

一、跨境数据流动中管辖冲突成因

（一）意识成因：数据主权意识的广泛觉醒

传统领土主权管辖下，主权国家对于实质领土基本上是"寸土必争"，不容自身的领土遭受他人侵占。而如今大数据时代背景下，数据也演变成

---

① 中华人民共和国数据安全法[EB/OL].（2021-06-10）[2021-06-24]. http://www.xinhuanet.com/2021-06/11/c_1127552204.htm.

具有重要意义的产权载体，甚至是具备超强战略价值的国家资源，进而衍生出数据主权的学界认知。基于数据主权保护意识觉醒的主权国家纷纷采取国内立法或者多边协作来实现自身的数据主权维护，保障国内的数据安全和主权独立完整。数据主权属于国家主权的下属权力，继承了国家主权的相应属性，因而各国要求本国基于国际法赋予的平等地位对自己国家内部的人、事和物实行独立自主的完全管理，对属人属地原则实现完全充分的适用。

基于数据主权的跨境数据流动管辖，既是保证本国的数据主权独立而维护数据主权的需要，同时也是实行数据管辖权的具体体现。数据主权的行使不仅涉及国家物质经济利益的维护，而且被引申至国家的国际地位和外在影响。因此，各国的数据主权维护措施逐渐完善且强硬，严格限制国内相关数据的跨境流动，以求实现数据保护等国家利益和国际形象的维护。对跨境数据流动积极主张管辖权，尤其是司法管辖中的刑事案件，从现有管辖原则上来说是基于普遍性管辖的具体适用，因此包括物体和主体的管辖对象均可能扩展至其他国家领域，在数据主权纷纷崛起的背景下，普遍性管辖的适用显然是无法奏效的，也与当今国际社会是由主权国家协同组成的事实基础①相吻合。

毋庸置疑，数据主权意识的广泛觉醒促使各国积极地维护数据主权，起到了一定的捍卫数据利益和国家安全的作用，但是盲目高涨的数据主权意识带来的也有各国之间不断的管辖冲突。

（二）原则成因：管辖原则间冲突未能避免

国际上通用的管辖权确定原则分为前述的属地原则（领土管辖或属地优越权）、属人原则（又称国籍管辖或属人优越权）、保护性管辖原则和普遍

---

① 张小明. 非西方国家的兴起与国际社会的变迁[J]. 国际关系研究，2015，（2）：5-7.

性管辖原则，基于属人属地管辖原则的定义之间存在明显冲突。属地管辖原则要求主权国家对其领土境内的一切人事物享有专有的排他性管辖权力，不用考虑相应行为者的国籍和来源，但也要排除国际法中已经规定的管辖豁免规定的要素。属人管辖原则赋予主权国家对本国国民及其行为的管辖可以超越实际属地边界的权力，不论其是否发生于本国境内或是境外。保护性管辖原则赋予一国对于由国外行为主体在国外执行但对本国主权维护有害行为的管辖权，跨越了属人属地的限制，展现出极强的主权保护属性。普遍性管辖原则给予主权国家对于国际上执行的对全球公共利益有危害的重大犯罪行为的约束和管理权力，旨在实现对全球公共利益的维护。从管辖划分的初步划分来说是合理清晰的，但具体分析看来，彼此之间在不同维度都有着相互冲突的部分。

从基本的词义解释来看，四种管辖原则之间就存在一定的冲突。属人管辖以主体人的国籍为主要判断依据，当一国公民在外国从事跨境数据流动犯罪行为时，一国若基于属人原则主张管辖权，那么就会与主张属地管辖原则的行为地国家发生冲突，而属人管辖的优先适用则需要得到行为地国家的明确同意方可执行，或者两者基于平等协商确定适用的管辖权依据。保护性管辖原则的适用同样也会导致国家管辖权之间的冲突，每个国家对不同的犯罪或其他行为都有着不同的立法、司法和执行管辖方式，若过于放大一国的保护性管辖原则便会影响他国主权的行使，过分强调自身主权唯一而忽略他国主权独立完整违背了国际法的规制要求，也同主权国家的存在意义不符。普遍性管辖原则虽然只针对国际法规定的特定集中严重犯罪行为，看似清楚明了，但在具体的实践中也很容易引起管辖冲突，若各国都基于本国主权维护或全球利益保护而主张对某项具体案例的管辖，管辖冲突便不可避免，而最终的解决方式很可能是经济政治影响力强的发达国家掌握事态发展进程，不能实现真正全面的基于全人类利益的维护。

此外，上述四项原则虽然已经有了长久的实践经验和历史沉淀，但是很多具体法理支撑却不是整体有效的。就好比普遍管辖原则虽然已经获得了全球大多数主权国家的支持和尊重，但是其具体的管辖理论却还是存在一定瑕疵，例如：关于依据普遍性管辖的实际管辖范围如何界定？普遍性管辖理论在全球普遍适用于具体国家的管辖豁免如何解决？依据普遍性管辖确认的司法管辖下的诉讼时效如何确认？综合而言，现行的管辖原则还没有形成充分完善的体系，所以在具体的实际管辖中，不可避免地会产生相应的管辖冲突。

基于上述对管辖原则语义层面的冲突分析，我们不难发现，几种管辖原则在最初的管辖原则制定上就存在一定的冲突不合，难以实现完美的融洽融合，虽然国际法鼓励主权国家间的协商协议，但在现实实际中，却很难形成真正平等基础上的管辖原则协商适用情形。

（三）基础成因：政治经济差异决定矛盾性

从表面上看，跨境数据流动中管辖权冲突表现为针对跨境流动中的数据，多个国家都主张行使管辖权的情况，但事实上这只是跨境数据流动中管辖权的显性冲突，不同国家对跨境流动数据的不同治理模式为隐形冲突，具体体现为不同的法律规制，如美国的数据自由开放模式和欧盟的柔性限制模式等。经济基础决定上层建筑，管辖冲突作为一种法律现象，也是各国政治经济因素的反馈作用，即从深层次上来讲不同国家间关于跨境数据流动中管辖权冲突的原因是各个国家政治经济因素作用的结果。

前文已经探讨过跨境数据流动对经济发展的重要推动作用，在此处不再赘述，大数据时代的到来更是推动了跨境数据流动发展高峰，国家数据主权的保护和经济繁荣发展的矛盾日渐突出；市场经济的同一开放性要求各国破除贸易壁垒，促进经济数据的自由流动，但是由于原本经济技术之间的优劣差异，发展中国家长期处于被压制阶段，为了维护自身的经济政治独立便会通过立法同优势方抗争，而发达国家为了更多的经济利益也会相互争夺碰撞，从而产生了各种各样的双边协定和合作条约。处于压制地位的自我反抗便是政治经济因素在跨境流动数据管辖冲突中的作用体现。美国等处于领先地位的发达国家为了进一步提升政治经济影响力，积极推动以自己为主导的全球数据自由流动模式，目的在于依托于本身已有的政治经济优势进一步提升本国在国际上的话语权，甚至是主导权。

跨境数据流动促进了不同国家之间的经济文化往来，发展中国家受到了发达国家的政治经济文化影响，在意识到自身落后于别国的前提下，开始主动寻求政治经济发展进步，谋求自身数据主权独立，以数据要素作为发展资源促进自身发展，进而产生现有国家的数据管辖权冲突。与此同时，伴随着数据内容的更新变化，发达国家间基于跨境流动数据的经济政治文化活动也在不断地更新迭代，打破了原有的国与国之间的依存关系，继而产生相应的管辖冲突。

（四）立法成因：各为其主，法制缺乏统一性

数据主权被提出之后，各国逐渐认识到数据的重要意义和价值，纷纷采取法制规范对数据进行管理和运用，以保证本国的数据安全和主权维护。但现在国际上并没有专门的关于数据规制的专业立法，也未建立起全球各国均予以赞同的数据管理体系规范，在跨境数据流动的管理方面，往往都是通过多边数据协议来对涉及自身的数据权益进行管理维护，无法保证全球数据的治理处于有序状态。一方面，由于缺乏统一的全球数据管理规范，各国为了维护自身权益，只能够通过国内法来管理跨境数据流动，而以国内法执行域外管辖，则无法避免地会产生管辖冲突，造成各为其主的无序数据管辖状态；另一方面，各国之间的立法、司法和执行管辖的实践理念也存在差异，即使按照统一的约定进行管辖，在实际中也可能产生冲突，就如同《安全港

协议》的产生与覆灭。

此外，作为对全球各国进行约束的国际法，其建立基础虽然来自各国法律规定中的对外部分，但是每个国家的具体规定和传统习惯并不相同，而且也并不是所有国家的关于国际关系的法律都被吸收进入了先行的国际法，国际法只是多数国家对于可以达成共识部分的承认，很多具体条约规定并不符合所有国家的法治渊源和传统习惯，因此也存在着国际法规则下国家间的管辖冲突和国际法同具体国内法之间的冲突。例如国际法中没有对"法人"这一主体进行阐述和界定，而国内法中却有着具体详细的内容介绍和管制。

在缺乏统一规制的前提下，各国虽然重视数据主权的维护，但大量的数据管理国内法带来的只能是各为其主的国际混乱局面，在国际上也只能由有统治力和话语权的国家来进行主宰和引导，甚至是产生数据霸权，所以对全球数据流动的治理不能仅靠各国的国内法，必须采取符合全球数据流动现实且能为大众接受的平等立法。

（五）本质成因：法制无法与经济基础同步

跨境数据流动的管辖现阶段主要是通过立法管辖、司法管辖和执行管辖来具体实现，都建立在稳固的法律依据或者立法渊源之上，即依据现实制定法律，再依据法律进行法律的具体执行。但法规制定同实际现实之间总是存在一定的滞后性，即法律无法实现同现实的实时同步。

放眼到具体的跨境数据流动实践，科学技术日新月异，数据流动呈现难以置信的广博性和超前性，不仅仅是在理论主体上细化了以往的信息、知识和情报界限，更是在实践中呈现出现有法律难以诠尽的特性和发展趋势，因而对于跨境数据流动管辖的法律从一开始就落后于跨境数据流动的实际现实，以落后的上层建筑去管理经济基础，不可避免地会产生纰漏，在现实中即表现为管辖冲突。这也再一次验证了马列哲学中"经济基础决定上层建筑，而上层建筑对经济基础具有反作用"①的辩证观。作为"经济基础"的跨境数据流动发展日新月异，而作为"上层建筑"的法制规定却难以保持实时同步，所以不可避免地会阻碍跨境数据的流动和经济发展。

在跨境数据流动飞速发展的现今社会，面对与日俱进的数据流动给各国主权带来冲击的现实，各国逐渐认识到数据管制法规建设的重要性，然而大量的法制规定还是不能实现对跨境数据流动的同步管辖，这是因为数据主权维护至上和全球数据流动发展日益频繁的不适时性是管辖冲突形成的本质原因。

二、跨境数据流动中管辖冲突的解决途径

跨境数据流动中的管辖冲突已成为无法忽略的国际法律问题，它不仅关系数据联系国家间的贸易往来和经济发展，在数据主权时代，数据管辖冲突甚至会被引申至国家间的实际主权冲突，威胁一国和世界的和平发展。所以对基于跨境数据流动的管辖冲突应该予以重视，并采取合理有效的解决措施来处理，以实现数据安全和国家发展。本节基于前文探讨并结合跨境数据流动管辖实际经验继续进行分析，旨在归纳出现有管辖冲突的解决途径，为数据管辖冲突的解决提供参考依据。

（一）立法管辖冲突的解决途径

立法管辖是司法管辖和执行管辖的前提，只有保证立法管辖的完备完善，才能实现司法管辖和执行管辖的有法可依，为具体的法律审判应用和执行实践提供明确可行的法律依据。因此立法管辖冲突的解决是跨境数据流动

---

① 徐卉. 国际民商事平行诉讼研究[J]. 刑事司法论坛，1998，（1）：300-349.

中管辖冲突中的重中之重，只有保证立法管辖的正常有序，才可能实现司法管辖和执行管辖有条不紊地开展，避免不必要的管辖冲突。根据前文分析，结合跨境数据流动中的立法管辖实践，本书认为现有立法管辖冲突的解决途径可以从以下几个层面开展。

1. 密切国际交流，加强国际合作

管辖冲突发生于独立的主权国家之间，是国家与国家之间的利益冲突体现。所以，为了缓解跨境数据流动中的管辖冲突，也必须加强国家间的交流和合作。大数据时代已经到来，数据化成为当前世界发展变化的主要特征，数据主权也成为当前数据研究领域的重要热点，每个国家都基于本国实际建立了数据保护的国内立法，以求实现本国的数据安全和主权保护，立法管辖冲突也自此而产生。因此国家间应该开展立法管辖相关的对话和交流，针对双边或多边立法管辖做出理论商谈，积极进行国家间的数据立法管辖实践。针对可能出现的管辖冲突进行救济和备用解决法案，以求实现数据立法管辖地区有的放矢。针对已有管辖冲突，加强国际学习研讨，汲取经验，为立法管辖提供借鉴依据；针对现有管辖冲突，密切国际交流探讨，分析问题，为立法管辖冲突指点迷津；针对可能的管辖冲突，促进国际合作商讨，提前布局，为立法管辖完善弥补努力。

2. 立足平等对话，制定统一规制

立法管辖冲突鲜明的特征便是各国关于数据保护的国内法间的冲突，因为没有统一的国际规制，各国基于数据主权维护制定保障自身利益的国内数据保护法，并尽可能地将跨境数据流动中的保护天平偏向自己。只顾着自身利益的维护，没有统一的国际规制，立法管辖冲突在所难免。因此，立法管辖冲突的解决必须依据国家间的平等对话交流，从各国的数据管辖的个性中总结出跨境数据流动中的管辖共性，针对形成共识的跨境数据流动管辖方案予以授权通过，使其成为国际数据流动管辖机制，为各国制定数据流动立法管辖提供参考依据；针对跨境数据流动的管辖难题，予以记录和国际充分交流，提供可解决方案，汲取过往数据治理经验，形成切实有效的国际协议或者共识，为各国跨境数据流动立法管辖提供借鉴。具体来说，便是可以借鉴CBPR体系和BCR、SCC（Standard Contractual Clauses，标准合同条款）。

CBPR体系是一种非约束性的国家合作体系，每个国家都建立起基于APEC国内的责任监管组织，以此来监管本国是否遵守了APEC下的CBPR体系。在遵循CBPR体系的前提下，便可以实现各国企业间的数据互相访问和传播流动；而BCR和SCC则是现今国际上执行效果最好的数据管理协议约定[①]，在由政府部门对跨国企业间的数据流动交流合作中的协议标准（即标准合同条款）进行约定后，企业之间便可以实现数据的跨境自由流动而不受约束。另外2015年下半年，APEC的CBPR相关部门已经和欧盟的BCR的制定机构进行了沟通洽谈，若两者能够实现数据协议的统一规制，那么将极大程度上为立法管辖提供参考依据，减少国家间的数据管辖立法冲突。

若将全球看成一个放大化的国家，那么最好的立法管辖方法便是建立起境内适用的"国内法"，针对国际上数据立法管辖冲突最好的办法也应是建立起全球通用的数据流动法律管辖机制，但在具体的立法和实践层面还是存在一定的困难。

3. 基于独立自主，主权适当让渡

主权国家作为国际社会的重要组成部分，在国际社会的正常运行中，无论国力强弱、领土面积大小或者成立时间长短，都是国际中重要的存在——

---

① 数据主权之争：跨境数据流动有什么样的游戏规则？[EB/OL](2021-08-08)[2023-05-04].https://m.sohu.com/a/482180887_100138469.

环。主权国家在强调主权独立、依据国际法对国内行使完全自主管辖权力的同时，也应该留意自己在国际上应承担的义务。在跨境数据流动管辖中，每个国家都在主张对于数据管辖权的合理性、正当性和必争性，但过度地强调数据主权带来的只能是数据管辖权的冲突。在立法管辖中，各国理应维护自身的数据主权独立完整，但应该注意主张尺度。若能够在数据主权独立完整的前提下，实现更好的国际合作和数据管辖，那么就可以对数据管辖权做出适当的让渡，以便在国际上对跨境数据流动实现更好的管理。对于《安全港协议》和《隐私盾协议》的签订，我们可以轻易看出美国对外开放强势的数据主权特征，但同时我们也不难发现美国对数据主权管辖的妥协和让步①，这也对全球数据流动的区域合作和治理管辖提供了逆向的思考借鉴模式。

此外，基于数据流动的跨境刑事犯罪行为也成为跨境数据流动中的一个新型特征，对于此类具有重大危害性的严重犯罪事件，各国应加强对话合作，适当让渡国家主权将有利于跨境数据流动的治理和规范。但需要强调的是，主权适当让渡不等同于主权丧失，而是在独立平等的基础之上，为了国际重大利益做出适当让步。

（二）司法管辖冲突的解决途径

司法管辖冲突是具体的案件管辖中经常探讨的问题，是立法管辖的实际化体现，也是执行管辖的依据，处于三者中的中枢地位，发挥着承上启下的连接作用。司法管辖冲突的合理解决，关系着立法管辖的实际约束作用展现和执行管辖的顺利实施。基于前文探讨并立足实践，本书认为现有的司法管辖冲突可以从以下几个层面来解决。

---

① 王志安. 云计算和大数据时代的国家立法管辖权——数据本地化与数据全球化的大对抗？[J]. 交大法学，2019，（01）：5—20.

1. 遵循国际礼让原则

国际礼让原则，即一国在综合考虑案件的始末、保证主权独立和国家利益不受侵害的前提下，可以根据国际礼让对案件适用外国法的学说①。根据国际礼让原则，一国在综合司法管辖中的全部影响因素之后来决定是否承认外国法院的审判及判决的有效性。结合跨境数据流动中具体的司法管辖来看，某一数据流动导致的民事或刑事案件的国际礼让，并不意味着司法管辖权的丧失，反而体现出一国的司法管辖权的行使执行，即是否承认他国的司法管辖权。在跨境数据流动司法管辖中，一方面，面对管辖冲突，要是持续地争夺司法管辖权，带来的只有诉讼时间的持续延长，加重诉讼双方的诉讼成本，就如同微软数据诉讼案②针对司法管辖权的争夺持续了长达五年之久；另一方面，诉讼双方寄托于司法管辖保护的实际利益也难以实现，甚至可能在无限的司法管辖权争夺中已经失去价值，造成无谓的诉讼资源浪费，这是诉讼双方都不想看到的。

所以，综上所述，国际礼让原则的适用对于司法管辖冲突的解决将大有裨益，将实现数据主权保护和主权行使的双重目标，也能够最大化地实现司法管辖的实际作用。但国际礼让原则的适用必须强调主权的独立完整，不能以主权丧失为代价。

2. 属地管辖优先原则

属地管辖优先原则因为基于实际的物理疆界，所以被人们广为接受，从法制发展和当今司法现状来看，属地管辖原则的适用也是广大国家司法管辖的首要标准。英美法系国家也对属地管辖原则表现出极强的青睐性，并且通常采取排他性的选择方式倾向选择适用属地管辖原则③。

---

① 朱玥. 美国《谢尔曼法》域外适用中的国际礼让原则[J]. 理论观察，2018，（08）：85-89.

② 微软被告上最高法院：不肯把海外数据交给执法机关[EB/OL].（2013-02-25）[2023-03-20].
https://m.huanqiu.com/article/9CaKrnK6MfR.

③ 俞世峰. 保护性管辖权的国际法问题研究[M]. 北京：法律出版社，2015.

采取属地管辖优先原则来解决管辖冲突问题，是因为本书认为属地管辖在实际应用中有两方面的优势。第一是基于属地管辖原则确认的司法管辖一般不易引起管辖权冲突，就好比国内的管辖权适用一样，而且在跨境数据流动管辖冲突的具体民事案例中，数据的产生、搜集、整理和加工等环节基本上都会有固定的地点分配，借此属地管辖原则可以明确数据的管辖权为谁所有；从跨境数据流动引发的刑事案件来看，犯罪发生的行为地确认理论将会是主要参考依据，犯罪行为的犯罪产生行为地因此享有管辖权，而一般认为外国的刑法无法适用于本国领域，不然会对他国的主权行使产生影响；第二是采取属地管辖原则可以更好地提高案件的处理效率，具体而言，跨境数据流动民事案件中可以依据数据产生至销毁的主要区域进行证据搜集处理，而在跨境数据流动刑事案件中可以更好地控制犯罪行为和犯罪行为人，从时间使用和经济耗损上都可以实现节省，进而高效率地处理案件。另外依据属地管辖原则的主客观分类，可以实现对犯罪行为从预备到结果发生行为的全程管控，这也是国际上的通用惯例。

属地管辖原则基于实际的物理疆界，具有极易辨识的物理特征，因而在实际的司法管辖中经常被作为首要的参考依据。而各国采取属地管辖优先原则，也利于管辖权的合理确认区分，避免司法管辖冲突，但在具体的实际运用中还是得综合参考，不得盲目适用。

3. 推行不便管辖原则

不便管辖原则，也称非方便法院原则或不方便法院原则，是指在司法管辖中，原告从同时具有管辖权的法院中选择对自己有利的法院，向其提起诉讼，虽然该法院对该案件具有管辖权，但是进行审判会有很多不便之处，如带来司法资源和诉讼当事人的资金浪费，或不能保证司法管辖的高效特性和利益保证职能，则该法院便可以将管辖权转让给其他具有管辖权的法院，以不便管辖为由来确定案件的管辖权。另外对于正在审理的法院若发现"方便法院"的存在，可以通过中止诉讼（暂时停止诉讼环节）或者撤销诉讼（受诉法院的案件诉讼流程全部取消）来实现管辖权的拒绝，实现管辖权的转让。这原则一般适用于民事司法管辖中。放眼至跨境数据流动管辖领域，当数据流动中的原告针对自身利益选择不同国家的管辖，引起了国家间的管辖冲突，那么同样具有管辖权的不同国家间的法院则可以依据不便管辖原则来避免司法管辖权的冲突产生。

不便管辖原则的适用，对于拒绝实行管辖权的一国来说并不是管辖权的丧失，而是基于主权体现的自主选择，是本国基于综合考虑在保证主权独立前提下的管辖权转让。不便管辖原则的适用，不仅不会给实施不便管辖原则的法院所在国带来利益损害，相反会实现基于司法公正和国家协作的双方共赢。

在刑事领域中，方便诉讼原则与不便管辖原则殊途同归。方便诉讼原则是现今多数国家采取刑事诉讼程序中所遵循的基本准则，现已被国际刑事司法作为一项基本原则来适用①。与民事诉讼中的不便管辖原则内涵一致，刑事诉讼中的方便诉讼目的也在于当事人或者证人的便利参与和诉讼管辖高效便利。因此，在两个或多个国家针对跨境数据流动中的刑事犯罪主张管辖权时，为了避免管辖冲突，则可以适用刑事管辖中的方便诉讼程序，在解决管辖冲突的同时，还可以降低双方当事人和司法机构的司法成本，避免司法资源浪费。

4. 适用效果管辖原则

效果管辖原则，即一国法院根据某具体行为在其管辖区域内产生的实际效果来确定是否行使管辖权的原则②。效果管辖原则在民事案件中应用较多，根

---

① 韩东杰. 论国家刑事管辖权冲突及其解决[D]. 沈阳工业大学，2018.
② 孙尚鸿. 效果规则在美国网络案件管辖权领域的适用[J]. 法律科学：西北政法大学学报，2005，23（1）：116-123.

据效果规则只要被告一方具有故意的侵权行为，且该侵权行为在一国的管辖范围之内并会给原告一方造成实际损害，那么原告一方所在的国家便具有管辖权。扩展至跨境数据流动领域，一国对于在其管辖区域因跨境数据流动引发的案件中，若主权国对其管辖权存在异议，便可以借用效果规则来确认本国管辖权的合理性及合法性，但是必须满足效果规则适用的三个前提条件。

效果管辖原则的实际运用产生于美国的司法管辖中，最初也只是在美国州立法院之间确定管辖权，在跨境数据流动背景下，可以将其扩展至国家间因数据流动的实际管辖冲突的解决应用之中，但是应该注意效果管辖原则只能应用在侵权案件中而不能在合同案件中适用①。

5. 最密切联系原则的适用

最密切联系原则，是指在处理国际民商事案件中，选择与案件行为事实和案件当事人联系最密切的法律规定来确立管辖依据具体适用的原则②。它是由美国法院在 20 世纪 50 年代的奥顿诉奥顿案（Auten vs Auten）中提出的③，强调了法院在进行司法审判时，除了要注意主要的显性案件标的之外，还应与案件联系最密切、最本质和最深层次的地区的法律相结合。将其引申至跨境数据流动的国际范围中，虽然最密切联系原则的适用是在司法机关已经确定的前提下进行的司法行为，但对于与案件联系最密切地区的法律适用具有一定的司法管辖冲突解决效用，体现出对他国的立法管辖的尊重，同时也能提高本国法院司法审判在他国的认同性。

最密切联系原则要求法院审判时注重法律关系的顺畅性以及法律行为开展的连贯性，除了案件主体的联系之外，还应该注重案件客体的联系，从

① 李阳. 从判例中研究"美国网络管辖权"问题[J]. 法制与社会, 2013, (31): 201-203.
② 代晓焜. 试论最密切联系原则的司法适用[J]. 法制与社会, 2019, (01): 25-26.
③ 刘懿彤. 德国人身关系的法律适用及对我国立法的启示[J]. 华东政法大学学报, 2009, (02): 66-73.

而进行综合考量，以此确定管辖依据的适用。

最密切联系原则刚开始只被应用于民商诉讼中的侵权领域及合同领域，但是因为其在实践中展现出极强的科学性和合理性，所以适用范围得到了很大的拓展，在目前绝大多数的冲突法领域中都得到了适用①。

（三）执法管辖冲突的解决途径

执行管辖是基于司法管辖或者其他非司法方式开展的执法行为或者惩罚违法活动的行为，根据国际法的基本准则，每个国家都只能在自己领土上开展执行管辖，执行管辖权通常情况下仅限于本国领土内，若需在他国开展执行管辖则需要得到他国允许②。但由于跨境数据流动的跨境性和广博性，执行管辖冲突在实际中也有所体现。基于前文探讨并结合具体实际，本书认为管辖冲突可以从以下几个层面来解决。

1. 尊重主权完整，不得干涉内政

执行管辖以一国的国内法为依据，由司法机关或其他非司法方式（例如行政）来开展，但是一般情况下仅限于本国的领土境内，所以对于执行管辖的具体执行必须注重地域的行使范围，不得超越一国的边界。但在跨境数据流动管辖中，由于数据流动的跨界，相关执法行为可能会跨越物理边界，但是一国的执法管辖不得以国内法为依据而冲撞他国的主权管辖，尤其是强国必须坚持尊重国家平等和国家主权完整。任何国家的执行管辖都不得干涉他国内政，必须坚持国际法的约束规制原则。

2. 促进平等协商，实现跨境执行

在执行管辖时，若在境外执行是维护本国数据主权必需、跨越实际物

---

① 林明月. 最密切联系原则在我国涉外民商事案件中的适用[D]. 福州大学，2014.

② Herdegen M.Völkerrecht（Grundrisse des Rechts）[M].Munich：C.H. Beck Verlag, 2009：170.

理边界无可避免时，则需要基于平等主权国家间的协商合作，获取司法机关的支持或行政机关的许可，来实现跨境执行管辖，但不得侵犯一国的主权完整和国家内政。具体而言，跨境执行管辖理论上可以依据本国执行管辖人员是否进入他国境内分为他国完全协助管辖和他国部分协助管辖，两者都应该以主权完整和不干涉内政为前提，借助他国的司法或行政允许来执行，但在具体实践中还是具有一定的难度。

3. 联合国起主导，推进国际合作

联合国作为促进各国政治稳定和经济发展等的重要国际组织，不仅具有极强的权威性，更具有极强的"人类命运共同体"属性[①]，在跨境数据流动的管辖中，理应发挥主导和规范作用。在具体的执行管辖中，联合国可以发挥主导作用，推进国家间的双边或者多边合作，建立执行管辖的相关约定，推进跨境管辖冲突的合理解决。

第三节 主权视角下国际跨境数据流动治理实践与模式

在国际数据主权体系建设中，各国对数据跨境流动治理的重视度日渐加深，在其特定需求与内外部环境下，形成了具有鲜明特色的治理模式。因此，充分调研国际数据流动治理实践与模式，对把握我国治理关隘、构建我国主权治理体系具有重要意义。本节全面调研了欧盟、美国、俄罗斯等国家和地区的政策及实践，以传统管辖权理论中的"属人""属地""保护性管辖"等原则为划分依据，归纳不同治理模式，剖析其核心要点与适用范畴，为后文梳理我国对策奠定基础。

---

① 习近平. 共同构建人类命运共同体——在联合国日内瓦总部的演讲［EB/OL］.（2018-01-19）
［2019-03-18］. http://world.people.com.cn/n1/2018/0119/c416882-29775965.html.

一、欧盟：以属地为主、属人为辅的域内效果管辖模式

欧盟作为典型代表，具有以联盟为核心、成员国为支撑的独特区域组织结构，其域内效果管辖治理模式致力于实现属地和属人相对协调和平衡，追求全面促进欧盟内各国之间数据资源的传输和自由流动，加快"单一数字市场"形成。同时，欧盟也通过充分性认定、构筑信任机制等密切限制内部成员国与境外第三方的数据流通，因循"人权"传统的治理思维，重视保护个人数据权等主体权益，在严格保障国家数据主权安全的同时，也进一步提高数据流通治理变通度。

（一）因循组织特征的以"单一数字市场"为目标的属地管辖优化模式

欧盟具有独特组织形式与内部优势，对内，以属地原则破除数据自由流动壁垒，力图形成"单一数字市场"；对外，以"地理区域"为基准，基于"充分性认定"标准保障数据向域外流动的环境安全，构建起独特的"事前保护"实施模式，优化特殊组织结构下的数据跨境治理基础。

首先，对内破除境内数据自由流动壁垒，积极构筑"单一数据市场"。对内而言，欧盟数据产生、搜集和处理均在联盟内部，成员国具有共同的历史文化背景①，从而有统一内部数据政策的先天优势与实施基础，各国间仅需因循属地原则即可实现统一认证、管辖与流动，从而适用于强化属地管辖原则。欧洲理事会（European Council）于 1981 年通过了《有关个人数据自动化处理的个体保护公约》，形成全球第一部对成员国具有法律约束力的区域性公约，要求欧盟内各国间的个人数据应自由流动；随后于 2015 年颁布《数字化单一市场战略》（Digital Single Market Strategy，DSMS），旨在消除欧洲跨境电子商

---

① 田烨. 欧洲一体化进程中极右政党的崛起及其社会影响[J]. 西南民族大学学报（人文社科版），2018，39（08）：174-184.

务障碍①，并提出了 DSMS 下提供优良产品及服务、创造网络数据发展的优势环境和发挥数据流动市场的潜能的三大着力点，规避各成员国因数字立法与监管程度差异而带来的企业合规成本与数据跨境风险；GDPR 规定只要符合流通标准，数据就可在成员国间自由流动②，扫除了欧盟内各国间数据传输和交换的障碍；2019 年通过了《欧盟非个人数据自由流动框架条例》（Regulation on a framework for the free flow of non-personal data in the European Union），旨在协调欧盟中除个人数据外的数据（Non-personal Data）的自由流动规则，消除其在各国的数据本地化规定③2020 年先后通过和审议了《欧洲数据战略》《数字服务法》《数字市场法》等草案，致力于构建内部数据自由流动体系，将维护公共安全秩序和其他合法的公共政策目标作为例外。

同时，对外以属地原则，基于"充分性认定"标准，保障本国数据向域外流动的环境安全，构建起独特的"事前保护"实施模式。欧盟以地理区域为基准，将联盟视为统一平台与地理范畴上的"国家"，通过"单套规制"④来构建一致的治理体系和数据出境标准，纳入巨额罚款等处罚进一步保障主体权益和国家权力。欧盟以"充分性认定"⑤为跨境个人数据传输提供保障机制，利用"白名单制度"⑥将符合充分保护标准的国家列入可进行

---

① Turning Europe digital, preparing for future growth[EB/OL].[2021-6-28].https://www.eureporter.co/world/2015/04/14/commission-vp-andrus-ansip-turning-europe-digital-preparing-for-future-growth/.

② 王瑞. 欧盟《通用数据保护条例》主要内容与影响分析[J]. 金融会计，2018，（08）：17-26.

③ 吴沈括，霍文新. 欧盟数据治理新指向：《非个人数据自由流动框架条例》（提案）研究[J]. 网络空间安全，2018，9（03）：30-35.

④ "单套规制"（one single set of rules）指《一般数据保护条例》不需要成员国在国家层面单独批准，可直接适用于欧盟所有成员国。参见 The European Parliament and the Council, "General Data Protection Regulation".

⑤ 充分性保护认定是指数据出口国、地区对达到本国、地区个人数据保护充分性要求的国家、地区做出评估认定，达到本国、地区保护要求的，就可以豁免适用数据跨境转移的限制性规定。

⑥ 充分性保护认定的结果通常以正面名单的形式公布，因此也可称为"白名单"。例如，欧盟确认了 12 个司法管辖区具有与欧盟同等的保护水平，包括安道尔、阿根廷、澳大利亚、加拿大、法罗群岛、格恩西岛、马恩岛、以色列、泽西岛、新西兰、瑞士、乌拉圭。

数据传输的正面清单，同时以有约束力的商业规则、标准合同条款、临时合同条款和国际协定为补充性保障工具。1981 年欧盟《108 公约》提出缔约国间应以具有"同等水平"的数据保护力度为数据跨境流动前提[①]；1995年，发布《指令》，将数据流动对象分成了成员国和对外第三国，同时又将欧盟对外第三国的跨境数据流动细分为两种，即符合"充分性原则"的第三国和不符合的第三国[②]。随后，2018 年，GDPR 对此进行调整[③]，其中第 45条强调"充分性认定"必须满足的标准，包括是否加入欧委会《108 公约》、法治水平、基本人权保护度、是否存在独立且有效运转的监管机构等，将符合标准的国家纳入"白名单"准予数据流通，基于"白名单"制度将成员国向第三国的跨境数据流动分为四种细分情况，对数据出境情景予以详细规范。

（二）围绕人权思想的以"长臂管辖"为核心的属地属人管辖融合模式

欧盟具有悠久的人权保障历史，始终以人权思想为治理立足点。一方面，欧盟始终积极强化个人数据权利，将"个人数据"作为跨境数据治理的核心，相关权利法案在治理体系中占绝对比重；另一方面，欧盟综合属地与属人原则，以效果原则为依据拓展域外治理，延伸制度域外效力。

首先，围绕人权思想，着力强化个人数据权利与个人数据跨境规制以保障数据主权。欧盟设立个人数据保护权（the right to protection of personal data）取代隐私权成为基本权利[④]，并赋予个人同意权、访问权、

---

① Convention for the Protection of Individuals with regard to Automatic Processing of Personal Data 108. [EB/OL]. [2021-06-29]. https://www.coe.int/en/web/conventions/full-list/-/conventions/treaty/108.

② 宋佳. 大数据背景下国家信息主权保障问题研究[D]. 兰州大学，2018.

③ 李畅, 梁潇. 互联网金融中个人信息的保护研究——对欧盟《GDPR 条例》的解读[J]. 电子科技大学学报（社科版），2019, 21（01）: 69-75.

④ 刘泽刚. 欧盟个人数据保护的"后隐私权"变革[J]. 华东政法学院学报，2018, 21（04）: 54-64.

纠正权、被遗忘权、数据可携带权等多项权利，主张建立高水平的数据保护基础，在厘清数据主体相关权利、获取其同意、明确跨境流动可信任地区和确保该区域具有同等保护水准的前提下①，实现跨境数据流动和相关数据主体权益保护②的双重价值目标，如 GDPR 的第 44 条直接规定保障个人数据保护水平在跨境传输中"不会减损"（not undermined）③。

欧盟始终以个人数据为核心对象，立足个人数据展开国内数据保护与域外数据管辖以维护数据主权。1995 年，通过《指令》等确立了数据跨境流动的合法条件；2002 年通过《电子通信领域个人数据处理和隐私保护指令》（Privacy and Electronic Communications Directive）明确个人数据跨境的基本原则与处理规范；2012 年以来以《关于涉及个人数据处理的个人保护以及此类数据自由流动的条例的建议》、GDPR 完善个人数据跨境流动保护制度，新冠疫情期间欧盟也迅速发布如《关于新冠疫情中利用移动数据和应用官方建议》《支持抗击新冠疫情的 App 的数据保护指引》等法案，优先保障个人数据处理、跨境流动的安全性，强化内部个人数据保护以落实国家数据管理权。

其次，综合属地与属人原则，以效果原则（effects principle）为依据拓展域外治理长臂，加强本国制度的域外效力。2018 年欧盟数据保护委员会发布《关于 GDPR 第 3 条适用地域范围的解释指南》，明确基于属地原则的"经营场所标准"和基于属人原则的"目标指向标准"，管理成员国的境内外的数据控制者或处理者，规范数据处理相关行为。由此通过 GDPR 及附属解释政策规制数据控制者和处理者，一方面，数据控制者和处理者的经营场

---

① 王赤红，陈波. 数据跨境流动的信息安全策略技术研究与实践[J]. 金融电子化，2018，（06）：17-19.

② 许多奇. 个人数据跨境流动规制的国际格局及中国应对[J]. 法学论坛，2018，33（03）：130-137.

③ 洪延青. 推进"一带一路"数据跨境流动的中国方案——以美欧范式为背景的展开[J]. 中国法律评论，2021，（02）：30-42.

所只要位于欧盟境内，相关主体都受制于 GDPR 的规定，无论其数据行为本身是否发生在欧盟境内；另一方面，即使在欧盟境内没有实体，在境外从客观效果上构成对欧盟地区个人数据的处理，也将同样受到管辖。从而形成了域内全面管控和域外"长臂管辖"的严密体系，呈现"属地+属人+效果管辖"的严格模式，提升了数据主权保障效力。

综合而言，欧盟实施了以属地为主、属人为辅的域内效果管辖模式。欧盟的数据主权治理重心在于内部统一管理与流通，以属地原则为基础，以统一的法律政策进行内部管理，也以统一国际立场与协定展开国际管辖；同时，基于人权保障与个人数据治理，综合属地属人原则，以"长臂管辖"强化国际数据流动治理中的主权保障。

二、美国：以属人为主、属地为辅的向外扩张管辖模式

以美国为典型代表的具有网络空间技术与话语权优势的国家，以维护国家数据主权、数字经济实力和实现"长臂管辖"为目标，规制跨境数据流动行为，积极采用属人为主、属地为辅的域外扩展管辖模式，具有以数据流动为重的利益导向型趋向，力图保障本国数据主权安全的同时也注重利用全球数据资源实现自身发展。这一模式下，对外，始终坚持"网络自由""全球公域"原则，始终推动数据的自由流动，从而依托其市场与技术优势，实现全球数据流入本国；对内，完善法律制度、组织机构、技术设施等，构建严密的数据主权保障体系，通过库存管理严格限制国家安全、敏感隐私数据流出，从而形成主权保障需求下的"宽流入、严流出"的数据流动模式。

（一）依托技术优势的以宽松数据流入许可为焦点的属人管辖扩张主权模式

美国依托其互联网技术与经济市场绝对优势，通过宽松的数据自由流

入法规促进全球数据流入域内，对外以"数据控制者标准"拓展属人管辖效力，推行"网络自由"原则，打开他国域内数据市场。

首先，在国际合作中不断丰富准许数据自由流入的主权战略方案。美国极力鼓吹"网络自由"主张，与区域、国家等签订合作协议或成立区域合作组织，主导制定跨境数据流动规则，陆续达成《韩美自由贸易协定》（U.S.-Korea Free Trade Agreement）、《跨太平洋伙伴关系协定》（Trans-Pacific Partnership Agreement）、《跨大西洋贸易与投资伙伴协议》（Transatlantic Trade and Investment Partnership）、《美墨加协定》及亚太经合组织（APEC）的"跨境隐私保护规则"体制等系列跨国合作协议，辅以贸易谈判或管理共享等方式实现数据向美国的自由流动[1]。早期在《韩美自由贸易协定》《跨太平洋伙伴关系协定》等国际协定中，美国首次强调跨境数据自由流动[2]，将"数据自由"强制性条款加入协议草案中，并补充约束力和追溯力的规制款项，从而破除数据本地化存储的屏障；随后在《跨大西洋贸易与投资伙伴协议》中，美国倡导优化数据自由流动技术[3]并实行趋同监管，减少双方跨境数据流动壁垒[4]；在 CBPRs 等多边协议中，美国倡导 APEC 成员间的数据自由流动，推动建设较低的个人数据保护水平，从而有利于数据流入美国，实质上强化美国调控全球数据的能力[5]；2018 年《美墨加协定》继承与强化此前《跨太平洋伙伴关系协定》中"反数据本 地化存储"的条例，再次扫除了美国与墨西哥、加拿大间的数据跨境流动障碍。

---

① 王融. 数据跨境流动政策认知与建议——从美欧政策比较及反思视角[J]. 信息安全与通信保密, 2018,（03）: 41-53.

② 陈咏梅，张姣. 跨境数据流动国际规制新发展：困境与前路[J]. 上海对外经贸大学学报，2017, 24（06）: 37-52.

③ 李翔. 通信行业 ICT 业务发展探讨[J]. 通讯世界，2018,（04）: 96-97.

④ TTIP 第二轮谈判结束美欧寻求监管标准一致[EB/OL].（2013-11-18）[2022-12-28]. https://www.yicai.com/news/3118783.html.

⑤ 王融. 跨境数据流动政策认知与建议［EB/OL］.［2018-01-29］. http://www.sohu.com/a/219667662_455313.

同时，美国不断强化域外基于"数据控制者"标准扩张的长臂管辖①。基于《CLOUD 法案》为核心的系列法案，美国借助其技术优势，在域外数据获取与国际管辖争议上进一步适用与强化属人管辖原则。《CLOUD 法案》改革了此前《存储通信法案》，以"数据控制者标准"原则主张全面管辖域外关联数据，要求服务提供者所拥有（possession）、监护（custody）或控制（control）的数据均应按照义务要求，保存、备份、披露通信内容、记录或其他信息，当局对这些数据享有管辖权，无论其在境内或境外。同时设立了"抗辩事由"与"礼让原则"，通过"抗辩通道"一定程度上允许相关主体提出异议，撤销或修正法律流程，但这一通道的撤销和修正流程繁杂冗长，条件严苛，并且由美国法院执行礼让分析，效力有限。《CLOUD 法案》默认了美方对数据资源的绝对管辖权，强化了其对全球利益相关数据的掌控，体现了其数据主权行使的扩张性。

美国借助系列法案确立了对域外可控数据的绝对管辖权，充分保障了数据主权行使。《CLOUD 法案》为代表的制度体系，本质上是美国属人管辖权在全球的拓展延伸②，形成其在网络产品与服务上的绝对优势。事实上是利用美国互联网与科技跨国企业铸造自身的"网络空间国土"，帮助实现抢夺占领全球数据市场和扩张主权领域。

（二）深化治理惯例的以严格数据流出管控为重心的属地主权治理强化模式

在积极拓展数据流入、攫取境外数据资源与管辖权利的同时，美国进一步严格限制本土数据外流，因循传统属地原则，从数据、技术、公民及企业实体

---

① 刘振宁. "长臂管辖"到底有多长[J]. 方圆，2018，（24）：65.
② 覃宇翔. 美国的属人管辖制度及其在互联网案件中的新发展[J]. 网络法律评论，2004，4（01）：20-31.

全面限制美国本土数据、技术与服务的流出，提升对其本土市场的单一管辖。

首先，形成了严格限制数据流出的数据治理体系。美国对出口数据，尤其是涉及国家安全的核心数据，采取清单管理等方式进行严格限制。美国先后通过了《出口管理法》（Export Administration Act，EAA）、《出口管理条例》（Export Administration Regulations，EAR）、《国际武器贸易条例》（International Traffic in Arms Regulations，ITAR）、《商业管制清单》（The Commerce Control List，CCL）①及涉及医疗服务、经济金融等细分领域的政策法规，进行数据分类管理②，实施了分公私范畴、分行业领域的细粒度数据外流治理。EAR 及美国联邦法典第 15 条均规定美国境内技术数据出口均需申请认可；ITAR 规定任何有关军火技术及数据的服务器必须位于美国境内；《金融服务现代化法案》（Gramm-Leach-Bliley Act）要求金融机构必须按照财务隐私原则（financial privacy rule）管理私人金融信息的收集和披露，按照安全规则（safeguards rule）实施安全计划，保护公民信息。

针对外国政府获取美国境内数据，美国在 2018 年通过的《CLOUD 法案》中设定了"防"体系。《CLOUD 法案》设立"执行协议"（executive agreement），采取"适格外国政府"（qualifying foreign governments）的认可制度③，实质强制要求各国加入美国主导的国际协议，并设置严苛门槛阻碍数据获取，国外主体需在满足给予美国同等待遇、数据调取对象并非美国人、范围严格限定、国家符合人权保护和隐私保护基线等要求时才可访问数据，且美国可

---

① 《商业管制清单》将管制物项分为十个大类：（1）核原料、设施、设备及其他；（2）材料、化学制品、微生物和毒素类物质；（3）材料加工；（4）电子设备；（6）通信及信息安全；（7）激光与传感器；（8）导航与航空电子设备；（9）船舶；（10）推进系统、空间飞行器及相关设备。在上述每个大类下，都有一个说明，之后按照功能标准又分为 A、B、C、D、E 共 5 组。其中，A 组是系统、设备及零部件；B 组是测试、检验及生产设备；C 组是材料；D 组是软件；E 组是技术。

② 葛晓峰. 美国两用物项出口管制法律制度分析[J]. 国际经济合作，2018，（01）：46—50.

③ 核心准则是"外国政府的国内立法，包括对其国内法的执行，是否提供了对隐私和公民权利可靠的实质和程序上的保护"，并综合考虑是否加入或符合《布达佩斯网络犯罪公约》、是否遵守国际人权义务或展现出对国际基本人权的尊重。

随时关闭该渠道，从而强化本国对境外数据获取，进一步限制本国数据流出。

同时，美国严格管理数据主权相关的数据基础物理设施及数据实体。根据 EAR，美国以具体的数据输出国分类来管制数据输出，基于"各国家组"①的具体分类来区分数据种类和数据流动出口的国家等级②，明确禁止向古巴、朝鲜等五个国家出口③，且严格限制外国高科技产业在境内落地发展。美国通过了《2019 年国家安全和个人数据保护法》（National Security and Personal Data Protection Act of 2019）提案，根据外国的数据隐私和安全要求状态判断其持有美国公民数据是否威胁美国国家安全，将中国、俄联邦等认定为"特别关注国家"④并展开年度评估，将"特别关注科技企业"定义为"特别关注国家"设立或由其公民控股或符合其他条件的提供在线数据服务（online data-based service）的公司，法案规定"特别关注科技企业"不得将任何用户数据及破译相关用户数据所需的密钥数据传输至任何"特别关注国家"⑤。2020 年 2 月，美国通过了外国投资审查法案最终规则，严控对 AI（artificial intelligence）等关键技术和敏感个人数据领域的外商投资，防止尖端技术数据和敏感个人信息外泄。

总体上，美国依托其遍布全球的物理基础设施、领先的科技经济实力、绝对的互联网市场占比，出于抢占国际市场、获取数据红利、保障数据主权

---

① Part 740 –License Exceptions[EB/OL].[2023-03-22].https://www.bis.doc.gov/index.php/documents/regulations-docs/2341-740-2/file.

② 分别为 A、B、D、E 组，C 组保留。A 组国家主要为与美国关系密切的国家或合作国家；D 组和 E 组国家是因特定受控原因而限制适用许可例外的国家，其国家组表格根据受控原因分为 D：1 栏（国家安全）、D：2 栏（核）、D：3 栏（生化武器）、D：4 栏（导弹技术）、D：5 栏（美国武器禁运国家），E：1 栏（"支持恐怖主义的国家"）、E：2 栏（"单边禁运国家"），对每个国家的受控原因在相应栏目中做了标注"X"。B 组国家为与美国关系密切程度次于 A 组，未规定限制适用许可例外的受控原因的国家。

③ 沈玲. 美国数据出口规则面临重大调整[N]. 人民邮电，2013-05-15（007）.

④ National Security and Personal Data Protection Act of 2019[EB/OL]. [2021-07-11].https://www.congress.gov/bill/116th-congress/senate-bill/2889/text?q=%7B%22search%22%3A%5B%22National+Security+and+Personal+Data%22%5D%7D&r=1&s=2.

⑤ 从《国家安全和个人数据保护法（草案）》看美国数据出境管理新举措[EB/OL]. [2021-07-01].https://www.secrss.com/articles/17746.

的根本需求，极力推行"网络自由"原则，在 CBPR、《CLOUD 法案》为代表的制度引导下，准许境外数据的自由流入和严格限制国内数据流出，获取资源和财富，也确保数据主权安全，呈现极强的"对外控制性"。此类模式以主体自身的显著数据、技术和经济优势为前提，在实施过程中无可避免地威胁其他国家数据权益，影响国际数据市场与网络空间的健康运行。

三、俄罗斯：以单一属地原则为核心的安全防御管辖模式

以俄罗斯为代表的网络空间发展中国家，受限于自身技术与数字市场弱势，始终以保障数据主权、发展自身实力、抵御外部风险、强化国际合作为核心诉求，形成以单一属地原则为核心的安全防御管辖模式。此类管辖模式以属地原则为核心，保证数据治理相关基础设施及流动活动均在国内进行，数据管理政策具有十分显著的本地化存储特征①，无论是数据的搜集处理或者存储都在境内、使用本国的数据库与基础设备，避免了由跨境加工、整理或存储等带来的数据归属权异议，建立了以国家数据主权为重的本地化管辖模式。

（一）立足数据安全的以"本地化存储"为重点的本土管辖单一模式

俄罗斯是遭受网络攻击最严重的国家之一，因而其相当重视保障网络信息安全②，始终将国家主权安全、数据安全作为发展核心与重点，因此，俄罗斯通过"本地化存储"、强化数据处理者义务建立起了较完善的数据治理政策体系，规避数据主权安全风险。

首先，对内实施"属地原则"，严格执行数据"本地化存储"与国内处

---

① 卧龙传说. 俄罗斯"个人数据保护法"任性实施 从"存储本地化"到数据安全之路还有多长? [J]. 信息安全与通信保密，2015，（10）：76-77.

② 周若涵. 数据安全风险对国家安全的挑战及法律应对[A]//《上海法学研究》集刊（2021 年第 1 卷总第 49 卷）——上海市法学会国家安全法治研究小组文集[C]. 上海市法学会，2021：8.

理，优先保障国家安全①。在其数据跨境流动政策体系中，俄罗斯始终强调国家安全保障，以《信息、信息技术和信息保护法》和《俄罗斯联邦个人数据法》两部专门法为核心，以《俄罗斯联邦大众传媒法》（Russian Federation Mass Media Act）、《俄罗斯联邦安全局法》（Russian Federation Security Agency Act）等细分法律为辅助②，形成了"本地化存储"为核心特征的跨境数据流动管理体系。2013 年"棱镜门事件"后，俄罗斯进一步意识到数据安全的重要性，两次修改了《信息、信息技术和信息保护法》和《俄罗斯联邦个人数据法》，明确规定俄罗斯公民的个人数据必须在本国存储和处理，进一步强化其数据本地化存储特征③。

俄罗斯从数据存储、处理要求两方面展开"本地化存储"规制：①公民个人数据、相关数据和数据库必须存储在俄境内，其《信息保护法》修正案规定了俄境内的网络数据运营者必须在俄公民获取、编辑和传达相关电子数据的半年内将这些数据及用户信息存储于俄境内。②公民个人数据的处理活动必须在境内进行。2014 年 7 月，俄罗斯依据第 242 号联邦法令修订了《俄罗斯联邦个人数据法》，要求网络数据运营商必须使用俄境内数据存储系统。俄罗斯系列"本地化存储"制度有效规避了欧盟 GDPR、美国《CLOUD 法案》中域外"数据控制者"的干扰，进一步强化了属地原则。

其次，规定数据使用者义务，辅助强化跨国企业在俄罗斯境内的数据存储与安全运营。俄罗斯将数据使用者分为本国使用者和外国使用者，俄罗斯要求本国数据收集者承担数据告知义务或协助政府和相关部门，体现了属地管理控制；对于外国使用者，设定数据告知和协助义务，实现属地原则的虚拟拓展，维护域外数据管辖权。《信息保护法》修正案中以行政处罚和罚

---

① 孙方江. 跨境数据流动：数字经济下的全球博弈与中国选择[J]. 西南金融, 2021, (01): 3-13.

② 何波. 俄罗斯跨境数据流动立法规则与执法实践[J]. 大数据, 2016, 2 (06): 129-134.

③ 李一男. 世界主要国家大数据战略的新发展及对我国的启示——基于 PV-GPG 框架的比较研究[J]. 图书与情报, 2015, (02): 61-68.

款强制俄境内的数据传播和运营商配合政府的数据调查工作，从而实现了政府的全程监督，更主动地掌握本国数据；2019 年，普京签署第 405 号联邦法律，加大对个人数据和信息传播领域内违法行为的处罚力度，对违反数据本地化要求的运营者处以极高罚款。基于此，俄罗斯强化了境内的跨国互联网管制，本地化存储和辅助义务要求成为互联网实体在俄境内运行的前提。

（二）防御外部风险的以"极端前置"为焦点的属地管辖巩固模式

俄罗斯采用"极端前置"思想，通过对流通实体强化认证体系、实施"白名单"制度、大力发展关键基础设施的方式，进一步巩固属地管辖，降低外部风险冲击。

首先，强化认证体系，实施"白名单"制度限制数据流出。在激烈的国际竞争中，发展中国家缺乏数据引流能力，放开数据管制将导致本国数据大规模流入发达经济体，威胁本国数据与主权安全，俄罗斯对本国数据出境采用审慎态度，以强化认证体系、实施"白名单"制度管理数据出境。2001 年，俄罗斯签署了《108 公约》，基于此，俄罗斯允许境内个人信息传输至其他签署国；同时，俄罗斯与欧盟的充分性认定高度一致，同样实施"白名单制度"[①]，俄罗斯《个人数据保护法》第 12 条的白名单制度规定，若不属于《108 公约》签署国，可按照"白名单制度"予以审核。

其次，着力发展国家网络基础设施，强化抵御外部风险的能力。俄罗斯从主权安全出发，认为强化国家网络技术与关键基础才能从根本上抵御外部风险。2010 年起，俄罗斯针对政府部门需求，开始研制具有自主知识产权的芯片与软件系统；普京于 2013 年发布总统令，要求俄联邦安全局健全国家计算机信息安全机制，加强对网络安全的监控，并评估网络安全防护水

---

① 如具备有效的个人信息保护法律、具备个人信息保护机构、针对违反个人信息保护法律的行为建立有效惩罚措施的国家，可被纳入"白名单"。

平，完善和提升现有保护能力①；2014 年，俄联邦委员会发布《俄罗斯联邦网络安全战略构想（讨论稿）》，强调发展国家网络攻击、防护和威胁预警系统，并将其作为保障国家数据主权的重要举措②，并专门规定优先采购国有技术设备与产品；2017 年通过《俄罗斯联邦关键信息基础设施安全法》，确立预防计算机攻击的保障原则，明确了保障国家数据主权安全的义务和权利；2019 年，国家网络战略进一步明确将在国家政务系统、关键基础设施中提高国有产品比例。基于此，俄罗斯进一步优化国内关键信息的硬件设备，强化内部数据库、设备的唯一使用，避免在关键网络技术、设施及重要数据上受制于人，也奠定了其单一属地原则管辖基础。

总之，俄罗斯数据管辖模式建立在数据本地化存储基础上，体现了对数据主权的高度重视。通常为了避免他国侵害会对他国的数据使用者提出相对严格的限制和要求，也通过权利和义务来规制本国的数据处理者，从而更全面地保障数据主权。这一模式，在中国、印度、巴西等发展中国家得到深入贯彻与运行。

第四节　主权视角下我国跨境数据流动治理现状与问题

为了进一步明晰我国数据主权治理需求，本节通过文献及网络调研了中国在跨境数据治理中的数据主权安全保障现状，分析其中存在的管辖冲突、利益冲突、标准冲突、技术障碍及国家安全风险，从宏微观层面全面剖析治理需求，剖析我国在治理机制、技术体系、公共政策和法律制度等多层级的数据主权治理问题，构建符合我国国情的数据流动治理对策。

---

① 张志华，蔡蓉英，张凌轲. 主要发达国家网络信息安全战略评析与启示[J]. 现代情报，2017，37（01）：172-177.
② 张孙旭. 俄罗斯网络空间安全战略发展研究[J]. 情报杂志，2017，36（12）：5-9.

一、主权视角下我国跨境数据流动治理现状

数据主权治理包含了域内和域外的制度标准、国际协议、管理条例等内容。在跨境数据治理中，我国在域内搭建了较为完善的主权制度体系，保障国家对数据的控制权和管理权，在域外积极参与国际合作，通过合作协议、交流项目等方式平衡多方主权及利益，探索合理的跨境数据规制体系，促进数据在流动中的价值挖掘。

（一）奉行属地主义管辖原则，加强国家数据控制权

我国制度建设的核心目标始终围绕数据本地化，呈现出属地管辖特征，致力保障国家对数据资源的管控，维护数据主权安全。我国的主要制度对数据本地化存储进行了规定，陆续颁布《国家安全法》《网络安全法》《国家网络安全战略》《关键信息基础设施安全保护条例》等法律条例支撑属地原则在治理中的贯彻和落实，要求保障国家秘密安全，优化和提升国内关键信息基础设施的建设水平，并规定通过商业运营等途径获取的公民私人数据和关键数据必须存储在中国国内，将数据从收集到存储的全流程限制在中国境内，体现了我国通过推行数据本地化以保障数据安全，捍卫我国对境内数据的绝对控制权。随后，我国通过了《信息安全技术 个人信息安全规范》《个人信息和重要数据出境安全评估办法（征求意见稿）》《信息安全技术 数据出境安全评估指南（草案）》等制度，进一步从个人数据和重要国家数据资源角度限制数据跨境传输中的数据类别及数量，提出相应安全标准，将大部分数据资源类别纳入本地化存储范畴，保障国家数据安全。

（二）注重数据安全评估和行业规范，维护国家数据管理权

我国也充分关注数据出境安全评估的立法及配套的政策规制，尤其关

注金融、互联网及其他关键行业的数据规范，充分保障数据流通安全性，保证国家对数据的管理权。《网络安全法》建立了数据出境安全评估的基本组织框架，在其中第三十七条规定，关键信息基础设施的运营者在中华人民共和国境内运营中收集和产生的个人信息和重要数据应当在境内存储。因业务需要，确需向境外提供的，应当按照国家网信部门会同国务院有关部门制定的办法进行安全评估；法律、行政法规另有规定的，依照其规定。随后我国通过《信息安全保护等级管理办法》《个人信息和重要数据出境安全评估办法（征求意见稿）》《信息安全技术 数据出境安全评估指南（草案）》等落实了出境数据评估标准、工具技术，数据跨境流出的具体方案，标注和阐述了过程和注意事项，并将数据识别的具体指南附在文后，列举了含石油天然气、煤炭和电力在内的共 28 项关键行业的数据分类，同时也颁布《征信业管理条例》《网络出版服务管理规定》《保险公司信息化工作管理指引（试行）》等政策，规范行业数据管理。在近期的《数据安全法》《深圳经济特区数据条例（征求意见稿）》中则是鼓励多元角色参与治理，评估数据安全风险，并设立数据分级分类保护制度，开展安全审查，进一步从多角度完善数据安全评估和行业规范，从而提升国家对数据资源的管理水平。

（三）逐步放宽数据流通管控，挖掘国家数据资源价值

近年来，随着数字经济的蓬勃发展，我国也重视数据作为关键生产要素在流动中的产业价值，从国际协议签署和国内制度修订更新两方面寻求更宽松的跨境数据流动限制，平衡国家数据主权安全与数据价值释放。一方面，我国积极参与和促成国际数据治理达成共识。我国于 2020 年 11 月 24 日在世界互联网大会上发布了《网络主权：理论与实践（2.0 版）》，阐述了网络空间的主权平等原则，界定了网络主权的内涵、各国义务、权力体现、基本原则、实践进程及展望，并认可了网络空间的互联和互通，准许必要秩

序之上的信息自由流通，在 2019 年至 2020 年间，我国向世界贸易组织提交了《中国关于电子商务议题提案——着眼 MC11》《MC11 电子商务要素》《电子商务工作计划部长决定草案》三份议案，提出了跨境电子商务中数据治理的可行方案，签署了《G20 大阪数字经济宣言》，认同了"基于信任的数字流动"（Data Free Flow with Trust）的倡议，我国也积极促成国际合作，推动《区域全面经济伙伴关系协定》达成，其中也设立了准许数据自由流动的条款，如第 15 条为，不得阻止基于商业行为进行的数据跨境传输。另一方面，我国也根据国内产业和社会需求修订现有制度，放宽数据流通限制。在《数据安全法》中，第十一条规定了国家积极开展数据安全治理、数据开发利用等领域的国际交流与合作，参与数据安全相关国际规则和标准的规定，促进数据跨境安全、自由流动。体现了我国数据治理态度的转变，不再仅仅拘泥于本地化管控模式。就地方来看，于 2022 年 1 月 1 日开始实施的《深圳经济特区数据条例》第五节规定，建立数据跨境国际合作机制，提出了设立数据跨境流通自由港，构建国际化数据合作平台，进行双边、多边合作，建立可跨境流通的白名单。

二、主权视角下我国跨境数据流动治理问题分析

我国在跨境数据治理中重视推行属地主义，落实关键数据的本地化存储，对国家数据主权安全保障有较强效力，但同时也在制度体系、管辖倾向、域外规制等方面存在一些问题，阻碍国家行使数据控制权和管理权，不利于我国形成更系统和完善的数据主权治理格局。

（一）数据安全制度体系化程度不足

为了保障数据主权，我国的数据制度和治理政策逐步发展，但由于建

设时间有限，未能像欧美那样建立起完整系统的数据主权治理政策体系，不利于实现国家数据安全的多重保障和场景化治理。我国的数据主权治理立法围绕《网络安全法》《数据安全法》进行，并不断补充《信息安全技术 数据出境安全评估指南（草案）》《个人信息出境安全评估办法（征求意见稿）》等标准性规则，尚未构筑像欧盟的 DPD 和 GDPR 那样的具有极强约束力和影响力的数据立法和相应的配套规制体系，多数情况下以数据本地化存储和出境数据安全性评估来回应数据跨境面临的限制和许可要求，不利于针对复杂形势和多样化场景保障国家数据安全，并采取恰当措施保障数据自由且安全流通。

（二）数据管辖多限于单边管控

我国在制度安排中将数据资源本地化放在核心位置，辅以出境安全评估机制限制数据流出，具有显著的单边管控特征。此类限制性管辖并不利于通过双边合作促成数据的双向流动和融合创新，也削弱了对国际数据的约束力，相较国际主流的治理模式，并不能更好平衡经济利益和数据主权保障，此外以国家为主导对个人数据和商业机密的单向控制，也忽视了个人和组织的能动性，缺乏对数据自我管理和行业自治的肯定与支持，剥夺了个人和组织的数据权能，不利于激发数据市场的活力和潜能，同时也会导致国家跨境数据流动限制过度、管辖力度不当和数据治理制度僵化，不利于协调国家数据主权安全和数据自由流动。

（三）数据主权制度的域外规制力较弱

我国跨境数据流动治理制度内容强调数据的本地化存储和出境安全评估，也未能建立起区域间类似于《安全港协议》和《隐私盾协议》等完整的数据治理合作协议，虽然一定程度上有利于我国独立处理数据管理事宜，但相对缺乏域外数据资源流通标准，不具有完全的域外规制力和适用性，一旦产生跨境数据合作争议或者数据主权争端，没有充分的法律依据判定是否构成主权侵权或违规。同时我国也相对缺乏国际数据协作和联合，在跨境数据流通领域尚未同其他国家建立国际合作协议或战略同盟，尤其在面对数据霸权威胁时难以开展有效的数据交流和协商，不利于充分保障数据主权。

第五节 主权视角下我国跨境数据流动治理对策构建

跨境数据流动中的管辖冲突时刻存在，但积极冲突的展现需要一定的案件作为展现载体。中国作为世界上第二大经济体，对外经济业务也不断拓展，而近年来中兴、华为等数据通信公司的对外发展却遭受到了以美国为首的西方国家抵制，甚至带来了重大损失。华为因为 5G 技术也遭受到了以美国为首的西方国家的压制①。从中兴和华为的境外碰壁遭遇中我们不难看出，虽然我国目前没有同他国产生基于跨境数据流动的正面管辖冲突，但以美国为首的西方国家对我国数据通信技术的抵制核心在于争夺跨境数据流动的核心技术，避免自身的领先地位被撼动，继续维护以自身为中心的跨境数据流动国际规制体系。

一、加强国内数据主权治理体系与能力建设

为了提升数据治理能力，更好维护国家主权，我国应改善数据安全性和流通性，完善国内数据主权治理体系。既保障数据资源安全，强化我国数据主权安全，也促进数据自由流通，从而更大程度开发国家数据价值，实现高水平的数字化转型和发展。一方面，推进国家关键数据基础设施建设、安

---

① 耿鹏飞. 华为连遭恶意围堵 任正非指出破局关键[J]. 通信世界，2019，（03）：11-12.

全技术研发、专门制度修订，优化现有数据资源安全保障体系，完善软硬件等物理设施，保障国家数据存储、传输等全流程的安全性，并自主研发数据安全技术，通过吸纳专业研究团队，培育优质后备人才，扩展研究合作机构等方式提升网络防御度，同时也关注设施和技术进步基础上的数据制度适用性，关注国内数字经济发展需求和水平，通过完善制度寻求更优的数据主权保障支撑，从而架构完善的国内数据主权保障体系框架。具体而言，涵盖以下几个层面：第一是针对跨境数据流动管理中的数据薄弱技术环节加大研发力度，在跨境数据流动中的关键技术和关键软硬件必须采用本国的研发设施，即使是采用他国数据设施也必须建立完全的数据保障预案，确保数据安全的万无一失；第二是国家必须加大对数据技术研发、基础设施建构和科研技术人才培养等层面的政策资金扶持，提升自身的数据分析计算水平，实现国家数据发展的独立自主。

另一方面，在国家数据主权安全基础上，也通过提升数据治理融通性，优化传输渠道，促进开放和共享等途径来鼓励和促进数据资源的安全流动。我国应将个人、组织和国家的数据权益作为有机整体来治理，以数据主权为核心，以国家引导为主，允许适当和必需的个人和企业、行业自治，提升数据治理的融通性，同时也优化数据传输渠道，完善数据传输设施技术建设，提高数据资源输送覆盖率，使更多区域能访问数据，缩小数据鸿沟，基于此，政府应推进数据资源开放和共享，优化现有数据开放政策，探索科学数据、行业数据等的共享开放，从而提升优质数据资源的连通度，利用数据推动科学研究、产业经济、医疗卫生等多行业发展，提升国家数据管理权的行使水平。

二、提升国内数据主权的多边管控水平和域外适用度

为了提升域外数据治理协同度，保障跨境数据流动安全和数据主权，

我国应提升制度内容完整度和域外适用性，加强国内制度的域外规制力，更好应对国际数据流通中的争议和冲突，维护我国数据主权安全。一方面，积极完善专门制度的域外数据管辖内容，使得进行跨境数据流通管辖与合作时有法可依。我国应面向区域、行业、学科等领域召开研讨会或开展合作，从多视角细化和统一数据分级分类标准，探讨适宜的数据流通准则，完善数据法制体系，从而补充完善核心专门内容，修订《网络安全法》《数据安全法》等专门法，在其中补充数据跨境流动管辖的具体准则，提升境外数据管辖的审判效力，促进跨境司法协同，同时协调《网络安全法》《数据安全法》等顶层数据主权治理法律与《个人信息安全规范》《个人信息和重要数据出境安全评估办法（征求意见稿）》此类个体数据制度，基于国家数据主权和个人数据权利，优化数据跨境流通规定，形成更完善的对外规制体系。

另一方面，推动国内制度融入国际数据框架，开展国际合作与交流，传达我国数据主权制度要求，提升国内数据制度的域外适用性。我国应基于国际数据框架优化国内制度的域外适配性，考察 WTO 的《服务贸易总协定》（General Agreement on Trade in Services，GATS）、《跨太平洋伙伴关系协定》等国际条例中的数据流通标准，贯彻"国家安全例外"（national security exception）原则，划定数据等级和类别以提升规制效力，同时还通过广泛的国际合作和交流来推广和宣传国内数据传输和处理要求，对入境的跨国企业进行实时监测和政策引导，积极参与国际论坛及合作，发表倡议和声明以传达中国数据制度要求和标准。

三、参与国际立法建策，构建国际统一体系

跨境流动数据的保护不仅仅是对单一数据的保护，还应该包括数据搜

集整理所用软件、数据存储传送物理设施和数据管理人员等要素，而当前国际上并没有对跨境数据流动的相关管理内容做出具体规定，虽然有国情因素和政治经济法律等要素的影响，建立完全统一的国际规制在短时间内不可能完成，但总是需要尝试和实践。中国作为正在崛起的坚守正义的大国，一方面理应对全球跨境数据流动管理大任有所担当，另一方面为了维护自身的数据主权也应做出及时反馈，因而在全球跨境数据流动上中国应该积极参与，贡献出自己的力量。具体而言，分为以下几个层面。

（一）积极推动全球数据及传输技术共享机制建立

全球数据及传输技术共享机制建立的核心在于区分数据种类和数据传输技术的保护层级。对于可以促进全球数据自由流动的隐藏数据和数据传输技术，应在互相尊重数据主权和领土主权完整的前提下，构建数据和技术共享机制，实现全球范围内的数据和技术共享。但是公开共享的数据和技术一定不能涉及国家机密和关键领域，仅限于数据自由流动可以公开共享的数据和技术。此外，建设的数据及技术共享机制应该建立在国际数据充分发展的基础之上，我国作为数据生产及使用大国，应该积极推动共享机制的建立。具体说来，我国应该从以下几个层面来推动共享机制的建立：一是完善国内的数据保护机制，确认可以共享的数据和技术类型；二是在保证主权完整独立的前提下，建立同国际接轨的数据和技术的合作机制。

全球数据及传输技术共享机制的目的在于打破现有国家主导的全球跨境数据流动机制，革除国家间、区域间的数据自由流动障碍壁垒，以数据自由流动促进经济文化交流，助力人类社会更好地发展。中国作为世界大国，应该承担起这份责任，激发全球跨境数据流动价值。

（二）积极参与全球数据保护机构及保障机制设定

全球数据保护机构和保障机制的建立，即建立起对全球数据进行管理保护的第三方国际机构和机制，不同于国家内部和双边或者多边协议，类似于 APEC 中的 CBPR 体系，只不过管辖区域扩展至全球不再局限于某个区域。

全球数据保护机构和保障机制的建立实质在于寻求全球各国数据现阶段保护和未来发展的共同点，建立起全球范围内的"数据命运共同体"，保障每一个成员国的平等参与和数据安全的全面均衡保护，避免数据霸权和强权政治因素的危害影响。全球数据保护机构及保障机制不是由一国两国主导的，而是应该建立在各国充分平等参与、充分意愿表达和充分数据保护原则之上，进而形成对国际社会有强制约束力的数据保护机构和管理机制。中国作为数据领域的新生崛起力量，在原有全球跨境数据流动模式已经逐渐稳固的背景下，应该积极承担全球数据保护机构及保障机制设定工作的大任，推动跨境数据的自由流动。

（三）积极促进全球数据主权的国际维护框架建构

跨境数据流动的跨境性和复杂性，致使数据主权的维护和数据管辖权的划分更加困难。管辖冲突的产生在很大程度上是因为各国的数据主权维护规定"各奔东西"，没有形成统一规制，所以制定全球统一的数据主权国际维护框架显得尤为重要。具体而言，主要是建立关于数据共享和数据管辖等内容的双边或者多边协作条约，并通过建立的条约形成具有连锁反应的"再条约"，甚至可以在此基础上再次签订合作协议，由此形成全球范围数据主权的国际维护框架，以清晰的条约网络实现有级别、有体系的数据主权维护。

　　中国作为亚太地区的领先发展主体，可以联合周边主权国家签订基于本区域的数据主权维护条约，形成规模效应。在此基础上，同欧美主导的大西洋区域和北美洲区域等实现双边协作，进而共同构建平等基础上的跨境数据流动中的数据主权维护框架，合理合法地区分确定各国的管辖权，避免管辖冲突。

四、融入国际数据治理体系与增强域外治理话语权

　　和平与发展仍是当今时代的主题，国际交流与合作仍是国家相处的主要模式，而各国间的共同利益维护则是国际交流合作的基础和前提。在跨境数据流动领域，国际合作与交流同样是数据管理和管辖必不可少的步骤和环节。中国作为数据大国，自古就是友善之邦，在国际数据合作交流平台的建设上责无旁贷，另外基于司法管辖的国际协作趋势，持续发展中的中国理应顺势而为。

（一）推动全球数据合作，建设国际数据交流平台

　　跨境流动中的数据，不是绝对单一地为某一国所独有，基于跨境数据流动的国际化背景，流动中的数据管辖权不再是一国的内部事务，而是具有国际性特征，单兵作战无能为力，而且各国各自为战采取不同的管辖标准则只会导致更多的管辖冲突和争议。只有在国际合作交流基础上才能实现数据管辖权的合理合法划分，避免管辖冲突，进而可以通过实现抵制网络犯罪和恐怖主义等共同目标来实现数据主权和国家安全的维护。

　　建设国际数据交流平台，即建立全球所有国家均可平等参与的数据管理经验分享和呼吁数据管理合作的专业平台。目的在于抵制数据强国依据现有以其

为主导的跨境数据流动管制机制来约束数据保护水平需提升国家的发展趋势，建立一个可以平等参与的数据交流合作国际平台，以此来保证欠发达国家呼吁数据保护的国际话语权，真正实现平等基础上的数据主权维护。中国作为世界上最大的发展中国家，在国际数据交流合作平台的建立重任中理应率先垂范以身作则，推动国际数据交流平台的"落地生根"和"开枝散叶"。

（二）促进国际司法合作，构建数据司法协助机制

国际上传统的司法合作主要基于犯罪领域，而在跨境数据流动司法实践中，因为数据流动的跨境性、分散性和复杂性，主权国家间管辖权冲突问题在所难免，在维护各国数据主权的前提下实现对司法管辖的有效确认成为所有主权国家的共同愿望，跨境数据流动司法协作机制大有呼之欲出之势。中国在进入 TPP 中遭受到了美国等国家的阻碍，甚至在亚太地区都无法实现区域合作，所以对于跨境数据流动领域的国际司法合作中国理应身先士卒。

具体而言，中国可以从以下两个层面促进跨境数据流动领域的国际司法合作，从而构建数据司法协助机制。第一是司法合作的范围要适时而变，中国同其他国家的司法合作范围要实现由传统刑事领域往跨境数据流动领域的转变，构建清晰明确的数据司法协助机制；第二是司法合作的维度要不断提升，中国应该学习借鉴《布达佩斯网络犯罪公约》中对于司法合作有着明确规定的内容[①]，持续提升我国在跨境数据流动领域同其他国家的司法合作维度。在这两点基础上，不断促进跨境数据流动领域的国际司法合作，构建起全球数据司法协助机制。

中国作为正在崛起的国际力量，在当前跨境数据流动规制还未完全统

---

① 王桂芳. 中国开展网络空间国际合作的思考[J]. 贵州省党校学报，2018，（05）：59-65.

一的国际环境下，应该从已有的跨境数据流动的立法、司法和执行管辖冲突中汲取经验，总结归纳适合自身实际的跨境数据流动管制模式，进而形成可以实现与国际接轨、与世界同台的跨境数据流动治理体系，促进我国国内数据保护和对外数据分享交流的和谐统一，推动我国跨境数据流动规制同国际数据治理体系合理对接，避免立法管辖冲突、司法管辖冲突和执行管辖冲突的产生。

第四章

主权视角下数据权利规制关键挑战：数据垄断

数据产业纵深发展，数据资源作为生产要素的重要性不断提升，围绕数据资源的争夺愈演愈烈，数据垄断由此产生。垄断主体利用数据资源及算法技术破坏数字生态和竞争秩序，侵害用户数据权益[1]，威胁各国数据主权安全[2]。如何应对数据垄断威胁已成为数据经济下各国革新发展的关键议题，世界各国政府及组织均积极开展治理实践：美国联邦贸易委员会和国会相继发布了报告，强调应规范数据使用行为，提升数据安全性[3]，并对Amazon、Google、Facebook 等数据巨头展开反垄断调查[4]；欧盟发布《单一数字市场战略》（ Digital Single Market Strategy ），倡导优化数字经济竞争环境[5]；英国、日韩、加拿大等国也发布了相关政策、报告以推动反垄断体系的数字化转型。

同时，我国也推进了数据资源发展与治理，在"十四五"规划中强调

---

① Taplin J, Little B. Move Fast and Break Things: How Facebook, Google and Amazon Cornered Culture and Undermined Democracy[M]. Lindon: Macmillan, 2017.

② Selleck E. The FBI has reportedly bypassed the security on the Pensacola mass shooter's iPhone. [EB/OL]. [2022-04-18]. https://www.idownloadblog.com/tag/fbi/.

③ Federal Trade Commission. Big Data: A Tool for Inclusion or Exclusion? [R]. US, 2016: 5-8.

④ House Committee on the Judiciary. Digital markets investigation[EB\OL]. [2022-04-18]. https://judiciary.house.gov/issues/issue/?IssueID=14921.

⑤ European Commission. Shaping Europe's digital future: Commission presents strategies for data and artificial intelligence[R]. Brussels, 2020: 4-5.

加快数字化发展并将数据中心纳入"新基建"建设，构建大数据中心体系，建立健全数据要素市场规则①，通过《国务院办公厅关于促进平台经济规范健康发展的指导意见》、《中华人民共和国反垄断法》（以下简称《反垄断法》）和《优化营商环境条例》等制度初步探索了数据垄断治理。但在数据领域相关专门制度、专业组织、辅助技术、分析原则等要素协调上仍待改善。鉴于此，如何完善数据垄断治理研究十分重要，应使其既顺应全球数字经济发展和数字化转型的必然趋势，也符合我国数据治理和社会稳定发展的需要，从而管理数据资源，保障数据权利，规范数据市场秩序，促进数据产业可持续发展。

第一节　数据垄断基础理论及其主权威胁

一、数据垄断的含义

（一）数据垄断的定义

垄断作为一种经济现象，与竞争相对，垄断不利于市场机制的发挥，影响市场运行效率。我国的《反垄断法》将垄断定义为：排除、限制竞争以及可能排除、限制竞争的行为。"数据垄断"（data monopoly）概念最初由弗兰克·甘农（Frank Gannon）在阐述实验数据垄断现象时明确提及，与数据共享对立，其多形容政府对其行政数据或研究机构对其科研数据的限制访问②，随后衍生到数据产业领域。乔纳森·塔普林（Jonathan Taplin）面向数字化发展提出，数据垄断是指"在数据驱动市场中数据巨头可借助其实力垄断某项服务或产

---

① 中华人民共和国国民经济和社会发展第十四个五年规划和 2035 年远景目标纲要[EB/OL].（2021-03-13）[2022-04-18].http://www.gov.cn/xinwen/2021-03/13/content_5592681.htm.

② Gannon F. Towards a data monopoly? [J]. Embo Reports, 2001, 2（5）：353.

品，可对其进行定价并从市场中排除异议者"①。随着数据产业发展，各国竞争法学者和实务工作者都尝试在竞争法的语境下定义和解析大数据，虽然目前尚未形成统一界定，但是其中三个要素被普遍认可：大数据的收集、大数据的挖掘以及挖掘后的信息被再次利用②。人民网研究院指出数据垄断是基于数据占有和使用而形成的垄断③；印惠珺基于数据政策提出数据垄断涉及拒绝交易、搭售和垄断性高价等行为，侵害了各主体的数据隐私权、共享权、交易权、收益权及监管权④；孟小峰从数据治理角度将数据垄断定义为新形式的行业垄断行为，具体表现为数据寡头拥有和控制大量数据资源⑤；陈兵从竞争法角度将数据垄断界定为实现数据赋能竞争，既包含对数据资源本身的排他性占有和绝对性控制，也包括借助数据实现竞争过程或场景的垄断，认为行为类型包括基于与数据相关的垄断协议、滥用市场支配地位和经营者集中三种⑥。

　　信息时代，网络市场内的交易户使用互联网平台的产品或服务产生了巨量的数据，社交网络平台、电子商务平台和移动智能终端平台亦成为大数据产生、流动与汇集之处。由此，行业内资金充裕、拥有技术优势的大型互联网、大数据平台开始实施大数据垄断。实施大数据垄断的公司一般会采用拒绝分享大数据资源、阻碍平台用户转移等措施，独享市场内的大数据资源，进一步霸占市场。众所周知，大数据的价值体现于数据交流与共享，大数据作为信息时代的重要资源，必须在市场内不断地流动起来，才能带动市

---

① John R R. Move Fast and Break Things: How Facebook, Google, and Amazon Cornered Culture and Undermined Democracy[M]. New York: Little, Brown, and Company, 2017, pp. 321.

② 陈兵，马贤茹. 大数据时代迎来反垄断新局面[J]. 群言，2018，（05）：38-41.

③ 宋静. 我国主要超级网络平台数据垄断的有关情况调研[EB/OL].（2020-01-16）[2022-04-18]. http://media.people.cn/n1/2020/0116/c431272-31551024.html.

④ 印惠珺. 大数据垄断与竞争问题的法理基础分析[D/OL]. 上海交通大学，[2022-04-18].https://www.doc88.com/p-69116655816323.html.

⑤ 孟小峰，朱敏杰，刘立新，等. 数据垄断与其治理模式研究[J]. 信息安全研究，2019，5（09）：789-797.

⑥ 陈兵. 如何看待"数据垄断"[N]. 第一财经日报，2020-07-28（A11）.

场经济活力，一旦大数据资源变为企业所独享，其价值就会变得极为有限，同时也无法明确大数据的权属问题。

本书基于我国《反垄断法》将"数据垄断行为"定义为利用自身数据资源及相关技术达成垄断协议、滥用市场支配地位以及经营者集中在内的排他性竞争行为。其中垄断协议行为指利用数据资源、算法或平台规制达成的排除、限制竞争的协议、决定或其他协同行为；滥用市场支配地位行为指经营者在相关市场内具有能够控制产品、服务及其他交易条件，或者能够阻碍、影响其他经营者进入相关市场能力的市场地位，并利用此优势操控市场，实现自我优待；经营者集中行为指经营者通过股权、资产或合同控制实现合并，从而具有对其他经营者的控制权或决定性影响。

关于数据垄断的研究快速发展。通过文献回顾发现数据垄断相关研究逐步深入，覆盖了法学、经济学、管理学等多个学科，主要包含理论探讨型、影响分析型以及对策构建型三大类。理论探讨型研究通常从多角度阐释数据垄断的源起、发展与沿革，分析具体行为类型。早期研究多聚焦行为产生的前因后果，周翔和刘欣从市场经济发展角度阐述了数据垄断源起于大数据技术引发的变革[1]。随后，数据垄断行为类型阐述相关研究逐渐兴起，但多关注行为外延，较少清晰界定其内涵。詹馥静和王先林认为大数据市场中的垄断行为表现为防御性合并、价格合谋和滥用市场支配地位[2]，曾彩霞和朱雪忠认为大数据垄断与数据资源属性和市场结构特点相关[3]，Meier 和 Manzerolle 以数字音乐平台为例分析了数据垄断的可能性和表现[4]。影响分析型研究关注特定主体行为目的和后果，从多视角阐述数据垄断影响。

---

① 周翔，刘欣. 数据垄断的困境与隐忧[J]. 人民论坛，2013，（15）：20-21.

② 詹馥静，王先林. 反垄断视角的大数据问题初探[J]. 价格理论与实践，2018，（09）：37-42.

③ 曾彩霞，朱雪忠. 论大数据垄断的概念界定[J]. 中国价格监管与反垄断，2019，（12）：25-30+7.

④ Meier L M, Manzerolle V R. Rising tides? Data capture, platform accumulation, and new monopolies in the digital music economy [J]. New Media & Society, 2019, 21（3）: 543-561.

Viani 通过实证研究分析了电信公司垄断行为在市场、财政及公民权益方面的多重影响[①]，Smyrnaios 指出谷歌的数据垄断行为具有极大的社会及政治影响力[②]，Rikap 以亚马逊公司为例提出了数据驱动的知识垄断能带来政治权力[③]。也有学者基于垄断工具或渠道分析其危害，Innerarity 和 Colomina 认为数据及其背后算法带来的垄断行为危害了民主制度发展[④]。规制对策型研究主要基于事实案例，从经济法视角提出对策，在对策内容及适用性方面仍需不断优化。施俊讨论了数据垄断行为相关判定因素，提出采用替代分析方法、加强追责制度等措施加以规制[⑤]，刘佳明立足于我国反垄断领域立法现状及现实困境提出了对策[⑥]，Loertscher 和 Marx 认为价格监管和自然垄断是应对数据垄断的良性手段[⑦]。

总体来说，现有研究在数据垄断的源起发展及现状分析上相对完善，而在探寻规制对策时往往基于特定案例提出建议，缺乏全局性、多视角的治理对策及标准化的治理模式探讨。

（二）数据垄断类型

大数据垄断的形式种类繁多，本章从垄断性质分类，将大数据垄断划分为以下类型。

---

① Viani B E. Monopoly rights in the privatization of telephone firms [J]. Public Choice, 2007, 133（1-2）: 171-198.

② Smyrnaios N. Google as an information monopoly [J]. Contemp French and Francoph Studies, 2019, 23（4）: 442-446.

③ Rikap C. Amazon: A story of accumulation through intellectual rentiership and predation [J]. Competition & Chang, 2020, 26（3-4）: 436-466.

④ Innerarity D, Colomina C. Truth in algorithmic democracies [J]. Revista CIDOB d Afers Internationals, 2020, 12（4）: 11-23.

⑤ 施俊. 大数据平台滥用市场支配地位的法律规制研究[D]. 安徽财经大学, 2018.

⑥ 刘佳明. 大数据背景下数据垄断的反垄断规制研究[D]. 华东交通大学, 2019.

⑦ Loertscher S, Marx L M. Digital monopolies: Privacy protection or price regulation? [J]. International Journal of Industrial Organization, 2020, 71（04）: 1-13.

1. 行政性垄断

行政性垄断，指少数市场主体依靠着特定产业主管部门或地方区域政府人为干预要素流动、阻碍市场竞争的行为，拥有与其他条件相同的市场主体不同的市场机会，在非自由竞争状态下享受可获得的超额正常经济利益①。

行政性垄断的特点主要是通过政府权力部门，人为性质干预市场资源的配置与竞争。行政性垄断的主体包括政策主体和垄断主体，政策主体主要指政府机关，他们只是行政性垄断企业的背后支持者甚至是罪魁祸首，但其本身并不是垄断主体。某些政府行政部门通过行政性垄断手段去扶持相关企业，一方面方便管理，安全性较高，另一方面，这些企业将会给自己带来直接的经济收益。垄断主体即在特定行业内被行政机关保护的，在相关市场处于垄断地位的主体，垄断主体大多数为国有企业，但也包含私有企业。例如，某政府在进行当地的基础设施建设时，指定由某城建集团负责，该行为属于较为常见的国有企业行业垄断；某地方性政府部门的数据化改造工程，由一家特定的私营大数据企业进行全权承包，固然该大数据企业为私企，但是他们的垄断行为也属于行政性垄断的范畴。

党的十九大明确提出："打破行政性垄断，防止市场垄断"并将其写入党章②。大数据被视为其他市场资源无法匹敌的资源，成为近些年来市场交易的宠儿，然而政府部门既为市场的管理者，也为大数据资源背后最庞大的掌握者。

2. 自然垄断

自然垄断，又称为"自然寡头垄断"，是指在自由市场，某些企业因为

---

① 李大雨. 财政视角下的行政性垄断问题研究[D]. 中国财政科学研究院，2018.

② 习近平.《决胜全面建成小康社会 夺取新时代中国特色社会主义伟大胜利——在中国共产党第十九次全国代表大会上的报告（2017年10月18日）》[M]. 北京：人民出版社，2017：34.

其率先进入该行业或者在行业内资源非常丰富，某些产品和服务由该企业大规模生产经营比行业内多个企业同时生产经营更有效率的现象。

大数据的自然垄断，基于企业发展的网络效应和市场经济发展规律①。自然垄断在大数据市场十分常见，因为大数据资源和互联网以及通信信息等行业最为密切，我国目前的大数据资源较为集中于互联网以及通信信息行业内市场规模较大的几个公司。在国内，大数据市场的交易规模逐年上升，大数据产业背后丰富的利润可能会让这些掌握着庞大数据资源的公司滥用大数据市场的支配地位，挤压竞争对手或恶意抬高大数据的交易价格，这不仅会打破行业内的公允性，还会损害到其他企业或用户的自身权益。

大数据资源不同于其他实体或虚拟的资源，其往往蕴含了大量个人信息、地理信息甚至国家机密信息，自然垄断的主体会对整个社会以及国家的安全造成威胁，一旦事关广大公众的利益和国家安全的大数据被垄断，该后果不堪设想。

（三）数据垄断界定

传统意义上，根据某一行业的架构，如果某一经营者在相关市场内具有较大的市场份额，即可以判定经营者处于相关市场的垄断地位。很多国家也对企业是否在市场上处于垄断地位制定了相关判断准则：韩国《规则垄断与公平交易法》第 4 条规定，一个事业者在相关行业内占有份额为50%以上，则判定为具有市场垄断地位；德国《反限制竞争法》里说明，相关产品或地域市场上，假使特定产品或者特定服务的企业没有竞争，或不存在实质性竞争，则该企业将被认定具有市场垄断地位；《匈牙利反垄断法》规定，一个经营者在相关市场内占有经济优势，即为具有市场支配地

① 蒋岩波. 网络产业的反垄断政策研究[M]. 北京：中国社会科学出版社，2008：85.

位的经营者。

我国《反垄断法》第十七条解释了"市场支配地位，是指经营者在相关市场内具有能够控制商品价格、数量或者其他交易条件，或者能够阻碍、影响其他经营者进入相关市场能力的市场地位"；而其第十九条又说明了，相关领域内一个经营者所占的市场份额达到 50%即可认定经营者处于市场支配地位。这两个条款从不同的角度阐述了市场支配地位，且如果具备上述条件之一，即可被认定为该企业具有市场支配地位。

在大数据、互联网平台中，龙头企业滥用市场支配地位的事件也频频发生，而界定企业是否滥用市场支配地位的首要依据则是判定该企业在该市场中是否处于可支配地位。市场份额和市场准入门槛是大数据垄断认定的关键因素，具体有以下几个方面。

一是市场特性。传统的市场往往是消费者某一家企业形成闭合的交易行为圈的单边市场，而在互联网环境下，常常存在可以通过某个或多个交易中间平台，使得市场的每一方都能参与到交易过程中去的双边市场。例如，一家互联网企业进入市场，它必须一边通过自身为用户提供免费的服务，一边利用用户流量来吸引广告主投资，形成一个稳定的收益流动，才能在市场中平稳生存。而这样的双边市场的特性，极易造成大数据垄断企业越发展越好，而新兴企业想要进入市场，甚至形成市场竞争都尤为困难。

二是经济规模。经济规模包含了经营者在相关市场中的经济占比和其获利范围。在互联网双边市场的特性下，只有企业的用户流量达到一定级别时才能开始吸引广告主的注意，获取利润，且随着用户流量的递增，企业的利润也将会大幅度递增。在产品组织学中，当某个企业在相关市场形成一定规模的经济占比时，将会形成该市场的准入障碍；经济范围是指在某一领域的垄断性企业也会涉及其他领域，并将在原领域的垄断影响蔓延到其他领域。在互联网行业中，部分强势企业往往不满足在自身行业领域内发展，他们利用品牌效应，涉足其他多个领域，形成互联网产业链或者互联网产业生态圈，而这些将会给其他竞争对手带来极大甚至致命的影响。

三是用户黏性。用户黏性为消费者对某个产品或者服务的认可度、忠诚度等综合因素形成的依赖程度以及消费者再次使用的概率，这同时被称作锁定效应。例如，微信已经成为人们即时通信的首选，当其他竞争者想要进入即时通信行业时，必须要考虑到用户已经对微信这款产品产生了锁定效应，想要打破这种效应必须付出大量的成本去打磨自身产品并吸引用户，而往往这种用户转换成本巨大且效果不佳。因此，用户黏性所带来的市场准入门槛的升高也是进入市场的障碍之一。

四是市场创新困难。在大数据行业中，市场创新困难表现之一为：大数据是一门依赖开发人员掌握研发技术且不断优化提升的行业，而率先进入行业的研发者已经掌握了最先进的技术，出于对自身企业的保护和大数据平台中数据的保密性，他们不会对相关技术和信息进行公开。而后进入行业的开发人员需要时间学习"先手企业"的技术与研究思路，而这时，"先手企业"掌握的技术也将越来越先进，越来越成熟。这就将直接导致后面进来的竞争对手从行业最根本的——研发技术上丧失了竞争力，这在市场中也很难继续生存下去。市场创新困难的另一方面表现在：一些创业型的小企业把握住了市场的方向或用户的痛点，创造出了能在市场中拥有强劲竞争力的产品，但往往这些产品还未在市场中出现，就已经被大型企业的并购/投资部门发现，强势收购或投资。于是，行业内潜在的竞争者将会被一一消除或纳入囊中，垄断企业的行业占有率将进一步提高。

上述通过一些关键性指标来判断大数据产业中经营者的垄断行为总体可以归纳为盈利模式测试法。除此之外，美国出台的《横向合并指南》（Horizontal Merger Guidelines）和欧盟的《界定相关市场的委员会通知》

（Commission's Notice for the Definition of the Relevant Market）中都采用了假定的垄断者测试方法（small but significant and non-transitory increase in price，简称 SSNIP），该方法主要适用于确认经营者进行并购操作时的相关市场，给反垄断执法机关提供反垄断审查思路。

SSNIP 测试方法的原理为：相关市场中经营者之间的竞争受限于三个因素，即需求替代、供给替代和潜在竞争。SSNIP 测试方法分为四个步骤，且可以重复代入市场内的经营者进行测试。第一步，选取一个合理的最小单位的一个（组）产品或者地理区域；第二步，假定被测试的经营者在该区域内的商品处于市场垄断地位，在其原有的商品售价上提高 5%～10%，调研市场内的商品交易情况；第三步，当发现市场中该产品价格上涨后，其交易量突降或无利润收入，则寻求该商品最为相近的替代品引入被测试的经营者，无限循环此步骤；第四步，当市场中出现，即使商品售价上涨也无法影响该商品的交易情形时，则该测试步骤全部完成。

SSNIP 测试方法中，第三个步骤为可重复测试步骤，即将被认为可代替的产品全部收入相关市场中，直到最后形成一个产品集合，而这个集合就是我们需要界定的相关市场范围。针对大数据、互联网市场的特性，可以考虑改进 SSNIP 的测试算法，在建立模型时兼顾其具有的双边市场效应，且 SSNIP 测试方法中的 5%～10%的幅度，可以根据大数据、互联网市场进行相对应的调节。其次，在界定相关市场时，还需要考虑大数据的内在特性，即其易复制性和流动性，且其交易模式更为依赖个人消费者，且交易类型多种多样。虽然大数据相较于传统市场内的产品流动性更强，但是仍具有跨地域障碍，且受制于时代的快速转变等，这些因素都需要考虑进去，才能改进为更适用于大数据市场的判定方法。

盈利模式测试法是通过市场份额和营业额的方式来判断经营者是否处于垄断地位；SSNIP 测试方法则是通过假定经营者为垄断者的测试方法，

以需求代替的思路进行判定。无论是盈利模式测试法还是 SSNIP 测试方法都是从传统行业判断经营者是否存在垄断行为的方法，针对大数据、互联网市场的大数据垄断还需考虑其市场的特性来进行综合判定。综上所述，在对大数据、互联网平台的大数据垄断判断时，首先通过测试方法判定相关市场的范围，然后再调查其在相关市场中所占有的份额，以及其在相关市场中所造成的行业准入门槛等因素，即可认定该经营者是否存在市场垄断。

二、数据垄断的表现形态

美国《反托拉斯法》中将垄断高价、掠夺性定价、价格歧视、拒绝交易、搭售与附加不合理条件和独家交易等作为企业在相关市场中处于垄断地位的表现[①]；日本《禁止垄断法》中将独家垄断、不公正的交易策略和不合理的统一提价等行为作为市场垄断的表现；德国《反对限制竞争法》明确禁止剥削性滥用、阻碍性滥用和歧视其他经营者等垄断做法；法国《公平交易法》认为拒绝买卖、搭售、交易条款歧视、存在因歧视而阻碍已形成的合作状态和滥用经济依赖状态等行为均为垄断现象；我国《反垄断法》第三条规定的垄断行为包括经营者达成垄断协议、经营者滥用市场支配地位、经营者具有排除和限制竞争效果。

反垄断法的出现是为了维护传统市场的竞争平衡，互联网和大数据产业出现的时间较晚且有异于传统市场的经营模式，各国的反垄断法对于大数据的垄断调查很难完全适用，但是基本的法律管制方向与传统市场较为一致，针对大数据垄断的表现形态，可分为通过数据实施价格歧视、垄断者掠夺性定价、垄断者搭售行为、拒绝交易行为等 4 种情形。

---

① 韩磊落. 论滥用市场支配地位的反垄断法规制[D]. 重庆大学，2011.

（一）通过大数据实施价格歧视

价格歧视，作为垄断行为之一，指在相关市场中具有垄断地位的企业，在无任何正当理由的前提下，面向市场供应同样的产品和服务时，对买方采用差异性的交易费用和条件，使得不同买方居于不同等的竞争环境。价格歧视的类型包括横向歧视以及纵向歧视。横向价格歧视是针对相同市场内的竞争者，其主要表现为垄断企业在其掌控的某一区域内进行低价销售其产品或服务，通过价格以达到驱逐其他经营者的目的；纵向价格歧视的目标为用户，相同的产品或服务，对用户群体采用差异性价格交易。

英国经济学家于 20 世纪 20 年代提出，根据价格歧视程度高低，其又可细分为一级、二级和三级价格歧视。一级价格歧视又称完全价格歧视，即经营者能够充分掌握用户的相关信息和购买意向，从而根据不同的用户制定差异性的销售策略。二级价格歧视，指经营者对用户信息和购买意愿的了解程度相较于一级价格歧视来说要低，但仍然能够依靠特定的策略将用户予以区分，以此对所区分的用户类型使用不同的交易方法。三级价格歧视是最为常见的价格歧视形式，即经营者对用户的信息了解程度相比较二级价格歧视来说更为偏低，仅能了解到消费者的诸如性别、年龄等大致信息，进而依据消费者的大致偏好来进行价格歧视，在制定销售策略时明显不如前述二者得心应手。由此可知，经营者所能实现价格歧视的前提是对消费者信息的掌握，而其所实施的价格歧视程度则取决于对消费者信息的了解程度。

我国的法律体系中，价格歧视最早出现在《中华人民共和国价格法》（以下简称《价格法》）中，在《价格法》中，价格歧视作为经营者的不当经营行为之一被进行规制；2008 年《反垄断法》颁布后，价格歧视才被视为一种垄断行为而纳入反垄断法被进行治理。在大数据信息化背景下的今天，拥有消费者浏览互联网所留下历史记录的互联网企业必然会更多地掌握消费者的购买意愿等最为详尽的信息，以至于可以完全按照某一消费者的喜好进行针对性的特殊定价，经营者进行价格歧视的行为更触手可及。因此这种价格歧视现象将会越来越普遍，程度将会越来越严重，反垄断法需要谨慎对待此种现象。

（二）垄断者掠夺性定价行为

掠夺性定价，是指相关市场内的垄断企业为了维护自身在市场的占有率，将自身的服务或产品的价格定到等于甚至低于成本价格进行销售，以此来打压竞争者淘汰出局。《反垄断法》第十七条明确规定禁止具有市场支配地位的经营者从事滥用市场支配地位的行为，其中第二款为"没有正当理由，以低于成本的价格销售商品"，所指的行为即为"掠夺性定价"行为[①]。

一般来说，掠夺性定价分为两步，第一步为降价，将自身产品和服务的价格降到成本以下，以此吸引用户，提升自身的市场占有率，让其他经营者淘汰出局；第二步是提价，当企业在相关市场的占有率达到预期后，将其产品或服务的价格提升至原有水平甚至是更高的价格，以此来弥补之前价格战遭受的损失。掠夺性定价战争的发起者往往是相关行业内的龙头企业，其具备雄厚的资金支持，能够在价格战中坚持负盈利直至把竞争对手排挤出去，以及其还在当前市场具有较有优势的占有率，迅速吸引更多的用户使用自己的服务或产品。

在互联网行业内，因为大数据本身的特性，企业在掠夺性定价时消耗的成本可能会比传统行业更低，所以其实施起来更加容易。但是由于互联网的双边市场特性，通过掠夺性定价去判定一个企业是否为垄断性企业比较复杂。双边市场内，互联网企业在确保自身营收利益最大的基础上，一方面需要思考双边的需求潜力和边际成本，另一方面需要将双边需求和自身的运营

---

① 曹阳. 数据视野下的互联网平台市场支配地位认定与规制[J]. 电子知识产权，2018，（10）：89-97.

成本等综合进行考量①。因此，相对于单边市场，具有双边市场特性的互联网行业的产品或服务的成本与定价之间的关系更为复杂，特别是认定垄断企业的掠夺性定价与其成本较为困难。

（三）垄断者搭售与附加不合理条件行为

搭售行为，是处于相关市场垄断地位的经营者在没有任何合法理由的情况下，在给用户售卖商品或提供服务的同时，违反了用户本意，强行将其不需购买的商品和服务打包售卖给用户。附加不合理条件行为，为具有相关市场垄断地位的经营者在无任何合法理由的情形下，给用户售卖商品和提供服务的同时，违背了用户本意，强迫给其增加不合理条件的行为。一般情况下，垄断者实施搭售和附加不合理条件的根本目的为：利用自身的市场垄断优势将被搭售商品行业内的其他经营者排挤出市场，或阻碍潜在竞争者进入该行业，从而垄断者可以将其所拥有的市场垄断地位蔓延至被搭售商品所处的行业②。

1998 年，美国司法部以及美国的十九个州和哥伦比亚特区联合起诉 Microsoft 公司，称其在销售 Windows95 操作系统时存在捆绑销售 IE 浏览器的行为，符合垄断行为中的搭售行为。尽管此案争议较大，最终判决也拖了长达四年，但最终法院还是判决对 Microsoft 实行一系列的限制处罚，让其不得再限制个人电脑制造商的处理权，不得对互联网服务商提供的服务进行干涉③。

传统行业内，在判断经营者是否存在搭售或附加不合理条件行为时，一般会从以下三点进行考虑：第一，在进行商品或服务售卖时，经营者要求

---

① 王玥，王智宁，孙晓涵. 反垄断法视角下网络分享平台企业掠夺性定价的认定[J]. 汕头大学学报（人文社会科学版），2017，33（03）：60-66.

② 吴仲巍. 滥用市场支配地位行为的认定问题研究[D]. 哈尔滨商业大学，2018.

③ 美国反垄断史百年风云[EB/OL]. （2020-12-21）[2023-03-30].https://www.thepaper.cn/newsDetail_forward_10458346.

消费者必须"捆绑"购买两种或多种产品，消费者不能单独购买其中的产品；第二，在判断经营者是否存在搭售行为时，要根据售卖产品本身的特性和功能进行判断，如果正常情况下商品 A 和商品 B 就是搭配起来使用，缺一不可，那二者"捆绑"售卖也无可厚非；第三，搭售或附加不合理条件是否违背了消费者自身的意愿，如果消费者本身对此并不反感，甚至觉得搭售更加便利自己，则不具有垄断性质。

在互联网大数据当道的今日，在判断是否存在搭售或附加不合理条件行为时，主要考虑两点因素即可：用户需求，即用户是否有意愿商品独立分开售卖；技术因素，即被搭售商品与原商品分开后能否影响商品自身的使用。但是回归到现实市场中，在互联网产品中，一方面，大部分消费者在消费之前并没有特别明确自己的意愿，往往是市场引导着消费者进行购买，例如，网购平台中的"猜你喜欢"中的商品瀑布流，是购物平台后台根据你浏览的商品数据以及之前的消费记录综合推荐给你的，用户往往会依照推荐进行消费；另一方面，产品分离后的效用受损很大程度上依赖经营者，经营者往往在制造产品或提供服务时，首先考虑的是企业的收益，以企业收益最大化进行产品设计或服务的提供。

（四）垄断者拒绝交易行为

《反垄断法》第十七条第三项明确规定具有市场支配地位的经营者在没有正当理由的前提下，不得拒绝与他人正常的交易行为。拒绝交易包括交易实施拖延、中断供货，甚至是终止合同且无正当理由，或者对原交易相对人拒绝新交易[①]。拒绝交易行为在相关市场中可能会对现存或潜在的交易行为产生排挤效果，这就影响了市场内的公平竞争环境，各方都对此保持着密切关注。我国现行的垄断法下认定的拒绝交易行为是以传统经济学作为理论框架的，而在传统经济市场中，虽然有很多垄断企业存在拒绝交易的行为，但

---

① 温志鹏. 论网络经济中滥用市场支配地位的法律规制[D]. 华南理工大学，2016.

最终被起诉调查后判定为违法的比例非常低①。

互联网以及大数据经济模式下，市场内交易一般为基于软件或者以 API（application programming interface，应用程序接口）为基础的数据服务。但是，在相关市场中处于市场支配地位的企业的拒绝交易行为由很多种情况构成，不完全是破坏行业内的交易环境。例如，某些大数据厂商花费了大量的人力物力去收集、整合、搭建的极具行业价值的大数据平台拒绝向第三方交易的行为是正当性的，其拥有选择资源交易对象的权利；再者，由于大数据交易都发生在虚拟网络中，大数据厂商在选择交易对象时，需要对自身的用户负责，需选择那些产品或服务质量有保证的资源商进行合作，而对于那些信誉存在瑕疵的经营者，大数据厂商完全有权利不选择与其合作交易。在上述情况下，大数据厂商在市场内的拒绝交易行为完全合乎市场规范，同样也是符合商业常识的。

与此同时，相关市场内存在一些处于市场支配地位的企业利用"拒绝交易"手段在相关市场内破坏交易秩序。例如，有一些大数据平台具有天然的开放性，其可以通过开放 API 接口让市场内的第三方自由地利用该平台的数据，但该大数据平台选择性拒绝一些第三方交易人，则可被判定为拒绝交易行为；互联网经济中，处于市场支配地位的企业利用自身的用户群体大，覆盖范围广的特性，对其经营旗下的产品采取拒绝与市场内同类型的产品进行兼容的措施，以此排挤竞争者，完成独占市场的目标。例如，苹果公司的音乐播放软件 iTunes，利用其用户群体广泛的市场优势建立了一个封闭的音乐平台，拒绝兼容非苹果公司制作的音乐格式，并且市场内其他公司生产的同类型音乐播放设备也不允许使用 iTunes②。兼容性要求行业内标准的统一，而处于市场支配地位的企业则更可能根据自身情况制定行业标准，

---

① 张志伟. 中国互联网企业拒绝交易行为的反垄断法律规制探讨[J]. 江西财经大学学报，2015（03）：121-128.

② 苹果被指借 iTunes 垄断音乐版权 打压廉价播放器[EB/OL].（2014-12-03）[2023-03-22].http://www.techweb.com.cn/news/2014-12-03/2102890.shtml.

因此，当一家经营者控制着一个行业的标准时，反垄断审查机构需要对其进行严密的调查，该经营者可能存在利用"拒绝交易"而形成市场垄断。

三、数据垄断的风险与威胁

（一）大数据垄断对市场经济的制约

网络经济是一种全新的经济方式，它主要是指以互联网为发展基础和数据平台支撑下的经济行为。相较于传统经济，网络经济主要依靠信息与数据搭建起的网络系统来适应当前的互联网活动，信息和数据是信息时代网络经济的重要因素，且市场价值无可估量。然而，大数据垄断对网络经济市场的制约影响也更为严重与彻底。

1. 卡特尔效应

卡特尔是由生产同类型产品的经营者联合组成的。参与卡特尔的经营者不仅为了获取垄断利润而联合在售价、生产规模、市场所占份额等方面签署协议，同时经营者又确保其自身在经济活动中保持独立性，不依赖协议成员。石油输出国组织（Organization of the Petroleum Exporting Countries，OPEC）是由 14 个石油生产国家及地区组成的政府间组织，他们向世界各地生产、输出的石油总量占全球总量的 44%，与此同时，他们也在十年的时间内将石油价格提升到远超过其本身价值的高度。这是迄今为止全世界最为著名的卡特尔协议。卡特尔协议成功的必要条件为：一是卡特尔集团必须要在集团成员对市场内商品的售价与生产规模达到统一意见，并承诺遵守该约定的前提下构成；二是垄断势力的潜在利益。这两点中，垄断势力的潜在利益是卡特尔成功的最重要条件。我们认真对比后会发现，大数据产业中，市场份额排名靠前的公司之间都存在一定的合作，且大数据是行业公认背后蕴含巨大价值的资源。这些条件的吻合，无不警醒着我们，大数据时代，卡特尔效应仍然存在，甚至是更加有威胁的存在。

卡特尔指在两个以上的经营者之间达成排除、限制竞争的协议、决定或者其他协同行为。要在某个市场上形成卡特尔，至少需要满足以下三个条件：第一，卡特尔必须具有提升行业价值的能力。第二，卡特尔内的成员被政府惩罚的概率较低。第三，设定和执行卡特尔协定的组织成本必须较低。

但是新型卡特尔由于其形式不同于以往，更难以被察觉。这种情况也表明，反垄断法必须进行理论创新，以更好地适应现实。公司可以使用算法跟踪竞争对手的价格来监视、预测和分析当前或将来的竞争对手的价格，从而为协作定价创造条件。公司可以使用算法来实施垄断交易，并监控偏离交易的交易，以保持串通稳定。这种高度的保密性将使垄断协议更加牢固。公司之间的交叉所有权关系、进入市场的高障碍以及产品差异化程度低等因素也可以促进公司之间的协调。对于创新能力较弱的公司，他们失去了保护竞争的价格协议和市场细分的保护，要么退出市场要么被收购。2010 年，苹果与发行商签署了一项协议，为反对竞争对手亚马逊设定自己的价格。苹果公司提议出版商可以自行设定价格，而苹果公司仅提供销售渠道。美国司法部认为，苹果与出版商共谋提高电子书价格的行为违反了市场竞争原则。作为回应，美国司法部提起诉讼。2013 年 7 月，Apple 和 Schuster，Penguin 和 Macmillan 被判违反美国联邦反托拉斯法。出版商在 2014 年获悉此案，获得赔偿 1.66 亿美元。此后，苹果提出了上诉，美国最高法院驳回了苹果电子书价格操纵案的上诉，这意味着苹果将赔偿较高的费用。在这种情况下，苹果凭借其独特的平台优势，与多家图书发行商密谋，恶意地提高了电子书在市场上的价格，严重损害了消费者权益并破坏了竞争秩序①。

20 世纪各个石油巨头国家以石油资源形成了石油资源垄断生态系统，

---

① 苹果输掉了与亚马逊争夺电子书用户的一仗 还被罚 4.5 亿美元[EB/OL].（2016-03-08）[2023-02-12]. https://www.jiemian.com/article/564928.html.

而这个时代，互联网公司用更海量、更易于获取的数据资源形成了大数据卡特尔生态系统。大数据卡特尔生态系统中最为典型的是社交图（social graph）和网页排名（pagerank）。社交图是描绘互联网环境中用户个人关系的图，它也是社交网络的模型，被称为"每个人的全球映射以及它们如何相关"①。Facebook 拥有全球超 20 亿的用户数，基于这个指数级的大数据量，他建立了自己的社交图，其中包含了用户以及其社交关系的喜好、日常活动、工作等一系列关系。Facebook 的社交图产生的大数据网络效应，使得机器学习驱动的产品随着用户数据的增加变得更为智能，这在商业环境下，特别是在数字广告领域处于不败之地，遥遥领先于其他竞争者。网页排名是一种计算网页链接的数量和质量，以确定其对网站重要程度的粗略估计的算法，其基本假设是更重要的网站可能会从其他网站收到更多链接，它主要被应用于搜索引擎对搜索结果网页的排名显示。网页排名是以 Google 创始人之一 Larry Page 进行命名，也是 Google 公司使用的第一种最为人熟知的订阅搜索结果的算法②③。Google 公司拥有用户在线偏好和倾向的详细数据，就好像拥有了数据广告界的通关密码。

据报道，2015 年，Google 和 Facebook 在全球数字广告支出中的占比为 40%；2016 年第三季度，更是达到了有史以来的最高值，Google 和 Facebook 占了美国数字广告收入的 99%。虽然数字广告产业内，涌起了 Amazon 和 Snapchat 等公司，但他们的加入只是放慢了 Google 和 Facebook 蔓延的趋势，并不能形成威胁，这种数字广告领域内的垄断局面未来依然会

---

① CBS News. Facebook: One social graph to rule them all?[EB/OL].（2010-04-21）[2022-12-28]. https://www.cbsnews.com/news/facebook-one-social-graph-to-rule-them-all/.

② Sullivan D. What is google pagerank? A guide for searchers & webmasters. [EB/OL].（2007-04-26）[2022-04-18]. https://searchengineland.com/what-is-google-pagerank-a-guide-for-searchers-webmasters-11068.

③ Battelle J. A brief interview with google's Matt Cutts [EB/OL].（2006-09-26）[2022-04-18]. https://battellemedia.com/archives/2006/09/a_brief_interview_with_googles_matt_cutts.

维持下去①。

信息时代的卡特尔效应为大数据、算法与人工智能结合达成的新型垄断。企业可以使用算法来监视、分析和预测市场中竞争对手的当前或未来价格，以跟踪竞争对手的价格，从而为协作定价创造条件。公司可以使用算法来实施垄断协议，并监督偏离协议的公司以保持串通稳定。这种高度的保密性将使垄断协议更加牢固。尤其是随着深度学习和人工智能的不断发展，合谋变得越来越秘密和困难。企业可以使用实时数据分析来监视每个公司的合规执行情况，以防止串通，合谋可以被视为维护传统的卡特尔数据。公司可以使用大数据来实现默契合谋，即通过提高市场透明度或通过改变另一方的行为来实现默契合谋。更加相互依赖，例如通过编程实时响应价格变化；公司可以使用人工智能来实现利润最大化算法，并可以使用机器学习执法算法来实现默契合谋。以上几种情况是大数据、算法和人工智能相结合导致网络经济市场垄断的现象。

2. 康采恩效应

工业、商业、运输、金融、保险等不同经济部门中的企业联合组成的垄断组织名为康采恩。参与康采恩的经营者即使在外部看来保持着自身的独立经营，但其实际上已经被资本雄厚的大经营者通过收购、并购、注资等形式所掌握。康采恩由一个大集团和许多中小型公司共同构成。大集团与小公司通常会使用控股、注资的方式来掌控中小型公司，因此将会构成一个根基较深的康采恩组织。传统市场中，康采恩集团多为资本雄厚的工业垄断组织或财团，而康采恩的形成，也彰显了经济市场中工业和金融业的资源整合与垄断。

网络经济时代，用户和流量成了最重要的资源，得用户者得天下，尤

---

① 谷歌、Facebook 已成数据寡头，去中心化数据交换打破垄断[EB/OL].（2018-06-08）[2023-03-31].https://www.jiemian.com/article/2212315.html.

其是具有高黏性的用户，因此，康采恩集团往往是由流量大、用户多的互联网企业为核心组建。

这种新型的康采恩效应，不仅在市场内形成了"拉帮结派"，资源垄断，还极容易抑制相关市场的健康发展。数据资源被寡头企业牢牢控制，只会分享给与自己同盟的企业，极大地扭曲了资源的配置；网络经济的发展对数据资源依赖性极强，而这种大数据垄断现象抑制了产业的创新，把新入企业拒之门外。网络经济的康采恩效应不仅违背了互联网行业开放、公平、分享的价值观，还极大程度地损害了社会利益以及消费者的福利。

数据垄断行为主体因其在信息社会的强大影响力还会扩大政治权利、施行文化掌控、操控其他产业领域，借助数据优势进行避税逃税、引导舆论、侵犯隐私、干预政治等操作，造成多方影响。其原因主要有三方面：首先，领先的数据企业利用其无边界经营优势实现了财务全球化，充分利用全球各国税收政策差异将所得税降至最低；其次，数据驱动型垄断机构影响并定义了数据安全性和数据隐私制度，有权决定在平台禁止的内容，通过控制信息的数字传播而具有政治影响力，他们将数据作为重要资源用作进军政治领域的基石和敲门砖，通过数据获取分析民意和政治动向，利用用户数据精准推介信息以引导舆论，操控用户页面信息内容以掌控局势；最后，无论是政府、社会公众还是用户个人对数据企业都具有愈加深厚的依赖性，这些数据企业的创新能力支撑着国家运转和社会安全，例如美国政府在安全问题上依赖与苹果公司的合作[1]，美国各州依赖于 Apple 和 Google 的 COVID-19 联系人追踪技术防控疫情[2]，以数据驱动形成的知识垄断所具备的政治力量

---

[1] Johnson M, Abboud L, Warrell H, et al. Europe split over approach to virus contact tracing apps[J]. Financial Times, 2020, 1: 3.

[2] Wilson C S. Why we should all play by the same antitrust rules, from big tech to small-business.[EB/OL].[2022-04-18]. https://www.ftc.gov/public-statements/2019/05/why-we-should-all-play-same-antitrust-rules-big-tech-small-business.

难以估量，正因其不可替代性和高议价能力使得政治操控、用户数据过度收集等现象更易发生。

（二）大数据垄断对用户权益的威胁

1. 用户个人数据权利被严重忽视

大数据时代，360°无死角的摄像头、隐蔽却无处不在的监听器、全球无处可逃的定位系统等高科技的到来，在给人们生活带来便利的同时，不可避免地会干扰到普通民众的日常生活，人们仿佛活在一个透明的玻璃箱内。日常生活中，手机上下载安装 App 时，基本都会要求用户打开访问电话号码、调用摄像头、允许开启定位等权限，如果拒绝打开权限则无法正常使用该 App。甚至有些 App 提供的一般服务在使用时并不会调用这些权限，但总会一遍又一遍地提醒着用户打开权限，直到用户同意为止。这种强制性的权限设定，让用户在享受服务和公开个人信息之间二选一。

无论是从法律角度还是社会伦理角度，用户与数据之间存在直线型的生产关系，用户应当享有个人数据的控制权。个人数据控制权，即数据主体有权利支配其个人数据在什么时候、什么地方以及采用哪种方式被收集、整理以及利用①。控制权本为较为强势的权利属性，但在大数据商业化泛滥的今日，用户个人数据控制权形如虚设，其中最为常见就是用户的知情权以及同意权被严重忽视。知情权为用户知晓、获得数据的自由以及权利，同意权为用户行使处理数据时的判断，二者皆为数据控制权的前提，是用户的个人数据权利得到保障的基础。欧盟《指令》的三大原则中，其一为透明度原则，即个人用户数据必须得到数据主体的授权后才能使用，并在处理其个人信息数据时必须告知数据主体，且确保数据的真实性和安全性。

---

① 黄道丽，张敏. 大数据背景下我国个人数据法律保护模式分析[EB/OL]. （2015-07-10）[2022-12-28]. http://theory.people.com.cn/n/2015/0710/c387081-27283556.html.

国内互联网平台也常常利用平台间的数据共享、公司入股、收购等行为，特点是跨领域间的数据合作，使得用户的个人信息在悄无声息中被获取利用。例如，阿里巴巴和高德公司合作搭建了海量的地理信息和生活服务数据资源①，美团公司收购摩拜单车等，这意味着用户在 A 平台授权留下的数据信息可以不经过用户的认可和授权的情况下，被 B 公司获取并利用②。

2. 用户个人隐私面临挑战

个人隐私是人对他人之间，私人对公众之间的信息界限问题，是个体向公众公开自身信息的权利。佩顿，美国隐私保护专家、前白宫首席信息官在《大数据时代的隐私》中说道："个人隐私可以比作以人为中心的圆圈，在离圆心较远的地方，不同的圆形有重叠的交集，人们通过交换隐私的方式来获取利益以及情感的诉求，但越靠近圆心的地方，人们越抗拒与外界其他人的交集。"如今，大数据、互联网平台隐私用户隐私的事件频发，虽然平台表示他们收集的用户数据都为匿名化的模糊数据，无意刺探用户隐私，但哈佛大学 Latanya 教授的调研表明，只需掌控一个用户的年龄、性别和邮编信息，将这些信息与网络上已公开的数据库做交叉匹配，即可有 87% 的概率辨别出该用户的个人身份。因此，就算是大数据、互联网平台拿到的是匿名化的用户信息，用户个人隐私也将面临严峻挑战。

2018 年 1 月 31 日，中国互联网络信息中心（China Internet Network Information Center，CNNIC）发布了第 41 次《中国互联网络发展状况统计报告》，截至 2017 年 12 月，本国境内已上市的互联网企业已达 102 家，总市值被评估为 8.97 亿元人民币。其中腾讯、阿里巴巴和百度公司（简称

---

① 新浪科技讯. 阿里宣布组织升级：成立天猫超市和进出口事业群刘鹏担任事业群总裁[EB/OL]. （2021-07-02）[2023-03-02]. https://finance.sina.com.cn/tech/2021-07-02/doc-ikqcfnca4502511.shtml.

② 陈剩勇，卢志朋. 互联网平台企业的网络垄断与公民隐私权保护——兼论互联网时代公民隐私权的新发展与维权困境[J]. 学术界，2018，（7）：38-51.

BAT）三家互联网巨头公司的市值之和占总体市值的 73.9%①。

互联网企业在 21 世纪搭乘了时代的快艇，迅速发展并崛起，将互联互通带入到社会公众生活里，让人民百姓迈入了信息时代，尝到了互联网带来的便捷，但互联网的迅速发展同时，大数据被掌握到极少数龙头企业手里。

大数据时代，当我们免费享受着实时通信、网络资讯、电子商务、搜索引擎等各式各样的互联网服务时，其实是无时无刻不在透露着自身的个人喜好与隐私信息，当我们以为自身的网络浏览轨迹会淹没于巨大的数据海洋时，互联网平台利用自身的数据收集技术将我们的信息进行收集、过滤、组织及利用。电子商务平台拿到用户数据后，会根据用户的商品检索历史或浏览足迹为用户进行定制化的商品推送，但也不乏电子商务平台因为趋利性而推送一些质量良莠不齐的商品，扰乱消费者进行消费决策，间接导致消费者的个人隐私权益受损。相较于传统企业关注于自身的盈利亏损，互联网企业则更关注于平台的用户、数据、流量以及其背后蕴含的商业价值。互联网公司在市场上的行为具有虚拟性、互动性和即时性，再加上互联网市场中的消费者黏性，使得消费者的信息都被行业的龙头企业所利用，往往互联网平台对用户的隐私侵犯更隐蔽、更复杂、威胁更大。

互联网企业在利用用户的隐私信息时，不仅侵害了用户自身的权利，甚至可能会利用掌握的众多用户数据影响到国家的政治走向，例如，Facebook 公司利用美国选民在社交平台上表达的政治情绪倾向投放付费政治广告，在选民中传播一些带有政治倾向色彩的信息，试图潜移默化地影响选民的个人政治判断，通过资本来干预美国的政治走向②。

---

① 中国互联网络发展状况统计报告[EB/OL].（2018-01-31）[2021-03-12]. http://tech.sina.com.cn/i/2018-01-31/doc-ifyrcsrv9714983.shtml.
② 新浪科技. 被算法"操控"的美国大选[EB/OL].（2020-10-15）[2023-03-15]. https://finance.sina.com.cn/tech/2020-10-15/doc-iiznezxr6101287.shtml.

3. 用户数据被违法收集、滥用、交易现象突出

互联网行业内的数据安全保护是指互联网平台作为用户个人信息的处理主体，有责任和义务采取必要的措施确保用户个人信息的安全，防止数据的泄露、破坏、遗失以及未经数据主体授权的非法访问、修改和利用。然而，在用户真正使用互联网企业的服务时，企业往往只让用户在个人信息公开的"服务合同"或"服务协议"等授权条款环节拥有选择权，一旦用户同意或授权协议，互联网企业将会利用其传播速度快、范围广、渠道多等特性，将用户的个人信息永久存储在企业的数据库里。这时，理论上用户的个人数据处分权是掌握在自己手里，但实际上互联网企业将大量的用户信息进行筛选、组织、挖掘，以优化自身服务或进行广告投放，用户数据的处分权被企业牢牢把握住了。

2018 年 3 月，国际社交龙头 Facebook 被爆出用户数据滥用丑闻，8700 万 Facebook 的用户数据被不正当地使用。该丑闻源于 SLC（Strategic Communication Laboratories）和剑桥分析公司（Cambridge Analytica）开发的测试应用"this is your digital life"，共有 27 万人次下载使用，而该应用通过用户授权获取了其个人信息，且利用公开途径获取了这 27 万用户所关联的 8700 万 Facebook 用户的个人信息数据。该测试应用的用户提供个人信息数据的初衷是为了"研究"，但却未经同意而被拿去做广告推广，甚至将用户数据分析运用于美国政治选举。该丑闻爆发前，Facebook 高层已经发现"this is your digital life"测试应用在大规模地收集用户数据，也对其收集信息的目的进行问询，但对方给出"用于研究"的回答后，Facebook 便没有再对其进行仔细审核甚至是放任不管。2018 年 4 月 10 日，在美国国会参众两院听证会上，Facebook 创始人扎克伯格承认 Facebook 在监管和问责机制上

管理有漏洞，并就用户数据泄漏事件对社会公众道歉①。

互联网企业在对于用户数据安全保护上，不仅管理层对此应有公共道德和责任心，公司也应在其技术层面上有所建树。2018 年 4 月 9 日，Facebook 官方宣布，个人数据被 SLC 和剑桥分析公司使用的用户，允许他们删除相关的数据②。与此同时，Facebook 在即日起，每一位用户的 News Feed 顶端将会挂一个 "Protect your information" 的链接。每当用户点击此链接后，就会被指引到一个新的特殊页面，用户通过该页面可以看到自己曾使用 Facebook 账户登录过的 App 和网站信息，用户可以手动删掉不需要再关联的账户③。由此可见，互联网公司有能力通过技术手段来保障用户个人数据的信息安全，防止数据滥用事件。

"大数据之父"舍恩伯格曾经说过：大数据时代，数据垄断和数据交易安全是最为需要重视的两大问题④。互联网企业行业的快速发展与版图的扩张，一定程度上依赖于用户个人信息的不断收集、获取与分析。信息时代云计算、大数据以及人工智能等领域高速发展的步伐，会进一步加剧相关领域的龙头企业的网络垄断和市场版图拓展与民众个人隐私权保护间的冲突。因此，当下建立有效规范和预防互联网技术对人类自身权利侵害整体性法律法规框架会显得尤为重要。

我们在享受互联网时代带来的快速和便捷的同时，更要警惕"数字红利"背后对人类隐私权利的侵害，以及对人类未来自由发展空间的侵犯。我

---

① 涉及 8700 万用户个人信息，Facebook 就剑桥分析数据泄露丑闻达成和解[EB/OL].（2022-08-29）[2023-02-27].https://m.21jingji.com/article/20220829/herald/2898512e5ed8b773adc9159a88e0dd34.html.

② 腾讯科技讯.一文读懂 Facebook 泄密丑闻：扎克伯格熬过十小时听证[EB/OL].（2018-03-20）[2018-03-20]https://tech.qq.com/a/20180320/032157.htm.

③ 腾讯科技讯.Facebook 通知受数据泄露丑闻影响用户并允许他们删除信息[EB/OL].（2018-04-09）[2022-04-17]. https://new.qq.com/cmsn/20180409/20180409025979.html?pc.

④ 邹开亮，刘佳明. 试论大数据垄断的法律规制[J]. 大庆师范学院学报，2017，37（04）：82-85.

们要在数据使用和隐私保护之间进行权衡，划定隐私保护的最优边界①，对互联网技术和信息产业高速发展带来的商业机构的强大数据控制力做出必要的规范和制衡，限制互联网企业巨头的网络垄断和市场扩张，保障公民的隐私权利，达成信息技术和互联网经济发展与个人隐私权保护的平衡。

人们在享受互联网时代带来的便利同时，还必须注意"数字红利"背后侵犯人权的行为和侵犯人类自由的行为。我们需要权衡数据保护和隐私的使用，划定隐私保护的最佳边界，并为快速发展的商业机构数据的严格控制建立法规和必要的制衡措施。需要限制互联网的垄断和互联网巨头的市场扩张，保护公民的隐私权，实现信息技术与互联网经济发展与保护隐私权之间的平衡。

（三）大数据垄断对行业创新的影响

1. 垄断、竞争与创新

创新是市场发展的驱动力，而市场内的竞争环境一定程度上加速了行业创新。网络经济中，企业通过不断的探索用户的需求及存在的潜在价值，进行自身产品和服务的优化与创新，来争取用户的青睐与市场的份额，从而获取利益，得以生存。当某个市场的利润足够大时，将会对市场新进入者们形成巨大的吸引与刺激，他们通过技术创新手段，开发出更优质的产品与服务，与市场内的其他竞争者形成互相制约，这不但促进了相关产业经济的向前进步，也进一步促进了产业的创新。

数据产业内存在三类市场，一类是面向用户的服务贩售市场，用以获取数据；第二类是面向广告商的利益获取市场，通过数据盈利；第三类是面向数据产业的大数据产品市场，通过前两类市场的积累形成独立的数据

---

① 陈永伟，叶逸群. 大数据治理中的隐私保护[J]. 党政干部参考，2018，（12）：1.

产品以获利，包含了数据收集获取、分析利用全价值环节。数据垄断者在用户服务市场、广告商市场以及大数据产品市场中均有极高不可替代性、议价能力、影响力和竞争力，限制了其他竞争者的进入，不利于激发市场活力。

主要原因在于，数据垄断行为并非单纯意义上的对大数据本身资源的掌控和独占，也包含利用所掌握数据资源开展商业活动。在用户服务市场，数据垄断方借助其丰富的用户数据不断优化其服务品质，提升不可替代性，导致用户需求弹性小，愿为获取服务交换个人数据，同时数据垄断方利用更多用户数据其服务又进一步个性化，从而获取更多用户，在循环过程中不断强化其用户市场力；在广告市场中，数据垄断方因其极高的用户量和数据量提升了广告投放的精准力，具有极高议价能力，其广告收入又可作用于改善服务，提升数据获取分析能力，由此循环不断提升其广告市场力；在大数据产品市场中，数据垄断方具有用户数据和广告投放数据积累、数据技术分析基础完善等优势，其单独产出的数据产品也在行业内占有绝对优势，极易提升市场进入壁垒，降低市场竞争活力。因此，总的来说，在这三方市场中，数据垄断主体的市场力会呈现滚雪球式的增强，造成的垄断局面也会在循环中不断强化，危害良性市场体系的形成。

大数据时代，垄断和创新在一定程度上是互相制约的关系。市场垄断的形成一般源于利益，当经营者看到行业内巨大的财富潜力时，便会利用一切手段来搜刮资源与金钱，形成垄断地位，并通过价格歧视、搭售、拒绝交易等行为阻碍潜在竞争者进入市场，维护其垄断地位。大数据时代的创新以及企业通过价格优势进行的垄断往往具有短暂性。一方面，市场新进入者们可以利用技术创新，通过更优质的产品与服务打破垄断者的市场封锁，这将不断激励市场新进入者们的创新动力；另一方面，原有的垄断经营者为了维护已有的市场地位，也会加大科研创新的投入，这也有利于该行业的创新发展。因此，在大数据时代，垄断和创新在相关市场内存在相辅相成的关系。

2. 大数据垄断对行业创新的限制

随着网络经济时代的到来，以信息和数据为基础要素，以技术和技术创新为支撑的互联网大数据产业相对于传统产业，其行业垄断的形式层出不穷。技术垄断是网络经济的最初级垄断形式，市场的新进入者通过更为先进的技术便可迅速攻破垄断者的市场封锁，市场利益被分割，行业内龙头企业的地位与权势会逐渐消亡，因此，这种依靠技术所形成的垄断是短暂的。基于互联网垄断的市场结构，只有拥有足够的大的大数据垄断优势，经营者基于大数据的技术创新才更有竞争力，才能更好地巩固自身的垄断地位。

经营者利用自身的大数据优势可以轻而易举地排挤市场内的竞争者，经营者通过大数据优势形成市场优势地位后，开始以营收为主要目标，进一步缩小对创新的研发投入。由于企业是以营收为最终目标的，对于已获得大数据行业垄断优势的经营者，其缩减研发投入，增加产品或服务的市场价格，就可获取最大营收，而不需继续保持自身的技术领先地位。在面对市场内其他经营者竞争时，垄断者通过降低市场价格利用价格策略，就可以排挤竞争对手，维持市场垄断地位。在肃清了市场内的其他经营者后，将产品或服务提升至原价甚至是更高价，便可以继续在市场内独占鳌头。

经营者往往借助大数据垄断，限制了大数据何时、何人、在何地才能获取并使用，很大程度地限制了数据流动。合理、科学、有序的数据流动有益于大数据资源的优化配置和使用，促进大数据行业的创新和发展。但是，市场内一旦存在大数据垄断，垄断企业就会为了巩固自身的垄断地位而拒绝与市场进行数据流动，这不仅浪费了大数据资源，阻碍了行业创新，而且固有的大数据资源也将成为"一潭死水"，难以可持续发展。

经营者虽然利用大数据垄断进一步提升了自己的技术创新，但却对整个产业的创新百害而无一利。由于处于市场垄断地位的经营者紧紧把控行业内的大数据资源，其他经营者就需要花费更多的人力、物力与财力突破产业内的原有技术，研发出新的产品才能获得市场的青睐。虽然这种模式可行，但经营者在进行创新的过程中，往往会苦于缺乏大数据资源的支持，不是在创新途中遇到瓶颈无法突破，就是创新的产品依旧无法立足于市场。除此之外，大数据垄断经营者可以通过大数据资源对整个市场进行监管，不仅可以侦探到行业发展动态，预测行业未来的创新方向，率先发布新产品以压缩竞争对手的市场占有份额，还能对市场内潜在的威胁者实施注资、收购计划，将对手的创新收入囊中。近几年的互联网新兴企业很难撼动其地位，这些互联网新兴企业要么是变成风投公司快速赚钱的工具，发展几年后就销声匿迹，要么就是被巨头企业以资金优势直接收购成为巨头企业的发展新方向。因此大数据垄断对信息时代的互联网企业发展不能有效地起到促进竞争的作用，反而阻碍了互联网竞争市场的正常发展。

数据产业属于新业态，其中数据是关键生产交易资源，不同于普通商品资源，对现有反垄断法造成了冲击和挑战。对其是否达成垄断协议，造成市场进入壁垒和不公平竞争等后果难以判定，基于现有垄断法体系中的标准进行数据垄断行为的判定、规制、救济及处罚较为困难。

就其原因来说，主要有三方面。首先，大数据本身具有非竞争性、非排他性、非对抗性，大数据的价值也并非仅仅在于规模大小，与背后的分析和算法也有关联，因此对于是否构成数据垄断行为的判定也具有多个标准，并不仅仅通过其数据获取规模、用户群体数量、数据技术基础等孤立因素来判定，还需要分析其数据的有效性、与市场的结合度、形成的市场力等，这冲击了现有反垄断行为判定标准；其次，数据产业中涉及平台、数据、算法等多因素，构成的竞争新模式引发了争议，有观点认为主体的数据行为是否损害市场竞争不易被认定，芝加哥学派认为市场本身可以自我矫正，实行宽松的反垄断政策更有助于良性竞争，新布兰迪斯学派（Neo-Brandeis School）则主张彻底改革反垄断治理体系，通过竞争结构和过程开展审查，限制数据市场巨头的膨胀，保障社会平等，各派别林立影响下的法制理念也各异；最后，现有反垄断法律体系对垄断行为的救济和规制在面对数据产业时的适用性有限，数据市场中的共谋、并购及滥用市场地位等垄断行为因数据算法协议、交易资源、利益构成上的新格局而更具有隐蔽性和差异性，现有交易数额为主要标准的申报门槛，营业收入、市场份额等为依据的审查标准和以价格为中心的救济规制思路无法更好地防范数据垄断行为的发生和加剧。

　　本章从大数据对相关市场经济的制约、对用户权益的威胁和对行业创新的三个方面阐述了大数据垄断的危害。然而这仅仅是现存的、比较透明的、一目了然的大数据垄断所具有的危害，大数据垄断最为深远的威胁即让用户、市场对大数据越来越盲目信任和依赖。人们看到了大数据的红利，开始相信通过量化的方式彰显事物规律，一切用数据做决定，这无疑让人们摒弃定性分析的逻辑与思辨能力，沦为大数据的奴隶。一旦出现大数据的分析失误，将会对用户、市场产生不可预估的损失。因此，如何正确地看待大数据，防止大数据垄断，避免迷失于大数据中，已成为当前必须要面临的重要问题。

第二节　主权视角下的国际数据垄断治理进展

　　近几年，日本、德国、美国等发达国家逐步出台的大数据垄断规制的法律或政策报告，凸显了大数据垄断问题已迫在眉睫，需要政府国家层面出台具有强制力的法律法规来规制大数据产业的健康发展。本节主要列举了国外具有代表性的大数据垄断规制的法律法规或政策报告，并在最后总结了各国对大数据垄断的治理重点与差异点，为治理我国大数据产业中的垄断现象做参考。

一、日本《数据与竞争政策研究报告书》

日本公正交易委员会竞争政策研究中心是日本在反垄断领域的执法专家，主要由学者和反垄断执法人员组成；该委员会讨论了如何将日本的反垄断法应用于大数据相关的商业实践上，并发表《数据与竞争政策研究报告书》。该报告书提出，在物联网和人工智能技术迅速普及的背景下，大数据的分析与应用给生产者与消费者提供的价值不断增大；为了最大化大数据的价值，服务提供商必须能在公平和自由的竞争环境中收集和使用数据。

报告书主要考察大数据搜集与垄断行为，提出数据搜集与利用引发的许多竞争问题可以通过传统反垄断法的框架来处理。报告书主要内容包括大数据产业的产业发展现状、相关垄断行为的分析判定、数据垄断执法的原则与经验和企业合并中需要考虑的数据垄断因素[①]。

报告书对数据的特性与应用的环境进行了分析。除一些特殊情况外，数据可以任意复制，不具备排他的所有权，也很少受到物理载体与形式的制约；此外，数据的组合与数据量的增加可以带来全新的知识并扩展数据的应用领域。数据的应用范围受其可信度与搜集时间的影响，也会受到应用环境的限制。例如，机器运行的数据只对机器的使用者有

---

① 李慧敏. 大数据时代日本开启数据市场反垄断[N]. 中国经济时报，2017-10-11（005）.

意义，但大量此类数据经过搜集和分析后，对其他公司也会产生价值。最后，数据的收集与分析往往受限于现有技术与硬件。对于当前的应用环境，报告特别分析了 AI 技术、IT 与互联网企业对大数据搜集、分析与应用方式的影响。

从反垄断的角度，数据的累积与应用有利于竞争与创新，迫使企业披露数据可能导致企业放弃投入累积与分析数据的成本。然而，当数据市场的垄断妨害竞争，例如企业合并导致其他市场参与者难以取得进入市场必需的数据时，反垄断监管机构应及时介入。具体而言，在 AI 相关技术的应用中，先行者有机会通过数据提高产品性能，而产品性能的提升又会带来销量的增加和数据的累积，从而对其竞争对手造成过高的市场壁垒。这种垄断情形参照目前日本的反垄断法还没有办法进行处理。而如果企业收集或利用数据的过程使得特定领域难以产生新的参与者，则日本公平贸易委员会可以依据反垄断法的条款设法恢复竞争。这类条款对于海外公司同样生效，只要相关数据收集和利用与日本市场相关。

除此之外，还有一些特殊情形需要考虑，例如个人数据的便携性、公共数据及工业数据等。个人数据容易产生锁定效应，例如，社交网络中往往具有大量的用户个人信息，用户数据如果无法转移，则用户很难离开特定的社交网络。报告书提出此时应该采取政策措施。对于工业数据，有时工业数据的利用者并非数据的拥有者，而此类数据可能对机器学习等技术的研发非常关键。这时拒绝提供数据可能将会触犯反垄断法。国家机关和地方的公共服务部门往往有大量的公共数据，这类数据应该在保护个人信息的前提下尽可能公开，这类数据的公开利用有助于竞争。同样，对于垄断性企业，例如公交公司等，其收集的数据也应在保护隐私的前提下公开。

反垄断需要对相关市场进行认定，即确定经营者们相互竞争的行业范围。认定反垄断审查中的相关市场往往是执法部门进行垄断分析的第一步[1]。报告对与数据相关的贸易中的相关市场界定进行了分析。报告书认为，对于数据相关市场的认定措施与在相关市场认定产品的措施相同，即从购买者的可替代性以及供应商的可替代性的角度进行认定。然而，数据的收集和分析仍然有一些需要特别注意的地方。

数据交易很少受地理交通相关的限制，所适用的领域可能不唯一。因此相关市场可以超出国界；数据的收集整理与使用需要相关的技术。这类技术的研发活动也会产生竞争。目前日本对研发的竞争是通过对其产品产出率的竞争加以衡量的；现代的传感器等一些产品往往具备数据收集的功能，所收集到的数据有时可以独立于产品用于交易。这类数据交易市场同样受到反垄断法的制约。这类市场可能很难通过销售额等方法计算市场占比，此时可能需要通过评估交易双方的数据源来得到相关信息。

在多边市场和免费市场中，企业的竞争往往基于产品质量和数量。报告书认为，此时对用户和供应商的竞争评估应当从可替代性入手。例如，通过用户调研，可以知道对某一项服务，用户的依赖程度和可选的替代品。

数据的累积和利用是否降低了市场竞争同样需要仔细分析。报告书认为此时需要进行详尽的调查，包括产品的特性、市场各方在数据累积与利用方面是否存在竞争关系、各方的市场占有情况、市场的总体构成、限制性做法是否有合理性以及其对数据收集和应用的投资的影响。反垄断法对私人垄断行为和不合理的贸易限制以及不公平的贸易行为做出了限制[2]。其中，私人垄断行为的界定需要证明已产生降低竞争的效应。而不公平的贸易行为的认定只需要存在降低竞争的趋势即可。对于社交网络等提供免费服务的数字平台，隐私保护可被认为是产品质量的一部分。此时竞争降低

---

[1] 姚志峰. 互联网行业反垄断"相关市场"界定[D]. 天津商业大学，2018.

[2] 丁国锋，周新生. 日本反垄断法私人实施制度及其对中国的启示[J]. 日本问题研究，2011, 25 (4).

的影响可以通过隐私保护水平的降低评估，因为可以认为此时隐私保护的降低意味着产品质量的下降。数据的聚集对竞争降低的影响也可以通过新参与者获取类似数据的可行性加以分析。此外，如果参与竞争的各方在获取原始数据的能力上存在很大差距，那么其中能力较强的企业通过对数据的累积可能使得其他企业难以竞争，从而控制市场。例如机器学习可能需要大量医学影像数据，而获取这类数据的机会很少。网络效应以及锁定效应在分析时也要加以考虑。网络效应使得具备优势的企业可以很容易通过获取数据改善产品从而提升市场占有率，而市场占有率的提升能带来更多数据。锁定效应使得用户很难转移到其他平台，这时对数据转移的保障有利于新参与者加入竞争。

报告书分析了数据的收集利用中可能产生反垄断分析的各种行为。对于单一企业收集数据的情况，如果企业通过研究协定等方式从另一企业获取数据，而数据可以帮助其中一方在市场上取得优势，那么这种行为可能被认为属于不公平的贸易行为，如果其中一方无法拒绝转移数据的要求，这种做法也将会构成不公正的贸易行为。另一类情况是企业通过运营服务平台从用户处获取数据。如果用户由于网络效应等因素很难从平台转移，那么存在企业获取数据的条款对用户不公平的可能。这种行为违反了用户保护的相关法律条款，也可能违背了反垄断法中私人垄断行为的判定。对于多个企业合作收集数据的情况，报告书认为通常这类合作有利于竞争。在日本，地理信息数据和机器运行数据往往由多方共同收集，所使用的技术也往往共同研发。这种合作提升了收集数据的安全性，降低了成本，同时也加速了技术发展。然而，如果共同收集数据限制了参与者独立收集的可能性，或者导致其组成贸易联合会，这些行为也可能违反反垄断法。总的来说，对合作收集数据行为的判定，需要考察参与者的市场占有率、数据的用途和特性、合作收集的必要性、收集的时间周期等因素。

在数据的获取方面，通常而言，企业自由选择所收集到数据对其他市场参与者是否可用。但如果特定企业收集的数据对其他市场来说是必需的且很难通过其他方式获取，那么这种行为可能违反反垄断法。尤其当企业在无法给出合理理由的情况下，拒绝竞争对手获取原本可用的数据时。有时反垄断部门需要迫使企业以合理的条款开放数据访问。此外，可能违反反垄断法的行为还包括捆绑销售数据相关的服务、通过提供关键技术限制其他企业获取数据等。

从企业合并的角度出发，数据也是企业合并时需要进行反垄断考察的要素之一。如前所述，合并导致的隐私保护水平的降低可以视为竞争减少的因素。此外，由于数据在 AI 技术研发过程中很重要，虽然有时合并对最终产品的影响未知，但合并导致的数据垄断可能带来不公平的研发优势。当数据提供方与产品研发方合并时，由于合并可能导致数据对其他研发者不可用，此类合并无法得到许可。对于混合并购，由于数据对合并方的业务影响广泛，可能需要专门进行调查分析。最后，由于数据相关的合并在世界范围日益增多，日本相关的审查标准未来可能会继续调整。

总体而言，该报告书对日本大数据产业的产业环境与反垄断执法标准进行了考察与分析，重点在于维护市场公平竞争，保障数据的正当收集、使用与交易。

二、德国《反限制竞争法》

（一）《反限制竞争法》第九修正案

德国近几年加强了在大数据垄断方面的反垄断执法力度。2017 年 6 月，德国《反限制竞争法》的第九修正案生效。该修正案将数据作为竞争要素之一，采用现有的反垄断监管框架面对大数据带来的挑战。修正案的目标之一是提高竞争执法的能力。其主要修订包括：第一，免费的产品或服务构成的市场同样适用于德国反垄断法；第二，改革对数字市场包括免费市场的评估手段，引入了新的评估市场地位的标准；第三，企业合并控制的改革，引入了新的购买价格的阈值；第四，反垄断损害的相关改革。

其中，对数字市场地位的评估手段与大数据垄断直接相关。第九修正案确立免费服务构成竞争法含义上的市场。这类多边市场上，服务往往提供给两组不同的用户，其中一组用户的服务依赖于另一组，往往更具依赖性的用户为服务付费。这类市场中存在网络效应，服务的品质随另一组用户量的增大而提高。第九修正案为评估这类市场上服务和平台的市场地位提出了若干评价标准，包括直接/间接的网络效应、平行使用的多个平台、用户转移的可能性和转移成本、用户行为、规模经济、对用户数据的需求程度以及创新潜质。

其中，网络效应增加了用户转移的成本，可以产生市场壁垒，用户同时使用多个网络降低了转移成本和网络效应。在网络服务中，规模经济很明显，顾客增加带来的成本增加很小，因此较大的服务提供商具有成本优势。大规模的数据虽然本身不代表市场力量，但需要具体分析数据在市场竞争中起到的作用及数据源的可替代性。数字市场的特性在于不断地动态创新，然而创新在市场竞争中的作用也不能高估。

（二）德国反垄断部门的报告

2016 年，德国与法国的反垄断部门联合进行了一项研究，分析大数据相关的反垄断问题，并给出反垄断执法部门在数据相关的垄断问题的指导[①]。报告主要着眼于公司的合并与控制。公司合并进程中，相关市场强度的评估是

---

① Delbaum J K. Big Data and Competition Law 2016[EB/OL].（2016-10-25）[2022-04-18].https://www.shearman.com/en/news-and-events/events/2016/10/big-data-and-competition-law-2016.

反垄断执法部门考虑的要素之一。报告并没有给出衡量数据带来的市场力量的具体方法，而是提出了一些互联网行业需要额外加以考虑的特性，包括网络效应、多宿主和市场动态，以及在分析数据对市场力量的贡献时，需要考虑的因素。

网络效应是指消费者对商品或服务的使用情况，其会直接或间接影响到产品对其他消费者的价值。这类效应可能是较为直接的，例如通信服务使用的人越多，通信网络的价值就会被评估得越高。间接的网络效应的一个例子是社交网络，社交网络用户的增加会提高社交平台对广告商的价值。网络效应对市场竞争有利有弊。网络效应有利于市场集中，而且往往增加了壁垒。但如果新的参与者能吸引大量用户，网络效应也有助于用户快速增加。大数据往往也成为网络效应的贡献因素，公司的用户增加有利于其采集到更多用户数据，从而能开发出更高品质的产品或服务。

多宿主效应是用户采用若干供应商得到相同服务的情况。许多学者认为这种效应会降低市场力量，然而数据收集容易降低这种效应。当服务提供商获取到足够多的数据后，就可以个性化所提供的服务，从而提高用户黏性，增加用户的切换成本。但是对于免费市场，用户在不同供应商中直接切换更加容易。此时，服务质量成了唯一的考量，拥有更多个人数据的经营商更容易提高服务品质，新的竞争者此时很难通过降低价格吸引用户。多宿主效应或者说较低的切换成本可以降低市场优势方的市场力量，此时数据发挥的作用并不大，应排在网络效应和用户体验之后。

市场动态在数字市场中表现得很明显，现有的市场优势很容易被创新的产品打败。这体现出在线市场的数据量或其他方面的壁垒不高。Google对 AltaVista 的取代仅用了很短的时间，虽然后者具备网络效应、服务品质和更大规模的数据。对于这类动态变化的市场，数据收集在市场中的作用仍然不能被低估，需要逐例研究。潜在的行业壁垒包括研究和开发的经费、营销开销等。虽然过去在动态市场中出现过成功的竞争者，例如 Google 和 Facebook 等，但随着时代快速发展，现在市场状况可能已经改变。数据在产品开发中所起到的作用比若干年前更重要，因此这种因素导致的壁垒还有待重新评估。此外，市场上的成功者可以通过收购合并新竞争者，但这种收购往往由于新竞争者的市场占有率或资产过低而不会触发合并审查。

在传统市场中，数据起到的作用已经被执法部门审查过。法国竞争相关部门曾提出，数据对竞争的限制需要考虑相关数据集是否容易替换，数据集是否容易重现以及数据集的使用是否会带来显著的竞争优势。法国执法部门在一些案例中应用这类标准来判断公司是否具备数据优势。类似的思路也被用于企业的合并控制中。

在新兴的数字市场中，大数据尤为重要，并且随着物联网等技术的发展，其重要性还会继续增加。数字市场中数据的大规模收集和利用引起了民众的关注。在公司合并监管的领域，美国和欧盟的监管部门都已经对数据收集带来的数据市场的竞争优势进行了考察。在数字市场中，数据经常用于提升服务品质。例如搜索引擎可以通过以往的用户数据来提高未来的检索质量，以及购物平台可以根据数据抓取用户的喜好来进行物品荐购等。这类数据搜集能帮助各类平台提供更好的服务，这在合并审查中已经得到了确认。通过 Google 收购 DoubleClick 一案的审查，欧盟委员会确立，经营者取得类似数据的可能性是反垄断审查的关键考虑因素之一。而在 Microsoft 与 Yahoo 搜索业务合并一案中，委员会提出这类合并可以提升市场竞争，由于二者的搜索业务均落后于 Google，二者合并有利于取得更大规模的数据，有助于对 Google 产生更大的市场竞争压力。总体而言，在大数据对数字市场力量的影响中，委员会认为数据的可复现性和数据收集的规模对市场竞争很重要，这两个因素在市场监管中需要考虑。

对于数据的可复现性，报告提出若干种特性可能导致大数据容易获取，从而降低大数据带来的垄断风险。首先，数据为非竞争性的，可以从不止一个供应商处获取数据；其次，出现了数据中间商，从而降低了获取数据的难度；最后，在数字市场中，收集数据并不困难，这也增加了数据的易得性。

例如，广告公司对用户住址和电话信息的搜集并非排他性的。非竞争性的数据收集是多归属的一个显著特征，当用户同时使用若干供应商获取服务时，每个供应商都能取得相关数据。此外，市场内的竞争参与者还可以通过供应不同的产品或服务来获取进入另一服务市场所必要的数据。例如社交网络的新参与者通过购物等其他商业活动，同样能获取用户的兴趣等信息。数据的可复现性理论上也可以帮助限制数据的价格，因为数据市场的竞争会增加。

然而，数据的可复现性并不意味着每个竞争者都能获取相同的数据。限制因素包括获取大量数据的成本、网络效应导致的用户量难以提升等。而通过第三方购买数据也存在缺陷，通过数据中间商购买到的数据的数量和类别可能比市场的优势方少；有时购买数据的成本很高，例如对于实时性的定位数据，其价值随时间迅速降低；最后，存在法律上禁止共享数据的可能性，例如对于隐私数据，用户往往不愿共享给第三方。市场上的竞争者为了维持自身的竞争优势，往往也不愿意将数据分享。因此，数据是非竞争性的并不意味着竞争者都能获得相同的数据，需要逐例分析。

数据的规模和多样性对取得市场竞争优势也极度重要。如果数据的种类和规模较小，竞争者可以很容易得到相同规模的数据。这类数据收集的特点是数据的边际效用只有当数据量达到某个规模后才迅速缩减。例如推荐系统所需要的训练数据、搜索引擎的搜索点击数据等。然而，从数据中提取信息的能力不仅仅与数据相关，往往与所用的算法也相关，算法所起到的作用不应低估。此外，如果数据的价值随时间迅速降低，那么市场中占优势的一方所享有的数据优势也不应高估。例如历史数据对于即时的广告展示来说几乎没有价值。最后，现有市场上的竞争者往往倾向于获取越来越多的数据，这虽然表明数据的规模和种类在市场竞争中极为重要，但也可能是由于收集数据的边际成本很低，这种情形不能用于证明大规模数据收集对于市场竞争是必要的。虽然存在导致数据价值降低的因素，但是数据在大部分市场中的作用仍然不能低估，原因如下：第一，存在许多不随时间改变价值的数据；第二，在传统市场中，数据不仅仅用于训练算法，其本身也有足够价值；第三，大量数据包含诸多信息，能帮助决策；第四，有时很难确定数据的边际效用所需的数据规模；第五，对某些应用，大量数据仍然是必需的。因此，数据的规模和多样性在市场竞争中产生的优势与所在市场关系很大，同样需要逐例分析。

三、美国的反垄断法

美国在反垄断领域的制度建设起步较早，其最核心的三大支柱为初期制定的《谢尔曼法》《联邦贸易委员会法》《克莱顿法》，美国是具有判例法传统的国家，执法机构倾向于在具体案件中提升数据市场中传统制度的适用性，回应治理需求，其联邦贸易委员会专员克里斯汀·威尔逊也公开表示过数据本身也属于产品，以往成功的规制案例表明无须为此制定专门法[①]。此外，其用户数据保护、数据行为规范、信息网络秩序规范等相关辅助制度建设也在逐步推进。美国对于垄断行为的规制法律主要包括《谢尔曼法》《克莱顿法》《联邦贸易委员会法》《罗宾逊–帕特曼法》及《塞勒–凯佛维尔反兼并法》等，具体如表 4.1 所示。其中《谢尔曼法》是最早提出的反垄断法，主要内容包括禁止任何以垄断方式限制贸易的合同或通谋，并将参与者的行为视为犯罪。后面的法律政策逐步补充完善了《谢尔曼法》的内容。《克莱顿法》是针对排他性交易、捆绑销售、价格歧视、企业并购等特殊限制贸易的行为的法律。《罗宾逊–帕特曼法》指出价格歧视和不正当低价销售行为都属于违法行为。《塞勒–凯佛

---

① Wilson C S. Why we should all play by the same antitrust rules, from big tech to small business.[EB/OL]. （2019-05-04）[2022-04-17].https://www.ftc.gov/public-statements/2019/05/why-we-should-all-play-same-antitrust-rules-big-tech-small-business.

维尔反兼并法》对企业的并购进行了限制。而《联邦贸易委员会法》建立了联邦贸易委员会，对商业行为进行监督。该机构的主要职责包括促进行业内的竞争和保护用户利益，同样会针对垄断行为开展调查。

表 4.1　美国政策法规建设

制度类别	制度名称	相关内容
传统制度	《谢尔曼法》（Sherman Act）	限制垄断性、不正当或欺骗性商业行为
	《联邦贸易委员会法》（the Federal Trade Commission Act）	保护消费者免受不公平竞争策略的影响，促进自由公平竞争
	《克莱顿法》（Clayton Act）	修正《谢尔曼法》，限制垄断性或其他导致不公平竞争的行为
	《横向合并准则》（Horizontal Merger Guidelines）	规定分析技术，实践和实施政策
	《垂直合并指南》（Vertical Merger Guidelines）	限制垄断性合并收购，提出判断依据和技术
	《竞争对手合作反托拉斯准则》（Antitrust Guidelines for Collaborations Among Competitors）	辅助判断共谋、协议等行为
	《医疗保健反托拉斯执法政策声明》（Statements of Antitrust Enforcement Policy in Health Care）	医疗保健领域特殊规定
	《反托拉斯指南：关于知识产权许可的反托拉斯执法政策声明》（Antitrust Guidelines：Statement of the Antitrust Enforcement Policy of the U. S. Department of Justice and the Federal Trade Commission with Respect to the Licensing of Intellectual Property）	涉及受专利、版权和贸易保护的知识产权领域反垄断治理
	《国际执法与合作反导准则》（Antitrust Guidelines for International Enforcement and Cooperation）	治理国际贸易中的垄断行为
辅助制度	《开放互联网法令》（Open Internet Order）	限制消费者数据获取，保护用户隐私
	《公平信用报告法》（Fair Credit Reporting Act）	维护用户数据信用评价中的机会公平，禁止商业欺诈和其他不公平行为
	《宽带客户隐私保护规则》（Rule to Protect Broadband Consumer Privacy）	保护数据交易中的用户隐私
	《信息自由法》（Freedom of Information Act）	维护用户隐私；提升数据处理过程透明度
	《隐私权法》（Privacy Act）	限制用户数据收集和使用
	《美国国家安全与个人数据保护法案》（National Security and Personal Data Protection Act）	规范数据收集、存储、流动传输，关注数据主权安全

在大数据立法方面，美国现有的法律保护主要针对个人隐私和安全，但往往局限于细分的领域[1]。例如，健康相关的信息受《健康保险可携性及责任法案》（Health Insurance Portability and Accountability Act，简称HIPAA）的保护，该法规对以电子文件形式传送和访问受保护的健康信息制定了一系列安全标准及规范。儿童的个人信息，则受到《儿童在线隐私保护法》保护。此外，美国各州的法律也对大数据和隐私保护有各自的监管条例。例如，出于保护居民隐私和安全考虑，加利福尼亚州于 2003 年建立了数据泄露通知制度。类似的法规往往各州不完全相同。

美国反垄断法的执法机制分为两种：公共执行和私人执行。公共执行的执法部门包括司法部的反托拉斯局和联邦贸易委员会。其中，信息产业和电信业的案件往往由司法部管辖。与欧盟不同，美国的反垄断执法部门往往仅在企业合并审查时，才对可能的数据垄断进行规制[2]。当公司合并时，司法部的反垄断机构对可能有害竞争的情况进行调查，例如合并了原本可相互替代的数据集，或将相关公司依赖的关键数据库进行了转移，而市面上缺乏替代品。这类合并严重破坏了市场竞争环境，违反了《克莱顿法》第 7 款。

除上述以外，美国的反垄断部门很少要求公司共享其数字资产。司法部官员曾指出，迫使公司共享重要资产降低了创新的意愿。因为数据搜集、存储和分析的成本较高，创新往往伴随巨大的风险。美国最高法院在Trinko 一案[3]中认为，这种情况下的垄断并非不合法，此时通过垄断获得的收益是对所冒高风险的回报。此外，法院并不愿意过多地应用反垄断法，希望保持市场活力。

---

① Reforming the U.S. approach to data protection and privacy[EB/OL].（2018-01-30）[2023-03-22]. https://www.jstor.org/stable/resrep29972?seq=2.

② Delbaum J K. Big Data and Competition Law 2016[EB/OL].（2016-10-25）[2022-04-18]. https://www.shearman.com/en/news-and-events/events/2016/10/big-data-and-competition-law-2016.

③ Bell R, Greenfield L, Kayne V, et al. Verizon Communications Inc. v. Law Offices of Curtis V. Trinko, LLP：[J]. Wilmer Cutler Pickering Hale & Dorr Antitrust, 2004.

互联网时代，对于网络效应导致的竞争减少，美国司法部认为存在网络效应的市场确实存在不同的竞争态势。但网络效应只在公司已取得显著竞争优势时才会显现，而得到较高市场地位本身仍然需要经过激烈的竞争，这种竞争足以推动公司的创新发展。

在合并审查中，美国监管机构考虑了大数据对创新的影响，在 2010 年修订了合并审查指南。在大数字市场中，由于双边市场和免费市场等现象的出现，传统的基于价格的市场分析方法可能无效。此时的竞争是基于提升创新质量和新产品的品质。指南认为，此时应同时关注合并对付费市场的价格造成的影响和对免费市场上产品品质和创新的影响。此外，监管机构常常审查企业合并对研发和产品开发竞争的影响，希望合并不会降低市场参与方的创新压力。

在市场分析中，美国监管机构支持大数据可能构成市场准入壁垒的观点，但需要逐例分析。监管机构同意存在部分数据使新的市场参与者难以重建，产生较大的竞争优势。例如在邓白氏质量教育数据（Dun & Bradstreet-Quality Education Data）一案①中，监管机构认为参与方的教育市场营销数据没有替代品。但在 Google 收购 DoubleClick 一案中，监管机构认定二者所有的数据均无法构成在线广告市场的准入壁垒。②

对于隐私和消费者数据保护，欧盟认为反垄断法应该用于消费者保护和隐私。而美国监管机构倾向于将二者分开考虑，目前的案例中还没有企业因为可能造成隐私保护水平的降低而被禁止合并。但监管机构仍然考虑到将隐私保护作为竞争的维度的可能性，但仅仅在市场参与者确实已经将隐私保护作为吸引

---

① Federal Trade Commission. Analysis of agreement containing consent order to aid public comment[EB/OL]. （2010-09-20）[2023-03-22]. https://www.ftc.gov/sites/default/files/documents/federal_register_notices/dun-bradstreet-corporation-analysis-agreement-containing-consent-order-aid-public-comment/100920dunbradstreet.pdf.

② 欧盟竞争法下的数据驱动型兼并[EB/OL].[2023-03-31].http://www.ipforefront.com/m_article_show.asp?id=1142&BigClass=%E8%A7%82%E7%82%B9.

消费者的手段时才会在市场分析中加以关注。监管机构并不情愿采用反垄断法解决隐私和消费者数据保护问题，认为这些问题应该从立法层面解决。

大数据在反垄断方面带来的一个新问题是价格歧视。传统上，价格歧视是人来设定的，但现代大量的机器学习算法已经能自行设定价格，更复杂的算法需要人工干预更少。监管机构目前在合并审查中对价格歧视加以考虑，随着算法的进步，价格歧视的概念会显得越来越重要。

总体而言，美国监管机构认为现有的法律和反垄断框架已足以应对大数据带来的挑战，并在判例中加以实践。例如在 Bazaarvoice 收购 PowerReviews 一案中，由于二者都具有大量的用户评分数据，合并后的公司数据集相当完备，会带来巨大的网络效应使新的竞争者难以进入市场，因而收购被否决。与欧盟监管部门相比，美国监管机构对大数据造成的垄断关注较少。

四、欧盟《通用数据保护条例》

（一）《通用数据保护条例》解析

《通用数据保护条例》是欧盟境内与数据保护和隐私相关的法律，也包含对个人数据的出口进行保护。数据保护条例的立法目标是将个人数据的控制权交给人们自己并简化统一欧盟内部的相关监管条例。为实现这一目标，GDPR 主要提出了如下措施来保障用户对个人数据的控制与隐私权：第一，GDPR 给予消费者更多控制个人数据的权利，包括转移数据到其他运营商与消除数据；第二，GDPR 对数据的持有者与处理者进行了区分，规定持有数据的公司需要实施合理的数据保护措施，包括进行数据保护评估并在个人数据泄露时在给定时间内通知用户；第三，对于处理一些敏感数据的公司，例如与用户的基因和健康相关的数据，公司需要有数据保护专员。专员的责任包括确保公司收集处理数据的方式符合数据保护规范，并向相关监管部门和人员报告；第四，欧盟境外公司在处理欧盟用户数据时同样受到数据保护条例的约束。

GDPR 的相关条例表明，GDPR 对大数据垄断的规范方式主要是增加用户对个人数据的控制。前欧盟竞争政策专员华金·阿尔穆尼亚（Joaquin Almunia）认为，数据便携性是竞争政策的核心，因为在一个健康的市场环境中，用户可以通过数据随意在服务供应商中转移。这种便携性降低了用户转移到其他供应商的成本，避免用户被某一特定供应商锁定。

从欧盟竞争法的角度而言，企业具备市场支配地位不会被惩罚，只有存在滥用市场支配的做法才会受到制约。根据《欧洲联盟运行条约》（Treaty on the Functioning of the European Union，TFEU）第 102 条，滥用行为可以大致分为两类，分别是剥削性滥用与排他性滥用。剥削性滥用指利用市场控制能力额外盈利，例如价格操纵。排他性滥用指经营者试图利用自身资源排挤其他潜在的竞争者。此外，欧盟将价格歧视等不正当价格竞争纳入滥用行为进行相应规制。数据便携性可能会被认为限制了经营者排他性滥用。此外，数据便携性常常被认为降低了市场门槛，减少了用户切换成本，缓解了网络效应，可以帮助竞争对手进入相关市场。欧盟相关专家提出，可以认为数据是一种必须设施，对于一些特定产品或服务的开发无可替代，从而强制实施数据的便携性[①]。

欧盟内部严密的制度、融通合作的组织以及系统的规制体系共同作用形成了竞争秩序优先的治理模式，注重对数据市场的动态监控，主动出击，及早规制垄断行为，呈现出监测、管控的双重特征。

欧洲国家早期较为缺乏反垄断制度，也并不充分重视反垄断治理，欧

---

① Vanberg A D, Bilal M. The right to data portability in the GDPR and EU competition law: odd couple or dynamic duo?[J]. Journal of Law and Technology, 2017, 8（1）.

盟建立后，以《欧洲联盟运行条约》第 101、102 条为核心进行了大量基础支撑制度构建，并随着实践发展增添了领域指南，最终形成了相对完整，不断细化更新的制度体系，如表 4.2 所示。欧盟在其《17 号条例》中设立了禁止和豁免双重规制系统，并要求涉及《罗马条约》中限制竞争的协议或行为均需要进行事前登记，实施事前规制，又在随后的《1/2003 条例》中取消了登记制度，转向了效率更高、负担较轻的事后规制，根据市场发展构筑了更实用的应对机制，体现了其主动适应市场发展需求的治理态度。

表 4.2　欧洲政策法规建设

制度类型	制度名称	相关内容
基础支撑	《罗马条约》（Treaty of Rome）	保证共同市场竞争不受扭曲，提升竞争法重视度
	《17 号条例》（Regulation No.17）	构建竞争法框架及主要内容
	《欧洲联盟运行条约/第 101-102 条》（Treaty on the Functioning of the European Union/Articles 101-102）	禁止两个或多个独立市场运营商之间限制竞争的协议；禁止滥用市场地位
	《欧洲竞争条约/第 101-109 条》（EU Competetion Rules/Articles 101-109）	确保公平竞争
领域指导	《欧盟竞争法执法规则 I：一般性规则》（EU Competition Law Rules Applicable to Antitrust Enforcement Volume I：General Rules）	反垄断执法的适用性规则
	《欧盟竞争法执法规则 II：适用于反托拉斯执法的规则第二卷：一般集体豁免条例和准则》（EU Competition Law Rules Applicable to Antitrust Enforcement Volume II：General Block Exemption Regulations and Guidelines）	规定执法过程中的关于企业间合作、协议的具体评估原则
	《欧盟竞争法执法规则 II：适用于反托拉斯执法的规则第三卷：特定行业规则》（EU Competition Law Rules Applicable to Antitrust Enforcement Volume III：Sector Specific Rules）	具体行业的执法规则
	《2019/1 指令》[Directive（EU）2019/1]	协调成员国的竞争主管部门合作执法，维持市场秩序

续表

制度类型	制度名称	相关内容
领域指导	《欧盟合并法规》（the EU Merger Regulation）	规范并购执法审查
	《2018/1807 号条例：欧盟非个人数据的自由流通框架》（A Framework for the Free Flow of Non-Personal Data in the European Union）	促进和监管数据流动
	《2019/881 号条例：网络安全法》（The EU Cybersecurity Act）	针对 ICT 领域维护信息数据安全
	《2019/1024 条例：开放数据指南》（Open Data Directive）	扩大高价值数据集开放获取
	《欧洲数据战略》（A European Strategy for Data）	促进数据经济发展，平衡市场力量
	《通用数据保护条例》（General Data Protection Regulation）	规范用户数据的收集、使用和共享

注：ICT 为 information and communications technology，信息与信息技术

（二）欧盟监管部门的意见

欧盟成员国的主要反垄断治理机构为竞争总局（Directorate General）和各国分局。欧洲各国分局通过加入欧洲竞争网络（European Competition Network）应用欧共体竞争规则，合作治理数据垄断，与欧洲竞争管理机构讨论和合作，以确保有效的分工和工作。欧盟委员会和成员国通过 ECN（Engineering Change Notice，工程变更通知）相互沟通新案件和设想的执行决定，促进互相协助调查，交换证据和其他信息，并讨论关注的议题。其结构呈现层级性分化，同时各层级并不是严格的上下级关系，各层级各部门间视任务需要进行交互和合作，同时还会分行业监管，配置专业顾问，便于开展多视角和适用性的专业治理。此类总部统筹、分部协调合作的组织体系赋予了其极强的执行力和主动性，提升了治理覆盖度和效力。

欧盟数据保护专员（European Data Protection Supervisor，EDPS）曾发表《大数据时代的隐私与竞争：数字经济中数据保护、竞争法与消费

者保护的相互作用》的报告，阐明欧盟在大数据垄断与市场竞争方面的立场。欧盟竞争法的根本目标是增进市场效率并提升用户的权益和选择。欧盟监管部门认为数字市场上免费服务的不断增加是通过对所服务用户数据的大量收集达成的。因此，对市场支配地位的滥用应该纳入数字经济的反垄断执法中，这种滥用行为包括采用模糊的隐私政策以及使消费者无法控制个人信息。在数字市场中应用反垄断有利于提醒经营者们注重用户的隐私保护，也让用户对自己的个人信息拥有更大的控制权。同时，消费者数据的保护也可能被间接用于增强垄断地位，处于市场支配地位的经营者可以以数据保护为理由，拒绝向其竞争对手提供消费者数据。

在对数字市场进行分析的过程中，由于数字市场上，公司的竞争力与公司搜集利用个人信息的能力有关，对市场份额的评估可以通过反垄断部门、消费者保护部门和数据保护部门合作寻找评估标准，评估的结果也对三个领域同样有用。

以之前提到的对市场支配地位滥用外的界定依据为基石，欧盟对公司的合并进行了特别规范，当企业合并触及一定标准后，执法部门需要对其合并行为做反垄断审查。欧盟对于公司合并控制的目标在于控制企业集中对市场内竞争的影响，同时也必须想到中间及末端用户的利益。目前欧盟已经在一些合并审查中考虑了公司合并对用户权益的影响。对于数据市场，企业合并可能导致不同数据集合的组合，带来更大的数据库。如果合并双方的数据组合直接导致竞争者无法得到相同的信息，市场竞争可能受到妨碍。另一种情形为，假使合并双方分别在行业内处于上下游占据优势，二者的合并可能阻碍新的经营者进入相关市场。例如服务提供商可以通过收购智能手机等设备保障用户继续使用其服务从而继续获得重要数据。以上合并会给相关市场带来垄断风险的，欧盟会介入企业合并案中，综合实际情况考虑是否启动反垄断审查。不过，合并中的数据组合也可能带来效率提升，部分抵消垄断带来竞争降低的风险。

反垄断机构在反垄断和企业合并案中经常要求补偿条款，包括要求企业向其竞争对手出售包含个人信息的数据库等。欧盟认为，未来这类补偿条款应更注重对消费者数据的保障，包括要求向用户提供收费但仅收集必需的个人信息的服务，限制保留用户数据的时间，向用户提供转移数据的选项以及在提供服务的过程中对信息处理施加更强的监管等。

用户隐私在私人银行、安全服务以及一些奢侈品行业已经是产品品质的一部分，这表明对隐私的保护在市场竞争中可以成为优势。然而数字市场上的公司尚未将隐私保护作为竞争优势加以考虑。

随着制度更新，欧盟取消了登记制度为主的事前规制，充分考虑了竞争秩序，融入多专家和技术视角开展事后规制型治理，主动开展多方评估取证和市场评估，视个案特征合理判定，具有系统性和严谨性。

数据垄断协议行为。《欧洲联盟运行条约》第 101 条规定，禁止企业间达成防止、限制或扭曲竞争、影响成员国之间贸易的协议（反竞争协议），包括固定价格或分享市场的卡特尔；禁止反竞争协议，无论是在同一供应链级别运营公司之间达成的（横向协议）还是在不同级别运营的公司之间达成的（纵向协议）。在《反托拉斯条例》中还详细规定了委员会执行调查权的权限：进入公司的处所；检查、复印、密封与业务有关的记录；询问员工或公司代表问题并记录。欧委会面向数据方的垄断协议行为的调查及取证程序也具有系统性和全面性，2019 年 7 月，欧委会对亚马逊与其平台上卖家的数据协议行为提出诉讼①，亚马逊的零售业务能够分析和使用第三方卖家数据，可能违反欧盟关于公司之间反竞争协议的竞争规

---

① 康恺. 反垄断调查"第二季" 欧盟再撕亚马逊[N]. 第一财经日报,2020-11-12（A01）.

则（《欧盟竞争条约》第 101 条或第 102 条滥用支配地位），据此欧委会从亚马逊与卖家间的用户数据使用协议和数据在买家购物选择中的影响两方着手开始深入调查，评估其造成的竞争损害。欧委会对于数据垄断行为的制度指南的细化规定，执法过程的严谨取证过程体现了其极为关注竞争秩序的治理理念。

《欧洲联盟运行条约》第 102 条禁止在特定市场上具有支配地位的公司进行滥用行为；指出市场份额越高，持有的时间越长，就越有可能具有主导地位，尤其是市场份额高于 40%时；主导公司有权与其他任何公司一样竞争，但应负有特殊责任，确保其行为不会扭曲竞争。垄断行为包括：要求买方仅从主导公司购买特定产品（独家购买）；将价格设定在亏损水平（掠夺）；拒绝提供在辅助市场竞争中必不可少的投入；收取过高的价格。欧委会在评估支配地位时还考虑了其他因素，包括其他公司进入市场的难易程度；是否存在反补贴的买方权利；公司及其资源的整体规模和实力等。欧委会针对谷歌、微软及苹果等数据巨头的此类行为的审查和规制极为频繁，也多次开出了罚单。2014 年欧委会启动了苹果爱尔兰避税案①，2016 年，欧盟委员会起诉 Google 滥用其在搜索引擎市场的主导地位②并偏爱自己的比较购物服务，并处以 24.2 亿欧元的罚款；在 2018 年，欧盟委员会对 Android 设备制造商和移动网络运营商处以罚款③。施加非法限制处以 43.4 亿欧元罚款；2019 年 3 月，欧盟委员会因非法滥用其在在线搜索广告经纪市场中的主导地位而对谷歌处以 14.9 亿欧元的罚款，认为谷歌通过对第三方网站施加反竞争性合同限制来提升竞争力，剥夺了其他公司的竞争优势和

① 互联网时代的垄断与规则[EB/OL].(2017-04-24)[2023-05-04].https://m.163.com/money/article/CIOD77KG002580S6.html?spss=adap_pc.

② 欧盟开出 24.2 亿欧元反垄断罚单 谷歌：可能上诉[EB/OL].（2017-06-28）[2023-03-30].http://www.rmzxb.com.cn/c/2017-06-28/1620280.shtml.

③ 欧盟普通法院裁决谷歌利用安卓系统"非法设限"应被罚 41.25 亿欧元[EB/OL].(2022-09-15)[2023-05-04].http://www.chinanews.com.cn/gj/2022/09-15/9852511.shtml.

创新可能性，消费者选择权①。曼内·杰弗里（Manne Geoffrey）等指出欧委会对巨头企业的滥用支配地位的行动给予了高额的罚款，在单一公司的执法方面已成为一个咄咄逼人的领导者。欧委会对市场地位的多生产要素衡量、特殊对象的关注以及相对严苛的惩治措施体现了其具有时代性、主动性的治理特质。

经营者集中行为。在欧盟法规 139/2004 中禁止并购，合并和收购会形成主导市场的企业，这将大大降低市场竞争。欧盟委员会原则上仅审查具有欧盟规模的大型合并，其营业额门槛如下：所有合并公司的总营业额超过 50 亿欧元，欧盟至少两家公司的营业额超过 2.5 亿欧元。欧元合并后的公司的总营业额超过 25 亿欧元，至少在三个成员国中，所有合并后的公司的总营业额均超过 1 亿欧元，所涵盖的三个成员国中的每个成员国中至少有两家公司的营业额超过 2500 万欧元，并且至少两家公司在欧盟范围内的营业额均超过 1 亿欧元，通常，每年大约有 300 项合并申请。2011 年 10 月，委员会无条件批准了微软对互联网语音和视频通信提供商 Skype 的收购提议；2016 年 12 月，委员会批准了微软收购领英的提议，并要求微软允许用户自由选择是否在 Windows 上安装 LinkedIn；允许竞争者保持与 Microsoft Office 产品的互操作性水平；准许其他服务提供商访问开发人员用于构建应用程序和服务的门户"Microsoft Graph"，访问 Microsoft 云中存储的数据，例如联系信息、日历信息、电子邮件等。通常情况下，委员会通过市场现状做出系统评估后决定是否允许合并申请，是否提出附加遵循条件，在推进经济发展的同时也不扼杀竞争机会。

---

① 欧盟称谷歌广告合约不公平处以 14.9 亿欧元罚款[EB/OL]. （2019-03-20）[2023-02-27]. https://tech.sina.com.cn/i/2019-03-20/doc-ihsxncvh4145250.shtml.

总体而言，欧盟在竞争政策、消费者保护和数据保护方面都已经有了相应的监管手段。随着数字经济的发展，三者在执法上的整合成为欧盟未来希望探索的方向。欧盟的研究表明用户愿意为个人隐私保护付费。因此，欧盟希望能通过增加数字经济中对消费者数据的保护提高市场参与方在隐私保护方面的竞争。

五、国际大数据垄断法律规制的分析与比较

通过对日本、德国、美国以及欧盟等国家及地区有关大数据垄断的规制法律对比，我们发现各个国家的反垄断政策法规，都已经意识到并重视大数据市场中的垄断案件，且都统一认为大数据垄断对市场存在负面影响，国家层面应出台相关法律条款进行规制。但不同国家和地区对大数据垄断规制的角度与看法存在差异，如下。

日本《数据与竞争政策研究报告书》是一部较为专业的针对大数据行业内竞争执法的报告，它不仅从日本近些年来大数据产业发展环境的变化和现状进行展开，调查了大数据产业的垄断行为，还就执法部门对大数据产业中垄断行为的判定标准与违法类型做出了分析。相较于其他国家的政策法规，日本的《数据与竞争政策研究报告书》对大数据垄断制约的实操性与专业性较强，值得借鉴学习。

德国的《反限制竞争法》以及反垄断部门的报告，从数据市场的地位评估标准、反垄断损害的相关改革、公司的合并与控制等几个角度展开，其主要强调了相关市场强度的评估是反垄断部门考核的重要标准之一，以及综合参考网络效应、多宿主和市场动态等大数据行业的特性，来认定市场中是不是存在大数据垄断的现象。德国针对大数据垄断的规制，多是从大数据行业的特性以及大数据本身的特征来进行分析，从而得出一个规制建议。

美国的《反垄断法》中有关大数据垄断的治理，和其他国家的治理理念稍有不同。美国的市场监管机构认为大数据可能构成市场准入壁垒，但需要根据实际情况分析。美国的反垄断部门也很少要求公司主动去共享大数据字段，认为大数据共享可能会降低创新的意愿；且互联网时代，网络效应导致市场存在竞争偏差，而美国政府鼓励这种市场内的激烈竞争去推动行业的发展。关于大数据垄断和用户隐私保护的关系，美国监管机构也倾向于将二者分开考虑，不会用反垄断法去解决用户的数据隐私问题。相较于国外的其他国家与地区，美国监管机构更看重市场内的创新发展，对大数据垄断的现象关注较少。

欧盟的 GDPR 着重强调了用户隐私数据的控制和对数据进出口的权属与安全保护。其中个人数据控制包括对数据的持有者和处理者进行划分，赋予用户更多的个人数据处理权利；而欧盟境外公司在处理数据进出口时同样要受到数据保护条例的制约。在大数据产业内，经营者具备市场支配低位时不会被惩罚，只有存在滥用市场支配地位的行为时才会受到法律制约。欧盟在处理大数据垄断案件时，会主要对相关企业提起反垄断审查，控制企业集中对市场竞争的影响。相较于其他国家的法案，欧盟更关注大数据垄断中用户数据隐私的保护，这一点对我们国家存在较大的参考价值。

日本、德国、美国及欧盟是当前世界上大数据发展较为靠前的国家与地区，鉴于我国还暂未出台有关大数据垄断规制的法律法规，上述法律法规会有一定的参考价值。由于各国的大数据产业发展阶段不同，发展模式也不完全相同，我国可以根据当前发展现状来制定中国特色的大数据垄断规制条例。

第三节　主权视角下的国际数据垄断治理模式

本节以欧、美为重点借鉴对象，通过文献、网络全面调研了欧美制度、组织及执法实践，首先基于反垄断法理论探析其制度、组织之中体现的分析原则，得出分析模式特征，然后整合案例信息，基于其分析模式的运用特征归纳得出欧美各自的治理模式，最后结合我国国情得出可借鉴之处，为我国数据垄断治理提供理论与实践参考。

分析模式指法律实践中形成的分析方法和违法认定标准，作为反垄断法适用的前置性核心环节，分析模式的适用与制度标准、监管组织、举证分析、案件类型化处理等问题密切相关①，能充分体现反垄断的治理特征。基于反垄断领域的法理基础和执法实践，目前主流分析模式可分为基于合理原则（rule of reason）的分析模式和基于本身违法原则（perse rule）的分析模式，其中：①合理原则指在综合考察案件全部事实的基础上认定行为是否具有合理性，不合理的行为构成违法；②本身违法原则是一种认为某类协议具有排除、限制竞争效果的不可反驳的推定，只要证明涉案协议在形式上构成特定的行为类型即可直接认定违法②。本章基于分析模式理论，对欧美反垄断制度组织现状展开分析，得出其不同的分析模式，通过数据库和官网检索了反垄断制度相关研究文献、新闻报道、组织及制度文件，梳理了欧美制度组织现状，得出其不同的分析模式特征。

一、美国：制度组织支撑下的合理原则分析模式

美国司法系统中司法权和行政权相对分立，由联邦贸易委员会等行政

---

① 叶卫平. 反垄断法分析模式的中国选择[J]. 中国社会科学，2017，（03）：96-115+206.
② 兰磊. 重估本身违法原则的制度成本——评李剑教授《制度成本与规范化的反垄断法》[J]. 竞争政策研究，2020，（02）：61-82.

组织负责调查数据主体，法院则为最终裁决者，因此，数据垄断治理的执法方倾向开展综合性过程分析以充分支撑案件诉讼，而司法方也综合客观地考察案情并判定结果。在制度框架及组织结构共同作用下，美国形成了合理原则分析模式。

（一）注重完善合理性分析要素的制度框架

美国制度建设起步早，以各领域多部关联法规形成完备体系，可分为制定了数据垄断行为标准的一般性核心制度，细化个案分析准则的领域性辅助制度以及支撑合理性要素分析的过程分析指导制度。其中，大部分制度贯彻了合理原则，少量制度中纳入了本身违法原则，提升了监察效率，优化了合理原则分析模式（如图 4.1）。

一般性核心制度以《谢尔曼法》、《克莱顿法》和《联邦贸易委员会法》等为代表，奠定了分析模式的法理基础。美方以此类制度为根本标准来分析具体行为，规范执法过程，在《谢尔曼法》《克莱顿法》之中明确指出了限制竞争行为标准和类型，通过《联邦贸易委员会法》细化了执法程序和规章，规范了执法行为。美方多次通过修订来提升此类制度的适用性。

领域性辅助制度以《横向合并准则》《纵向合并准则》等为代表，构成了三大类数据垄断行为的分析依据。美方通过此类制度建立行为合理性判定标准，在《横向合并原则》及《纵向合并准则》中强调执法中应预测收益和后果，判断行为目的，体现了合理原则分析倾向，利用《竞争对手合作反托拉斯准则》系列制度指导算法共谋、数据协议的判定。美方多次通过扩展核心制度内容或颁布新制度来增补此类制度内容。

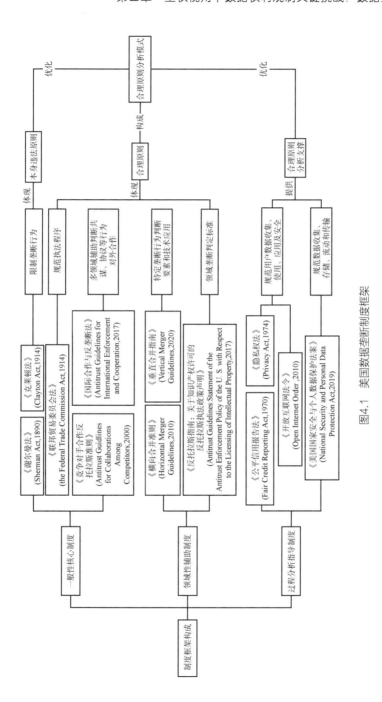

图4.1 美国数据垄断制度框架

过程分析指导制度以《隐私权法》《开放互联网法令》等为代表，支撑了数据行为合理性分析过程。美方通过此类制度从各领域细化过程分析参考，在《信息自由法》《隐私权法》中提出了用户数据保护要求，通过《开放互联网法令》规范了数据共享行为和信息网络秩序，利用《美国国家安全与个人数据保护法案》提供了数据收集、存储、流动和传输等分析要素。美方注重细化和新增条例来完善此类制度内容。

（二）实现过程考量的三层式专业组织

美国组织结构推动了过程分析的实施。总体上，联邦贸易委员会（Federal Trade Commission）作为行政机构主要负责垄断行为调查和提起诉讼，多从司法和行政角度考量数据行为合法性，而律师协会反托拉斯法处（Bar Association Section of Antitrust Law）、反托拉斯研究所（Antitrust Institute）等第三方机构则主要助力市场经济分析和评估，从产业经济角度考量数据行为的合理性，双方从不同角度开展分析，优化了过程考量的科学性和专业性。

具体来看，美国反垄断核心机构——联邦贸易委员会的结构呈现出清晰的三层次。本章基于官网组织结构图①，结合官方说明文件、新闻报道及自身理解绘制了其结构图，如图 4.2 所示。顶层由主管、专员等负责决策和领导，中层有隐私官、行政法官及政策规划等部门负责统筹和规划反垄断制度及实施，担任上传下达的职责，底层则包含密切参与反垄断执法的竞争管理处、经济处、消费者保护处等部门，他们分管用户数据保护、数据市场反竞争行为规制及商业行为经济影响分析，在其下的技术任务组负责调查数据垄断行为。跨部门和机构的协同合作促使美方不仅关注数据主体的行为类型

---

① Federal Trade Commission. Bureaus & offices FTC organization chart. [EB/OL]. [2022-04-17]. https://www.ftc.gov/about-ftc/bureaus-offices.

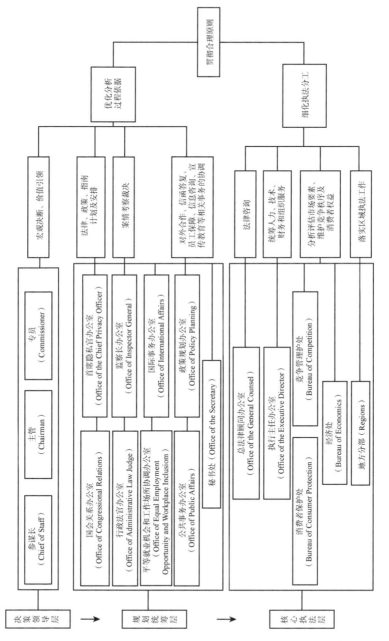

图4.2 美国联邦贸易委员会组织结构图

是否在禁止范围内，而且从经济学角度分析其行为过程，更全面地采集违法证据，开展相关市场及其他经济要素分析，判断行为合法性。总之，决策领导层和规划统筹层提供了过程分析所需的指导、分析支撑及参考依据，优化了分析过程，核心执法层实现了过程执法的细化分工，从而更好地贯彻执行了合理原则分析模式。

二、欧盟：制度组织影响下的本身违法原则分析模式

欧盟司法系统中司法权与行政权一体化，欧洲竞争总局（Directorate General for Competition）扮演公诉人和法官的双重角色，既展开执法也具有司法制裁权，使其需以极高的执行力和效率来完成多治理环节任务，因此更多基于高效率、低成本的本身违法原则开展工作，重视遏制巨头企业膨胀，保障中小企业及公民个人数据权益，通过目的、效果分析判断行为违法性。在制度框架及组织结构共同作用下，欧盟形成了本身违法原则分析模式。

（一）注重构建违法行为标准的制度框架

欧盟制度建设规范不断沿袭修订，形成了相对稳定的体系，可分为奠定了数据垄断行为判定基础的传统反垄断制度和更新了数据垄断行为分析参考的数字市场规范制度。其中，大部分制度贯彻了本身违法原则，少量制度中注入了合理原则，细化了案情分析，优化了本身违法原则分析模式（如图4.3）。

传统反垄断制度以《17号条例》《罗马条约》等为代表，建立了行为类型分析的基本框架。欧盟在此类制度之中围绕《欧洲联盟运行条约》构建了大量基础支撑制度，大部分制度依照本身违法原则直接拟定了违法行为类型，诸如《罗马条约》《17号条例》《欧洲竞争法规则》等制度中均明确界定了违法边界，增添了判例说明，有利于根据事实推定行为方式、目的或效

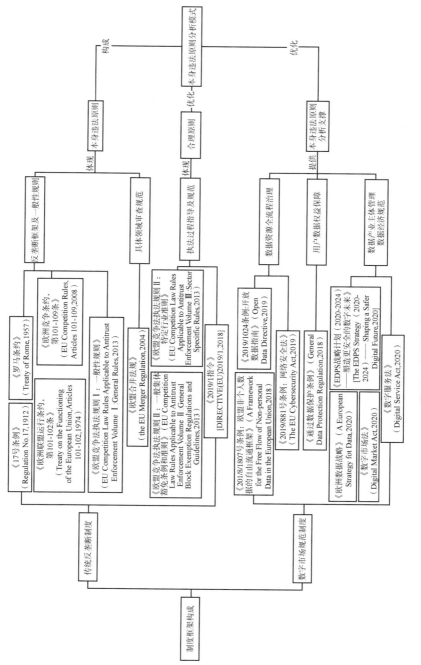

图4.3 欧盟数据垄断制度框架

果是否违法。欧盟基于此类制度不断新增领域指南及专门内容，完善了违法行为判定标准。

数字市场规范制度以《数字服务法》《数字市场法》等为代表，分析了数字经济下数据垄断行为类型和标准。欧盟通过此类制度实现了对数据垄断行为的事前监管和事后救济，有助于支撑行为目的和效果分析，在 GDPR 中通过规范用户数据收集和使用监管了数据主体，规制了数据垄断行为，通过《数字服务法》规定了数据市场中实力达到"守门人"程度的企业的特征及相关企业构成垄断的特定行为，体现了其防范垄断行为的本身违法原则分析倾向。欧盟多次根据数据产业发展和数据权益需求来修订、优化及新增此类制度。

（二）以本身违法原则为标准的一体化组织

欧盟的组织结构有助于实施本身违法原则分析模式。总体上，欧洲竞争总局为核心反垄断监管机构，欧盟各成员国分局通过加入欧洲竞争网络以统一反垄断标准开展合作，互相协助调查，交换案件信息，讨论新兴议题，确保管理分工有效和标准统一。欧盟总部统筹、分部协调合作的组织体系赋予了其极强的执行力和一致性，在判断和推定违法行为时提升了覆盖度和效力。

具体来看，欧盟反垄断核心机构——欧洲竞争总局的结构呈现出高度一体化的两个层次。本章基于官网组织结构图[①]，结合官方文件、新闻报道及自身理解绘制了其结构图，如图 4.4 所示。决策层由常务董事协调执法优先度，评估效益，执法层则由总局内的三大部门分管政策与策略制定、垄断行为监管、横向合并监管及总体控制等业务，其职责分工领域更细化，针对

---

① Commission Europenne-Direction Generale de LA Concurrence. Organisation-chart-dg-comp_fr.pdf[EB/OL]. （2021-03-16）[2022-04-18]. https://ec.europa.eu/dgs/competition/directory/organi_fr.pdf.

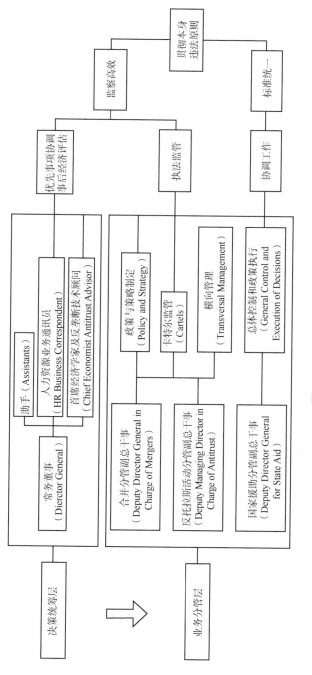

图4.4　欧洲竞争总局组织结构

垄断行为中的合并、托拉斯及卡特尔均设有相应部门，还具体划分了 5 大市场业务领域开展专门化治理，其中数据垄断属于信息、传播与媒体范畴之内。高度集中的组织结构和精简的部门分工有助于欧盟高效地基于行为目的和效果判断行为违法性，同时配置的专业顾问更是提升了分析专业度和科学度。总之，决策统筹层提升了监察效率，业务分管层实现了行为违法判定标准统一，从而更好地贯彻执行了本身违法原则分析模式。

三、不同分析模式影响下的欧美数据垄断治理模式

欧美在制度组织影响下形成了不同的分析模式，其分析模式在执法中的应用特征也各异，本书在综合其分析模式与应用特征基础上最终得到了欧美的数据垄断治理模式，并阐述了其治理模式在数据垄断协议、滥用数据市场支配地位以及数据经营者集中三类垄断行为规制中的表现。

（一）美国：侧重行为过程考量的审慎规制模式

美国重视发挥数据经济价值与促进数据经济发展，力图规制数据垄断，稳定数据经济市场的同时不削弱相关企业实力，在执法实践中注重考量行为过程，分析数据市场要素，由执法方开展个案分析，评估竞争行为的合法性。本章在美国联邦贸易委员会案件库中筛选行业为数字经济的案件共 53 件（截至 2021 年 3 月 4 日），筛选出其中数据垄断相关案件共 23 件。美方在执法中充分应用合理原则分析案情，在过程考量中融入了经济考量和技术分析，推动了传统治理标准的数字化转型，形成了侧重行为过程考量的审慎规制模式，主要体现在如下三个方面。

（1）综合多要素以发掘垄断协议行为。为综合考量行为过程，分析算法、数据等要素，美国充分调查数据市场中利用算法、数据共享分析达成的隐秘共谋行为，借助企业信息交换频率、价格变动一致性、经营模式与商业

目标一致性等间接证据审查算法共谋行为，提升了治理效力。2012 年，美国联邦贸易委员会通过价格变动的一致性迹象调查得到苹果公司与五家电子书出版商企业通过数据协议操控价格的行为，并通过赔偿弥补了用户损失[①]。2019 年，执法机构也对五家媒体企业频繁交换信息、价格协同等迹象开展调查，提出了交换竞争敏感信息指控。

（2）通过多途径调查分析市场地位。美国重视动态过程分析，关切现实需求，借助行业工作者、专家学者及其他利益相关者的参与来评估多利益要素，既开展官方取证，也开拓行业自治、用户调研等其他多分析渠道以客观洞悉数据市场地位。2019 年 9 月，美国反垄断委员会（Antitrust Subcommittee）广泛调查数字市场，收集来自谷歌、亚马逊、Facebook 及苹果的百万数据以及来自百余个行业工作者的文件和意见书，进行了 5 场听证会，并与 35 位专家及利益相关者举行了 17 次情况介绍和圆桌会议[②]，美国众议院在长达 16 个月的市场调查后于 2020 年发布《数字市场竞争调查》（*Investigation of Competition in Digital Markets*）报告，提出分拆巨头、调整业务结构等举措。

（3）权衡利弊以监管经营者合并行为。美方在执法中关注发展利益，评估市场价值以推进合理并购行为，并通过协商要求通过剥离业务或资金、开放数据信息等方式减轻竞争损害。2019 年，联邦贸易委员会处理的合并交易中数据垄断相关企业占比高达 39.2%[③]。美国司法部在 2014 年批准"CoreLogic 收

---

① 苹果输掉了与亚马逊争夺电子书用户的一仗 还被罚 4.5 亿美元[EB/OL].（2016-03-08）[2023-03-30].https://www.jiemian.com/article/564928.html.

② House Committee on the Judiciary Chairman Jerrold Nadler. Antitrust Subcommittee Chair Cicilline statement for hearing on "online platforms and market power, part 6: examining the dominance of Amaz-on, Apple, Facebook, and Google" [EB/OL]. [2022-04-17]. https://judiciary.house.gov/news/documentsingle.aspx?DocumentID=3199.

③ Federal Trade Commission. Federal Trade Commission and Department of Justice issue report on antitrust and intellectual property [EB/OL].[2022-04-17].https://www.ftc.gov/news-events/news/press-releases/2007/04/federal-trade-commission-department-justice-issue-report-antitrust-intellectual-property.

购 Data Quick 案"中要求开放部分数据的请求，在 2020 年出于提升 5G 发展的考量批准了无线运营商 T-Mobile 和 Sprint 合并的决定，预计两者合并后有超 8000 万用户，覆盖数据量极大，占据了 95%的市场份额，因此美方也要求了两企业剥离部分资产、业务及无线频谱，适当限制其市场份额①。

（二）欧盟：侧重目的效果审查的严密管控模式

欧委会以维护公民数据权利及市场竞争秩序为重，力图高效规制数据巨头行为，维护中小企业及个人的权利。因此，其注重开展基于"目的限制"和"效果限制"的分析，从行为目的、效果或行为模式直接判定对象违法，严密管控数据主体，提升治理效率。本章在欧委会法案数据库中筛选获取数字行业内案件共 141 件（截至 2021 年 3 月 4 日），由于部分案件信息缺失或未公开，仅列出数据垄断相关案件共 26 件。欧方在执法实践中优先考虑维持竞争秩序，多基于本身违法原则分析市场行为，但并非完全倚重行为形式和类型标准，而是综合行为目的和效果加以判定，形成了侧重目的效果审查的严密管控模式，体现在如下三个方面。

（1）系统评估协议实施目的和效果。欧盟不仅基于协议类型标准简单判定违法，也通过系统的调查取证分析协议目的和效果，注重以专业视角审查数据协议的垄断性。2019 年，欧委会发现了亚马逊的零售业务能分析和使用第三方卖家数据，可能违反了欧盟关于公司之间反竞争协议的竞争规则②，据此欧委会从亚马逊与卖家间的用户数据使用协议和数据对于买家购物的选择影响两方面开展长期的深入调查，评估其违法性③，这凸显其治理

---

① T-Mobile 与 Sprint 合并：抱团取暖能否缓解 5G 焦虑？[EB/OL]．（2019-08-01）[2023-03-30].https://36kr.com/p/1724110487553.

② 欧盟对亚马逊启动反垄断调查[EB/OL]．（2019-07-19）[2023-03-23]. https://baijiahao.baidu.com/s?id=1639446452491890978&wfr=spider&for=pc.

③ 反垄断调查"第二季"：欧盟再撕亚马逊 或进一步加强立法[EB/OL]．（2020-11-12）[2023-03-23].https://baijiahao.baidu.com/s?id=1683087216511666345&wfr=spider&for=pc.

过程中注重系统评估调查行为的前因后果。

（2）严格处置滥用市场地位的行为。欧委会注重通过评估其他公司进入市场的难易程度，是否存在反补贴的买方权力及其资源的整体规模和实力等[1]判定市场地位，尤其限制并以高额罚款惩治数据巨头的违法行为，维护中小企业的竞争优势、创新可能性及消费者选择权。以谷歌为例，2017 年欧委会诉谷歌借助搜索数据推广自身服务功能，开出 24.2 亿欧元罚款[2]；2018 年，欧委会就谷歌对 Android 设备制造商和移动网络运营商施加非法限制的行为开出了 43.4 亿罚款[3]；2019 年 3 月，欧委会诉谷歌非法滥用其在在线广告市场中的主导地位，开出 14.9 亿罚款[4]。

（3）应用附加条件管控经营者合并行为。欧委会奉行的本身违法原则并非机械地类型化禁止和处罚，通常情况下，会通过评估市场现状及需求后回应经营者合并行为的申请，并应用附加遵循条件以规制，避免扼杀生产积极性，保障产业发展机会。委员会在 2011 年的微软收购 Skype 案及 2016 年的微软收购领英案中处理方式不同，针对前者通过相关市场分析确定了不构成任意一方市场的垄断，无条件批准了收购提议，而针对后者，欧委会批准提议的同时提出了赋予用户选择安装权、维持产品互操作性、允许其他产品信息访问的附加条件。

---

① Competition: Antitrust procedures in abuse of dominance[EB/OL].（2021-05-27）[2023-03-23].https://competition-policy.ec.europa.eu/system/files/2021-05/antitrust_procedures_102_en.pdf.

② 欧盟向谷歌公司开出 24 亿欧元"天价"罚单[EB/OL].(2017-06-27)[2023-05-04].https://www.chinanews.com.cn/gj/2017/06-27/8262942.shtml.

③ 43.4 亿欧元！欧盟因安卓系统案对谷歌开创纪录罚单[EB/OL](2018-07-18)[2023-05-04].https://www.chinanews.com.cn/gj/2018/07-18/8571776.shtml.

④ 欧盟普通法院裁决谷歌利用安卓系统"非法设限"应被罚 41.25 亿欧元[EB/OL].(2022-09-15)[2023-05-04].http://www.chinanews.com.cn/gj/2022/09-15/9852511.shtml.

第四节　主权视角下我国数据垄断治理进路

相对比日本、美国和欧盟等国家和地区相继出台的大数据垄断规制的法律法规，我国当前还未出台针对大数据垄断规制的相关政策法规。本节针对前文提出的我国大数据垄断产生的威胁，参考已出台的大数据垄断规制的法律法规，并结合我国的具体国情与司法体系，提出针对我国大数据垄断规制的建议。

一、构建大数据权属保护体系

信息时代，大数据作为重要的新兴资源，实现其保护和利用的平衡尤为重要，而其核心问题为大数据的权属问题。大数据的收集、存储、传输、利用等每一个环节都直接牵扯到大数据权属问题[①]。大数据究竟属于产生数据的主体，还是数据收集与组织的主体，或是其他主体等，都需要根据大数据的具体属性以及各方在对大数据进行处理时付出的劳动进行综合评定。

（一）依据大数据的所有权进行权属保护

本书在讨论大数据的权属保护时，第一步需确定大数据的权利属性，即大数据的所有权人，下面将细分为个人数据、企业数据和政府数据三个方面进行研究讨论。

个人数据即为自然人自身的相关信息，分辨的关键为可识别特定自然人的数据[②]。根据我国《网络安全法》第七十六条定义："个人信息，是指

---

① 陈智敏. 关于数据权属与安全关系的思考[J]. 信息网络安全，2018，（8）：7-8.
② 王融. 数据匿名化的法律规制[J]. 信息通信技术，2016，10（4）：38-44.

以电子或者其他方式记录的能够单独或者与其他信息结合识别自然人个人身份的各种信息，包括但不限于自然人的姓名、出生日期、身份证件号码、个人生物识别信息、住址、电话号码等。"然而，个人数据的定义还存在一定的模糊性，如互联网搜索引擎的网页浏览记录并不能直接对应到某一自然人，即不属于个人数据，但是如果结合自然人的行为习惯或者是地理位置信息等，则属于个人数据。信息时代，虽然关于个人数据的权利内容存在纷争，但在个人数据享有初始支配权利的问题上达成一致，政府、企业在利用个人数据进行二次加工时，必须征得数据权人的统一且表明收集、利用数据的目的和用途。

网络经济时代，虽然个人享有数据支配权，但往往用户在使用网络服务时，会通过用户协议，将自己的信息数据的使用权让渡给企业或政府部门，确保其能提供更加精准、便捷的服务。这种让渡协议，既保证了个人数据的初始支配权归属于用户个人，又提高了数据的利用价值和效率，形成了双赢。然而，这种让渡协议的前提为数据使用者在收集、使用数据前须征得数据所有权人的同意，且这种让渡协议不等同于数据权属的转让，数据所有权人仍拥有删除、修改数据的权利。

企业数据主要指业务数据，业务数据主要包括公司财务数据、运营数据（研发、采购、生产、营销等）和人力资源数据等。它们还包括通过合同授权直接和间接收集的用户个人数据的收集。企业通过合同授权方式收集的数据，其整理数据的权利要看数据是不是采取了"匿名化"的处理。欧盟《通用数据保护条例》的引言部分对数据匿名化做了界定，即"匿名化为将私人数据删除掉可以被辨别出身份的部分，以达到私人数据主体不会被辨识出的目标。由于匿名化数据不隶属于私人数据，因此不再适用于私人数据的保护准则，市场内的经营者们可以随意对匿名化后的数据加以利用。"我国《网络安全法》第四十二条也将匿名化数据视为一种数据权属划分的准则。

企业通过渠道采集的信息，如未经过或未充分经过匿名化处理，则数据的所有权仍属于用户个人；如数据已进行过充分的"匿名化"处理，则该数据权属于企业，可被加以使用。

互联网时代，用户需要网络带来的便捷服务，相应的互联网企业需要掌握更多的用户信息来优化自身的产品，为用户带来了更为"私人订制"式的服务，无可避免地将会遭受隐私保护风险。由于个人数据保护和大数据红利之间难以平衡，二者之间冲突加剧，而数据匿名化正是一个双赢的处理思路。大量的用户个人身份信息、敏感信息被匿名化处理后，不仅可以有效地防止隐私泄露问题，还能最大限度地挖掘大数据背后的价值。

政府数据是指国家政府及其相关机构在依法履行其职权时获取的数据资源。不同于企业，政府部门会拥有社会上大量的原始信息数据，包括国家电力数据、司法数据、交通数据、天气数据、出入境数据、医疗数据等。政府作为公职权力机关，有权力获取并保存这个信息数据，同时也有责任对这些数据的安全负责。

大数据时代，政府作为大数据最富有的保有者，除了较为敏感的涉密数据外，其余数据应当作为开放数据，让社会各界进行共同分享使用。政府数据的开放不仅减少了企业对于数据收集的投入成本，以便将资金用于技术研发，还能借助于企业的数据分析技术，提升自身的数据分析能力，通过数据分析实施更科学的国家决策与治理战略。同时，政府数据开放并不代表所属于个人或企业的数据权属发生了变化，如果政府相关部门因为开放数据而侵犯了个人或企业的数据权利，仍应当承担相应的法律责任。因此，政府部门必须在确保国家安全、社会稳定和个人隐私被保护的前提下，妥善处理数据开放和数据安全之间的平衡，使得政府数据可以在较为安全的环境下在政府、企业和个人之间流通。

（二）依据大数据的财产性进行权属保护

数据所有权归属的难点在于个人数据所有权主体的确定，而承认大数据的财产属性是大数据所有权确定的前提[①]。引发大数据权属问题的原因包括：大数据作为信息时代的关键资源，在法律上并没有赋予其资产属性，大数据的财产性和责任制度不明确。我国的相关法律并没有将大数据作为一种财产或资源列入公民的财物范畴，没有从盗窃罪的角度去处罚非法获取并利用数据的行为；同时，国家层面上的数据，也并没有赋予国家主权，政府部门也没有明确将大数据视为与国家安全相关的国家重要资源。

我国涉及有关数据保护的问题上，对个人数据的保护主要是从人格权来维护数据主体的个人隐私利益，而对企业数据则主要从数据财产权来分析，这就忽略一个重要的现实问题：企业具有商业价值的数据实际仍是从个人信息数据中汇集、组织分析得来，企业通过收集大量的用户信息数据，分析用户的喜好、偏爱与历史浏览记录等，让第三方平台进行广告投放，以此获取商业利益等，无不证明了个人数据的财产性特点。财产权是个人现实经济关系的一种体现，而数据财产权作为一种新兴的财产权，虽然经济学领域将数据财产权与数据产权等同，将数据产权从经济学的角度进行分析，但我国法学界对此的相关研究以及成果较少。仅仅在《民法典》里就个人信息保护做出专门规定的同时，以引致规范的方式将数据纳入调整和保护的范围，为新型数据财产权的构建给出了必要的准则参考和制度空间[②]。

市场交易中，一种新型财产权的出现一般是由其在现实经济中占据了重要市场地位而定的，国家决定对其进行立法保护，但其往往相较于市场，具有滞后性。大数据交易是近几年才呈现爆发性增长，市场往往在法

---

① 王融. 关于大数据交易核心法律问题——数据所有权的探讨[J].大数据，2015，1（2）：49-55.
② 雷震文. 数据财产权构建的基本维度[N]. 中国社会科学报，2018-05-16（005）[2022-04-17]. https://www.163.com/dy/article/E06OGIE20516R4QO.html.

律规定前，就按照市场约定确定了交易中各方所拥有的权利分配，但相关交易人的数据法律权属并不明确。数据财产权的形成是通过买卖交易、合约而形成权利的过程①。大数据的权属保护在界定数据属性后，应该尽快保障数据的财产权利，当前是大数据发展的重要时期，国家应在监管大数据安全的同时重视数据经营者在大数据产业发展中的驱动力。个人数据信息量较为单薄，价值较小，但企业通过大量的数据分析可以挖掘出其巨大的潜在价值，在确保个人数据安全的前提下，建立以数据经营者为核心的数据财产利益的政策机制，实现经营者对大数据产业的投入与回报的均衡，鼓励老旧产业向大数据转型，新兴企业加大大数据创新，给数据经济一个积极向上的市场交易环境。

总体而言，将大数据赋予财产性权利更有利于体现数据权属人对大数据的控制以及交易价值。数据权属人可以对大数据的生命周期以及流通进行全权的控制，对损害自身数据权益的人可根据财产有关的法律严加惩治，维护数据市场公平自由的交易，激励数据市场的创新与高速发展。

二、完善企业大数据交易的监管机制

（一）企业大数据滥用问题防范

数据滥用是我们最为常见侵害用户权利的问题，本章将从加强大数据行业自律、增强用户个人信息保护意识等方向，防范企业的大数据滥用问题。

加强大数据行业自律，从源头肃清滥用问题。行业自律从外部来说，即企业经营时必须遵守政府有关大数据的相关法律规范；从内部讲，即大数据产业需要设立一个机构来监管企业，形成大数据行业自律联盟。成立大数据行业自律联盟，一方面引导企业对于大数据的合理获取和利用进行普及与

---

① 姬蕾蕾. 大数据时代数据权属研究进展与评析[J]. 图书馆，2019，（2）：27-32.

教育，另一方面建立自律公约，让企业时刻进行自我监督与反思，从大数据滥用的问题源头进行遏制。

加强风险教育，提高用户自身信息数据维护意识。《中国个人信息安全和隐私保护报告》统计数据表明，个人信息安全焦虑已逐渐蔓延至社会各处，个人信息泄露风险而导致的社会骚动和国家的信息化进程和网络经济发展密不可分。据调查，民众的个人信息安全遭受威胁的事件也屡屡发生。其中一部分归因于我国人民感知风险的能力较弱，自身保护的措施不够，受到侵害后维权意识不强烈①。因此，加强用户风险教育，提升其自身信息维护意识也是遏制信息滥用的有效屏障。用户在享受产品与服务的同时，应时刻警醒平台签署的授权协议是否侵害自身数据权益及麦克风、电话号码、地理信息、相机等存储大量私人信息的应用权限是否有必要授权等。另外，当发现个人信息的安全遭到威胁或面临信息泄露风险时，应立刻与互联网企业进行交流核实并留存证据，并且要学会运用法律知识保护自身的权益免受侵害。政府部门、学界以及媒体，有义务向民众宣传普及大数据知识，让民众在了解和认识大数据的基础上，更好地享受大数据为生产、生活提供的方便与快捷。

（二）企业合并中大数据合并的规则

企业合并审查被看作反垄断执法的三大支柱之一，但与垄断协议、滥用市场支配地位不同的是，企业合并事先审查的目标在于控制或削弱企业合并后滥用市场支配地位或者实施协议垄断的风险②。企业的合并审查有事前申报、事后申报和自愿申报三种形式。事前申报为企业在合并操作前，需要

---

① 中国青年政治学院互联网法治研究中心. 中国个人信息安全和隐私保护报告[R/OL]. （2016-11-21）[2022-04-17]. https://max.book118.com/html/2017/1214/144112820.shtm.
② 阎桂芳，刘红. 滥用市场支配地位的反垄断规制研究[J]. 生产力研究，2010，（10）：41-44.

遵从法定的程序来向反垄断执法部门申请合并申报；事后申报为企业在完成合并操作后，再遵从法定的程序向反垄断部门进行申报，反垄断部门得到申报申请后会对该企业的合并申请进行审查，确认是否给予通过；自愿申报为企业自身决定是不是向反垄断审查机构提起合并审查，相关机构仍会拥有执法监督权力。其中，我国采用的是事前申报原则，根据《反垄断法》第二十六条规定：经营者集中达到国务院规定的申报标准的，经营者应当事先向国务院反垄断执法机构申报，未申报的不得实施集中。

《反垄断法》对经营者是否需要进行合并审查进行规范化的要求，但具体申请的标准在《国务院关于经营者集中申报标准的规定》的第三条及《经营者集中申报办法》的第四条中有细则。我国出台的申报标准中，均是以企业营业额和营业规模作为参数进行判断，这针对传统市场较为适用。由于大数据行业多为互联网企业，拥有双边市场效应、用户锁定效应和市场动态性等特点，不能简单按照传统产业的合并标准去审视大数据产业的合并，所以我们必须结合大数据产业的特点来对评判标准做出适时的改动。

大数据市场内，企业合并审查首先要依据市场性质划分审核标准。根据大数据产业的双边市场性质，以营业额和营业规模作为仅有的审核参数明显不适用，需在评审规则里进行修改。一方面，大数据企业在申报合并时，执法部门应该熟悉其市场架构、商业模式以及盈利方式，不仅考虑到营业额、用户数量、市场份额等可量化指标，还有企业的技术先进性、市场竞争力等非量化指标，综合审查经营者的合并是否会给相关产业带来一定的垄断效果。另一方面，对于大数据、互联网这些数据量大、虚拟财产多的行业，执法部门除了自身对企业的财务报表、人力信息、市场竞争力报告等资料进行收集外，还可以同步引入第三方专业评估单位，如管理咨询机构、产业数据统计机构、信用评价机构等专业评估单位发行的行业排名、企业信用评级、企业资产等综合考虑①。假使发现经营者已达到大数据行业合并标准，但未向反垄断部门进行申报时，执法机构将依法对其进行罚款或禁止营业。

　　企业合并中会牵扯到用户的信息数据的合并问题，对于由于企业合并而带来的大数据移动，应及时告知用户，特别是涉及用户个人隐私数据时，更应主动地进行告知或标记在明显的地方，确保用户的知情权。企业合并后也应设立新的大数据使用规则与安全保障机制，履行合并前企业对用户的承诺。如果用户不同意合并后企业的数据规范，则其有权利选择公司按照原合同继续履行原有的产品与服务，或终止合同的权利。合并后的企业应尊重用户的选择，并在结束与用户的合同后，删除用户的相关数据以确保用户的数据安全。

（三）推进企业大数据交易的监督机制

　　企业间的大数据交易是市场内大数据流动的主要途径，而对大数据交易的监管则是确保市场内大数据交易环境良好的重要保障。数据交易的监管可分为三个方面：行政监管、行业监管和社会监督②。

　　行政监管，顾名思义，即以法律授权为前提，政府部门对市场内的经营者实施的一种强制性监管。传统市场而言，我国的市场监管部门为工商管理机关，其负责对市场内商品流通的每一个环节进行监督管理，经营者是否存在虚抬高价，销售假冒伪劣产品，采用各种手段打压竞争对手等。信息时代，大数据作为市场内的一种资源，其实和市场内实物商品的交易流程差异不大。虽然我国现在还未设有专门管控大数据资源交易的部门，但本章建议

---

① 邹开亮，刘佳明. 大数据企业合并的反垄断审查初探[J]. 石家庄学院学报，2018，20（2）：116-119.
② 罗珍珍. 数据交易法律问题研究[D]. 成都：四川省社会科学院，2017.

可暂时由工商管理部门代为管理即可，一方面简化了我国行政机构的架构设置，可以迅速治理市场内的大数据违法交易行为，另一方面，大数据交易并未过分超出工商管理部门自身的管辖职责，可以兼顾监管大数据市场内的交易行为。行政监管在实施的过程中，应确保其监管行为不能影响到市场内的正常交易行为。市场内的经营者依法配合相关部门的检查，执法人员也应遵守并尊重市场自身的交易环境。但是，行政监管的前提是以法律为最基本的监管保障，我国还需尽快出台管控大数据交易的法律法规，才可以确保行政监管的顺利进行。

行业监管，即行业本身内需要制定一系列准则规范，规制行业内经营者的市场交易行为。行业监管一般是作为行政监管的重要补充，特别是在国家还未出台相关的法律规范来管控行业发展时，行业监管承担了整顿行业内不良行为，维护行业内经营者的合法权益，维持行业长久发展的重要责任。大数据产业的行业监管机构一般是其自发成立的协会或大数据交易平台，设立一定的交易规范和准则，经营者们在市场内交易时必须遵从规范，否则将会受到一定的惩处。行业监管虽然没有行政监管具有强制力和法律效用，但其对行业内的经营者却是精神上的约束，一旦行业内的经营者违反了行业准则，不仅在行业内会受到惩处，无法继续生存，在行业外也会备受质疑，信用评级将大大降低，这对于经营者来说是致命的打击。

社会监督与行政监管和行业监管存在较大的差异，行政监管和行业监管是从经营者的内部来展开监管机制，而社会监督则是从外部来鞭策经营者。在社会舆论影响力和传播力日益增长的时代，社会监督的作用也将会逐步凸显。据《纽约时报》报道，2018 年 12 月 19 日，加拿大用户发现 Facebook 涉嫌授权允许 150 多家公司可以随意访问该平台用户的私人数据信息，其中包括 Spotify、Netflix、甚至 RBC 等公司都被列为能够访问私人数据和信息的公司。这一消息传出之后，引发民众的抗议和愤怒，加拿大网民纷纷卸载 Facebook，并大肆鼓励身边的亲朋好友一起卸载 Facebook，一时间 Facebook 泄露用户隐私的舆论漫天传播。Facebook 公司遭受到社会丑闻的影响后，该公司的股票下跌了 6.8%。社会监督相较于前两种监管方式，是最易于实施，且可能会最早最有效发现市场内交易不合法的途径。作为社会中的一份子，我们日常生活离不开市场内的交易，我们就更应有责任去监管去维护市场交易环境。同时，政府部门一定程度上鼓励或授权公民实施社会监督权，可以更加高效地监管市场，内外部双管齐下，完善我国企业间大数据交易的有序和稳定。

三、推进国家立法及司法执法的建设

（一）暂时适用《反垄断法》规制大数据垄断

现行的《反垄断法》内关于市场垄断的规制不完全适用于大数据垄断，但有关大数据垄断而致使市场竞争秩序混乱，通过滥用市场支配地位而损害消费者利益等情形，本章建议暂时优先使用《反垄断法》进行规范管理。

大数据案件中，用户的财产或者隐私受到损害时，一般会首先想到通过消费者权益和隐私权来维护自己的权益，但鉴于相较于大数据垄断企业的实力，单个用户的力量与企业还是相差较大，维权速度和效率都会普遍低下。我国《消费者权益保护法》第二十九条明确规定经营者收集、使用消费者个人信息，应当遵循合法、正当、必要的原则，明示收集、使用信息的目的、方式和范围，并经消费者同意。经营者收集、使用消费者个人信息，应当公开其收集、使用规则，不得违反法律、法规的规定和双方的约定收集、使用信息。但在大数据的现实案例中，虽然互联网服务商大部分都有"告知—同意"条款，但很少有用户能一条一条地耐心阅读并理解条款内容，

且一旦拒绝授权个人信息数据条款，互联网平台就"理直气壮"地拒绝提供相关产品或服务。互联网市场中，这种垄断企业和用户之间权利不平等的情形比比皆是，因此，这种情形下，要求用户和企业经营者根据上述《消费者权益保护法》的条款——谈判个人隐私的使用范围、方式和程度是几乎不可能的事情。

大数据信息不仅包括用户的隐私信息，还包含了很多具有商业价值的企业机密，甚至是国家安全层面上的国家机密，这些层面的大数据信息难以运用隐私权以及用户权益进行维权保障。我国虽然还未有正在履行的有关制约经营者大数据垄断的法律法规，但是《反垄断法》和《反不正当竞争法》中，也对行业大数据垄断的经营者的现象进行了规范治理。因此，暂时应用《反垄断法》规制行业内的大数据垄断，且可以让国家政府部门出面去审查大数据垄断企业，并对其采取相应的规制措施。

（二）加快出台规制大数据垄断的法律法规

目前，我国还未有针对大数据垄断而设立的法律法规，相关执法部门在对相关市场内的垄断企业进行规制时仍"无法可依"，这有损于本国大数据市场的长期发展和前景。虽然《反垄断法》和《反不正当竞争法》的颁布，使得我国过去十几年的产业环境得到了有效的改善，减少了经营者恶性竞争，但是对于大数据的产权归属以及交易规则等问题却不能适用。而大数据垄断案件的频发，使得我国必须加快出台有关规制大数据垄断的法律法规，明确国家相关部门的执法职责与任务，建设一个完善、公平公正的大数据交易生态圈，确保该产业健康、长远发展。此外，对于大数据垄断者可能会影响市场秩序，甚至国家利益时，政府相关执法部门应具有实时介入的权利，及时阻止数据垄断的发生。与此同时，可以适当开放公共大数据资源，市场内引入私人资本参与竞争，不仅推动了公共资源的市场化，还阻止了国家政府的潜在垄断行为①。

短期来看，可以以现行的法律法规为法律基础，结合大数据行业的特性，实施法律版本的迭代。例如，《反垄断法》第二十四条中关于市场支配地位的推定，不能按照传统产业标准来定义大数据产业，应根据互联网市场的双边市场特性以及其特殊性对其进行详细的细分。企业的资金与技术基础，以及在行业内所拥有的市场份额等指标衡量，无法直接在互联网行业内对企业的具体地位做出判断，而市场进入障碍和其他企业的用户黏性等条件无法量化衡量。所以，在界定企业是不是处于市场支配地位时，应着重考量其数据交易情形，并且综合其在双边市场的地位表现等。

长期来看，本章建议国家出台比如"大数据交易法""大数据反垄断规制办法"等政策法规，通过立法的形式来规范大数据的概念、权属、交易等。同时，依据大数据产业的生命周期规律，一一对应不同阶段的数据特征，以维护不同阶段的大数据从属权利。特别是，大数据在其产生、流动、交易等不同阶段，行业内处于垄断地位的企业利用其优势滥用市场地位，通过用户黏性、产品或服务价格等因素排挤竞争对手，损害消费者利益，破坏市场竞争环境的情况②。逐步引导大数据市场变为公开、平等、透明的可持续发展产业，完善市场用户的权利诉求途径和企业反垄断审查与惩处机制。

（三）加强大数据监管和执法力度

互联网时代，大数据反垄断的诉讼案件数量增多且类型多样化，国家相关执法机构应紧跟时代变化，对互联网大数据案件应主动出击，利用自身的权利与职能定期对行业内的企业进行数据交易以及反垄断审查，确保互联网市场透明、平等的持久发展。

---

① 徐晓媛. 公共资源交易的反垄断规制[D]. 杭州：浙江财经大学，2014.
② 谢猋. 互联网企业的大数据垄断法律问题研究[D]. 北京：首都经济贸易大学，2018.

处理大数据垄断案件时，加入执法机关监督机制。当用户遭受到大数据垄断案件时，个人的力量无法抗衡互联网企业，虽然有消费者权益保护法的法律依据，但其收集被侵害的证据以及材料时，往往能力不足，处于被动的地位。这时，执法机关应加入案件调查，收集更全面的证据，找到同案件的其他受害者，甚至可以号召社会组织和其他企业一起提供帮助，更有力高效地维护用户权益，肃清了互联网行业内不公的现象。

大数据垄断案件中，执法机关要不断提高自身专业能力，加大执法力度。2018 年 4 月 10 日，国家市场监督管理总局正式挂牌，其整合了之前各个市场监督管理以及反垄断审查部门，统一筹划推行竞争战略，引导执法部门公平公正地推行反垄断审查，并依法针对相关市场内的经营者的合并行为进行反垄断审查，追究市场内滥用市场支配地位、签署垄断协议等经营者的责任，对待政府部门的滥用行政权力进行垄断的行为一视同仁，坚决推行反垄断工作。国家市场监督管理总局的工作人员，不可置疑地都拥有很高的专业知识素养，但其在审查大数据垄断的案件时，很可能因为对市场瞬息万变的特性了解不清或大数据平台的实际经营情况不透明等，很难进行正确的审判。因此，执法部门在数据时代一方面要提高自身关于大数据反垄断审查的专业技术与执法意识，对大数据市场内企业合并、数据平台共享等可能发生大数据滥用的事件着重关注，且审查大数据平台的数据保护机制，提高用户对自身数据的掌握意识以及使用知情权，防止平台大数据滥用行为；另一方面，对于某些不熟悉或特殊的领域，执法机构可以联合其他机构共同审查，这些部门内的专业技术人员对所属领域更熟悉，审查过程中会更加精细且高效，视具体情形向他们征求专业的意见。

大数据行业中，经营者往往会投入大量的资金与人力资源对大数据资源进行收集、整理和挖掘工作。大数据平台经营者作为企业，以营收为目的，最快占据市场份额和获利的方法就是对大数据资源进行垄断。政府作为市场最高的监管者，不能强硬要求经营者公开其自身的数据，这违背市场自由交易的精神。但是，政府可以在市场交易过程中，对市场内的产品或服务价格制定一些标准，在防止经营者通过价格战争打压竞争对手，破坏市场交易秩序的同时，维护了市场消费者的权益，让市场可以有序、公平、稳定地进行交易。政府不仅是市场的监管者，更具有调节作用，让更多的经营者进入市场，公平、有序地开展市场竞争才是保持行业长久发展的良药。当大数据市场中出现大数据垄断案件后，执法部门除了根据反垄断法依法进行罚款、责令整改等法律责任外，还应当让违法企业对公众承担一定的社会责任，且需要对违法企业后续的经营活动进行着重监督。

四、持续激励大数据产业的发展

第一次工业革命和第二次工业革命均由国外主导，欧洲、美国也拉开了与其余国家的差距，而我国在工业变革上一直处于落后水平。但是这次信息化工业革命，我国互联网和大数据产业的快速发展，正在逐步拉近与发达国家的距离。为保障大数据产业更持久、健康的前进，我国的信息化市场更快的推进，必须坚持深化改革经济发展模式，不断完善经济促进体制，健全网络市场监管机制，捋顺网络相关市场与政府部门运行秩序。国家应坚决制约大数据垄断现象，打破政府与企业间的大数据孤岛，继续坚持大数据为重要战略资源的理念，健全法律法规，为大数据产业的长久、健康发展打好稳固的基础。

（一）互联网企业价值取向的引导

近十几年来，我国的互联网、大数据产业发展的步伐十分迅猛，但行业发展进程中存有的不足也将逐渐暴露出来，国家政府部门需要在这个时代，给予互联网企业发展以正确的价值取向，不能走"速度优于可持续发展"的环境治理老路。特别是大数据行业中，处于市场排名前列的经营者，应该更为清楚地知道自己身上背负的行业责任。他们在拥有海量的大数据资源的同时，不仅需要考虑到自身的发展与行业的发展密不可分，还需要明白只有让大数据资源在市场中流动起来，与其他经营者交流、分享，才能发挥出更大的价值。"获得的越多，就要投入的更多"这种意识必须要根植于大数据行业内，国家需帮助经营者建立良好的社会责任意识，让更多的大数据经营者投身于社会公共利益建设中去。企业自身加强反垄断意识，对于市场价格垄断、特定资源的垄断等潜在大数据垄断行为应主动避免，从根源上消除大数据垄断的现象。

互联网市场内竞争激烈，行业内风雨变幻莫测，互联网企业作为大数据服务的提供商，掌握了大量的大数据资源，很多企业进行合并或大数据交易等不合法的大数据垄断行为单单只为自身企业的发展与利益。国家相关部门在进行大数据垄断法律法规管控的同时，也应注重互联网企业价值取向的引导。互联网企业在社会中拥有较强的传播力和影响力，如果其运营的产品或提供的服务具有负面效应，则会对社会环境造成一定的破坏力。

"内涵段子"是北京字节跳动科技有限公司旗下的一款包含各种搞笑短视频、图片和段子等内容的 App，2017 年"内涵段子"已拥有超 2 亿的网络用户，然而，"内涵段子"在运营中，不断被曝出有涉黄、涉暴的内容，这将会误导公民的正确价值观念，并在社会舆论中造成极为大面积且负面的效应。因此，2018 年 4 月 10 日，国家广播电视总局责令"今日头条"网站永久并关停"内涵段子"客户端软件及公众号，称在调查中发现 App 的推送中含有大量低俗、导向不正的内容，引发网友们强烈的抗议与反感，在永久关停"内涵段子"的同时，要求字节跳动全面肃清该公司旗下同类型的产品[①]。4 月 11 日，字节跳动的 CEO（chief executive officer，首席执行官）张一鸣发公开致歉信，表示公司将会永久关闭"内涵段子"App 和其公众号，并明确了公司旗下产品将会改革两个方面：一方面将正确的价值观融入技术和产品；另一方面，整顿社区秩序，优化社区氛围。因此，政府部门作为市场的监管者，不仅需要从资源分配上进行一定的监管，还需要帮助企业建立正确向上的价值观，给予市场一个良好的发展前景。企业自身在经营时，首先应注重社会公共利益，在确保社会与广大人民群众利益的前提下，通过自身技术创新、战略营销等方式维持其长久的发展。

（二）政府加强与企业合作，打破数据孤岛

信息时代，国家如果实行大数据的资源垄断，容易导致政府缺乏动力去探究大数据背后的价值，而私人企业却又获取不到有用的大数据资源进行探究。

中国工程院院士、中国计算机学会大数据专家委员会主任李国杰认为，政府数据为社会的公共财产，源于民众，也属于民众，在确保国家安全、民众个人隐私以及企业的商业秘密安全的基础上，这些数据应当回到社会民众中去[②]。美国、英国、日本等发达国家在大数据行业刚刚起步阶段，就推动政府部门开放公共大数据，英国政府专门创建了公开数据网站，将政府支出、政府部门报告等数据向公众进行全部开放。政府有大数据资源，企业有挖掘大数据的技术，两者进行合作，打破数据孤岛，不仅资源得到了有效的利用，还将促进本国大数据挖掘行业的发展，形成大数据的高效、良性生态链。

2018 年两会会议上，全国人大代表、苏宁控股集团董事长张近东建议：

---

① 国家广播电视总局责令"今日头条"网站 永久关停"内涵段子"等低俗视听产品[EB/OL].（2018-04-10）[2022-01-10]. http://www.nrta.gov.cn/art/2018/4/10/art_114_35849.html.

② 赵明亮，刘茁卉，李芮，等. 大数据助力国家治理之道[J]. 瞭望，2015，（4）：56-57.

"建立国家级跨地域、跨行业的开放数据统一管理平台。"他表示数据平台的建设是我国重要的基础资源建设，政府部门和互联网企业是大数据资源保有最多的，应更为积极地引导各个行业实现数据开放共享，为大数据资源的应用和流动创造更良好的基础。全国人大代表、腾讯公司董事会主席马化腾赞同相似的观点，希望我国现阶段先充分利用好已有完善的数据平台，打破各行各业、各区域之间的数据壁垒，全面完成大数据资源整合。同时，未来可以借鉴国外的先进做法，制定一系列的公共数据开放准则规范，并在此基础上探索出一套适合于我国的大数据开放共享的战略①。

政府公开共享大数据，首先要保证大数据的质量，打通政府各部门的大数据资源，将大数据资源统一标准化；其次，政府大数据公开不能具有指向性和选择性，不能以涉密为由头拒绝向企业进行数据公开共享，或者向指定国有企业公开，必须一视同仁地将大数据资源共享给公众，涉密部门由国家保密部门进行审核；最后，政府应鼓励企业对开放数据进行挖掘分析，使国家的大数据发挥其应有的价值。企业和政府部门进行大数据合作后，一方面减少了企业自身获取大数据的成本，可以将更多的资金和人力投入到产业创新中去，有利于企业和市场的快速长久发展；另一方面，企业从政府部门获取的大数据具有合法性，会降低企业因为收集大数据而侵犯用户隐私的风险，有效保护了公民的利益，政府对市场中各个企业间的运营状况会更加了解，便于整体监管控制。

（三）国家理性看待大数据红利

大数据是国家经济发展的核心要素，地区经济快速前进的新方向，是国家重要的战略资源。2017 年 12 月，中央政治局组织了第二次集体学

---

① 经济观察报. 新时代的经济石油：大数据垄断怎么破[EB/OL]. （2018-03-10）[2023-02-24].
http://baijiahao.baidu.com/s?id=1594525333124716171&wfr=spider&for=pc.

习，其主题为国家大数据战略。习近平总书记在学习中强调，我国要推动实施国家大数据战略，加快完善数字基础设施，推进数据资源整合和开放共享，保障数据安全，加快建设数字中国，更好服务我国经济社会发展和人民生活改善。会议中提到，大数据是信息化发展的新阶段，对经济发展、社会治理、国家管理、人民生活都产生了重大影响；要推动大数据技术产业创新发展；要构建以数据为关键要素的数字经济；要运用大数据提升国家治理现代化水平；要运用大数据促进保障和改善民生；同时要切实保障国家数据安全。①

近些年来，大数据、互联网等新兴行业的发展得到了国家政策的大力支持，各级政府部门纷纷出台相关政策支持并引导其发展，从资金、地理空间以及时间等各个方面给予其更广阔的发展平台，确保大数据、互联网产业维持高效的发展步伐。然而，在积极发展大数据、互联网产业的同时，不能只看到新兴产业的红利，而摒弃了传统的实业发展，这会导致大数据、互联网产业很难真正落地，成为"空中楼阁"。国家应鼓励新老产业相互结合，传统行业学习新产业的技术与思想，新产业传承老产业的踏实的态度与强有力的输出。特别是在我国西部一些欠发达的地区，应鼓励地方传统行业改革转型，让大数据、互联网行业为传统实业注入新的血液与动力，培养新时代的技术型人才。这不仅能为当地的企业提供新的发展方向，还能为当地人民提供就业岗位，成为地方经济发展的新支点，不断缩小我国东西部经济差异。

同时，无论是国家层面，还是用户个人，必须谨记大数据仅是辅助我们做出判断、制定相关规则的参考要素，决不能盲目"只拿数据说话"。特

---

① 共产党员网. 习近平在中共中央政治局第二次集体学习时强调 审时度势精心谋划超前布局力争主动 实施国家大数据战略加快建设数字中国[EB/OL]. （2017-12-09）[2023-02-24]. https://news.12371.cn/2017/12/09/VIDE1512820140808518.shtml.

别是上升到国家层面，国家可以鼓励大数据发展，但要注意避免大数据市场的"头脑过热"，引发大数据垄断，从而威胁市场以及用户利益；国家在做出重大战略决定时，应理性分析大数据，可以适时参考大数据的计量结果，但一定不能只依靠数据结论而盲目行事。

五、建设具有中国特色的数据垄断治理模型

如今，数据垄断治理重要性不断凸显，我国正着力推进反垄断治理的数字化转型，重视数据资源的价值挖掘和应用规范，具体实现了：①制度的碎片化更新。承袭了《电子商务法》《反垄断法》等传统治理，新增了《国务院反垄断委员会关于平台经济领域的反垄断指南》《禁止垄断协议暂行规定》等新型制度以应对"二选一""大数据杀熟"等数据垄断现象，一定程度加强了对数据市场主体的监管，提升了传统制度适用性。②组织的初阶段整合。实现了治理机构的"三合一"，将国家市场监督管理总局作为核心机构，优化了治理权责。③执法的个案化分析，在特定案件中融入了活跃用户数、点击量、使用时长等分析要素，完善了治理效益。但反观欧美基于国情形成的各具特色的治理模式，我国仍相对缺乏导向性治理目标、系统的制度体系及专业的组织结构，总体上也并未形成科学的治理模式，亟待实现执法的标准化。因此，我国应借鉴国外在行为判定高效和市场价值维护上的治理趋向，注重过程分析，考量多数据因素的治理特征，基于我国现实国情，树立弹性治理数据垄断的整体目标，具体通过调整传统制度体系，优化固有组织结构，最终形成融合型的数据垄断治理模式，包括以下四个方面。

（一）协调利益与秩序，树立弹性治理目标

应实现治理的动态性、协调性和平衡性以树立弹性治理目标。我国与欧盟相似，都面临着跨国数据巨头的垄断威胁和国内中小数据主体寻求生存空间的产业局势，注重保障国家和个人的数据权益。欧盟侧重目的效果审查的严密管控模式，体现了其重视数据权益和竞争价值，数据垄断固然会导致严重的权益侵犯、社会动荡和竞争损害，但数字经济中研发创新频繁，主体的市场支配地位持续度有限①，产业数据的高度集中并非社会损失，也并非必然损害消费者权益、经济效率和社会福祉，数据治理应以人为本，构建良好生态，因此，我国应在借鉴欧盟理念的基础上融合美方重视数据产业价值的倾向，具体包括：首先，应提升治理的动态性。利用管理程序、算法技术等多方式动态监测、评估和管理数据主体、预警数据垄断行为，倡导数据主体关键算法的事前报告和备案，提升算法协议透明度，以及时评估和监管，提升事前预防度，更高效维护数据权益。其次，应优化治理的协调性。不依据单一标准分析和判断是否构成数据垄断，考查和权衡行为的前因后果及实施过程，优化治理效益。最后，把握治理的平衡性。应权衡利弊，既及时关注数据垄断行为，考量垄断力的持续度，保障市场技术创新和企业发展，也避免过度约束和监管削弱创新力和竞争力，回应产业市场对创新竞争、公正秩序及数据权属的多重需求。

（二）纳入多分析原则，调整传统制度体系

应实现制度建设的适用性、系统性和多原则性以调整传统制度体系。我国通过修订《电子商务法》《反不正当竞争法》等制度优化了垄断行为判定标准，体现了本身违法原则，也颁布了《禁止垄断协议暂行规定》《网络

---

① 方燕. 互联网竞争逻辑与反垄断政策：纷争与出路[M]. 北京：社会科学文献出版社，2020：133.

数据安全标准体系建设指南》《信息安全技术个人信息安全规范》等制度，在行为分析之中融入了合理分析原则。相较于欧美在并购、合谋、滥用市场地位、用户隐私到数据开放领域形成的多层次制度框架，我国在制度体系化和系统化上有待提升，在分析原则上也应进一步实现欧美不同的分析模式的整合，建成客观性与高效率兼具的制度体系，具体包括：首先，应提升传统制度的适用性。引入多学科领域专家、高校智库、科研院所等参与制度修订，借助圆桌会议、听证会、高峰论坛等多渠道，从专业视角分析经济要素，将数据的所有权、使用权、可移植权等纳入制度体系，强化现有制度在数据市场界定、数据资产评估、数据垄断协议规制及经营者合并审查中的规制力，使传统反垄断理论更好地与数据治理需求融合。其次，应优化现有制度的系统性。持续开展个人数据、用户权益、竞争秩序等多领域相关制度建设，评估隐私保护、技术创新、数据流动等多指标，为行为判定标准细化和过程合理性分析提供制度内容支撑。最后，应形成制度体系的多原则性。协调双重分析模式，既应细化违法制度标准，通过本身违法原则提升行为判定效率，也应融入合理性原则，允许个案分析，优化规制效益。

（三）倡导多主体参与，优化固有组织结构

应实现组织机构的专业化、中立性和民主化以优化固有组织结构。我国实现了反垄断机构的三合一，以国家市场监督管理总局为核心机构，逐步推动多主体参与到理论技术发展中，也通过《工业互联网企业网络安全分类分级指南（试行）》（征求意见稿）指引了行业、企业自评和核查，相较于欧美在组织结构中设立专业部门，聚集全利益相关者参与反垄断调查和听证会等先进组织举措，我国可进一步推动多主体参与的常态化，提升治理联动力，具体包含：首先，应提升组织机构的专业化。与多学科领域专家、高校智库、科研院所等合作，借助圆桌会议、听证会、高峰论坛等多种渠道，从多专业视角提升组织结构科学度和专业度。其次，应保障组织的中立性。通过设立擅长经济分析、数据管理等领域的第三方机构来客观评估市场力、用户习惯、垄断效应，判断其行为危害度和违法性。最后，应提升组织的民主性。引入民间力量，通过民意调研、随机用户访问、匿名举报、行业自治等方式拓宽监管渠道，基于消费者福祉和社会稳定的反垄断价值观开展民主化治理。

（四）融通多因素分析，形成综合型治理模式

应在治理中通过应用前沿理论技术、拓宽调查路径和范围、多途径规制主体行为来构建综合型的治理模式。我国对数据生产要素的关注不断增强，通过将其纳入经济分配体制[①]，培育数据要素市场[②]来加强数据资源整合和安全保护，提升数据资源价值，但在数据垄断规制领域仍处于初步探索阶段，从腾讯案、滴滴案[③]等的执法来看，我国治理模式更接近欧盟，具有行为目的效果判定的治理倾向。但我国制度体系和组织结构并未达到欧盟的系统化和专业化标准，因此应着力规避行为模式判定的弊端，融通多分析模式，具体包含：首先，应积极应用前沿理论和技术。针对垄断行为类型施策，利用反向控制器（black box tinkering）等技术追踪垄断协议行为，借助质量型假定垄断者测试（small but significant no transitory decrease in

① 中共中央关于坚持和完善中国特色社会主义制度推进国家治理体系和治理能力现代化若干重大问题的决定. [EB/OL]. （2019-11-05）[2022-04-17]. https://www.chinacourt.org/article/detail/2019/11/id/4610249.shtml.

② 中共中央 国务院关于构建更加完善的要素市场化配置体制机制的意见. [EB/OL]. （2020-04-09）[2022-04-17]. http://www.gov.cn/zhengce/2020-04/09/content_5500622.htm.

③ 国家网信办 2022 年依法约谈网站平台 8608 家 多方面取得显著成效[EB/OL]. （2023-01-20）[2023-03-17]. https://news.cctv.com/2023/01/20/ARTIZCKchWq7sjK2NDRKz5bE230120.shtml.

quality）、代价型假定垄断者测试（small but significant and non-transitory decrease in quality）①等理论判定滥用市场地位行为，将用户规模、市场结构、经营模式、竞争力、用户转移成本等指标纳入经营者合并行为审查标准，提升行为目的效果判定的专业度和准确度。其次，应拓宽调查路径和范围。关注数据流动的各环节，关切数据利益相关者需求，评估数据行为的合理性，从而优化行为过程分析的客观性和平衡性。最后，应多途径规制垄断行为。根据实际开展个案分析，既惩治具有严重危害的垄断行为，也通过附加条件许可适当放宽有益于产业发展的自然垄断行为限制，形成可持续的数据产业生态。

---

① Yamada H, Takeda M. Report of the study group on data and competition policy in Japan[J]. International Data Privacy Law, 2019, 9（4）: 299-301.

第五章

主权视角下数据权利规制关键工具：数据产权

当前，我国数字经济纵深发展，在数据技术、数据交易、数据支付等不同场景中，大数据杀熟、数据垄断、强制许可等乱象不断出现，加快培育数据要素市场与推进数字产业有序发展成为我国重要发展战略，数据产权制度建设是其中的重点与难点，是培育数据要素市场，促进数据产业创新发展的起点，也是数据安全制度的基础。2017 年，中央政治局实施国家大数据战略第二次集体学习时，明确提出要健全数据资源确权、开放、流通、交易相关制度，完善数据产权保护机制；2020 年 12 月，中央政治局会议与中央经济工作会议提出要完善平台企业垄断认定、数据收集使用管理、消费者权益保护等方面的法律法规；2021 年习近平主持召开的中央财经委员会第九次会议再次明确了"加强数据产权制度建设，强化平台企业数据安全责任"的关键任务①。

第一节　数据产权基础理论及其主权工具功能

产权指的是一种通过社会强制而实现的对某种经济物品的多种用途进行选择的权利。与所有权（ownership）不同，产权并不是绝对的、普遍

---

① 新华社. 习近平主持召开中央财经委员会第九次会议[EB/OL]. （2021-03-15）[2021-07-19]. https://www.chinacourt.org/article/detail/2021/03/id/5868673.Shtml.

的，而是一种相对的权利，是不同的所有权主体在交易中形成的权利关系。在构成上，产权这个概念事实上包含了"一组权利"（a bundle of rights），包括使用权、排他权和处置权等，这些权利可能属于同一个主体，也可能分属于不同的主体。产权的不同安排会产生不同的激励效果，进而会对资源的配置效率产生影响。从经济学角度看，一种合理的产权安排应该产生最优的激励效果，进而让资源得到最有效率的配置和使用。在数字经济时代，数据作为一种重要的资源和生产要素，其使用权、排他权和处置权等各种权利在个人、企业和政府等主体之间的不同配置将会对其使用效率产生很大的影响。

数据产权（data property right）是通过一定的法律保护机制，尤其是设立财产权保护制度或者承认数据保护中的财产性利益，实现对数据利益关系的调整和数据生产者等数据利益主体权益的保护[1]，其包含了人与人之间、人与机器之间的财产关系和行为关系，本质上属于生产关系范畴。2020 年 7 月，数据产权作为我国大数据战略重点实验室全国科学技术名词审定委员会研究基地收集审定的第一批 108 条大数据新词之一，向社会发布使用。

数据产权的界定与分配始终是数据主权下数据治理的首要问题，作为关键生产要素，大数据产权问题逐渐引起各界关注，划定其权属，对其产权进行治理成为政府及业界开展数据治理的必然选择，相关研究覆盖了数据资源归属[2]、数据权利配置与流动[3]、数据开放共享权限[4]等多方面，力图保障数据权益的同时也促进数据流动，平衡数据资源的私人产权和公共价值。

---

① 冯晓青. 数据财产化及其法律规制的理论阐释与构建[J]. 政法论丛，2021，（4）：81-97.

② Harison E. Who owns enterprise information? Data ownership rights in Europe and the U.S.[J]. Information & Management，2010，47（2）：102-108.

③ 李兆阳. 从数据垄断走向数据开放：数据成为关键设施的竞争法分析[J/OL]. 重庆大学学报（社会科学版）：1-16（2021-06-03）[2023-03-19]. http://kns.cnki.net/kcms/detail/50.1023.C.20210603.0944.002.html.

④ 邓灵斌，余玲. 大数据时代数据共享与知识产权保护的冲突与协调[J]. 图书馆论坛，2015，35（6）：62-66.

学者们基于数据资源特征及属性剖析数据产权归属，指引数据权益分配，Andreas Wiebe 就数据产业需求分析了工业数据专有权的法理依据和具体权利内容①；Yu 和 Zhao 以传统的"财产"概念为依据，分析了数据要素的可交易性和物权化，认为个人数据可纳入个人财产②；赵磊分析了数据产权的法理依据，将数据产权的权利主体分为个人、企业和国家，认为其各自的权能不同③。

同时，为了促进数据产权的确权、管理和权益保障，学界也从制度政策、技术方案等多途径探索数据产权治理的可实施方案。王海龙等基于数据所有权运用数据水印和区块链技术优势进行取证，确保大数据交易的公正和安全，为数据资源确权提供了技术方案④；Zhao 等构建了数据分类器，将机器学习、深度学习与智能合约技术结合，访问数据资源，确认数据质量和产权归属⑤；俞风雷和张阁从商业秘密视角探索运用著作权法、专利法分析企业数据产权，倡导将关键生产数据认定为商业秘密加以确权和保护⑥；Yu 认为可根据源数据主体分配数据产权，倡导数据控制者、监管者和使用者等多主体参与分配⑦。

数据产权作为发展中的新概念尚有内涵界定、场景分析、保障渠道等多方面问题待解决，目前研究尚缺乏基于现有政策和产业形势的数据产权治

---

① Wiebe A. Protection of industrial data – a new property right for the digital economy? [J]. Journal of Intellectual Property Law & Practice, 2017, 12（1）：62-71.

② Yu X, Zhao Y. Dualism in data protection：Balancing the right to personal data and the data property right[J]. Computer Law & Security Review, 2019, 35（5）：105318.

③ 赵磊. 数据产权类型化的法律意义[J]. 中国政法大学学报, 2021, 4（3）：72-82.

④ 王海龙, 田有亮, 尹鑫. 基于区块链的大数据确权方案[J]. 计算机科学, 2018, 45（2）：15-19, 24.

⑤ Zhao H, Zhao B, Cheng S. The mechanism of confirming big data property rights based on smart contract[C]//Proceedings of the 2019 4th International Conference on Intelligent Information Technology, 2019：78-82.

⑥ 俞风雷, 张阁. 大数据知识产权法保护路径研究——以商业秘密为视角[J]. 广西社会科学, 2020, 4（1）：99-104.

⑦ Yu X. Allocating personal data rights：Toward resolving conflicts ofinterest over personal data[J]. Fudan Journal of the Humanities and Social Sciences, 2021, 14（4）：549-563.

理路径分析，其中的制度和实践对策尚待明晰和构建，因此，本书旨在通过系统全面地获取相关产权治理政策，运用政策工具理论分析目前的治理路径和实践经验，为构建具有中国特色的产权治理对策提供参考，助力解决数据产权治理的关键问题，推动数字经济更好发展。

数据主权时代下，数据资源上升至要素地位，数字经济发展占据国家发展与综合竞争版图中的重要位置，数据主权博弈新背景下以数据为核心展开的新一轮产业革命，有关权属的制度创新已成为数据要素市场有效运行的基本前提。"权属未定、产业迷茫"已成为目前数字经济发展的命门。当前我国数据要素市场场内交易狭小、数据垄断、政企数据对接不畅和个人信息保护难等问题，不仅阻碍国家数字经济健康运行与数据要素潜力发挥，而且将给国家数据与主权安全带来风险隐患。在数据主权战略需求与引导下，从我国数据要素市场培育的实际情况出发，明晰数据产权与数据主权的关联机理，把握数据产权治理进展与问题所在，探讨我国数据产权发展进路，对于完善我国数据权利治理体系、强化数据主权保障机制至关重要。

第二节　我国数据产权发展现状与治理特征

政策作为具有法律效力的权威性文件，对数据产权这一关键问题的治理方向、路线、内容具有核心指导作用。数据产权确权与治理体系建设成为我国发展不可回避的关键问题，近年来，我国已陆续颁布相关法律法规并积极推进实践发展，但仍然难以完备应对现有数据市场与经济发展实际需求，尚存在如对数据产权制度整体数量较少、专门性法规缺失、主题涵盖不足、归属与监管模糊等现实问题。我国社会与经济转型发展下，如何完善我国数据产权政策体系以支撑数据产权治理、推进数据市场有序发展成为亟待回答的关键问题。基于此，本书根据我国数据产权政策情况，以 Rothwell①的政策工具模型为基础，综合政策目标与参与主体，针对我国数据产权政策构建三维分析模型，对我国自 2011 年以来的 56 条数据产权相关政策进行内容分析和编码，以揭示数据产权政策工具的体系结构、参与主体与目标，同时厘清参与主体的核心功能与着力点，结合实践对比剖析我国数据产权政策体系现存问题并提出针对性建议，为形成适应数字经济发展与数据治理规律的中国方案提出有效思考。

一、政策文本选择与统计

（一）政策文本收集与选择

本书对北大法宝、威科先行·法律信息库以及我国中央及各地政府部门官方网站进行了检索。因当前我国尚未有专门性数据产权法律法规，相应阐述与规制散见于相关数据发展战略、数字经济发展规划等文件中，本章采取全文检索、精确匹配的数据采集方式，范围包括法律、行政法规、司法解释、地方性法规、地方司法解释/文件、政党及组织文件等文件类型，同时考虑到政府在数据产权治理中可能对外寻求合作与外包，因此本章进一步纳入政府针对数据产权的项目招标文件，并按照以下要求进行筛选：①不重复计入同一文件，对正式发布的文件不计入此前草案、意见征求稿，不计入对文件的解读资料，不计入已被废止的文件；②发文机构权威性，即发文机构为中央及地方政府主体，对于其他组织机构的资政建议、指导意见，不做纳入；③文件内容应具有明确针对性，所选文件应能够直接体现较长时间内政府应对数据产权的稳定态度，为一定时期内的行为提出方向指引，剔除研究

---

① Rothwell R. Reindustrialization and technology: Towards a national policy framework[J]. Science and Public Policy, 1985, 12（3）: 113-130.

价值不大的文件。基于以上原则，本章共明确有效政策及相关文件 56 份（表5.1，最后更新日期：2021 年 7 月 19 日）。

表 5.1 我国数据产权政策样本（部分示例）

序号	文件名称	时间	发布单位
1	中华人民共和国国民经济和社会发展第十四个五年规划和 2035 年远景目标纲要	2021.03.12	全国人民代表大会
2	深圳建设中国特色社会主义先行示范区综合改革试点实施方案（2020—2025 年）	2020.10.11	中共中央办公厅；国务院办公厅
3	国务院关于印发"十三五"国家信息化规划的通知	2016.12.27	国务院
4	最高人民法院关于人民法院为北京市国家服务业扩大开放综合示范区、中国（北京）自由贸易试验区建设提供司法服务和保障的意见	2021.03.26	最高人民法院
5	最高人民法院关于支持和保障深圳建设中国特色社会主义先行示范区的意见	2020.11.04	最高人民法院
6	国家知识产权局办公室关于印发 2021 年度软科学研究项目立项名单的通知	2021.06.30	国家知识产权局
7	国家知识产权局办公室关于印发 2020 年度软科学研究项目立项名单的通知	2020.07.31	国家知识产权局
8	国家知识产权局办公室关于印发 2018 年度国家知识产权局课题研究项目立项名单的通知	2018.07.20	国家知识产权局
9	"十三五"信息化标准工作指南	2017.05.19	中央网络安全和信息化领导小组（已变更）；国家质量监督检验检疫总局（已撤销）；国家标准化管理委员会
10	国家测绘地理信息局关于做好 2015 年天地图建设与应用工作的通知	2015.04.28	国家测绘地理信息局（已撤销）

（二）政策基本情况统计

1. 政策时序分布情况

本章对 56 份政策样本的发布时间予以分析。从政策数量上看，2011 年以来，我国数据产权政策数量上呈现逐年波动增长趋势，按照其增量可分为两个主要阶段：①2011~2014 年为初步发展时期，数据产权最早在 2011 年发布的《郑州市人民政府关于印发郑州市十二五数字城市建设发展规划的通知》中作为数字城市政策法规建设的内容之一出现，这一时期我国数据产权政策总量偏少，数据产权政策尚处初步探讨阶段；②2015 年以来为快速发展时期，我国数据产权政策数量增加且增长速度进一步加快，尤其在 2016 年，《国务院关于印发"十三五"国家信息化规划的通知》文件出台后，进一步呈现跨越式发展，多个省级政府关于数据产权的政策陆续跟进，在 2021 年，发布的数据产权政策数量已超过 2015 年的 5 倍。

2. 政策类型与主题分布情况

从政策类型与主题上来看，数据资源价值不断凸显，我国数据产权政策的类型与主题趋向丰富。一方面，相关政策类型上，在指导性发展规划、战略纲要不断提升数据产权政策效力的同时，如年度发展规划、年度报告、工作通知、数据条例、数字经济发展方案等多类型的政策不断出现，在国家战略与规划的不断号召下，广东、安徽、浙江、湖北、湖南、内蒙古等地的数据产权政策不断涌现，反映出我国数据产权治理需求不断提升、重要性不断凸显、治理专业性要求不断提高的趋势；另一方面，相关政策主题上，数据产权政策涵盖主题从国家到各省市、从国家经济与社会发展宏观层次到具体司法保护工作均有涉及，已涵盖宏微观发展层次，既在《中华人民共和国国民经济和社会发展第十四个五年规划和 2035 年远景目标纲要》《中共中央 国务院关于构建更加完善的要素市场化配置体制机制的意见》等涉及国家整体发展的宏观规划中予以论述，也逐步细化至如信息基础设施建设、营商环境优化、人工智能产业发展、众创空间建设、"数字政府"建设等数据主权关联主题中，以完善数据产权治理支撑相应建设与发展工作。

3. 政策制定部门分布情况

总体上来看，我国数据产权关涉政策的制定部门主要包括以下类型：①由中央部门，如全国人大、国务院、最高人民法院等国家机关发布，共 8 篇（占总体政策比 14%），相关政策具有全国性指导意义，并迅速推动数据产权治理发展；②由地方部门，如省人大、省政府、市政府、省高级法院等地方政府机关发布，共 38 篇（占总体政策比 68%），相关政策具有地方性指导意义，在国家政策的引导下根据本地情况因地制宜予以明确规划与建设；③由行业主管部门，如国家发改委、工业和信息化部、自然资源部、国家知识产权局及相应地方主管部门等细分部门与行业管理部门发布，共 10 篇（占总体政策比 18%），相关政策对具体行业与数据对象予以进一步指导，保证宏观性政策指导在具体实践中的落实。

二、政策内容分析

（一）内容分析设计

1. 维度一：政策工具维度

政策工具是政府治理公共事务、实现政策目标或效果的方法和途径[1]，是实施政策的具体手段和方式，同政策目标的实现具有直接的关联性[2]。当前利用政策工具对政策文本进行分析研究已成为公共政策研究的主流，政策工具的分类理论框架不断发展，如豪利特等将政策工具分为自愿性工具、强制性工具和混合型工具 3 种[3]；Rothwell 和 Zegveld 将政策工具分为环境

---

① 谢倩，王子成，周明星. 新中国成立 70 年乡村教师支持政策文本量化分析——基于政策工具视角[J]. 现代教育管理，2020，（4）：61-67.

② Capano G，Lippi A. How policy instruments are chosen：Patterns of decision makers' choices [J]. Policy Sciences，2017，50（2）：269-293.

③ 豪利特，拉米什. 公共政策研究：政策循环与政策子系统[M]. 北京：生活·读书·新知三联书店，2006：141-147.

型、供给型和需求型[①]；McDonnell 和 Elmore 基于政策工具的目的将其分为4 类，包括命令型工具、激励型工具、能力建设型工具、系统变化型工具[②]。结合我国数据产权政策发展尚处于初步阶段的实际，本章以政策工具理论为基础，结合数据产权特点，以 Rothwell 和 Zegveld 的政策工具分类框架为基础，结合陈一[③]、张晨芳等[④]的子类目划分方法，将我国数据产权制度分为环境型、供给型和需求型三类（表 5.2）。

表 5.2　我国数据产权政策工具分类与含义

类型	子工具	政策工具含义
环境型	目标规划	基于数据产权体系建设需求与现状，既对数据产权体系建设做出总体规划与描述，又对具体建设进度与目标做出安排，通过出台发展战略、规划、纲要、产业政策等政策，构建一定时期内总体目标
	策略性措施	为推进数据产权建设制定的各策略性措施，如制定指导思想，鼓励改革、创新，建立评估体系、表彰体系，建立长效机制，宣传推广等
	法规管制	通过完善相关法律法规、部门规章、行业标准、工作办法、考评制度等强制性措施，加强对数据产权治理与监管，对威胁到数据产权的行为进行打击监管，对数据产权相关利益关涉者进行明晰的产权划分，确保企业或个人的合法权益不受侵害
	金融税收	指政府通过融资、信贷优惠等手段拓宽相关企业融资渠道，为相关企业发展提供资金支持
供给型	基础设施	政府通过建设、评估、维护与管理软件或硬件等基础设施，为数据产权治理提供基础设施保障
	教育培训	针对数据产权治理开展的需求，成立专业人才队伍与专家团队，完善培训体系，提升在岗人员素养
	技术信息支持	利用大数据、互联网技术，为数据产权治理的发展提供信息技术服务，如建立大数据产权交易平台等
	公共服务	建设专业部门，提供非营利性的数据产权服务、专业指导相关活动，协调各方资源，提升公共部门服务效率，提高数据产权治理效率

① Rothwell R O Y, Zegveld W. An assessment of government innovation policies[M]//Government Innovation Policy. Palgrave Macmillan, 1988: 19-35.

② McDonnell L M, Elmore R F. Getting the job done: Alternative policy instruments[J]. Educational Evaluation and Policy Analysis, 1987, 9（2）: 133-152.

③ 陈一. 我国大数据交易产权管理实践及政策进展研究[J]. 现代情报, 2019, 39（11）: 159-167.

④ 张晨芳，夏志杰，王诣铭. 政策工具视角下的我国网络安全政策内容量化分析——基于 2015—2020 年的国家政策文本[J]. 信息资源管理学报, 2021, 11（3）: 99-109, 120.

续表

类型	子工具	政策工具含义
供给型	资金支持	直接通过财政支持及补贴等方式，如提供研发经费、活动经费、资金补贴、奖励等，做好数据产权治理的资金保障
需求型	采购外包	政府通过向社会采购数据产权治理服务、工作外包、平台运营、资源采集、项目征集等，支撑数据产权治理服务
	多方参与	通过吸引个人、企业等市场主体参与维护数据产权治理的行动中，吸引市场资本参与，利用市场资金的活力，激发数据产权的市场活力
	国际交流	加强国际交流与合作，积极参与国际标准制定
	试点建设	通过培育龙头企业、示范基地建设，整合相关行业资源，探索发展路径，以"先探"带动"后发"

其中，环境型政策工具主要体现为在健全数据产权规制体系的目标下，通过目标规划、策略性措施、法规管制、金融税收等政策构建有利的政策环境，减少应对数据产权问题的过程中可能遇到的阻碍，从而实现对数据产权的完备规制；供给型政策工具主要体现为推动数据产权治理的政策动力，政府通过设施、教育、技术、服务、资金等要素的供给，为数据产权相关事务与工作的开展提供直接支持，推动企业或政府机构有序发展，提高人们对数据产权问题的重视程度；需求型政策工具主要体现为政府对数据产权相关行业、技术、产业的扶持，多以采购外包、多方参与、国际交流、试点建设吸引社会力量参与数据产权治理，提高社会数据产权意识与共同治理兴趣。

2. 维度二：政策目标维度

政策目标是政策在一定历史时期中所要完成的任务，它是指导一个政党或国家行动的准则①。同一种政策工具可在不同政策目的下具有不同的政策目标，数据产权政策自身作用机制决定了其特殊性，因此数据产权有其独特且必须达成的政策目标。

---

① 李忠尚. 软科学大辞典[M]. 沈阳：辽宁人民出版社，1989：62.

基于中央政策文件与发言论述，以及关联研究，本章将数据产权政策目标划分为四个层次子维度，通过对政策的编码和解读不断修正政策目标内容，最终得到各个目标的最终含义，其中目标1与数据产权关联最为密切，面向了数据产权治理的核心问题，目标2和目标3则是从基础层面保障数据产权治理的施行，构建好宏观环境，而目标4则一定程度表现为数据产权治理的发展导向，也反过来促进数据产权之中资源价值的流动、应用和挖掘，推动数据交易。具体含义见表5.3。

表5.3 我国数据产权政策目标分类与含义

编号	政策目标	政策目标含义	条文示例
目标1	完善数据产权规则，强化数据产权治理（简称"产权规则"）	从整体上划分数据权属，以整体原则、规划等促进数据资源确权、流动和交易，保障数据所有、使用、用益等产权，加强数据产权各环节的监管和规范	制定数据资源确权、开放、流通、交易相关制度，完善数据产权保护制度。建立数据更新制度，保障数据的现势性
目标2	完善数据安全保护，提高数据产权意识（简称"数据安全"）	关涉国家数据安全大局，以数据产权强化数据资源全生命周期安全保护，明晰如平台数据安全责任、用户权益保护、产权保障等领域规制	推进政府和公共事业领域数据资源的普查工作，对可能涉及国家安全和公民隐私的风险点进行控制
目标3	提升数据处理、分析及服务，促进数据开放、利用、共享（简称"数据利用"）	提升数据处理分析与服务能力，促进数据有序开放与联通共享，优化现有数据基础设施、技术平台等支撑，推动数据高效利用和价值开发，促进数据产权管理水平提升	建设高速泛在、天地一体、集成互联、安全高效的信息基础设施，增强数据感知、传输、存储和运算能力
目标4	推动数据市场有序运行，促进数字经济健康发展（简称"数据市场"）	发展数据资产评估、登记结算、交易撮合、争议仲裁等市场运营体系，构建有序流动的数据市场格局，建立健全数据产权交易和行业自律机制，促进数据产业发展和要素效能增速	鼓励企业开放搜索、电商、社交等数据，发展第三方大数据服务产业。促进共享经济、平台经济健康发展

3. 维度三：参与主体维度

20世纪80年代，巴黎学派提出行动者网络理论（actor-network theory，ANT），又称为异质建构论，该理论以结构化的方式来构建行为主体之间的关系，其包含行动者（actor）、异质性网络（heterogeneous network）和转译（translation）三大核心概念①。"行动者"包括参与到科学实践过程中的所有主体要素，既可以是人，如个人、团体组织等人类行动者，也可以是技术、道德、制度、理念等非人类行动者②。

数据产权是与社会进步、组织运行、公民生活深度关联的重要议题，其政策建设与实践涉及的多主体、多要素，如政府、企业、个人都是数据产权治理的重要主体，而如数据治理设施、数据产权交易平台、数据产权技术等要素也同样是数据产权治理的重要支撑因素。数据产权治理工作需协调各主体间的权利分配，强化因素间的协同配合，这与行动者网络理论强调主体协同合作核心相符。基于此，本章采用行动者网络理论系统考察数据产权政策中的参与主体，剖析数据产权治理实践中的发力主体，进一步支撑探讨我国数据产权治理的实践路径。本章基于前序研究和相关文件，建立包含政府、企业、公民、教育机构、科研院所、其他组织6大人类行动者主体，以及内容与技术这一综合性非人类行动者主体的参与主体分析框架，分析我国数据产权政策中主要关涉的实施与规制主体（表5.4）。

表 5.4 我国数据产权政策参与主体分类与含义

参与主体	主体含义	条文示例
政府	指国家权力的执行机关，即国家行政机关，从政治、经济、外交、军事和文化教育等各方面治理数据产权	健全国家网络安全法律法规和制度标准，加强重要领域数据资源、重要网络和信息系统安全保障
企业	能独立经营、自负盈亏的经济组织。拥有一定数量的固定资产和流动资产，具有法人资格，能独立承担民事责任，从事数据产业经济活动	鼓励企业开放搜索、电商、社交等数据，发展第三方大数据服务产业。促进共享经济、平台经济健康发展
公民	具有一个国家的国籍，并依据宪法或法律规定，享有数据权利和承担数据义务的人	强化大数据科普宣传，提高全民数字素养，营造良好社会氛围

① Bruni A, Teli M. Reassembling the social—An introduction to actor network theory[J]. Management Learning, 2007, 38（1）: 121-125.

② 郭俊立. 巴黎学派的行动者网络理论及其哲学意蕴评析[J]. 自然辩证法研究，2007，23（2）: 104-108.

参与主体	主体含义	条文示例
教育机构	提供正规教育的机构或组织，如小学、中学、学院和大学，为数据产权治理提供人才技术资源	优化高校学科设置，增设一批大数据本科和研究生教育相关学科专业，争取设立3~5个博士后流动站
科研院所	从事数据产权的理论研究、技术开发、应用试验等的学术型机构或企业技术机构	大数据产权安排及其制度构建路径研究项目
其他组织	除政府、企业、公民、教育机构、科研院所、内容与技术等的第三方	—
内容与技术	综合性非人类行动者，如数据产权治理的标准、技术、规范等	探索建立基础测绘生产与天地图建设的联动更新机制和数据标准的一致性，切实提升天地图数据的获取能力和更新速度

（二）政策文本内容编码

本章考察数据产权政策全文，以政策文本的具体内容为对象将政策文本拆分为多个分析单元，按具体内容在政策文本中出现的顺序予以编号。具体内容按照为"政策唯一编号–内容所在章节–内容具体法条"的编号规则予以编码，如 1-14-13 表示政策内容分析单元来源于编号为 1 的政策《中华人民共和国国民经济和社会发展第十四个五年规划和 2035 年远景目标纲要》中的第 14 章节下的第 13 条细则。本章基于前文分析框架，由两位编码员在深入研读每一政策文本的基础上予以编码与归类，持续讨论和修正编码体系，最终得到 696 个编码记录（编码示例如表 5.5 所示），本章以 Cohen's Kappa 法[1]验证了一致性，得到三维度的 Kappa 值均高于 0.75，结果可信。

---

① Lombard M, Snyder - Duch J, Bracken C C. Content analysis in mass communication：Assessment and reporting of intercoder reliability[J]. Human Communication Research，2002, 28（4）: 587–604.

表 5.5 我国数据产权政策文本内容分析单元编码表（示例）

层次	政策名称	内容分析单元	编码	维度一	维度二	维度三
中央	中华人民共和国国民经济和社会发展第十四个五年规划和 2035 年远景目标纲要	统筹数据开发利用、隐私保护和公共安全，加快建立数据资源产权、交易流通、跨境传输和安全保护等基础制度和标准规范	1-18-2	法规管制	政府	目标 1
中央	国家知识产权局办公室关于印发 2020 年度软科学研究项目立项名单的通知	数据产权的界定与保护研究	6-1-1	采购外包	科研院所	目标 1
中央	中共中央 国务院关于构建更加完善的要素市场化配置体制机制的意见	引导培育大数据交易市场，依法合规开展数据交易	11-8-26	多方参与	政府、企业	目标 4
中央	中共中央 国务院关于支持深圳建设中国特色社会主义先行示范区的意见	支持深圳建设粤港澳大湾区大数据中心。探索完善数据产权和隐私保护机制，强化网络信息安全保障	12-3-10	策略性措施	政府	目标 4
广东省	广东省人民政府办公厅关于印发广东省数字政府改革建设 2021 年工作要点的通知	推进"数字国资"建设，完善数据分析平台与业务处理平台	13-3-16	技术信息支持	政府	目标 3
山东省	山东省人民政府办公厅关于印发数字山东 2019 行动方案的通知	加强敏感数据保护，实现数据安全预警和溯源，完善数据产权保护，加大对数字技术专利、数字版权、数字内容产品及个人隐私等的保护力度	30-4-18	策略性措施	政府	目标 2
北京市	北京市人民政府关于印发《2021 年市政府工作报告重点任务清单》的通知	开展不同领域、各有侧重的跨境数据流动试点，探索创制数据确权、数据资产、数据服务等交易标准及数据交易流通的定价、结算、质量认证等服务体系	56-2-27	试点建设	政府、企业	目标 4

（三）政策文本内容分析

1. 政策文本分维度分析

基于本章构建的三维分析框架，本章对 2011 年以来我国数据产权政策的政策工具、政策目标、参与主体三维度予以编码，并对编码结果进行统计，如图 5.1 所示。

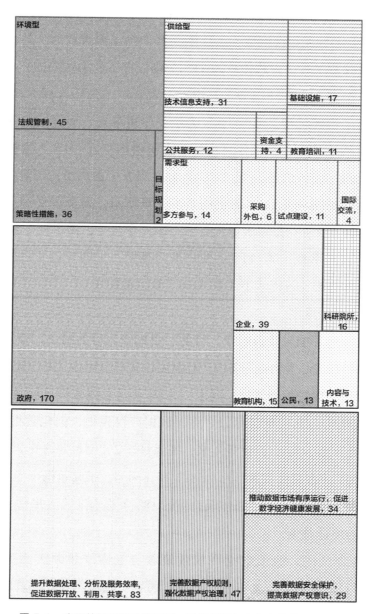

图 5.1 我国数据产权政策工具、政策目标与参与主体统计树状图

1）政策工具维度

整体上，我国数据产权政策综合运用了环境型、供给型和需求型等多种政策工具，三类政策工具均有所发展但呈现不均衡状态。其中，环境型（占总体政策 43%）和供给型（占总体政策 39%）两类政策工具占据绝对比重，需求型政策工具（占总体政策 18%）则发挥了较为次要的作用。

子工具层次上，在环境型工具中，法规管制（占环境型工具 54%）与策略性措施（占环境型工具 43%）为主要使用工具，而目标规划较少被使用；在供给型工具中，技术信息支持（占供给型工具 41%）为核心使用工具，基础设施（占供给型工具 23%）、公共服务（占供给型工具 16%）、教育培训（占供给型工具 15%）也相对被频繁使用，而资金支持（占供给型工具 5%）运用极少；在需求型工具中，多方参与（占需求型工具 40%）及试点建设（占需求型工具 31%）使用最为频繁，采购外包（占需求型工具 17%）与国际交流（占需求型工具 11%）较少被使用。

2）政策目标维度

基于政策内容中对政策效果、目的、目标等内容的描述，整体上我国数据产权政策目标核心为构建完备的产权制度以实现目标 3 "提升数据处理、分析及服务效率，促进数据开放、利用、共享"（占总体政策目标 43%），积极推动建设规范化；其次是目标 1 "完善数据产权规则，强化数据产权治理"（占总体政策目标 24%），同时近年来，围绕目标 2 "完善数据安全保护，提高数据产权意识"（占总体政策目标 15%）和目标 4 "推动数据市场有序运行，促进数字经济健康发展"（占总体政策目标 18%）也引发关注并有一定发展。

3）参与主体维度

基于内容编码，我国数据产权政策参与主体按照频次比重依次为政府、企业、科研院所、教育机构、公民、内容与技术。首先，政府占据绝对比重（占总体政策主体的 64%）为第一大主体，中央及各级政府部门积极出台相应数据产权法案、规划、指导，承担数据产权治理中的核心指导与实施职责，在相应政策工具运用与政策目标实现中发挥关键作用；其次，企业占据次要地位（占总体政策主体的 15%），企业，特别是数据、科技及互联网企业，积极参与数据应用实践、数据产权政策践行、数据行业自律规则建设、数字经济与市场规范、改革试点建设等具体环节，支撑相关政策落实与实施；再次，科研院所（占总体政策主体的 6%）、教育机构（占总体政策主体 6%）、公民（占总体政策主体的 5%）也在一定程度上发挥各自作用，如科研院所承担了我国政府主要的数据产权科研项目外包工作，积极为我国数据产权政策完善与实践发展提供智力支撑，教育机构承担人才培养责任，开设相关专业、完善职业教育，公民积极参与数据产权科普宣传与全民数字素养提升环节，助力营造良好数据产权保障的社会氛围；同时，内容与技术作为非人类行动者，是指那些在政策文本中，并未体现出政策执行人或措施实施者的小部分政策内容①，内容与技术在数据产权政策主体中较少出现（占总体政策主体 5%），主要以完善数据处理、流通、利用方案，明确数据产权、隐私、安全保护规则，推进数据产权及交易平台建设，强化新兴及关键技术开发等为主。

2. 政策文本交叉维度分析

本章对政策工具、政策目标、参与主体三维度的政策分布情况进行了交叉统计，考察其在不同政策目标导向下的政策工具偏好，分析其不同政策工具的主要参与主体，探究其不同参与主体所助力的政策目标，形成更完整和系统的数据产权政策现行系统，以便进一步分析其中的优势和劣势，据此优化数据产权治理政策体系。通过表 5.6 的统计分析，我国数据产权政策现状具有以下三方面特征。

---

① 卿倩，李桂华. 政策工具视野下我国省级全民阅读政策研究[J]. 中国图书馆学报，2020，46（3）：88-101.

表 5.6　政策三维分布统计表

政策工具(型)	政策工具	目标1·政府	目标1·科研院所	目标1·内容与技术	目标1·小计	目标1·占比	目标2·政府	目标2·公民	目标2·内容与技术	目标2·小计	目标2·占比	目标3·政府	目标3·企业	目标3·教育机构	目标3·内容与技术	目标3·小计	目标3·占比	目标4·政府	目标4·企业	目标4·小计	目标4·占比	总计	总占比
环境型	目标规划	0	0	0	0	0	1	0	0	1	4.76	1	0	0	0	1	7.69	0	0	0	0	2	3.85
	策略性措施	7	0	1	8	88.89	9	0	1	10	47.62	10	0	0	0	10	76.92	7	2	9	100	37	71.15
	法规规制	0	0	1	1	11.11	10	0	0	10	47.62	2	0	0	0	2	15.38	0	0	0	0	13	25.00
	小计	7	0	2	9	50.00	20	0	1	21	75.00	13	0	0	0	13	15.48	7	2	9	16.36	52	—
	占比	77.78	—	22.22	—	—	95.24	—	4.76	—	—	100	—	—	—	—	—	77.78	22.22	—	—	—	—
供给型	基础设施	0	0	0	0	0	0	0	0	0	0	15	0	0	1	16	26.67	1	1	2	15.38	18	21.95
	教育培训	0	0	0	0	0	3	2	0	5	71.43	3	0	4	0	7	11.67	1	0	1	7.69	13	15.85
	技术信息支持	2	0	0	2	100	1	0	1	2	28.57	15	0	0	8	23	38.33	4	3	7	53.85	34	41.46
	公共服务	0	0	0	0	0	0	0	0	0	0	11	0	0	0	11	18.33	1	0	1	7.69	12	14.63
	资金支持	0	0	0	0	0	0	0	0	0	0	3	0	0	0	3	5.00	1	1	2	15.38	5	6.10
	小计	2	0	0	2	11.11	4	2	1	7	25.00	47	0	4	9	60	71.43	8	5	13	23.64	82	—
	占比	100	—	—	—	—	57.14	28.57	14.29	—	—	78.33	—	6.67	15.00	—	—	61.54	38.46	—	—	—	—
需求型	采购外包	0	5	0	5	71.43	0	0	0	0	—	1	0	0	0	1	9.09	0	0	0	0	6	11.76
	多方参与	0	0	0	0	0	0	0	0	0	—	5	1	0	0	6	54.55	9	8	17	51.52	23	45.10
	国际交流	2	0	0	2	28.57	0	0	0	0	—	0	0	0	0	0	0	1	1	2	6.06	4	7.84
	试点建设	0	0	0	0	0	0	0	0	0	—	4	0	0	0	4	36.36	7	7	14	42.42	18	35.29
	小计	2	5	0	7	38.89	0	0	0	0	—	10	1	0	0	11	13.10	17	16	33	60.00	51	—
	占比	28.57	71.43	—	—	—	—	—	—	—	—	90.91	9.09	—	—	—	—	51.52	48.48	—	—	—	—
	总计	11	5	2	18	—	24	2	2	28	—	70	1	4	9	84	—	32	23	55	—	185	—
	总占比	61.11	27.78	11.11	—	—	85.71	7.14	7.14	—	—	83.33	1.19	4.76	10.71	—	—	58.18	41.82	—	—	—	—

注：占比单位均为%。参与主体包括：政府、企业、公民、内容与技术、科研院所、教育机构，此表删去了占比为零的主体类别

（1）不同政策目标导向下的政策工具偏好不同。具体来说：①侧重利用环境型和需求型政策（占比分别为 50%、38.39%）推进数据产权治理，实现目标 1，尤其重点应用策略性措施优化数据产权治理环境（在环境型政策中占比高达 88.89%）和采购外包政策推进数据产权治理研究（在需求型政策中占比达 71.43%）。②主要利用环境型和供给型政策保障数据安全，实现目标 2，其中法规管制和策略性措施（在环境型政策中占比均为 47.62%），以及教育培训（在供给型政策中占比达 71.43%）是目前主要的数据安全保障渠道。③倾向利用供给型政策提升数据治理能力，实现目标 3（占比为 71.43%），重点应用技术信息支持、基础设施及公共服务（在供给型政策中占比分别为 38.33%、26.67%、18.33%）来处理分析数据，优化数据资源建设和服务质量。④主要通过需求型和供给型政策（占比分别为 60.00%、23.64%）来开发数据市场价值，实现目标 4。其中，最为常见的政策手段为多方参与、试点建设（在需求型政策中占比分别为 51.52%、42.42%）及技术信息支持（在供给型政策中占比为 53.85%），重视企业等多市场主体参与，提升市场活力，同时也在技术上给予支持，推进数据产业高质量发展，深化数据价值开发。

（2）政策工具使用的最核心参与主体为政府，其他参与主体之中企业、科研院所、教育机构和内容与技术介入度更高。具体来说：①政府在环境型政策和供给型政策中占据绝对主导，其中法规管制、策略性措施、基础设施、技术信息支持等是政府最主要的参与举措。②企业和科研院所在需求型政策中参与度更高（目标维度 1 中占比 70%以上，目标维度 4 中占比在 50%左右），企业主要在多方参与和试点建设上助力政策实施，科研院所则是在采购外包上开展数据相关研究。③教育机构和内容与技术主体集中参与供给型政策（在目标维度 2、3 中分别占比 15%和 20%左右），在政府占据绝对主导的供给型政策领域，教育机构主要给予教育培训支持，内容与技术则主要助力提供技术信息支持。

（3）政府为政策目标实现的主力，企业和科研院所在特定政策目标下具有高贡献度。具体来说：①政府主体在四个目标维度上均为主导力量（各目标维度占比均高达58%以上），充分应用环境、供给及需求多政策工具，助力数据产权治理、数据安全保障、数据服务提升及数据市场发展等多目标实现。②企业在实现数据价值开发上参与度高（占比为41.82%），更多助力目标4的实现，推动数字经济发展。③科研院所在研究数据产权治理上参与度高（占比为71.43%），全力推进目标1的实现，通过理论研究、技术开发等探寻数据治理现状改善，完善现行数据产权规制。

总体来看，我国实现不同的政策目标时应纳入多类型政策工具的使用，实现从环境、供给及需求多路径达成数据产权治理目标，尤其应重视环境型和需求型政策的使用；同时，应推动政策工具使用和推行的多主体参与，除去企业、科研院所、教育机构等常见合作对象之外，政府也应纳入公民等其他利益相关群体，提升各类型政策工具的使用度、覆盖率和落实度；最后，应以政府为主导力量，整合企业、科研院所、教育机构、公民等多主体力量，从多主体视角助力政策目标实现，优化工具、主体和目标的组配方案。

三、我国数据产权政策特征与问题探析

（一）政策工具视角：整体分布差异较大，工具体系尚待优化

1. 环境型政策工具分布不均，依赖法规管制与策略性措施

环境型政策工具内的措施分布不均，法规管制与策略性措施发挥主要作用，目标规划措施所占比例最低。法规管制主要侧重通过法律法规、部门规章、工作办法等强制性措施来完善数据权属划分、产权监管、风险应对，

作为策略性措施和目标规划的配套政策，在操作层面提供了初步的指导与支持，这与我国各省市在中央指导下密集发布地方性法规政策的"中央—地方"指导模式有关，法规管制数量及比例迅速提升，但具体内容尚局限于大数据发展纲要，对权责安排也尚未明晰，在数据产权制度尚处摸索阶段的背景下，各省市政策内容存在重复雷同的现象，因地制宜、面向本地实际的专门性政策较少，法规管制工具的效能仍较低；同时，法规管制类措施的运用过于频繁，往往由于先前政策未切实执行，或本领域的确存在较严重缺失，因此需在后续政策中不断强调，这也进一步凸显了我国数据政策体系对实践作用不佳，管理存在漏洞。

策略性措施和目标规划的作用更多地表现在宏观层面，以指导思想、创新鼓励、原则阐述、长效机制建设等内容，明确发展目标，把握数据产权发展方向，统筹安排相关治理与实践工作，但当前策略性措施和目标规划均散见于相应各类数据发展战略规划和治理方案中，分布相对广泛，尚未有专门针对数据产权的专门性策略与目标规划，一定程度上反映了我国当前对数据产权虽已有关切但重视不足，现有的策略性、目标规划措施尚难发挥作用。

同时，金融及税收优惠这一细分措施尚未显现于数据产权政策体系中，数据产权政策的实施涉及企业、教育机构等多方主体，深刻关联数据市场、数字经济发展目标，没有激励相关主体的税收优惠政策及利好条件，可能会影响相关主体，特别是市场主体参与数据产权治理与政策实践的积极性。

2. 供给型政策工具以技术支持为主，资金支持关注不充分

数据产权与大数据资源、信息技术紧密关联，因此在供给型政策工具中主要以技术信息支持、基础设施为核心，共同占比达 63%，公共服务与教育培训也协同发挥一定作用，但针对供给的资金支持不充分。

数据产权围绕数据资源及其相关问题展开，因此与数据产权相关的技术信息支持与基础设施措施成为我国供给型政策的主要关切，核心为强调攻坚数据产权技术难点、建设数据交易平台、建立大数据分析与智能监管系统等内容，从而引导我国数据产权治理实践的开展。公共服务措施强调展开如数据资源供给开放、数据开发利用、数据市场建设、市场监管等环节中的政府服务，以数据产权相关服务满足社会与市场发展需求，推进数据资源利用与产权规制。教育培训则从人才角度，强调发挥科研院所机构力量、培养复合型大数据人才、优化职业教育并提高全民素养，为我国数据政策提供人才与智力支撑。

以上政策措施虽已有一定发展，但其内容存在受限于大数据治理整体框架的问题，在相应的技术信息支持、基础设施、公共服务中，对数据产权的针对性措施内容较少，常常与数据宏观治理、数据开放、智慧城市、数字政府等政策议题关联融合，在技术、设施、服务中较少有立足于数据产权特色需求的详尽措施与方案；同时，在国家整体纲领和大数据治理法案的影响下，各地区与部门间在供给型政策工具上存在着明显的内容雷同问题，一定程度上反映了政策实践中我国各地区重复建设、雷同建设的问题，数据产权政策专业性、地区针对性尚需提升。

更多地，我国在强调攻坚信息技术难点、强化数据交易平台建设等信息技术支持内容，重视信息基础设施建设、完善公共服务、发展数据产权人才培养与教育的同时，对资金支持内容极少关注，占比仅有 5%，且已有的对资金支持的内容也多以"以政府和社会资本合作（public-private-partnership，PPP）等模式引进资金""将有限经费投入"这类笼统表述为主，未有具体经费类别、持续投入计划、监管与负责机构等具体方案，资金投入措施难以有效支撑数据产权治理具体工作，供给型政策存在内部冲突与失调问题。

3. 需求型政策工具整体重视不足，多方参与及试点建设为主要措施

整体上，需求型政策工具在我国数据产权政策中发挥次要作用，占比较低。其中多方参与、试点建设为主要措施，采购外包与国际交流措施论述较少，发挥作用有限。

多方参与虽在需求型工具中占比最大，但在我国数据产权政策整体中仅占 7%，尚未引起决策者关注。多方参与集中鼓励企业等市场主体、产权服务机构等专门机构、公民等共享数字资源和参与数据产权治理实践，以举办应用大赛、高峰论坛、商业比赛等形式激发多方主体积极性。

试点建设强调推进如数据交易试点、数据生产要素统计核算试点、数据开发利用试点、数据要素试点、数据跨境传输安全管理试点等公共服务试点，探索发展路径，以"先探"带动"后发"。试点建设作为有效的探索路径尚未引发关注（仅占总体政策比例 6%），且现有试点建设中忽略了对龙头企业的示范性试点建设，考虑到数据产权治理与数据企业、数据市场密不可分，在政府大力建设公共服务试点的同时，应该考虑到数据产权在不同场景下的具体问题，完善现有不足；同时当前试点均关涉了其他数据治理问题，较少有专门针对数据产权治理的试点机构规划，数据产权治理亟待实践经验反哺。

采购外包措施侧重于通过各地政府机构、国家及各地知识产权局等主体发布科研项目招标公告寻求科研院所、专业机构的智力支撑，关切方向包括"数据产权的界定与保护研究""大数据产权安排及其制度构建路径"等议题，反映出我国治理亟待来自科研院所、专业机构等智囊的智力支撑，以提高数据产权治理科学性。但当前这一采购外包措施在数据产权整体政策和我国政校企合作中整体重视不足，专门围绕数据产权治理的政府合作智囊团队尚未建立，如何有效发挥社会力量支撑建设需要综合考虑。国际交流措施注重参与国际规则和数字技术标准的制定、完善国际合作机制，支持国内企业参与国际竞争。一方面，这类措施尚未进入治理者视野（本次政策体系中仅有 4 条内容表述），发挥作用空间极为有限；另一方面，现有措施均是原则性倡导，缺乏可指导实践的具体实施方案。

（二）政策目标视角：以数据开发为核心，数据安全与市场发展亟待关注

我国数据产权政策目标以目标 3 "数据开发" 为核心，其次是目标 1 "产权规则"，对于目标 2 "数据安全" 和目标 4 "数据市场" 展开一定关切，但整体比例不足。

我国数据产权政策的目标诉求侧重数据开发，在我国经济社会发展转型的当下，更为强调在数据产权政策的规制与指导下，提升数据利用、开放效率，进一步实现数据价值。这一目标下的相关政策以规范数据采集渠道、创新数据技术、建设大数据平台、展开数据利用示范、举办数据开发竞赛等为主要内容，推动数据开放与利用。数据开发目标占整体数据政策的 43%，为其他目标政策的 2~3 倍，我国数据产权在目标上有过于集中的趋向；这一目标下，主要依托环境型政策工具，极大依赖于政府主体的支撑，缺少供给型、需求型政策的同步协同，也忽视了企业、公民等其他主体作用的发挥。

目标 1 产权规则引发关注，完善数据产权规则、强化数据产权治理成为我国数据产权政策的最直接目标。相应政策以鼓励建立健全数据产权规则体系，明确相关平台、资源的归属等内容为主，提升对该目标的关注度。但产权规则目标下，政策多是如 "建立健全数据产权交易和行业自律机制"，"探索完善数据产权与隐私保护机制"，"探索大数据产权交易的新模式" 等原则性、指导性号召，较少有可支撑实现目标的具体实施方案；相关政策依赖政府主体支撑，也同样主要依赖环境型政策，对其他类别政策工具与主体的联动不足。

目标 2 数据安全与目标 4 数据市场在整体政策中占比较低，治理者虽有关注，但不占据主导地位。相应政策要求完善数据产权保护以应对数据产权风险，强调探索数据确权、数据资产、数据交易规则与服务体系以推动数据市场发展。当前我国在实践与研究前沿中都进一步强调需考虑数据跨境、数据安全视角下的数据产权问题，数据市场的有序运行与健康发展也进一步成

为数据产权的核心议题，我国数据政策在目标上存在滞后于实践的特征；相应政策侧重在目标重要性强调与关切上，对于数据安全保障方案、数据市场及数据交易中的产权问题尚未有详细规定，现有的产权制度难以满足数据安全保障和数据市场发展的需求。

（三）参与主体视角：政府主体发挥主导作用，多元主体协同作用尚待发挥

1. 政府主体广泛覆盖，主体功能以宏观指导为主

政府主体在各数据产权政策工具与政策目标中都始终占据绝对主导地位，占据整体政策绝对比重（64%），覆盖面广泛，发挥了在数据产权问题上重要的方向把握、路径指导和监管实施等政府职责，在相关政策中政府主体的功能描述主要包括"建立规章制度""健全交易机制""加快数据条例立法"等，可窥见政府主体仍主要力图于为数据产权治理与实践提供宏观指导与良好环境，但目前政府主体功能尚以原则性号召、立场阐述、发展规划为主要阐述方式，尚未有针对数据产权的实践细则与方案出现，实际功能表现不够细化与直观；同时政府主体在全面覆盖数据产权政策的同时，也忽视了目标规划、资金支持、采购外包、国际交流等重要维度。

2. 企业主体占比突出，主体功能施展空间有限

企业是数据产权政策第二大参与主体，这与数据产权这一议题的特殊对象与行业背景关联。虽然占比突出，但数据产权政策中企业主体覆盖面较为狭窄，仅限于在目标 2 数据开发与目标 4 数据市场两维度出现，政策功能集中于数据利用开发、数据技术研发、数据市场交易，在相关政策中企业的数据产权政策功能表述为"进行数据交换和交易""联合建设大数据交易中心""探索大数据产权以及衍生产品交易"等；同时，企业主体集中在需求

型工具维度中发挥功能，在环境型、供给型工具中鲜有出现，一定程度上反映了当前我国企业主体的功能较为单一，主要作为实施者而非共建者，治理潜力的发挥空间有限。

3. 其他主体分布零散，主体功能发挥不足

科研院所、教育机构、公民在一定程度上发挥各自作用。根据实践需求，科研院所与教育机构应在数据产权治理中占据较为重要的如技术突破、智囊支撑、人才培养等重要作用，公民更是数据产权治理的核心主体与利益关涉方，但目前在数据政策中，这3类主体总体占比过低（三者共同占整体政策 17%），且在政策目标、政策工具各维度上分布零散，功能散见于如采购外包、教育培训等类别，主体功能发挥不足。

（四）"工具–目标–主体"协同视角：核心目标导向性不足，多元主体协同度有限

1. 政策工具的核心目标导向性较弱，缺乏针对性

现有政策较少以数据产权治理为施行目标，可见目前的政策工具对数据产权治理问题的聚焦度和专门度不高，多利用政策工具从数据安全、数据市场及数据能力角度辅助数据资源建设、分析、存储、公开和共享，完善数据产权治理。这一方面体现了我国重视数据治理能力提升，充分做好数据产权治理的准备措施，搭建了信息技术基础设施，优化了数据资源储备和现有数据处理技术水平，也积极探索数据交易市场的规范；但另一方面也反映了治理数据产权的探索处于起步阶段，缺乏专门的政策工具来解决权属分配、价值估算、权益申诉等核心问题，精准回应治理需求，以数据产权治理为首要目标来推进治理工作。

同时，就具体政策内容来看，我国更多从策略性措施、技术信息支持及采

购外包三方面推进数据产权治理工作，更重视软硬件设备、理论技术研究，而相对缺乏资金支持、教育培训、公共服务、试点建设等其他政策支持，不利于从资金、人才、服务、产业等方面切入数据产权管理，难以有针对性地解决目前面临的数据权属、权益分配、交易规范、价值评估等愈加复杂的问题。

2. 政策工具的参与主体角色单一，缺乏多元性

在三类政策工具中，政府均是绝对参与主体（各类型维度占比高达55%及以上），可知目前的政策工具的实施和推行更多以管理和监管视角规范数据行为，以政府为主要参与者，通过法规管制、策略性措施优化数据产权规制环境，通过基础设施、技术信息支持提升数据服务能力，也积极利用采购外包、试点建设来从需求端拉动数据产权治理，但在涉及多主体的治理政策之中参与主体仍较单一，尤其是环境型和供给型政策工具中参与主体尤其少。这体现了我国在数据治理中较少利用企业、教育机构、科研院所等第三方机构开拓治理视野，提升专业水平，同时也不利于培育数据产权相关利益者的权能。

同时，就具体政策内容来看，我国在教育培训、采购外包、多方参与、试点建设的政策上的参与主体相对多元，参与主体以教育机构、企业、科研院所为主要代表，更多利用专业力量、核心行动对象的力量来推进工作，相对缺乏对社会资本、市场力量、公众意识等的关注和利用，难以更高效地利用社会资源解决数据产权治理难题。

3. 政策目标的社会参与度不高，缺乏全纳性

在推动四大政策目标实现中，政府为核心力量（占比均达 58%以上），可见在规划和实施政策目标时，政府及公共部门的人力物力资源是主要支撑，政府施行的策略性措施、发布的法规制度、提供的资金支持是最为主要的治理目标实现方式。此外，科研机构及企业也在特定的数据产权研究、数据产业开发的目标维度下具有高参与度。这体现了我国的数据治理缺乏社会参与度，尤其是社会公众对于数据价值、数据资源的认知度较低，教育机构、公益组织等其他第三方也缺乏参与动力，不利于形成更活跃的数据治理社会氛围，也不利于政策工具的施行和完善。

同时，就具体的政策内容来看，在数据产权规则、数据市场开发两个目标层面的社会参与度相对较高，纳入科研院所及企业主体参与其中，有利于探索理论、技术及实践问题，但同时在数据安全和数据能力目标层面的社会参与度则相对更有限，不利于在数据产权治理过程中考虑兼顾多主体权益，也不利于利用社会资本、人力智力资源来保障政策目标的实现。

第三节　我国数据产权治理发展思考

一、完善数据产权政策工具体系，强化多类型工具协同

数据产权各政策工具基于其不同属性与维度，共同构成数据产权政策工具体系。完善政策工具体系、强化多类工具的协同，对于推动数据产权政策实施、支撑数据产权实践进展具有重要意义。本章基于前序分析，认为可以从如下几方面进行展开。

（1）补充环境型政策工具的具体实施方案，创新运用金融及税收优惠。首先，深化法规管制、策略性措施、目标规划中各原则指导与建设号召下的具体实施方案，明确行业标准、工作办法、考评制度、评估体系等直接运用于实践的配套措施，将宏观目标细化与落实；其次，重视发挥金融及税收优惠功能，创新相关优惠政策并扩大适用范围，鼓励相关数据企业、组织机构等主体参与数据产权治理。

（2）强化供给型政策工具的针对性，重视资金支持措施效力发挥。首

先，强化在技术信息支持、基础设施、公共服务、教育培训维度上的数据产权针对性政策，既在整体数据治理框架下不断丰富治理方案，也结合我国实际需求制定数据产权专门性政策内容，提升数据产权政策科学性、专业性；其次，重视运用资金支持投入，明确划定稳定的具体数据产权治理经费类别和投入计划、监管经费实施计划等具体方案，支撑数据治理实践。

（3）全面关切需求型政策工具并提升其比重。制定数据产权专项采购计划，推进专门性数据产权试点建设方案，制定加强与科研院所、专业机构以及其他主体的产学研合作的激励措施，并积极参与国际数据产权治理标准与规则体系的建设探讨。

（4）加强各类型政策工具协同。一方面是完善整体政策工具体系；另一方面是加强国内各政策制定与发布主体之间的协同和特色化建设，避免各地、各部门、各政策条文间的重复建设，提高数据产权治理效率。

二、优化数据产权政策目标结构，平衡各政策目标诉求

当前我国数据产权目标存在结构失衡、对新兴数据产权目标关注不足的问题，优化数据产权政策目标结构、平衡各目标诉求，对于把握我国数据产权政策发展方向、稳定政策发展路径意义重大。本章基于前序分析，认为可以从如下几方面进行展开。

（1）转向以数据产权治理为核心政策目标，优化治理效率和精准度。优化现有治理水平应聚焦数据产权的核心问题，针对完善数据产权规则，强化数据产权治理的政策目标来匹配更多的政策工具，并集聚各参与主体来推动目标实现。在政策工具匹配上，我国应给予数据产权治理更多的供给型政策支持，尤其完善数据存储、流动、管理等基础设施，针对数据的确权、流动、交易等需要提供教育培训，指导公共部门开展数据产权服务，并辅以资金

支持；在参与主体层面，我国政府应发挥引领作用，既完善数据处理分析的内容与技术，也积极引导企业、教育机构等在数据产权的权属认证、利益分配、流动交易各环节中遵守规范，助力政策落实，实现政策预期和目标规划。

（2）平衡各目标结构，重视对"数据安全""数据市场"目标的关切。一方面，继续在"数据开发"目标维度不断细化与发展，重视对这一目标下供给型、需求型政策工具的应用，推进技术信息支持、公共服务、教育培训、多方参与等政策内容的建设，同时加强企业、公民等主体在数据开发目标上的目标发挥；另一方面，同步政策目标与数据产权实践，提升对"数据安全""数据市场"目标的政策建设，根据实践需求，如数据产权安全风险、数据跨境产权规制、数据交易全环节问题，制定针对性的发展规定，实现数据产权制度与实践发展的协同演进。

三、发挥数据产权政策主体功能，提升治理效率与覆盖度

政策实施中，需要发挥政策的协同效应来使政策子系统之间相互配合和支持而不是排除、政策工具相互作用而不是各自鼓励[①]。数据产权政策主体功能具有多样性，深入挖掘多样主体在不同政策工具与目标下的潜在价值与丰富功能，有效提升数据治理效率，从而形成支撑我国数据产权治理的政府、行业部门、社会主体协同体系。

本书基于前序分析，认为可以从如下几方面进行展开。

（1）优化政策主体结构与功能，重视发挥多主体协同治理联动。在现有以政府主体为绝对主体的框架下，优化主体结构，发挥企业、科研院所、教育机构、公民等多元主体的功能。首先，针对政府主体，完善顶层设计并兼顾对数据产权的具体实践细则与方案，并对目标规划、资金支持、采购外

---

① 马海群，洪伟达. 我国开放政府数据政策协同的先导性研究[J]. 图书馆建设，2018，（4）：61-68.

包、国际交流等重要维度上的空白予以补充，加强政府内各部门之间的联动与协调机制，联合制定数据产权政策体系；其次，在企业及其他主体上，重视发挥此类主体的多样性功能，在各自目标与政策工具维度中积极思考具体主体功能，同时转变政府等数据政策制定主体的思维，将多元主体视为我国数据产权治理体系共建者，充分发挥多元主体治理优势与潜力。

（2）发掘多参与主体的优势资源，提升治理效率和覆盖度。推进数据产权治理体系完善应充分发挥多主体能动性，利用企业、科研机构、教育机构、公众及其他组织各自优势，助力政策工具的更新、使用和推行，辅助政策目标的达成。在政策工具优化和推行上，我国政府既应利用强制性和义务性的法规管制、策略性规划等政策，引导利益主体规范其数据行为，也应发掘各方优势，利用科研院所、教育机构等主体的智力资源，企业等主体的流动资本，公众等主体的社会资源，促进政策工具的完善，并从多路径推行政策；在政策目标达成上，我国应着力提升全社会参与意识，推广宣传数据产权治理的重要性和可行性，从而纳入多人群和多组织参与，考量多群体的产权需求，聚焦多类产权治理场景，提供多种数据产权治理方案，达成预期的政策目标。

数据成为数字经济时代关键的生产要素已经成为全球共识，加强数据产权制度建设成为我国核心战略内容。基于本章"工具–目标–主体"协同视角，当前我国数据产权政策体系在政策工具、政策目标、参与主体、政策协同上，仍存在不足与进步空间。本章针对我国数据产权政策现存问题，提出完善数据产权政策工具体系、优化数据产权政策目标结构、发挥数据产权政策主体功能的全面发展建议，从数据政策内容视角进行了有益的探讨。需要明确的是，数据产权政策在根本上是要作用于我国数据产权治理实践、我国数据市场与经济发展的，对政策的研究始终无法脱离实践的驱动与反思，如何结合我国数据经济与市场发展现实，全面探讨数据产权政策与实践的动态作用机制，剖析我国数据产权治理未来发展路径，将是本章进一步的研究重点。

第四节 基于产权的数据治理进路实证：以个人数据为例

数据作为新的生产要素，是基础性资源与战略性资产。国家"十四五"发展规划进一步明确推进数据要素的市场化改革、完善数据要素交易与服务体系。但对数据的持续挖掘和利用在某种程度上也加深了对数据主体合法权益的侵犯，其中个人数据的主体更是面临着法律保护弱势与企业保护消极的双重威胁，强化个人数据保护、优化数据交易与利用方式成为进一步发展数字经济的核心目标。信托制度作为一种集体管理财产制度，兼顾了对资产的有效保护、科学管理和充分利用，有助于推动个人数据的交易，强化个人数据的管理。探讨"数据+信托"方案的可行性、设计数据信托的产品运行机制与社会运行机制对提高我国个人数据保护能力、健全我国大数据治理体系具有重要的理论与实践参考价值。

一、个人数据产权管理与保护的危机与尝试

大数据时代下，公民个人数据被侵犯的范围越来越广、程度越来越深。对个人数据的管理与保护不仅有利于维护个人数据权利，更有利于保障国家数字经济安全。数字经济时代单纯依靠法律规制难以满足数据利用增长的需要，从国家、集体、个人多层次尝试构建个人数据管理方法有其必要性、急需性，同时，兼顾到数据资产性利用的管理方式更是当前个人数据管理的核心发展方向。

（一）现实个人数据权益被侵害

首先，当前互联网企业普遍采用泛契约化的形式，在网络服务合同签订过程中以"允许授权才提供服务"或"默认勾选隐私政策"等手段，半强

制地对个人数据进行无偿搜集或超服务范围搜集，甚至非法抓取用户其他数据，直接侵害了产出原始数据的数据主体对其数据的所有权。

其次，根据目前学界普遍观点，数据没有独立经济价值，其价值性主要由数据内容决定，而价值的实现则依赖于数据的安全性[①]，而个人数据的价值只有在实现规模化的数据集合处理时才能产生[②]。因此，海量个人数据的实际控制者——数据企业事实上真正地掌控着个人数据的经济价值。企业对个人数据进行组织、挖掘、交易以实现获利，但这些获利并不会被用户知晓更不会反馈给用户，用户缺乏对个人数据交易行为的掌控，用户个人数据的财产性权利实际上被剥夺了。

最后，在个人数据因使用数据服务而被数据企业收集后，用户对企业实施的数据处理、使用或分享等行为，并不能及时得知或对相关行为进行处置，因此用户作为数据主体在对个人数据的处理上处于相对弱势的地位。同时，虽然我国相关法律规定个人享有对个人信息的更改权和删除权，但现实中主观层面上公民普遍存在的对用户隐私协议的忽视，加之客观层面上个人对企业使用个人数据过程中的违法行为的举证困难，使得公民对个人数据行使处置性权利事实困难。

鉴于此，现有数字经济生态下生成数据的个人用户在事实上缺乏对数据权利的掌控，明确个人数据权属，强化权利落实迫在眉睫。

（二）传统赋权保护模式的无力

依据传统法律中的"赋权—维权"保护模式，当前个人数据权利所遭受的困境应求诸法律的帮助。而事实上，虽然我国《网络安全法》《数据安全法》《个人信息保护法》已先后公布，但一方面我国现行法律中尚未有关

[①] 梅夏英. 数据的法律属性及其民法定位[J]. 中国社会科学，2016，（9）：164-183，209.
[②] 方禹. 数据价值演变下的个人信息保护：反思与重构[J]. 经贸法律评论，2020，（6）：95-110.

于个人数据受到侵害后应获损害赔偿的救济执行条款，另一方面实践中个人很难证明公司公开明显违背"知情-同意"原则，现有可借鉴案例中更多的是由政府机构主导追究公司的行政和刑事责任的情形，公民个人依靠法律获得数据侵权赔偿的案例寥寥无几，尚未有足够的民事侵权胜诉案例。我国现有立法虽已赋予了公民关于个人数据的相关权利，却未能充分考虑数据治理在现实中的复杂性，条款设置较为"粗放"，在保护的具体措施设定上尚未细化，客观上加大了公民行使权利的难度，现有的传统法律模式对数据主体的私力救济难以实现。

通过传统模式实现个人数据主体的权利保护具有明显的局限性，法律的相对滞后性和我国当前加快数字经济发展的需要使得赋权治理路径面临两难境地：过度全方位地承认用户的数据权利将颠覆法律理论体系和违背经济社会要求，而不承认用户包括人格和财产在内的法律权益又无法实现制度目的①。我国关于个人数据保护的法律条款虽已以较快速度推进，但数据主体的权益保护仍未达到预期效果，数据主体权利保护与社会发展需要的矛盾依然存在，单纯的赋权保护模式尚显无力。

（三）引入"信托说"等理论的尝试

传统赋权保护模式在个人数据的保护上存在明显的不足，因此学界尝试引入各学科理论以探索更优的个人数据治理路径。有学者倡导法律自主保护手段，提出个人信息保护案件适用举证责任倒置规则②，但查阅《中华人民共和国民事诉讼法》（以下简称《民事诉讼法》）中关于举证责任倒置规则的规定，数据权利保护并未被涵盖其中，盲目适用并不可取；也有学者提出

---

① 丁凤玲. 个人数据治理模式的选择：个人、国家还是集体[J]. 华中科技大学学报：社会科学版，2021，35（1）：64-76.
② 王媛媛. 个人信息权民事诉讼中的举证问题研究[J]. 黑龙江省政法管理干部学院学报，2019，（4）：73-77.

国家治理途径，由国家对数字企业开征数字服务税①，但对企业征收新税可能使得企业为了逃税隐瞒其获取的数据量或数据服务内容，并可能逼迫企业将税收成本转嫁给用户，最终结果得不偿失。

　　排除个人依靠法律维权和国家参与数据治理的路径，学者们尝试以集体治理的方式进行数据保护与治理。Neil Lawrence 等引入信托法视角，提出设立"数据信托（Data Trusts）"来规定管理和共享数据的条件②。信托是金融行业中的一种产品，其主要内容是由委托人基于对受托人的信任，将其某类财产权委托给受托人，由受托人按委托人的意愿以自己的名义进行管理和处分。相较于一般的数据委托服务合同形式，信托法中基于信义关系的忠实义务、保密义务及维护委托人利益的基本原则客观上有助于数据信托成为数据服务关系管理的更有力方式，数据信托有助于丰富个人数据交易方式，完善管理利用个人数据的思路，即以充分挖掘数据经济价值来平衡对个人数据处置权分配的矛盾。综合考虑而言，"信托说"可能是管理个人数据，维护个人权益的一种有效方式。

二、数据信托兴起与关注

　　2021 年《麻省理工科技评论》发布"2021 年'全球十大突破性技术'"，"数据信托"位列其中③。这一传统金融产品创新了与数据的组合方式，为个人数据管理与保护提供了新思路。虽然当前世界对数据信托的应用未得到大规模的推广，但对此主题的思考和实践一直在不断发展。

---

① 卢艺. 数字服务税：理论、政策与分析[J]. 税务研究，2019，（6）：72-77.
② Data Trusts[EB/OL].（2016-05-29）[2022-03-25]. https://inverseprobability.com/2016/05/29/data-trusts# fn:origin.
③ 麻省理工科技评论. 权威发布《麻省理工科技评论》2021 年"全球十大突破性技术"[EB/OL].（2021-02-25）[2022-03-25]. http://www.mittrchina.com/news/detail/5626.

（一）理论研究兴起

信托制度起源于中世纪的英国，随后在世界范围内广泛传播。在 20 世纪 90 年代，Loudon 首次提出"信息信托人（information fiduciaries）"这一概念①，随后自 2014 年起，Balkin 撰写了系列论文对"数据信托"进行系统论证，主张掌握个人数据的网络公司应当被视作一种面向个人数据来源客户和最终用户的数据受托人，数据受托人应具备对应的特殊义务和受到更严格的监管②；Delacroix 和 Lawrence 提出数据信托是一种自下而上的机制，数据主体能在信托框架内主张数据权利③；McFarlane 则论述了数据权利作为法律信托意义上的财产的可行性④；英国开放数据研究所（Open Data Institute，ODI）自 2018 年起着眼于数据信托，公布了一系列报告阐述关于数据信托的定义⑤，并不断拓展与关切其经济功能⑥、认证有效性⑦、创新技术⑧、法律环境⑨、决策过

---

① Khan L M, Pozen D E. A skeptical view of information fiduciaries [J]. Harvard Law Review, 2019, 133（2）：497-541.

② Balkin J M. Information fiduciaries and the first amendment[J]. Social Science Electronic Publishing, 2016, 49（4）：1183-1234.

③ Delacroix S, Lawrence N D. Bottom-up data trusts：disturbing the "one size fits all" approach to data governance[J]. International Data Privacy Law, 2019, 9（4）：236-252.

④ McFarlane B. Data Trusts and Defining Property[EB/OL].（2019-10-29）[2022-03-25]. https://blogs.law.ox.ac.uk/research-and-subject-groups/property-law/blog/2019/10/data-trusts-and-defining-property.

⑤ Defining a "data trust"[EB/OL].（2018-10-19）[2022-03-25]. https://theodi.org/article/defining-a-data-trust/.

⑥ Independent assessment of the Open Data Institute's work on data trusts and on the concept of data trusts[EB/OL].（2019-04-15）[2022-03-25]. http://theodi.org/wp-content/uploads/2019/04/Datatrusts-economicfunction.pdf.

⑦ Exploring Data Trust Certifications[EB/OL].（2019-04-15）[2022-03-25]. http://theodi.org/wp-content/uploads/2019/04/Report_-Exploring-Data-Trust-Certification.pdf.

⑧ Putting the trust in data trusts[EB/OL].（2019-04-14）[2022-03-25]. https://www.register-dynamics.co.uk/data-trusts/.

⑨ Extended ODI Data Trust report：5-Further use cases to consider[J/OL].（2022-12-13）[2022-03-25]. http://theodi.org/wp-content/uploads/2019/04/BPE_PITCH_EXTENDED_ODI-FINAL.pdf.

程①及法律要求②等方面的内容。随着对数据信托研究的不断深入，数据信托甚至被某些学者认可为"管理数据的完美工具"③。

目前国际对于数据信托的理论研究大多聚焦于应用数据信托的可行性及数据信托的应用场景上。在对于数据信托的理解上，学界还存在相关争议，劳伦斯等学者支持应用传统信托理论对个人数据进行管理和使用，而ODI的研究认为数据信托更多仅是在信任的框架下实现对个人数据的收集和使用，重点在于树立各方的"信任"。但面向实践时，争议双方都认可以集体管理的方式将个人数据集合为数据包（数据池），再交由信托公司等第三方机构进行运营，最终实现对个人数据的管理与对数据权利的维护④。

当前国内数据信托理论研究尚处于起步阶段，基于CNKI数据库检索获得的"数据信托"相关主题研究文献仅有5篇，属于前沿研究话题。国内围绕数据信托的研究最早由张丽英和史沐慧提出，初步讨论应用信托说保护电商平台用户隐私数据的可能⑤；随后冯果和薛亦飒论证了数据信托的运行机制、法理基础和应用优势⑥。杨琦认为受托人在信托视角下主要应承担禁止泄露义务、反操纵义务与合理分享义务⑦。赵一明介绍了大数据时代信息受

① Designing decision making processes for data trusts: lessons from three pilots[EB/OL]. （2019-04-15）[2022-03-25].http://theodi.org/wp-content/uploads/2019/04/General-decision-making-report-Apr-19.pdf.

② Data trusts: legal and governance considerations[EB/OL]. （2019-04）[2022-03-25].http://theodi.org/wp-content/uploads/2019/04/General-legal-report-on-data-trust.pdf.

③ Wong B, Penner J, Lau J. The basics of private and public data trusts[J].Singapore Journal of Legal Studies, 2020: 90-114.

④ What Is a Data Trust?[EB/OL]. [2022-03-25]. （2018-10-09）https://www.cigionline.org/articles/what-data-trust.

⑤ 张丽英，史沐慧. 电商平台对用户隐私数据承担的法律责任界定——以合同说、信托说为视角[J]. 国际经济法学刊，2019，（4）：24-37.

⑥ 冯果，薛亦飒. 从"权利规范模式"走向"行为控制模式"的数据信托——数据主体权利保护机制构建的另一种思路[J]. 法学评论，2020，38（3）：70-82.

⑦ 杨琦. 受托人视角下的个人信息保护路径分析[J]. 图书馆建设，2020，（S1）：20-24.

托人的含义及其应承担的信托义务①。丁凤玲则通过比较从个人、国家和集体等角度治理个人数据的模式，证明了数据信托模式的优越性②。现有研究证明了在我国实行数据信托模式的可行性，也说明了数据信托在国内的理论探讨和实践验证都还有待深入，进一步深入研究还有很大空间。

综合国内外对数据信托的理解与定义，基于保护个人数据权益的基本目的，本章参考权益类信托框架对数据信托进行定义，即数据信托是用户将个人数据使用权授权给可信机构集体管理后设立信托产品，再由信托公司处理增值进而反馈个人用户相应收益的一种用户权益型信托。其主要包含三层含义：一是信托公司可信而独立，信托公司作为独立第三方，是数据受托人，其在数据信托运行中受各方信任并独立处理数据；二是数据管理，数据受托人依据数据信托的设立章程决定数据的访问对象、访问方式以及收益处理；三是收益处置，数据信托设立的本质目的在于维护用户的数据权益，因而在数据受托人管理数据产生收益后，应对收益进行合理的处置。

（二）政府层面认可

对数据信托概念的解读在政府层面也获得了一定的支持和认可，相关制度与实施方案得以迅速出台。英国政府 2017 年发布的《英国人工智能产业发展报告》（*Growing the Artificial Intelligence Industry in the UK*）中，明确建议发展数据信托支持组织（Data Trust Supporting Organization，DTSO），由该组织建立合适的框架以定义数据交易与共享③；美国的《2018

---

① 赵一明. 大数据时代的个人信息保护——从合同义务到信托义务[J]. 山西省政法管理干部学院学报，2020，（2）：57-60.

②丁凤玲.个人数据治理模式的选择：个人、国家还是集体[J].华中科技大学学报（社会科学版），2021,35（1）：64-76.

③ Hall D W, Pesenti J.Growing the artificial intelligence industry in the UK[R/OL]. [2022-02-20]. https://assets.publishing.service.gov.uk/government/uploads/system/uploads/attachment_data/file/652097/Growing_the_artificial_intelligence_industry_in_the_UK.pdf.

年数据保护法》（*Data Care Act of 2018*）明确了在线服务提供商在收集、使用最终用户数据时需承担的关注、忠诚和保密义务是一种明显的信托概念性义务；印度在 2019 年《个人数据保护法案》（Personal Data Protection Bill）中定义"数据受托者（data fiduciary）"相关概念，要求无论单独还是与他人共同决定，任何涉及处理个人数据的人员都需向政府登记成为数据受托者，受政府监管；2020 年，我国《中共中央 国务院关于构建更加完善的要素市场化配置体制机制的意见》中指出，要完善要素市场化配置，加强数据资源整合和安全保护，既明确了数据的市场要素地位，也为在我国实践信托模式提供政策基础。

（三）社会层面实践

伴随数据信托理论在欧美的发展，各国研究机构从科研项目到政府实践再到数据公司，多角度对数据信托展开了丰富实践。谷歌的人行道实验室（Sidewalk Labs）提议使用"公民数据信托"来应对开发"智能城市"进程中对数据隐私的担忧[①]；斯坦福大学数字民间社会实验室（Digital Civil Society Lab）设立了数据信托框架项目，研究应用数据信托是否能使边缘化社区公民受益[②]；剑桥大学计算机系（Department of Computer Science and Technology）主持了试点项目，用数据信托倡议帮助社区进行数据治理[③]；ODI 在处理食物浪费数据[④]和关于非法野生动物贸易的数

① Sidewalk Toronto [EB/OL]. [2022-03-25]. https://www.sidewalklabs.com/toronto.

② A Framework for data trusts[EB/OL]. [2022-03-25]. https://pacscenter.stanford.edu/research/digital-civil-society-lab/a-framework-for-data-trusts/.

③ New Data Trusts Initiative will spearhead community-focused data governance[EB/OL]. （2020-10-21）[2022-03-25].https://www.cst.cam.ac.uk/news/new-data-trusts-initiative-will-spearhead-community-focused-data-governance.

④ Food waste pilot：What happened when we applied a data trust[EB/OL]. （2019-04-15）[2022-03-25]. https://theodi.org/?post_type=article&p=7889.

据①中应用数据信托进行试点；数字格林威治与开放数据研究所以及大伦敦管理局合作，探索了数据信托应用于城市数据共享以维护伦敦市民隐私和安全的可能②。同时，Facebook③、Johns Hopkins University④、OpenCorporates⑤和Trūata⑥等互联网公司或机构也积极尝试应用数据信托方案管理该公司的用户数据。虽然当前已有的实践项目不少，但关于数据信托的相关实践基本只在机构内部小范围进行或因被社会公众抗议而中止，验证效果有限。

国内目前没有明确的以数据信托为核心的实践。但在 2016 年，中航信托与数据堂公司合作发行首单基于数据资产的信托产品——天启【2016】182 号特定数据资产财产信托⑦，这是国内对数据信托产品的初次实践，其主要以金融性运营为主，实际社会影响有限。同时，随着国内大数据交易实践的不断深入，更多来自大数据交易领域的公司开始探索用更符合各方利益、实现多方共赢的方式进行数据交易的可能。个人数据因其易涉及个人隐私的特殊属性，得到市场主体的思考与探索，如亿欧智库以地图大数据是否应当对外共享为切入点探讨了大数据公司开展数据信托业务的可能性；上海

① Illegal wildlife trade pilot：What happened when we applied a data trust[EB/OL].（2019-04-15）[2022-03-25]. https://www.theodi.org/article/data-trusts-wildlife/.

② Digital Greenwich partners with Open Data Institute and the Greater London Authority in first "data trust" pilot[EB/OL].（2019-01-21）[2022-03-25]. http://www.digitalgreenwich.com/digital-greenwich-partners-with-open-data-institute-and-the-greater-london-authority-in-first-data-trust-pilot/.

③ Independence With a Purpose：Facebook's Creative Use of Delaware's Purpose Trust Statute to Establish Independent Oversight[EB/OL].（2019-12-17）[2022-03-25]. https://businesslawtoday.org/2019/12/independence-purpose-facebooks-creative-use-delawares-purpose-trust-statute-establish-independent-oversight/.

④ Lessons From a User-Trusted Data Trust[EB/OL].[2022-03-25]. https://www.Dell-technologies.com/en-us/perspectives/lessons-from-a-user-trusted-data-trust/.

⑤ Announcing the OpenCorporates Trust[EB/OL].（2018-06-11）[2022-03-25]. https://blog.opencorporates.com/2018/06/11/announcing-the-opencorporates-trust/.

⑥ Anonymizing data: Everything you need to know[EB/OL].(2021-04-28)[2022-03-15]. https://www.truata.com/articles/anonymizing-data-best-practice/.

⑦ 陈根. 从信托到数据信托，数字时代的治理未来[EB/OL].（2021-02-26）[2022-03-15]. https://m.thepaper.cn/baijiahao_11470813.

知力公司则根据个人数据的敏感性程度重点探索了重要数据信托设立的可能性，并论证了开展重要数据信托业务需要对第三方机构进行专门的审计以保证数据交易的可行性。以上大数据公司依据其开展大数据服务的经验，有益地对数据信托这一新模式进行了一定的探索，但基本上以理论思考或内部试点为主，暂未面向社会展开广泛实践。

除商业性大数据公司以外，政府与科研机构也针对"数据信托"在国内展开相关实践。自国务院发布《促进大数据发展行动纲要》以来，各地方政府积极响应并制定了多项区域性的大数据发展计划，数据交易成为大数据发展的重点。截至目前，国内已建成超过 50 家大数据平台并已依托平台进行了数据交易，由于政府的大数据平台具有强有力的背书，因而在交易过程中可信度较高，政府机构管理下的大数据平台数据交易经验能为数据信托模式中信托公司的管理数据方式提供有益的参考。2021 年，北京国际大数据交易所正式成立，作为打造"国家服务业扩大开放综合示范区"和"中国（北京）自由贸易试验区"的重要组成部分，其发展能为日后数据信托在国内的广泛实践打好平台基础。科研机构上，2021 年 8 月清华 x-lab 数权经济实验室联合北京互联网法院、中航信托等多方主体共同研究设计的"数据信托"中国版方案——"数据资产信托合作计划"对外公布，该方案集成了法律、技术、政策与资本等多维度内容，同时计划于 2021 年在数字版权、"双碳"绿色能源、医疗医保、船舶国际航运四个行业开展试点和立项，符合我国发展方向的中国版数据资产信托已开始了初步的探索与实践。但也可以看到，目前科研机构对数据信托的试点方向更多地集中于公共数据领域，对于个人数据的交易与应用的实践还有待进一步深入。

综上所述，国际国内关于数据信托的研究与实践目前均处于起步阶段，由于缺少强有力的法律与政策支撑，市场主体对数据信托产品的探索仍显得较为保守，这也使得从理论层面深入研究数据信托机制来为实践提供指导具有明确的需求。

三、数据信托保护个人数据产权的机制探讨

在前序研究的基础上，本书重点探讨用户权益型数据信托相关内容，通过分析设立数据信托的理论可能性、数据信托产品运行的框架和数据信托社会整体运行框架，来说明如何通过信托机构代表用户集体管理个人数据，完善个人数据交易机制，实现对用户权益的维护①。

（一）理论支撑

数字经济环境下，数据的财产价值已得到社会广泛认可，科学合理地保护个人数据财产成为社会共同的期望。信托制度中对权益型信托的承认保证了为数据财产权设立信托产品的可能，加之数据服务制度与信托制度相当程度的契合性，由浅及深，形成了对数据信托机制的理论支撑。

1. 数据信托的本质

大数据时代数字经济发展和数据资产化进程使得确定数据的财产权属性成为社会的需要。从莱斯格教授在《代码及网络空间的其他法律》中首次系统提出数据财产化的理论思路起②，随着运用大数据技术规模化处理个人数据以创造经济价值的实践日渐深入，个人数据财产权说逐渐被广泛认可，2020 年 7 月公布的《深圳经济特区数据条例（征求意见稿）》首次在我国确立数据权及其财产属性的存在③。同时相关学者通过实践发现，个人数据的

---

① Lawrence N.Data trusts could allay our privacy fears[EB/OL]. （2016−06−03） [2022−03−25].https://inverseprobability.com/2016/06/03/data−trusts.
② 龙卫球.数据新型财产权构建及其体系研究[J]. 政法论坛，2017，35（4）：63−77.
③ 秦顺，邢文明.数据权及其权利体系的解构与规范——对《深圳经济特区数据条例（征求意见稿）》的考察[J].图书馆论坛，2021，41（1）：132−140.

财产权属性应认知为具有两面属性，在个人数据的保护上强调其私人利益属性，而对个人数据的管理与应用则强调其公共利益属性①。个人数据在财产权上的双重属性，为给个人数据设立信托以进行商业性交易并反馈数据主体相应收益的实践提供了基础支撑。信托的本质是合理处置受托资金创造收益，数据信托的本质就是保证个人数据的财产性权利得到合理合法的使用。认可个人数据的财产权属性并应用数据信托对个人数据财产权进行主动保护与救济，既能进一步激励个人数据主体将自身数据投入市场进行流通，促进数据资产的充分利用，还能以合法数据排挤非法数据，肃清数据交易市场秩序，保证个人数据资产化应用的合理发展。

2. 数据信托的标的

我国信托法规定，设立信托必须有确定的信托财产。在对数据信托标的界定中，需要明确虽然我国已规定数据是生产要素，但数据本身不直接产生价值，只有经过组织、挖掘和利用等行为后数据才生成价值，因而数据不能直接作为信托财产标的。数据的财产属性实际上表现为对数据的控制处理，也即对数据的控制权利。而在信托相关法律中，其认可为权益类财产设立信托产品。基于此，数据信托的标的可考虑界定为具备财产权属性的个人数据权利。个人数据权利所具备的排他性和可支配性也刚好符合信托财产所需要的排他性和独占性，这进一步验证了将个人数据权利作为数据信托标的合理性。

3. 数据信托的构成

数据信托的构成主要包含委托人与受托人之间的信任关系，以及委托人与受托人关于信托产品的所有权两大部分。在信任关系上，信托制度中

① 姜盼盼. 利益衡量视角下的读者个人信息保护探究——基于《公共图书馆法》第 43 条[J]. 图书馆建设，2018，（12）：44-51.

委托人基于对受托人的信任将财产授权给他进行管理处分，而在数据服务中，个人数据主体也是基于对数据服务商的信任而允许其获取个人数据并进行处理来提供服务。两种服务的基础不谋而合，都是个人主体对服务主体的信任。

在所有权构成上，信托制度中受托人享有信托财产的实质所有权而能够对财产进行管理与处分，这与委托人对财产的名义所有权一起构成信托财产的双重所有权。就数据资产而言，虽然数据主体享有个人数据的名义所有权，但其对在使用数据服务中向数据服务商提供或被搜集产生的个人数据并无干涉权限，数据服务商对个人数据的集合、处理、分析乃至销售的实际情况均不会告知数据主体。因此数据控制者，即数据服务商，拥有着个人数据的实质所有权。由此可见，个人数据在表现为资产时的复合权利结构与信托制度的双重所有权结构在形式上具有相当的契合性，这种契合性为通过设立数据信托来保障数据权利提供了充分的理论合理性和现实可操作性。

（二）框架设计

数据信托模式主要包括产品运行框架与数据信托社会运行框架两大层级。产品运行框架是微观视角，讨论数据信托产品中的各参与主体与产品运行逻辑；社会运行框架则是宏观视角，以数据、技术、系统和应用的逻辑进行设计论述。

1. 数据信托产品运行框架

由于数据本身不直接产生价值，因而在数据信托产品的设立中还需要吸引社会资金作为补充资本。如图 5.2 所示，数据信托产品主要包括委托人（受益人）、受托人、社会力量、数据服务商以及监管机构等几大主体。

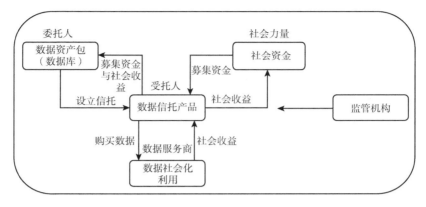

图 5.2 数据信托产品运行逻辑图

（1）参与角色。单体或过少的个人数据并不能实现数据的规模化分析从而创造利益，在委托人角色上，首先需要的是达到一定数量的个人数据主体。个人数据主体以集体托管的方式授予数据生产商相应权利，由数据生产商作为名义上的委托人主导设立数据信托产品，个人数据主体则持有单位信托产品。由于数据信托产品其目的便是保护个人合理获取对个人数据利用的收益，因而此时受益人即委托人。在受托人角色上，由于我国对信托公司实行严格的管理，信托产品的设立与运行必须经由信托公司进行，但信托公司并不能满足对数据的结构化处理的专业需求，故需由专门的数据公司协助运营，信托公司和数据运营商一同构成数据信托产品的受托人。在其他角色上，社会力量提供社会资金供数据运营商在获得原始个人数据后有成本进行相应处理，同时作为产品收益的一部分反馈给委托人。数据服务商作为产品的目标客户购买数据进行社会化利用进而创造收益，而监管机构则负责监督受托人合理安全利用个人数据的情况并追踪数据服务商购买利用数据的情况，一般应由政府机构担任。

（2）运行逻辑。以中航信托发布的数据信托产品作为基础参考，数据信托产品整体运行逻辑应为：数据生产商作为社会个人的集体代表提供原始的个人核心数据，并委托信托机构设立对应的信托产品；信托公司依据个人数据类别与质量推出信托产品，吸纳社会资金，联合数据运营商对个人数据进行加工形成数据资产包；数据服务商根据需要购买数据资产包，并将产生的一定收益给予信托公司。社会力量依据其提供的资金获取相应收益。需要注意的是，此间社会力量提供资金与获得收益实质上也属于一种信托产品的运行，但属于传统的基于资金的信托，与数据信托相对独立。在数据信托产品中，委托人最终总共取得源自社会资金的收益与个人数据商业化利用的收益，每个个体取得产品的单位收益，并产生进一步利用个人数据的意愿。由此，信托产品实现了对个人数据有限保护与商业化利用的闭环。

（3）复合属性。在传统信托产品中，受托人将委托人的资金进行处置获利，此时的受托人采用的是对外投资行为，而数据信托凭借将数据资产包销获利，辅助以吸收社会资金保证产品的基础加工。相比传统信托，数据信托的运行逻辑与构建关系更为复杂，在多个层面具有复合属性。具体来说，在信任关系层面，数据信托的设立除了委托人对受托人的信任，还包含个人数据主体对集体管理机构即数据生产商的信任，从而构成双重信任关系；在产品类型层面，数据信托中吸收社会资金的行为因为涉及信托公司提供相应服务，实际上也是接受社会力量的委托进行资金的管理处置，即包含社会力量设立的传统信托产品，故在数据信托中实际具有双重信托产品内容。

2. 数据信托社会运行框架

本章在数据信托社会运行框架中，依据数据信托产品的运行逻辑，按照从基础数据选择到数据社会应用的发展链条进行设计，如图 5.3 所示。

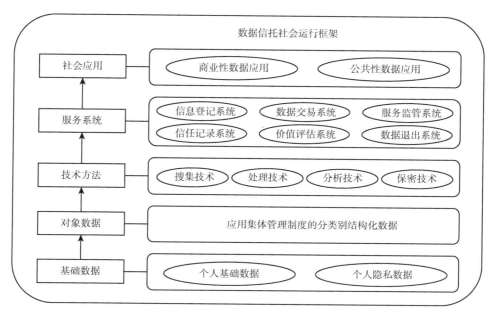

图 5.3　数据信托社会运行逻辑图

在基础数据层，基础数据收集分为个人基础数据与个人隐私数据。个人基础数据主要为无法识别到特定个人的信息行为数据，由数据服务公司在提供网络服务过程中收集；个人隐私数据则是可直接识别特定个人的数据，如个人信用数据、个人金融数据和个人健康数据等，由个人用户直接授权提供。数据生产商经过用户个人授权或服务收集取得海量的个人数据，根据内容进行结构化处理形成数据信托的对象数据，仿照著作权集体管理制度对获取的数据进行管理及运营，从而便于提高数据产品的整体价值度以及对个人数据个体的收益分配。

技术方法层包含数据搜集技术、处理技术、分析技术和保密技术等，数据运营商既需要注重研发基础技术，也需根据社会发展及时尝试区块链、差异隐私、同态加密、智能合约等新技术，强化数据管理与保护能力，全面提升个人数据利用的安全性、合规性与保密性。

数据信托框架的系统层包含两层子系统，其中外部系统主要用于产品服务，包含信息登记系统、数据交易系统及服务监管系统，内部系统则用于系统分析，包括信任记录系统、价值评估系统和数据退出系统。在服务层面，数据交易系统是基础，保证个人数据合理进行市场化交易。服务监管系统是保障，监管个人数据的保存与应用过程。信息登记系统则作为衔接性的中间系统，有效连接数据控制者与数据监管者，保证数据泄漏通知，数据交易系统等的顺利实现。在分析与应用层面，信任记录系统对应信息登记系统，记录参与数据信托机制各主体的相关行为，提高数据信托产品有效运行的可能性；数据退出系统对应服务监管系统，在发生原始数据侵权等危机或委托人基于产品合同合理的要求删除数据时提供合理而有效的数据退出手段，从而规避数据信托产品侵权违法的风险；价值评估系统对应数据交易系统，通过收集每一笔数据交易的内容数据，分析调整评估数据质量与数据主体信任程度的参数，为原始数据处理提供改善建议，从而提高信托产品中数据包的质量，并加强信托产品各主体参与活动的积极性。

社会应用层面，数据信托产品中数据的应用类型分为公共性质与商业性质。数据信托产品中的个人数据集合按照其数据内容进行整合分类供不同的数据服务商购买，应用于公共数据领域如城市交通管理、社会服务等，商业性数据应用则主要包含金融业、电商业等。

（三）数据信托比较优势

在当前个人数据保护的方式仍在不断摸索的背景下，引入数据信托这一应用集体管理思路的机制目的有三：一是直接地使用户重新获得数据控制权；二是保护用户对于个人数据的所有权、知情权、隐私权及收益权等；三是充分发挥数据交易与分享的社会价值。这也产生了数据信托相较其他保护模式尤其是赋权保护模式的比较优势。

1. 提高数据主体获益的可能

信托财产独立原则是信托制度的基本原则，表现为受托人应将信托财产与其个人固有财产相区别。我国法律还规定信托中受托人对委托人需要履行诚实、信用、谨慎与有效管理的信义义务，信托独立原则与信义义务的要求使得受托人享有较高标准的义务，需要尽可能地维护委托人的权益，这使得数据运营商会更审慎处理基础数据与交易数据，按照数据信托契约规定的形式和内容严格执行，以数据主体的利益优先，数据信托产品的设立使得个人数据主体获利有迹可循。同时在发生数据侵权事件时，个人数据主体可直接向受托人追偿。相比法律救济中普遍存在的仅"停止侵权并道歉"的结果，数据信托属于真实的投资管理行为，能从基本收益与补充收益的角度提高数据主体依靠个人数据实际获益的可能性。

2. 加强个人隐私保护的程度

个人隐私数据危机频发的主要原因在于个人数据的实际控制者，即数据服务商，基于自身商业盈利的目的往往会忽视用户保护个人数据的需求，个人数据的隐秘程度与商业挖掘价值成正比的关系进一步催使数据服务商侵犯个人隐私。对个人数据应用大规模、集成化的大数据技术也会与个人数据保护的最小化原则与必要原则等产生直接冲突，因此强化个人隐私保护，首先要调整数据服务商利用个人数据的价值倾向，同时还需限制其处理个人数据的技术。数据信托模式中的信义义务要求提高了个人数据保护的地位，数据运营商这一受托人及监管机构的存在也会适当限制数据服务商利用个人数据的方式。数据信托建立了一种相对严格与规范的处理用户个人数据的标准，实现数据管理与使用范围内多方主体的共同受益，也加强了个人隐私保护。

3. 降低数据侵权证明的要求

回溯个人数据维权困难的缘由，现有法律未能明确规定救济措施以及个人承担过高的侵权证明义务是突出问题。对这一问题，数据信托系统能够通过其内部机制加以缓解。数据信托模式系统层中的信息登记系统将能够识别、审核并保存访问数据的用户身份信息，有效管控数据被访问的范围与程度，保护个人数据的隐私权。同时在发生数据泄露事件时能够寻根溯源，及时有效地寻找数据泄露方，为个人数据被侵权提供证明。假若受托人或数据服务商未能对数据泄露提供合理的解释，则说明受托人未能充分尽到注意与保护义务，或服务商对购买使用的数据的安全防护工作未达到有效标准，其过失与数据实际泄露方产生客观上的联系，应对数据泄露承担连带责任，从而对数据主体寻求赔偿提供有效的支撑。

（四）我国个人数据产权管理中应用数据信托模式的困境

虽然数据信托模式在发展数据经济的背景下具有先天比较优势，但其当前仍处于理论探索阶段，应用数据信托模式的困境既来源于数据权利本身，也来源于数据主体。充分认识数据信托模式面临的困境并有针对性地解决，对于推动数据信托产品落地有着重要意义。

1. 数据要素产权界定不完善

当前我国对个人数据保护进展困难的根源在于对数据相关权利界定不够完善。数据虽然已被确定为生产要素，但现行法律对数据要素的所有权及其相应的使用权、收益权均没有明确界定，不能有效保障个人对数据的收益权利合理实现。我国近年来已在立法层面针对数据包括个人数据进行了重点建设，《网络安全法》《民法典》《数据安全法》《个人信息保护法》等法律的先后颁布实施，对个人数据的相关权利进行了相当程度的规定与明确。《信息安全技术个人信息安全规范》《信息安全技术 移动智能终端个人信息保护技术要求》《信息安全技术 个人信息安全影响评估指南》等国家标准的发布也对个人数据的管理操作提出了具体的指导。但现有法律和标准在对个人数据作为生产要素以及个人数据的财产权属性定义上还稍显模糊。以《民法典》为例，《民法典》第一百二十七条规定，"法律对数据、网络虚拟财产的保护有规定的，依照其规定"，从条文本身理解，《民法典》对网络虚拟财产的保护持肯定态度，但对于如何保护、是否能获得有效的赔偿，以及是否能作为遗产进行继承都没有明确规定。同样，在更具有专门性的《数据安全法》中，其对数据交易与交易机构的规定主要集中于第十九条、第三十三条和第四十七条，但均只笼统地表明法律对数据交易的支持与认可，而具体的操作方法尚未明确。

同时在个人数据这一要素的权利界定上，还应考虑数据信托模式中不同主体的相应权利。在数字经济市场中，个人用户与数据服务商两类主体存在双向互动性，数据服务商对掌握的数据也应享有一定经营权和资产权，数据信托服务机制中数据服务商对购买的数据进行加工形成的产品应享有所有权。同时，由于经由数据信托购买的数据集具有时效性，数据服务商对加工形成的产品处分与获得收益的权利的时效范围也需要进行界定。

目前，我国数字经济发展如火如荼，个人数据交易与利用的重要性随之不断凸显。虽然国家已加快相关领域的具体立法，但法律相对实践问题仍存在一定的滞后性，继续结合实践需要加强对数据产权相关权利的研究与探讨，从而更完善地界定数据要素的相关权利有其必要性。

2. 数据获取来源渠道不合法

数据信托产品的核心便是由委托人授予受托人的海量数据。但由于个人数据是网络服务商在提供线上服务时逐步收集的，因而在数据信托产品发展的初始阶段，数据生产商是否在收集数据时注意合规义务，获得用户充分合理的授权，以及在数据保存与传输使用过程中是否尽到应尽义务，保护好用户数据安全，并在最终推出信托产品时确保数据的合法性，便是亟待考虑的问题。前文所提到的中国第一单数据信托产品的合作方——数据堂，便曾因涉嫌非法传输公民个人信息而被查，该公司涉及在 8 个月时间内，日均传输公民个人信息 1.3 亿余条，累计传输压缩数据 4000G，数据量特别巨大，权利侵害现象十分严重，最终相关违法人员被依法惩处，数据堂公司也被迫关停两条业务线并逐步转型[①]。假若其遵守国家有关规定合法获取数据，并进行脱敏处理，则后续的数据交易合理合法。但如果不能充分且有效地消除个人数据中的隐私内容，则极易触犯法律，实质地影响到对数据的应用。在数据信托模式中，假若数据生产商或运营商在设立数据信托产品前未能充分获得数据主体的同意，其收集个人数据的行为便极易产生违法问题，从而对数据信托产品的运行造成较大风险。

3. 数据参与主体数量不稳定

当前我国个人数据保护领域尚处于粗放管理状态，数据公司习惯于无成本获取个人数据，数据主体也习惯于"出卖"个人数据换取服务，或因维权困难而失去保护数据的信心。因而在建立数据信托模式时，及时吸纳多方主体参与系统构建也是需要考虑的关键问题。数据主体通过合理机制实现数据保护与适度受益的初始意愿虽然高，但假如数据信托模式内可选的数据服务商数量较少，公民"出卖"数据的现实收益低，必然会降低其授权的意愿。同时，若数据服务商进一步以缩小现有服务范围来威胁收集个人数据，那么数据主体退出数据信托模式的可能性势必增加，数据信托模式便难以有效建立，参与主体数量更是难以提升并稳定增长。除了数据服务商服务质量

---

① 数据堂被查涉侵犯公民个人信息案：累计传输数据 4000G.（2018-07-10）[2022-04-10]. http://finance.sina.com.cn/spread/thirdmarket/2018-07-10/doc-ihezpzwu8601594.shtml.

与服务理念会影响参与数据信托模式的主体数量，是否有独立有效的监管机构也是影响参与主体数量的重要因素。我国目前主要采取国家网信部门统筹协调，各部门依权限分散管理的模式来管理个人数据。但网信办开展工作以指导为主，缺乏行政强制力，难以具体有效地对数据服务商进行约束和规范。同时数据市场中各部门监管职能分散，监管边界不清，容易产生重复监管或空白监管，整体难以形成数据市场监管合力，进而制约了数据信托模式参与主体的稳定发展。

4. 数据交易规则内容不明晰

数据信托作为信托产品的一类，其存在意义便是为社会整体创造经济价值。但当前大数据市场整体可向社会释放的数据资源不多，可参考的数据样本过少，同时数据的可复制性也使得现有的定价理论基本无法适用个人数据的定价，因此缺乏全面的数据交易与利益分配规则。根据现有大数据交易平台的实践经验，数据的时效、种类、深度与完整性等都是影响数据价格的重要因素。个人数据的定价在现实中具有相当的复杂性，依据时间、地点、控制程度以及受众的不同，数据的价值都会产生波动，因而在数据信托的具体交易环节中，数据的交易规则尤其是定价标准需要进一步明晰。在当前数据交易以卖方市场为主的背景下，卖家为了获利，往往通过不法手段获取海量个人数据，并以极低的价格进行出售。如何合理分配资源与利益，让个人数据价值回归正常的程度，使得数据信托中包括受益人、数据服务商以及社会资本等多方主体共同受益，是能否建设成数据信托模式的重要问题。

（五）我国应用数据信托模式的建议

数据信托作为一种管理利用个人数据的新模式，势必面临各种问题与挑战，因而在建设优化实施模式时，需要自上而下、由表及里地对模式内容进行设计。既要完善立法设计，更要考虑到社会实施中的各类措施。

1. 完善数据权利立法

在个人数据立法中增加明确数据权财产属性的条款，以及支持个人数据交易的法律依据。尝试建立个人数据主体拥有数据所有权与数据处理者拥有数据用益权的二元权利结构①，全方位保证数据市场各主体的收益权利，同时针对个人数据侵权等突出问题，引入数据可删除权、数据可携权等条款，建立数据泄露通知制度、救济制度及惩罚制度，进一步提高个人数据管理的灵活性，对制度的具体适用范围、触发机制、管理机构、实施标准等做出更清晰而明确的规定，提高可操作性。同时以司法解释或指导性案例的方式说明数据信托产品中数据服务商对分析取得的新数据的权利等，不断完善对个人数据的相关立法。

2. 规范设立信托数据来源

规范数据信托中个人数据来源的合法性，首先需要完善个人数据分级分类标准，使得数据的交易做到分类施行，可将个人数据依内容敏感程度分为可开放共享的个人数据、有限共享的个人数据、中度敏感性的个人数据与高度敏感性的个人数据等不同级别，对不同级别的个人数据在收集准备与访问凭证上分别设定相应的标准②。其次是需要专门的管理机构做好数据入口的基础审核，数据信托在具体设立时具有专业性强、技术要求高的特点，一般的政府部门难以胜任工作要求，需要设立专门的数据资产管理局进行监督管理。虽然我国目前各地已相继成立专门的数据管理中心或部门，但这些机

---

① 申卫星. 论数据用益权[J]. 中国社会科学，2020，（11）：110-131.
② 盛小平，袁圆. 科学数据开放共享中的数据权利治理研究[J]. 中国图书馆学报，2021，47（5）：80-96.

构的职责主要是促进政府数据的开发与利用，以政策研究与制定为主①，不具备足够的行政权力。设立数据资产管理局将主要负责监督数据交易的相关事宜，同时审核管理各数据公司搜集个人数据的具体情形，及时整治 App 或网站违规搜集个人数据的行为，管理政府部门违规向企业索要个人数据的情形，确保个人数据侵权惩治行为的落实。管理局还可利用新的监管科技帮助数据信托监管制度的进一步建设完善，作为公权力监督的代表与个人数据主体一同构成体系化的数据信托监管体系。

3. 吸引多方主体参与信托

发展数据信托产品的核心是拥有足够多的个人数据，因而应考虑到为吸引不同层次用户而设立多样的信托产品。数据生产商应当允许用户在个人隐私风险与最大经济回报两个不同方向上具备自主选择权，同时也允许不同用户选择不同的数据信托机构。丰富多样的数据信托产品是保证用户参与数量的基础，应当鼓励允许设立不同范围、不同力度的数据信托产品，鼓励用户针对自己的需求授权个人数据参与数据市场交易，提高数据信托整体数据量。

吸引多方主体参与信托的另一方向是吸引足够的数据服务商购买信托产品内数据进行增值开发，数据服务商抵触数据信托的潜在原因便是数据信托过度保护个人数据而限制对其的开发利用。数据信托要避免过度保护个人数据人格权，通过分级分类整理出具有充足潜力的个人数据包供数据服务商利用。对于经过充分技术处理，已无法识别特定个人且无法复原的数据，限制个人数据主体对数据泄露主张隐私侵害。对信托产品中的数据进行类型化区分，仅对与人格权利益相关程度足够大的类型数据施以严苛的义务。保护

---

① 徐拥军，张臻，任琼辉. 国家大数据战略背景下档案部门与数据管理部门的职能关系[J]. 图书情报工作，2019，63（18）：5-13.

数据服务商开发所得的新数据的所有权，鼓励其对增值的数据进行再利用，再次参与到数据信托系统内，充分发挥个人数据价值。

4. 设立合理数据定价机制

针对当前非法数据交易中个人数据价值估值过低，以及国家层面缺乏对个人数据价值具体估值的标准这两大问题，数据信托模式的实施必须设立合理的定价机制。对数据定价的基础标准便是数据价值潜力。依前述个人数据分级分类标准与数据信托产品运行逻辑，数据信托中实际包含三类数据：与数据主体直接相关的个人数据、数据生产商在服务过程中收集的行为数据与数据服务商经过规模化处理而得出的数据，若以与个人隐私密切程度为参考标准，对这三类数据的价值潜力由高至低依次排列便应为直接相关、服务中收集与规模化处理后所得。在实际应用中，也应是数据价值高的个人数据定价高，数据服务商的购买成本相应提高，受益人获取的收益随之提高。

除了依据与个人隐私相关性简单分类，对数据资产的定价还应取决于其应用的特定场景，并不一定要存在统一且具备普适性的定价依据。可以通过使用时间、推广目标客户量、购买数据量、数据脱敏程度等指标，动态调整数据服务商购买个人数据包的价格。随着日后数据信托整体的发展与完善，国家对数据信托监管的进一步明确与规范，个人数据的买卖将由受托人、数据服务商市场监管方等多方共同定价。

当今大数据已进入产业蓬勃发展、各类应用普及的新阶段。信息技术快速的更新换代以及全球性疫情的持续，更促使人们被迫更快地适应和进入互联网时代的新场景。在这一环境下，商业模式发展往往会比政策更超前，因而更主动地尝试大数据产业中的新方式，将有利于充分利用数据这一生产要素。在数据的经济属性被日益确认和强调的今天，对个人数据财产权益的分配不应是零和博弈，而应当努力实现社会各方主体的共赢。数据信托可能不会是解决个人数据隐私权和充分发挥个人数据价值之间的矛盾这一问题的最好选择，但其不失为一种值得尝试的方式。应对数据寡头可能掌控社会话语权的危机，引入数据信托这种集体数据管理机制是解决用户与互联网公司不平等地位引发的各种问题的有效手段。当前我国仍处于经济建设转型发展的重要阶段，但适当的限制经济发展，通过较完整的机制使得个人隐私在面临相对较小的风险同时回报数据所有人明确的收益，将会是一种对个人数据权利的有效保护。

第六章

主权视角下的数据权利治理实证——以政府数据为例

本书要进一步探讨主权视角下的数据权利治理实证——以政府数据流动为例，具体对政府数据权力的基础理论、我国数据流动的治理情况、国外政府数据流动产权保护模式展开研究。通过分析我国大数据的定义和治理环节，明确数据流动的主客体关系，调研与政府数据流动的产权保护相关的法律和政策情况，通过研究我国政府数据流动的模式以及具体授权模式和授权途径，对比美国、英国政府数据的授权与流转情况，力图找出美英两国政府数据流动在宏观设计和微观实践的异同点，分析两国政府数据流动走在世界前列的原因并加以借鉴，为我国政府以后的数据权利治理提供思路。

第一节　政府数据及其权利治理关键环节、关键客体

一、政府数据基础理论及其治理环节——政府数据流动

（一）政府数据定义及其权利治理关键环节

根据数据归属的主体不同，我们可以将整个社会中存在的数据分为政府数据、企业数据和个人数据。政府是拥有社会信息最多、最完整、最全面

的机构，政府数据体量是整个社会中存在的数据中最大的一部分，造就了政府数据在整个国家的数据行业中的主导地位。2016 年 5 月 25 日，在中国大数据产业峰会暨中国电子商务创新发展峰会（简称"数博会"）上，李克强总理指出[①]，目前我国信息数据资源 80%以上掌握在各级政府部门手里。同时，政府数据由于具有很强的公共性，一般来说不涉及交易。在各国的实践来看，政府数据的流动一般以政府数据开放为主，除此之外也包含其他的非开放流动方式。根据《2016 年中国大数据交易产业白皮书》的统计[②]，在 2009 年至 2016 年期间，Data.gov（美国政府数据开放网站）全面开放了近 40 万原始数据和地理数据。因此，政府数据流动是整个国家数据行业发展的关键。

　　在世界范围内来看，政府数据流动受到一国法律及政策的规制。由于各国在法律体系和政策体系的建设上参差不齐，立法及政策思想也有差异，因此各国政府数据的流动是极具国家特色的。例如，英国政府保留政府数据的版权，在流动过程中通过授权协议进行流动中的权利转移，如在授权中保留署名权，数据的使用者需要在使用时表明数据出处；与英国政府不同的是，美国联邦政府放弃政府数据的版权，虽然也通过授权协议进行权利转移，但是涉及权利内容上与英国不同，在使用中可以不标明出处等。

　　对于数据行业起步较早的国家来说，虽然基本完成了政府数据相关的法律、政策体系的建设，在实践上也有着不少成果，但是在不断探索的过程中也暴露出了不少局限性。例如，针对公开范围来说，美国联邦政府通过颁布《信息自由法》，对豁免的情况进行具体罗列来指导政府数据开放。但是对于涉及公共利益的私营企业或组织的信息开放，《信息自由法》并未进行

---

　　① 如何挖掘大数据"钻石矿"？李克强绘四大路径[EB/OL].（2016-05-25）[2022-03-19]. http://www.gov.cn/xinwen/2016-05/25/content_5076755.htm.

　　② 贵阳大数据交易所. 2016 年中国大数据交易白皮书[R]. 贵阳，2016-06-25.

明确的规定和约束。所以《信息自由法》仍然存在一定的局限性。

由于我国数据行业起步较晚，我国在政府数据流动的相关理论与实践上均落后于数据发达国家，存在着相关立法不健全、相关政策过于宏观的问题。具体来说，由于没有专门的立法以及健全的法律体系，因此政府数据流动的法律关系就无法确定和约束；由于相关政策过于宏观，没有办法指导具体的流动授权，因此在实践中就会出现授权混乱的情况。

从上文可以看出，政府数据流动涉及的问题包括法律、政策体系的确定，法律关系的明确以及授权方式的规范。宏观上来说，政府数据流动需要国家的顶层设计，即一国的政府数据流动需要建立较为成熟的法律和政策体系。流动涉及的一切具体内容需要国家政策指导，更需要相关法律进行约束；微观上来说，政府数据流动需要法律关系和授权方式的确定。在具体的政府数据流动中，法律关系主体是政府与流动受众，法律关系客体就是政府数据流动涉及的相关权利；法律关系的具体内容就是政府、流动受众各自拥有的权利与责任以及两者间存在的授权方式。因此，在研究政府数据流动的产权保护时，我们首先需要对政府数据进行确权，明确流动主体的权利与责任，其次我们需要在以上确权的基础上明确主体之间存在的授权方式。随着我国数据行业的不断发展，我国的政府数据流动迫切需要从理论层面落地到实践层面，那么在理论落地的过程中就需要解决政府数据流动过程中涉及的各种问题。

本书即从数据行业发展走在前列的美英两国入手，通过介绍和对比两国法律、政策及授权体系，分析体系下的法律关系与授权方式，与我国现有的相关内容进行比较，最后提出我国政府数据流动相关法律、政策及授权体系建设的对策和建议。

根据政府数据流动的地理区域不同，我们可以将政府数据流动细分为政府数据境内流动和政府数据跨境流动。政府数据的产权保护就是为了应对政府数据在流动这一动态过程中面临的风险和问题。政府数据流动具体的表现形式可以分为政府信息公开、政府数据开放以及政府数据其他的运用模式等。其中，政府数据开放的含义在业界的认识未能达成统一意见，对于政府数据开放的观点大体上可以分为三种[①]：第一种观点是，数据开放实际上就是数据链的开放；第二种观点是，数据开放是政府和政府拥有的实体生产或委托生产的数据和信息的开放；第三种观点是，数据开放就是原始数据的开放。在实际的调研中，综合各国的实际情况来看，数据开放包括了上述三种认识下的数据开放。

由于每个国家针对大数据产业推进的速度不同以及各国的法律体系的差异，各国对政府数据产权保护的研究出现参差不齐的情况。政府扶持力度和相关国家针对政府数据开放制定和颁布的相关法律法规、行业规范等建设的完备程度是政府数据流动以及相关研究存在差异的主要影响因素。

基于政府数据流动法律关系这一视角，我们将国外对政府数据流动的产权保护研究分为静态的政府数据流动产权保护研究和动态的政府数据流动产权保护研究。政府数据流动产权保护的前提研究就是对约束政府数据流动法律关系的法律和政策研究。静态的政府数据流动产权保护具体来说就是研究政府数据产权确权问题，动态的政府数据流动产权保护具体来说就是研究政府数据流动模式等。

（二）政府数据流动定义及概念厘定

政府数据从政府向政府数据的需求方流动时，根据政府数据流动的目的来看业界具体有以下几种说法：政府信息公开、政府及公共部门信息增值利用、政府数据共享和政府数据开放等。虽然这些概念存在着相近的含义，

---

① 赵需要. 政府信息公开到政府数据开放的嬗变[J]. 情报理论与实践，2017，40（4）：1-9.

但是由于概念树立的背景以及概念的具体内涵存在差异，因此这些概念不能简单地混为一谈，需要我们进行清晰的论述与对比。我们将在下文中，通过对比分析相关概念，对政府数据的流动有一个清晰的印象和轮廓，也就是对政府数据流动这个概念进行界定。

1. 相关概念界定

政府信息公开是指政府的行政机关，以便于公众接受的方式和路径公开其政务运作的过程，公开有利于公众实现其权利的信息资源，允许用户通过查询、阅览、复制、下载、摘录、收听、观看等形式，依法享用各级政府部门所掌握的信息①。

对于政府及公共部门信息增值利用，欧盟将政府及公共部门信息资源的增值利用称为"再利用"。具体来说是指个人或法律实体以商业或非商业目的对公共部门持有信息进行使用，不过为了执行公共任务而产生该信息的最初使用并不属于再利用②。

对政府数据共享来说，政务数据是指③政务部门在履行职责过程中制作或获取的，以一定形式记录、保存的文件、资料、图表和数据等各类信息资源，包括政务部门直接或通过第三方依法采集的、依法授权管理的和因履行职责需要依托政务信息系统形成的信息资源等。政府数据共享是指政务部门间政务信息资源共享工作，包括因履行职责需要使用其他政务部门政务信息资源和为其他政务部门提供政务信息资源的行为。

业内对政府数据开放并没有明确的定义，但从政府数据流动的目的和作用对象上来看，政府数据开放是指政府部门将其所拥有的数据通过专门的

---

① 周健，赖茂生. 政府信息开放与立法研究[J]. 情报学报，2001，20（3）：276-281.
② 陈传夫，黄璇. 政府信息资源增值利用研究[J]. 情报科学，2008，26（7）：961-966.
③ 《国务院关于印发政务信息资源共享管理暂行办法的通知》[EB/OL]. （2019-09-19）[2022-04-23]. http://www.gov.cn/zhengce/content/2016-09/19/content_5109486.htm.

数据开放平台向企业、社会组织、公民等进行开放以实现数据共享和利用，释放政府数据的价值。

2. 相关概念对比

对于政府信息公开来说，政府信息公开的目的是"保障公民、法人和其他组织依法获取政府信息，提高政府工作的透明度，促进依法行政，充分发挥政府信息对人民群众生产、生活和经济社会活动的服务作用"。公开政府信息既强调了政府的职能、责任与义务，也强调了政府信息公开对于社会的服务作用，可为社会带来巨大利益，创造价值。对于政府及公共部门信息增值利用来说，其概念的侧重点在于政府信息资源对社会起到的服务作用和增值效应，但是增值利用在利用的对象、利用限度上具有限制，即政府等公共部门之间单纯是因为公共任务的执行而发生的信息交换不属于"再利用"的范围。而对于政府信息资源共享这一概念来说，其侧重点在于政府信息资源在政府部门间的共享流动，不涉及社会公众的参与。

政府数据开放与以上概念存在不同。具体来说，在政府数据开放的概念中，政府数据利用的对象是"数据"，而非之前其他概念中的"信息"。两者之间存在一定的差异，具体来说，"信息"其实可能是已被人为解读、处理或加工过的，而"数据"则往往是表现出原始性、真实性等特点，即不经过人为处理。因此，在一定程度上，政府数据开放可以说是对上述概念的涵括。政府数据开放这一概念在开放的粒度上包含元数据、数据链等的概念，因此政府数据开放既强调了政府的职能也强调了数据对整个社会的作用和价值。所以，结合各类概念的特点来看，无论是政府信息开放、政府及公共部门信息增值利用还是政府数据开放，都代表了一种政府数据"流动"的意思，都存在一种本质就是政府数据或者其权利全部或部分地流动向其他方。所以我们用政府数据流动这一说法来概括三者在内的所有政府数据流动。

（三）数据流动的法律关系

政府数据在向流动方流动的过程中，或会伴随着政府数据产权的流动，产生政府数据产权的转移，因此形成了政府数据流动的法律关系。根据流动的区域不同，法律关系的主体存在不同，政府数据流动可以分为在境内和境外两个区域分别向公民、企业和政府部门三类流动方流动。除此之外，当流动主体的关系不同，法律关系的客体也不尽相同。

1. 境内流动法律关系

针对境内流动来说，境内流动的对象是本国公民和本国企业。流动对象的不同决定了流动方式的不同。因此境内流动的法律关系可以分为三类。

第一类就是政府数据面向本国公民流动的法律关系。在此类法律关系中，流动主体包括政府和本国公民。流动主体间的关系的具体表现分为政府数据开放和知识竞赛两种模式，由于各国对于政府数据的实践存在差距，所以在具体的主体间关系也存在着不同。第二类就是政府数据面向本国企业流动的法律关系。对面向本国企业流动来说，流动主体包括政府和本国企业；流动主体间的关系的具体表现分为政府数据开放、政府数据合作共享和知识竞赛三种模式，现阶段的主要方式是从政府数据开放模式向政府数据合作共享模式转变。第三类就是政府数据面向本国政府部门流动的法律关系。在面向本国政府部门的流动中，政府数据流动主体就是政府部门，具体来说可以是一个及一个以上的部门；流动主体间的关系的具体表现分为政府部门日常工作下的数据流动以及政府部门数据合作等。

2. 跨境流动法律关系

针对境外流动来说，政府数据境外流动的对象可以具体分为外国公民、外国企业和外国政府。根据流动对象的不同亦可以将政府数据跨境流动法律关系分为三类。

第一类就是政府数据面向外国公民流动的法律关系。在此类法律关系中，流动主体包括政府和外国公民。由于各国对于公民参与政府数据流动并未有国际限制，所以与面向本国公民流动的情况基本相同，流动主体间的关系的具体表现分为政府数据开放和知识竞赛两种模式，由于各国对于政府数据的实践存在差距，所以在具体的主体间关系也存在着不同。第二类就是政府数据面向外国企业流动的法律关系。对于面向外国企业流动来说，流动主体包括政府和外国企业；流动主体间的关系的具体表现分为政府数据开放、政府数据合作共享和知识竞赛等模式。各国政府根据具体的流动目的和内容对具体的流动模式选择会存在差异。第三类就是政府数据面向外国政府部门流动的法律关系。对于面向外国政府流动来说，流动主体包括国内外的政府部门；流动主体间的关系的具体表现在现阶段以国际合作协议下的国内外政府数据合作为主。

二、政府数据流动权利关系客体——政府数据产权

（一）政府数据产权确权的意义

政府数据流动法律关系中，最重要的一部分就是法律关系的客体，也就是政府数据的数据产权。在研究政府数据流动的产权保护中，产权的确权是讨论问题的前提，重中之重。明确政府数据产权有两个层面的意义。

首先是理论层面的意义。对于政府数据流动法律关系来说，明确政府数据产权，是对整个法律关系的完善，更是政府数据相关问题研究的理论基础。其次是实践层面的意义。对于政府数据流动的实践来说，只有明确了政府数据产权，才有可能在具体的流动中界定清楚政府数据产权在各主体之间是如何流动的动态问题。除了能减少各主体在流动过程中的冲突之外，明确政府数据产权才能详尽地厘清政府数据流动的利益相关方，有利于政府数据流动的进行，更有利于政府数据释放社会价值。

（二）政府数据产权的特征

数据权从公权力和私权利角度来看，数据权是国家、政府和社会组织对获取数据的进行管理的权力；数据权也是企业、公民拥有的对依附于自身的数据和自己取得的数据的所有权；数据权还是公民享有的对政府掌控数据的知情权，同时政府也有开放自身必要的政府数据的义务①。因此对于政府数据产权来说，由于政府数据表现出的复杂属性，政府数据产权也有着各属性带来的特性。

站在国家的角度来看，政府数据拥有公共属性，政府数据作为一种新兴的社会资源，对国家未来的发展与进步乃至国际竞争中都有着不容小觑的作用，因此从国家对政府数据的控制和管理的重要性来看，政府数据就如同国家领土一样是国家主权的具体表现，因此政府数据产权拥有国家主权的特性。站在经济社会的角度来看，政府数据是一种具有巨大价值的资源，需要通过流动和利用来释放，同时政府数据或包含知识产权等权利，所以政府数据拥有私人属性，因此政府数据产权拥有物权的特性。站在个人的角度来看，由于政府数据往往由个人数据组成，政府数据在讨论权利时不能简单地将个人的权利割裂开来，因此政府数据往往也具有人格权的特性。

第二节　主权视角下我国政府数据流动治理研究

基于政府数据流动的法律关系来看，政府数据流动的产权保护实际上就是研究静态状态下对政府数据的确权以及动态流动状态下的政府数据产权流动问题。政府数据流动法律关系需要明确法律关系主体与客体，确定主体与客体之间的关系，厘清法律客体如何在主体间流动。具体来说就是明确政

---

① 吕廷君. 数据权体系及其法治意义[J]. 中共中央党校学报，2017，21（5）：81-88.

府数据产权是什么，政府数据产权在静态状态下属于哪个主体，明晰动态的情况下政府数据产权是如何流动的。我们通过细分政府数据流动的法律关系发现，需要调研的内容就是与政府数据流动的产权保护相关的法律和政策情况，政府数据流动的模式以及具体的授权模式和授权途径等。因此我们将从这几个方面对我国政府数据流动的产权保护相关情况进行调研分析。

一、我国政府数据流动权利治理政策调研

由于国内各个省市的经济发达程度不一样，政府工作侧重点也存在差异，各地政府数据在存量上存在差距；同时数据行业是一个技术密集型的行业，各地的科技发展水平也不相同。因此各地数据产业的开发力度和起点不同，导致数据法律和政策的建设和具体的实践探索存在地域性的差异，政府数据流动的实践成果也各有不同。所以我们从全国性法律法规与相关政策进行调研，对我国政府数据流动相关法律有一个比较全面的认识，如表6.1所示。

表 6.1 我国数据流动产权保护相关立法（部分）调研

法律分类	法律名称（排名不分先后）	立法涉及内容
专门立法	《中华人民共和国网络安全法》	国家层面维护网络空间主权和国家安全、社会公共利益，保护公民、法人和其他组织的合法权益
	《电信和互联网用户个人信息保护规定》	个人信息保护方面
	《中华人民共和国政府信息公开条例》	明确政府公开信息的义务，以及公众拥有获取信息的权利
	《互联网诊疗管理办法（试行）》	个人诊疗信息方面的保护
间接立法	《中华人民共和国宪法》	个人通信自由和通信秘密权利
	《中华人民共和国刑法》	侵犯个人信息的量刑问题
	《中华人民共和国测绘法》	测绘数据汇交制度及其数据保护
	《中华人民共和国民法典》	个人隐私和产权保护
其他立法	《中华人民共和国知识产权法》	从实际生活中出现的政府数据流动产权保护争议的本质和现行法律本身的角度来约束问题
	《中华人民共和国反不正当竞争法》	
	《中华人民共和国消费者权益保护法》	

（一）全国性法律

通过调研我们发现，由于我国数据行业处于起步探索的阶段，加上立法的迟滞性的原因，我国颁布的法律中并没有直接对数据的专门立法，也并未对数据权属进行明确的界定，总体来说我国的政府数据流动的产权保护相关立法是比较散乱的。因此，我们选择首先从政府部门网站的信息公开中，对该部门政府数据产权保护相关的法律条文进行收集调研。除此之外，在中国裁判文书网中寻找政府数据流动产权保护相关的法律判决文书，最终将我国政府数据产权保护相关的法律分为专门立法、间接立法和其他立法三个类别。

1. 专门立法

在针对数据或者数据行业的专门立法中，《政府信息公开条例》规定了政府在信息公开中的责任、义务，同时赋予公众获取政府信息的权利。特别是为政府信息公开在目的上定下基调，强调了释放社会价值的目标。《网络安全法》主要是站在国家的角度，回应了国家数据安全问题；《电信和互联网用户个人信息保护规定》是直接的对个人信息概念的界定，为其安全和保护边界进行了细致的规定；《互联网诊疗管理办法（试行）》则是针对互联网医疗数据这一种类进行单独的立法，但是具体的权利义务界定存在模糊的情况。

2. 间接立法

对于间接立法来说，其立法本身并不立足于数据本身，而是在具体的法律条文中包含提及或者涉及数据流动问题的内容。《宪法》明确了公民通信自由和通信秘密的权利，涉及了个人信息的内容；对于《刑法》来说，具体是在 2015 年 11 月 1 日正式实施的《中华人民共和国刑法修正案（九）》

中提到网络服务提供者侵犯个人信息的量刑问题，对个人信息保护有补充的作用；《中华人民共和国测绘法》（以下简称《测绘法》）则是针对地理数据、测绘数据类的特殊的数据进行界定，规定了汇交规则，同时强调了地理信息生产、利用单位和互联网地图服务提供者在收集、使用用户个人信息时需要特别注意个人信息保护。

3. 其他立法

由于我国尚未对数据这类事物进行明确的确权，在实际的实践中一般依据数据表现的特征（如知识产权特征等）或者相关实践涉及的内容（如数据实践签订的合同或者协议）的视角，运用《中华人民共和国知识产权法》（以下简称《知识产权法》）《中华人民共和国反不当竞争法》（以下简称《反不当竞争法》）等多重法律结合作为法律支撑。

（二）地方性法规

我国各地政府对数据流动的立法尚且处于起步阶段，在国家性法律的基础上，各地政府根据地方特点以及实际工作的实践提出了地方性的数据流动相关法规。其中最具代表的就是《贵阳市政府数据共享开放条例》和《银川市智慧城市建设促进条例》。

1.《贵阳市政府数据共享开放条例》

《贵阳市政府数据共享开放条例》于 2017 年 5 月 1 日颁布实施，它是国内首部地方性大数据法规。该条例从数据采集、共享开放等方面进行细致的规定，直接指出了政府数据共享与开放的区别，展示出我国数据相关立法向细化的方向进步，进一步通过立法的方式促进政府数据社会价值的释放。贵州作为我国大数据产业首个综合实验区，下属的各地政府对国家的要求积极响应，这种地方立法的尝试是为国家性的数据共享立法做出的前期铺垫性贡献。

2.《银川市智慧城市建设促进条例》

与贵州推行的《贵阳市政府数据共享开放条例》这部针对数据的专门立法相近的是 2016 年 9 月 1 日颁布的《银川市智慧城市建设促进条例》。该条例在法律规定、实践指导以及权力责任划分等方面都有涉及。该条例是在国家性的法律尚未制定的情况下，从解决本地实际问题出发制定出适用于本地的地方性法规。

（三）全国性政策

政策与法律从来都不是分离而独立存在的，两者之间是互为依托的关系。我们将政策分为全国性政策和地方性政策两个部分，对我国政府数据流动相关政策有一个比较全面的认识。

根据《大数据白皮书（2018 年）》对中国政府数据在政策方面的理解，将 2014 年认定为"中国大数据政策元年"。因此在我们的调研中，选取 2014 年至今与政府数据流动的产权保护相关的政策作为调研对象。在具体的调研中，我们是从政府部门网站的信息公开中，对该部门政府数据产权保护相关的政策进行收集和整理。最后，我们将从政策的整体情况和政策中具体规制的内容和政策方向上来针对我国政府数据流动产权保护政策的情况进行综述、分析。

1. 我国政府数据流动产权保护相关政策整体分析

对我国政府数据流动产权保护相关政策的调研进行数据统计，通过图表的形式尝试着从政策的整体情况入手进行分析。我们将各部门发布政策的数量进行统计，具体情况如图 6.1 所示。从各部门的政策发布数量来看，国务院以及工业和信息化部发布了大量的政府数据流动产权保护相关政策，除此之外的水利部、公安部等政府部门相比较之下发布的政策数量较少。国务院以及工业和信息化部在我国相关政策的制定上起到关键性的作用。

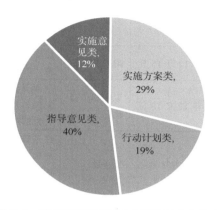

图 6.1　我国政府部门相关政策数量分布情况

此外，我们根据政策的具体内容的不同，将我国政府数据流动产权保护相关政策分为宏观层面的行动计划类、指导意见类和微观层面的实施意见类、实施方案类四个种类进行数据统计。可以发现，在数量上宏观层面的行动计划类、指导意见类政策占据 59%。微观层面的实施意见类、实施方案类政策占据 41%。在政策发布上，我国虽然做到了宏观指导先行，并且不断地完成宏观布局，但是在微观层面，指导政府数据流动产权保护进行实践落地的政策较少，对宏观层面的补充与巩固存在不足。

2. 我国政府数据流动产权保护相关政策具体分析

我们从调研的所有政策中，选取其中具有代表性的政策进行分析，尝试从政策的具体内容入手了解我国相关政策的订立情况，对我国政府数据流动产权保护相关政策有一个细致的了解，如表 6.2 所示。

表 6.2 2015~2022 年部分全国性数据政策调研

政策名称	日期	发布机构	主要内容
《促进大数据发展的行动纲要》	2015 年 8 月 31 日	国务院	我国大数据的战略性、指导性文件，进行大数据产业的顶层设计和统筹布局
《中华人民共和国国民经济和社会发展第十三个五年规划纲要》	2016 年 3 月 17 日	国务院	首次提出大数据战略，是大数据规划的指导性政策
《"十三五"国家信息化规划》	2016 年 12 月 15 日	国务院	建立统一开放的大数据体系，优先实施"数据资源共享开放行动"
《大数据产业发展规划（2016—2020 年）》	2016 年 12 月 18 日	工业和信息化部	全面部署"十三五"时期大数据产业发展工作，加快建设数据强国，推动大数据产业健康快速发展
《政务信息系统整合共享实施方案》	2017 年 5 月 3 日	国务院	注重数据和通用业务标准的统一，开展国家政务信息化总体标准研制与应用，促进跨地区、跨部门、跨层级数据互认共享
《科学数据管理办法》	2018 年 3 月 17 日	国务院	进一步加强和规范科学数据管理，保障科学数据安全，提高开放共享水平，更好支撑国家科技创新、经济社会发展和国家安全
《"十四五"国家信息化规划》	2021 年 12 月 27 日	中央网络安全和信息化委员会	对我国"十四五"时期信息化发展做出部署安排，是"十四五"国家规划体系的重要组成部分，是指导各地区、各部门信息化工作的行动指南

从政策内容上来看，我国全国性的数据政策从宏观设计向微观实践不断深化。首先，《促进大数据发展的行动纲要》和《中华人民共和国国民经济和社会发展第十三个五年规划纲要》是从顶层的宏观设计入手，为整个数据政策定下统筹发展的基调。其次，《"十三五"国家信息化规划》《大数据产业发展规划（2016—2020 年）》《"十四五"国家信息化规划》等将政策内容从国家层面深化到具体的政府机构层面，以行业分类为视角对大数据行业的进一步发展提出了建议。最后，以《政务信息系统整合共享实施方案》《科学数据管理办法》为代表的微观政策则是针对政府数据在政府部门间流动实践中反馈的问题进行细致的约束，并且通过具体要求和具

体任务指导具体的政府数据流动的相关实践。

（四）地方性政策

我国各地的数据行业进展参差不齐，我们拟选择我国数据行业的重点地区进行调研。我国为了不断推进大数据产业的发展，为国家大数据战略的落地实施积累可借鉴、可复制、可推广的经验而特别成立了国家级大数据试验区[①]。因此我们选择首批国家级大数据综合试验区贵州省和第二批国家级大数据综合试验区中的 4 个区域示范类综合实验区（上海市、河南省、重庆市、沈阳市）的地方性政策进行调研（表 6.3）。

表6.3　国家级大数据试验区相关政策数量调研

试验区	政策数量
贵州省	71
上海市	13
河南省	18
重庆市	13
沈阳市	3

通过统计我们发现，截至 2022 年 3 月，贵州省相关政策的数量大、种类多，这展示出贵州省在我国大数据行业内走在前列。因此我们最终选取贵州省的数据政策并对其分类，发现宏观设计政策 33 个，数据标准政策 5 个，数据管理政策 15 个（保护政府数据融合、数据管理人员等方向），行业政策 12 个（医疗行业、区块链行业等）。我们发现，在中国数据行业领先的地区，其数据政策种类涉及了宏观设计和微观实践指导，特别是注重了数据标准建设和数据管理建设对数据行业发展的重要性，为政府数据流动打下了理论基础和理论指导。与全国性的政策相比，地方性的政策更加贴近实践，

---

① 陈加友. 国家大数据（贵州）综合试验区发展研究[J]. 贵州社会科学, 2017, (12): 149-155.

这不仅是为了对中央政府的政策和精神的落实，更是在政策建设上进行地方性的尝试。

二、我国政府数据流动现状及其模式调研

（一）我国政府数据境内流动模式调研

境内流动参与者包括公民、企业和政府部门。我们将从面向公民、企业和政府部门三个方面的政府数据流动进行调研。

首先，面向公民流动。根据政府数据开放的进程进度不同分为"公开"为主和"共享"为主这两个阶段。根据政府数据开放的规律来看，几乎所有国家的政府数据开放都经历"公开"为主到"共享"为主的过程。造成这一过程的因素就是政府对政府数据开放的态度不断放松，释放数据潜能的意愿逐渐强烈以及不间断的开放手段和开放实践。

1. 政府公开模式

根据中国政府数据开放的实际情况来看，中国处于政府数据开放的发展阶段，在不断出现新实践的情况下仍保留政府数据开放初级阶段的开放方式。即基础的政府信息公开仍占据所有政府数据流动模式中最主要的一部分。根据《政府信息公开条例》以及据此条例修订的部门信息公开条例进行中国政府信息公开。具体来说，政府信息公开从公开形式上分为主动公开和依申请公开两种形式。

（1）主动公开。主动公开政府信息是行政机关的职责。公开的具体载体包括政府公报、政府门户网站、新闻发布会以及各类报刊、广播、电视等；同时，按照条例要求，我国各级人民政府应当在公共图书馆为代表的国家公共场所内设置政府信息查阅地点及区域。

（2）依申请公开。依申请公开是指公民、法人或者其他组织向行政机

关申请获取政府信息时，应当采用书面形式向被申请部门提交关于申请的事由及用途的说明。在申请时，政府依托互联网为载体接受数字形式等非传统纸质形式。

2. 政府共享模式

除了上述的基础公开模式外，我国政府通过不断地学习国外先进经验和不断地实践，将开发政府数据潜能作为新的政府数据流动的目标。作为政府数据"共享"的具体实践，我国开始建立或建成部分政府大数据平台。以部分建设成熟或者与民生相关的平台如气象大数据平台、智慧农业大数据平台为例，平台会将个人纳入成用户，并且为其提供免费的有共享性制度数据接口。在气象大数据平台的实际使用中，具体来说，公民通过使用身份证进行平台用户注册，在完成注册后即可使用数据平台提供的 API 接口下载平台提供的数据。在用户同意平台的许可协议后，数据平台授予受限制的用户非排他使用权。

政府数据面向本国企业流动中，政府部门对企业流动数据包括：政务大数据公开、政府大数据平台数据公开和政府数据合作开发。政府数据公开处于比较保守的阶段，公开出来的数据格式混乱且数量很少，共享开发根据案例来看，成果转化不足。

1）政府对企业共享

这里所说的政府对企业的共享实质上就是政务数据公开和政府数据开放。根据我国政务公开的相关规定，具体分为依托政务公开规定以及依托数据平台的公开。依托政务公开规定，也可以说是政府数据开放。针对政务数据来说分为主动公开和依申请公开。针对以上数据的开放，企业拥有数据的使用权等基本的可以带来经济权利和社会福利的权利，但是针对修改权和发布权来说，为保证政府数据的权威性、准确性，防止数据获取后经过修改的再发布，政府数据严禁私自篡改和违规发布。

除了政务数据的公开，政府数据大量存在于现阶段建立的政府数据平台。这类数据共享的具体表现形式可以分为汇交共享和平台公开共享。

首先是政府数据汇交共享。这里的汇交共享是指通过企业数据和政府数据的交汇，企业与政府共建大数据平台。例如，气象大数据平台为企业提供《气象探测资料汇交管理办法》①，企业或者其他组织将勘测到的气象数据按照汇交协议提交给政府数据平台，获得汇交后数据平台数据的使用权、著作权中的编辑权、不同介质复制权、依协议的网络传播权、多语言译制权、不同格式转换权和印刷权等。

其次是政府数据平台公开共享。这里的政府数据平台公开共享特指政府大数据平台会为社会大众提供免费的数据 API 接口进行政府数据共享。例如，"草原生态产业大数据平台"向企业提供免费接口，企业可以下载使用。同时，企业针对自身需要的数据向数据平台提出申请，获得共享性质的免费数据接口，如中关村军民融合军地对接平台。根据调研，对接平台的数据来源于军民两大部分，经过数据融合后形成大数据资产，本质上军民数据互换互相授权，在平台内部进行使用。交通运输部采用外包的形式与百度公司建设"出行云"交通运输大数据平台②。截至 2016 年11 月，平台已经接入原始数据 112 项，覆盖全国 16 个省市，具体数据包括公交、出租汽车、民航、轨道交通、班线客运的信息，另外还接入了26 项企业服务数据和 15 家企业的决策支持服务。但是根据调研来看，合作数据平台的数据大部分受到限制，基本是政府部门和合作企业进行内部使用。

---

① 中国气象局关于印发《气象探测资料汇交管理办法》的通知[EB/OL].（2017-05-02）[2018-01-21].https://www.cma.gov.cn/zfxxgk/gknr/wjgk/gfxwj/201705/t20170510_1711970.html.

② 刘冬梅,王文静,杨子帆,等.互联网+时代众包交通大数据应用机制研究[J].公路交通科技,2018,35（7）:120-127.

2）政府与企业合作

政府与企业合作完成政府数据流动的具体表现就是政府提供数据，企业提供技术，由政府与企业共同进行运维管理。杭州市政府运用 PPP 模式解决停车难问题①。在"政企合作、资源互换"思想的指导下，该项目拥有了多数据源接入。政府相关部门拥有的停车数据与企业自行收集的停车场数据通过固定的平台实现互换共享。整体上来说就是通过多源数据的共享和接入来搭建"智慧停车管理平台"，截至 2018 年底，市区 10 万余个公共停车泊位的实时数据已接入平台可供查询和使用。平台的用户通过手机 App 即可获得停车场准确的、实时的泊位信息，方便公民出行也解决了停车难这一亟待解决的民生问题。

3）政府委托企业开发

2016 年 10 月，"杭州城市数据大脑"项目由杭州市政府和阿里云联合公布。这一项目的开发具体来说就是：采用阿里云 ET 人工智能技术构建技术平台并接入政府数据资源，从而对整个城市进行全局的实时分析，用科学的方式和数据的角度去发现问题，解决问题，预防问题。2018 年，城市数据大脑交通系统 V1.0 完成开发并开展试运营。在运营过程中，除了政府数据资源的接入，指挥系统同时针对设定的数据采集类目进行数据采集；也就是说，在平台建设过程中，政府授予阿里云公司非排他的政府数据使用权。

在"杭州城市数据大脑"的开发过程中，企业依托政府数据，根据政府要求进行系统开发以及系统的调试和检测。在整个开发过程中，依据《浙江省数据开放平台数据开放授权许可使用协议》，开发者在同意服务条款的情况下，政府数据网站通过协议授权的形式，为开发者提供数据接口从而完

---

① 人民日报：借力大数据，打出组合拳，杭州治堵有"智慧"[N].（2017-02-17）[2022-04-17].
https://yq.zjol.com.cn/yqjd/ymkzj/201702/t20170217_3548328.shtml.

成开发。在"用户权利与义务"中，明确规定：现阶段，用户有权免费获取本平台所提供的所有公共数据资源，享有数据资源的非排他使用权。用户可以自由地复制、发布、利用、传播和分享信息，不受歧视；用户在使用本平台数据资源所产生的成果中应注明公共数据资源来源为"浙江省数据开放平台"，以及从平台下载的日期①。

最后，针对面向政府部门流动的情况来说，由于我国还处于政府数据开放的初级阶段，关于政府数据开放的法律法规和政策体系还不够完善，数据开放体系并未建设完成，通过调研，我们将中国政府数据面向本国政府部门流动分为以下几类。

（1）传统政府部门工作的单向流动。我国政府部门内部的政府数据共享第一种就是根据政府部门的行政级别进行有方向的数据共享。例如，根据我国《宪法》规定，政府部门有行政级别的区分，并且下级政府和部门有义务向上级部门汇报工作。《中华人民共和国审计法》中规定，各级政府部门均设立审计机关，政府部门需要向上级机关准确准时地汇报阶段性、季度性的工作内容以及工作完成程度。

（2）同类部门下数据平台多向共享。大数据时代到来之后，中国信息通信研究院在《大数据白皮书（2021）》指出，现阶段各地政府均不同程度地建立了政府内部的数据整合流通标准和规则，包括数据开放、数据共享、数据交换等一系列标准，解决政府内部数据共享问题。

现阶段的同类多向共享依靠的是部门搭建的部门数据平台，如"国家科学数据共享工程"以及"国家科技基础条件平台建设"等项目和气象部门建立的我国气象大数据平台。以我国科技部于 2002 年启动"国家科学数据共享工程"以及"国家科技基础条件平台建设"等项目为例，这两个项目通过制

---

① 浙江省数据开放平台数据开放授权许可使用协议 [EB/OL].（2019-02-27）[2022-04-17].
https://www.zj.gov.cn/art/2019/2/27/art_1229541677_59114744.html.

定共享政策、共享相关法规及建立合理的管理体制从而将科研数据资源纳入国家科研数据共享管理的统一框架。对于气象数据平台来讲，根据政府部门的相关规定，各级气象台站或者相关机构需要按照《气象探测资料汇交管理办法》，将获得的气象探测资料汇总上交给国务院气象主管机构或者所在地的省、自治区、直辖市的气象主管机构。通过签订《气象探测资料汇交协议》，完成作者与平台的数据汇交。根据国家气象科学数据中心网站中的数据汇交指南①，平台会在数据汇交提供各级部门数据 API 接口以此来使用数据。数据的开放共享分为开放共享和协议开放共享。平台提供巨量数据免费下载的 API 接口，也提供在线订单的收费 API 接口。根据服务协议的相关叙述，注册用户也就是数据用户只享有有限的、不排他的使用权，没有转让权。

（3）异类部门间合作的多向流动。例如，重庆市綦江区规划和自然资源局政府数据开发项目②。规划局与重庆移动共同开展，整合重庆移动相关数据及綦江相关统计年鉴数据，利用大数据技术对綦江中心城区人口、住宅、商业、公共服务配套等展开分析，将綦江房地产库存进行量化，从城市建设角度发现问题并提出改进策略，优化城市建设。

又如，山东省政府开展多部门间数据共享协作项目。山东省政府统筹省内的公安、交通、环保等十余个部门，针对省内的旅游行业对全省旅游行业涉及的各部门数据进行整合，开发建设旅游产业监测管理服务平台③。通过管理分析旅游大数据，为提升景区管理的各项决策提供数据支持。与此同时，该项目通过分析各部门数据的变化趋势，挖掘数据背后的内涵，针对性地提出旅游行业改进的建议，实现省内旅游行业产业的转型升级。

---

① 汇交数据共享[EB/OL].[2018-06-17].https://data.cma.cn/DataCollect/index.html.
② 2017 世界电信日：运营商大数据助力城市规划. [EB/OL]. （2017-05-16）[2022-04-17]. https://www.163.com/news/article/CKJ8A97500018AOP.html.
③ 山东省旅游产业运行监测管理服务平台开通景区数据实时监测. [EB/OL]. （2015-01-04）[2022-04-17]. https://www.prnasia.com/story/archive/1299938_ZH99938_1.

（二）我国政府数据跨境流动模式调研

对于我国的政府数据跨境流动来说，由于我国面对个人的政府数据流动对国籍没有限制，所以我们将主要讨论我国政府数据面向外国政府和外国企业流动两个方面。

首先，对于我国政府数据面向外国政府流动来说。中国政府数据开放面向外国政府的流动的出现往往是中国政府与外国政府的合作带来的。如表 6.4 所示。因此，根据合作方的数量，我们将面向外国政府的流动分为双方流动模式和多方流动模式再进行讨论。

表6.4　中国政府关于包含政府数据流动国际合作关系

国际合作名称（排名不分先后）	参与国家或地区数量
中国—OECD	38
世界银行	188
NSF "组织变革与创新"	2
Internet2 合作	2

注：NSF，The National Science Foundation，美国国家科学基金会

1. 双边流动模式

双边流动模式是指中方与一国单独合作或者达成战略伙伴关系等带来的双方数据流动。以中国国家知识产权局和美国专利商标局正式签署的中美数据交换协议为例，2016 年 6 月 6 日，中美双方在法国科西嘉五局局长会议期间完成协议的签署。根据该协议，之后中国的专利信息可以通过美国专利商标局的网站被美国公众获取。而我国公众也可以通过中国国家知识产权局的官方网站以及中国地方专利信息服务中心享受美国专利信息服务[①]。

---

① 知识产权局和美国专利商标局签中美数据交换协议. [EB/OL]. （2012-06-08）[2019-01-21]. http://www.gov.cn/gzdt/2012-06/08/content_2156481.htm.

2. 多边流动模式

多边流动模式是指中方参与的多国合作或国际会议带来的多方数据流动。

我国政府积极参与涉及反腐败的国际合作。2013 年 9 月举行的二十国集团（G20）领导人第八次峰会上，国家主席习近平同志在《二十国集团圣彼得堡峰会领导人声明》中提出[①]有关建设二十国集团成员间反腐败合作的框架。并且我国根据国内法规建立了二十国集团网络，实现在反腐败工作上的信息共享。

在国际贸易合作上，在"一带一路"建设中，加强有关海关工作的信息互换（包括检验检疫、认证认可、标准计量、统计信息等），逐步实现贸易过程中的跨境监管方面的合作，通过双方或者多方的检疫证书数据的共享，利用互联网实现国际层面的关于检验、检疫证书的核查，提出"经认证的经营者"（authorized economic operator，AEO）互认的实践[②]。"一带一路"倡议合作中，中国政府向出口国家提供海关工作信息，相关国家获得中国政府授予的相关政府数据的非排他性使用权，中国政府保留其修改删除等权利。

对于中国政府数据面向外国企业来说，中国政府数据面向外国企业的流动往往是由中国政府与外国政府的合作带来的。

3. 企业主导：申请使用为导向

根据我国政府信息公开和政府数据开放的实际情况，我国政府数据开放的进程仍处于初级阶段。在这个阶段，我国政府数据开放表现出了政府数

---

① 二十国集团圣彼得堡峰会领导人声明（全文）. [EB/OL]. （2013-09-11）[2018-03-21]. http://politics.people.com.cn/n/2013/0911/c99014-22889656.html.

② 我国与 36 个国家和地区实现海关 AEO 互认. [EB/OL]. （2019-01-15）[2020-06-20]. http://www.xinhuanet.com/politics/2019-01/15/c_1123994907.htm.

据开放量少、开放格式不规范不统一以及开放限制多等情况。外国企业主导的对中国政府数据的使用可以分为直接使用和依申请使用。

对于直接使用来说，根据我国政府信息公开的有关规定，我国直接公开的信息和数据可以由相关的公开途径直接获得并且使用，企业获得非排他的使用权。对于依申请使用来说，第一种情况是针对政府信息中依申请公开的，需要企业填写信息公开申请表，由信息公开的部门审核后按规定公开。第二种情况是针对中国政府及各部门建立的数据平台来说，企业须根据平台使用的相关规定申请注册为用户，注册成功后根据平台的规定对政府数据进行使用。

4. 本国政府主导

根据政府数据流动相关各方的具体合作方式不同，我们将由中国政府主导的面向外国企业的政府数据使用分为合作开发模式和委托开发模式。

在合作开发模式中，大多数情况下是由中国政府部门提供现有数据，外国公司提供数据技术。以微软公司推出的 Urban Air 为例。Urban Air 系统通过大数据技术来监测和预报细粒度空气质量，该服务已经覆盖了中国的 300 多个城市，并被中国生态环境部采用[1]。与传统预测空气质量的方法不同，该系统预测空气质量依靠的是基于多源数据融合的机器学习方法，具体来说就是要融合空气质量实时数据和历史数据，同时重视影响空气质量的其他变量数据（如气象数据、交通流量数据、城市路网结构、工厂排放数据等）的历史与实时数据。

因此在系统的搭建过程中，微软公司首先要从政府部门获得各个变量数据的历史数据（即微软公司获取多类数据的非排他性的使用权）；其次，

---

[1] 微软研究院 Urban Air：大数据与空气质量. [EB/OL]. （2014-04-21）[2019-03-15]. https://livesino.net/archives/6856.live.

公司自身设立数据收集器进行数据收集，一并完成系统的开发。同时，政府提供的数据可以商业目的进行运用，企业被允许利用数据提供给用户其他增值服务。

在委托开发模式中，政府或政府部门以委托的形式与外国企业合作，双方由委托合同约定双方责任及义务。与知识竞赛的众包模式类似，政府数据在授权时是有使用目的限制的（一般来说，数据仅限用于开发、检验及后续的运转）。以上海市浦东新区卫生局（现为上海市浦东新区卫生健康委员会）及深圳市儿童医院卫生医疗信息化为例①。浦东新区卫生局利用微软 SQL Server 2012，建设了覆盖全辖区的居民健康档案和电子病历数据库，并通过微软公司的大数据分析技术实现疫情监测等职能；深圳市儿童医院委托 IBM 公司，以 IBM 公司的技术为支撑完成医院的数据库建设，在整合数据资源，实现部门内部共享的同时，为医院进行各项决策提供科学性建议。在这两个案例中，其案例的骨架均是"政府数据+外国公司技术=部门职能信息化"。部门通过委托国外公司，利用其现有的大数据技术或程序完成部门内部信息化的升级，在整个过程中政府数据授权给外国公司时受到使用目的的限制（即政府数据只被允许在开发和运行监测时使用），在规定的使用目的下，外国公司拥有排他性的使用权。

对于我国来说，政府数据流动的实践仍存在一定的局限性和不足。具体来说，第一点是政府数据自主使用模式的局限性。在政府数据自主使用的模式中，虽然我国也追随国际趋势，积极开展政府数据开放的探索与实践，但总体来说成果较少。政府数据流动还集中表现在政府信息的开放，根据《政府信息公开条例》，我国进行政府信息开放。

政府信息开放目录的编纂不够详细，部分的政府部门追求形式上的公

---

① 2017 最新总结政府大数据应用案例及启示.[EB/OL].（2018–08–17）[2022–04–17]. https://cloud.tencent.com/developer/article/1188508.

开，目录下的政府信息数量少，使用价值低。在政府信息公开目录不够详细的情况下，理论性较强、实践性较弱的政府信息公开的边界更是对政府信息公开最大的限制。

第二点是政府主导流动模式的局限性。通过调研我们发现，无论是"杭州城市数据大脑"案例，还是重庆市綦江区规划和自然资源局政府数据开发项目，表现出的都是政府对先进数据技术的需求以及在数据流动目的上偏向加强政府职能，对于通过流动将政府数据的价值释放作用于整个社会这一目的存在缺失。

三、我国政府数据流动授权现状调研

对于政府数据流动来说，政府数据流动授权是动态政府数据流动产权保护中重要的实践，政府数据经由授权渠道从政府流动向各个流动方。授权协议则是将主体各自的权利与义务进行划分，在对客体进行界定后详细描述主体与客体的关系以及客体在各个主体之间具体如何流动。授权渠道是将政府数据开放在内的政府数据流动落地实践途径的总结；授权协议的构建、使用与推广可以看作融合了政府数据流动相关政策、法律的实践性的操作。

（一）我国政府数据流动授权渠道构建情况

我国政府数据流动授权渠道的构建来源于政府数据流动模式。政府数据是否公开或者开放对具体的流动模式是一个关键的因素。因此，我们将我国政府数据分为开放和未开放两类进行调研。

对于政府开放或者公开的政府数据来说，其流动的方式主要是政府主导的开放、共享或者合作。我们针对国务院 24 个下属部门及 13 个国务院直属的事

业单位进行调研。我们将调研的部门相关渠道建设的具体情况总结如下。

1. 所有部门基本符合政府信息公开的要求

在调研的 24 个下属部门及 13 个直属的事业单位后，我们发现所有的单位根据我国政府信息公开的要求，在各自的政府网站上专门地设置政府信息公开的专栏，完成了各单位政府信息公开目录的编纂。针对部门公开的信息提供了浏览或者下载，但是在数据格式上既不灵活也不统一，对政府信息的利用存在一定的阻碍。

2. 部分部门建设了专门的数据平台

根据调研来看，24 个部门中 10 个部门除了通过政府网站进行政府信息公开外，还建立了专门的数据网站为社会公众提供相关的服务。例如，外交部专门建立了中华人民共和国条约数据库，将中华人民共和国从成立以来参与签订的国际条约进行了收集整理和录入，并且依托专门的网站向社会公众提供查询和浏览的服务；气象部门专门建立了气象大数据平台，该平台除了完成政府信息、政府数据的公开之外，还承担着气象数据的融合交汇职责，为政府数据向社会公众流动提供具体的渠道。

3. 总体上参差不齐，缺乏统筹的思想

从整个调研情况来看，关于授权渠道的建设所表现出的情况是参差不齐的，同时缺乏统筹建设的思想。参差不齐表现在渠道建设的完备性上。例如，中国科学院和中国社会科学院，不仅完成政府信息的公开，还探索建设了政府数据开放的平台，在政府数据流动的渠道建设上来说是走在前列的；而如国家民族事务委员会（简称国家民委），在公开的内容上，具体的公开目录下出现的信息数量少，并且站在公民的角度来看，其使用便利程度相对较低。所以，从我国的现状来看，我国还处于政府信息公开的阶段，虽然政府部门陆续建成了政府官网，部分建设了数据开放平台，但是欠缺国家级的

数据开放平台，缺乏统筹建设的思想。

对于未进行政府开放或者公开的政府数据来说，未开放政府数据在我国还是占据很大的一部分，其流动的方式只能是由政府、企业或者个人主导的合作、共享。我们从我国的政府数据境内和跨境流动模式的调研中可以发现，其流动的渠道包含了上述的政府官网或专门的政府数据网站。除此之外，其流动的模式主要包括政府与企业合作，政府委托开发或者政府部门间合作。我们可以发现在政府与社会合作等关系中，将政府数据在社会中释放其价值的目的很少，主要的目的还是集中在完成政府对于信息公开和数据开放的职能上。

（二）我国政府数据流动授权协议采用现状

根据调研来看，我国政府数据流动的授权协议具体来说有以下几类。

第一类就是政府信息公开中依申请公开的申请书。在依申请公开的申请书中，其涉及的内容包括申请的原因、使用的目的等。依申请书申请的政府信息或者数据受《政府信息公开条例》约束，受到使用目的的限制。在政府网站建设后，依申请公开的申请书出现了电子文档的格式。

第二类是网站免责声明或者版权声明在内的网站声明。对于专门的数据网站来看，如生态环境部信息中心，除了网站声明之外，特别地加入网站服务协议。对网站的使用者的使用目的进行了界定，限制了商业使用的目的，除此之外，为网站保留了很多限制使用的权利，整体来说比较狭隘。

四、我国政府数据流动权利风险厘定

随着互联网的高速发展和普及，社会随之产生了巨大变化，互联网不仅提升了数据交互量，同时也提升了数据收集和处理能力。大数据的应用价值正是在这种背景下逐渐被体现出来。2016 年"十三五"规划中提出了发展国家大数据，推进大数据开放共享的战略，对于改善政府公共管理能力，提升政府公共服务能力具有非常重要的现实意义①。但我们也看到大数据造福社会的同时，也为社会安全带来了巨大的隐患，大数据技术对信息的保密性、真实性、完整性等性质产生了不良影响②，因此政府大数据建立一套信息安全机制是必不可少的。

本章分析了大数据感知与搜集技术、大数据整理与存储技术、大数据筛选与分类服务、大数据交流与传播技术、大数据分析与应用技术等数据处理流程中的信息安全风险，加快政府部门、事业单位等公共机构的数据标准和统计标准体系的建立健全，推进数据采集、政府数据开放、指标口径、分类目录、交换接口、访问接口、数据质量、数据交易、技术产品、安全保密等关键共性标准的制定和实施，从而加强政府大数据治理过程中的信息安全保护。

（一）政府数据全链条安全风险及其安全保障技术

大数据的处理过程一般为：采集→导入及预处理→统计与分析→挖掘→采集的循环过程。整体来看，大数据的应用都要经历数据发布、存储、挖掘和使用四个阶段，每个步骤中都会遭遇不同的风险。

第一，数据的发布阶段需要保护。由于数据的来源多，发布动态，同一用户的数据来源可能众多，数量巨大，所以在保护上要以数据可用为前提，需要对敏感数据进行高效识别并剔除。针对此问题，数据发布匿名技术和基于角色构成的匿名等技术先后被提出③。

第二，数据存储阶段需要加密处理。传统加密手段虽然加密效果好，

---

① 张敏兰. 大数据在政府管理中的应用研究[J]. 哈尔滨学院学报，2018，39（10）：34-36.
② 李婧. 大数据背景下信息安全问题研究[J]. 现代商贸工业，2018，39（28）：154-155.
③ 张宏涛. 大数据安全保护技术研究[J]. 科学技术创新，2018，（4）：79-80.

难以破解，但性能在大数据时代要大打折扣，会给数据共享和使用造成限制，无法体现大数据的优势。为此，高性能的加密算法被相继提出，如属性加密，依据属性匹配分别加密，即假如一个密钥中包含 A、B 两个属性，另外一个密钥中有 A、C 两个属性，若一份需要解密的文件要求属性 A，则两个密钥都可以解密，而若要求 C 则只能第二个密钥可以解密。在此之上细粒度访问控制属性加密、密文策略属性加密等方案也被相继提出。除了加密之外，为了确保安全，数据审计技术也是必不可少的。对于云端储存的数据，为了确保数据不被篡改和丢弃，需要在云端应用审计技术，对此目前有多种方案可以使用，如数据持有性证明（provable data possession，PDP）、可恢复性证明模型（proof of retrievability，PoR）等。

第三，数据挖掘阶段的保护，在此阶段可以采用两种常用方法，一种是在数据上采用修改支持敏感规则的数据，使规则支持度、置信度处于一定阈值，从而使规则不易被察觉和破解。另外一种是在采用不修改的数据的情况下，将生成敏感规则的频繁项集进行隐藏处理。上述的方法一般用在关联规则的相关挖掘中。除此之外，分类和聚类也是数据挖掘的常用方法，前者可以考虑损失一部分敏感信息的准确度，对敏感的分类进行保护。后者则可以对原始数据进行变换处理从而改变原始数据值，而保留聚类所用的数据关系再用于聚类。

第四，用户访问控制，限制用户对特定资源的访问。目前主要有两种：基于用户角色的和基于属性的。前一种通过为用户分配角色，实现访问控制，角色的分配有时需要识别。后一种基于属性则是利用用户属性、环境属性、资源属性等属性信息用来构建访问权限。

第五，数据脱敏，即数据漂白。数据脱敏的关键是脱敏规则、敏感数据和使用环境。其中脱敏规则可以分为两大类：可恢复类和不可恢复类。可恢复类一般使用加解密算法，数据脱敏后可以使用特定的方法恢复原样。另外一种为不可恢复类，脱敏之后无法恢复为原始的数据。敏感数据视应用场景而定，但一般来讲用户的隐私数据一般都为敏感数据，需进行脱敏处理，如姓名、身份证号码、银行账号、家庭地址、电话号码等。使用环境是指脱敏后的数据主要在何种环境下使用。大数据情境下，数据通常以结构化数据储存，具有明显的表格结构，每行构成一条数据，列则代表属性信息，数据库中的数据以多个表存储，当然也有以文档格式储存的数据，但它们的共同点都是由属性值构成的每条数据组成。在一般情况下每条数据都具有唯一的编码值，如身份证号，根据其数值即可定位到用户位置。另外有时虽然单个属性或列不能定位但可以通过多属性组合的方式来确定用户，如生日、性别、姓名等，这些被称作半识别列。除了上述提到的具有识别功能的属性或列以外，一些包含着交易金额、疾病、收入等敏感信息的数据列或属性也应得到额外重视。

（二）政府数据流动关键环节安全风险及其安全保障模型——数据共享

1. 政府数据共享安全风险

1）存储安全问题

数据的有序存储是政府大数据共享时首先面对的问题，当大量复杂多样的数据涌入系统，若不能以合适的形式和顺序进行组合和排列，十分容易出现数据存储混乱。此外数据的隐私问题也同样重要，尤其是考虑到政府数据可能会有大量公民的敏感数据，一旦处理不当将造成极大危害。最后则是一般性的数据储存安全问题，需要考虑自然灾害设备故障等对存储介质的危害，以及管理员误操作以及恶意攻击行为。

2）数据管理问题

由于共享的数据类型各不相同，涉及的业务和部门各有特点，数据的管理人员很难全面了解数据的特点、安全性、重要性和保密性，共享数据进行合理授权和管理单单依靠个人或个别部门是难以达成的。对此可以依托信息共享平台建立合理有效的数据安全保证管理机制，此机制要能满足数据共享需求，从而有效保证数据的合理访问授权①。

3）数据共享访问问题

这里需要明确政府大数据的共享并不一定是完全的开放，因为更大的访问范围往往意味着更大的安全风险。互联网数据的共享十分方便，在这种情况下，数据共享的范围往往容易被无意间扩大，数据的既得访问者很有可能未经允许就将数据再次共享给第三方，如此一来更多的数据将会被动地共享出来，造成安全隐患。

4）数据系统攻击问题

政府大数据汇集了政府各部门的关键信息，其中不乏诸多敏感信息，这也往往容易吸引别有用心的人士和组织开展攻击。政府机构的共享数据一般而言价值较高，一旦窃取可获得的经济价值较高，受到攻击后造成的损失也非常高。而政府机构在数据系统建设方面往往经验不足，系统对于恶意攻击的抵抗性较弱，容易遭受到恶意攻击，危害数据安全。

2. 政府数据安全保障模型

针对以上提出的问题，构建出数据共享安全模型，该模型重点解决数据的安全管理和安全共享问题，模型主要内容包括以下几种。

1）安全存储模型

为了实现安全存储，该模型面向数据的处理和存储两方面进行构建。在数据的处理上，对数据清洗和数据模型构建上重点关注，做到数据完全脱敏后才可入库，入库后数据结构和关系理清后才可进入存储。而在数据存储方面，利用异地备份、RAID（redundant array of independent disks，独立

---

① 张璐，李晓勇，马威，等. 政府大数据安全保护模型研究[J]. 信息网络安全，2014，（5）：63-67.

磁盘冗余阵列）、数据镜像、数据快照以及云存储等技术妥善保管数据，保证数据的安全储存。

2）安全管理模型

为了实现共享数据的安全规范管理，可以实行二级管理模式。二级管理模式将贡献书的所有权和管理权相剥离，根据需要赋予职权，二者分工配合完成数据管理。其中一级管理者拥有共享数据的所有权，为共享数据平台的总管理员，直接负责共享数据的统一的上传和分配管理工作。二级管理者为共享数据的实际管理者，为共享数据平台各子系统或子领域部门的数据管理员，其更了解特定共享数据的语义和安全保密的要求，因此由其进行贡献数据的实际管理。在基于二级管理模式的安全管理模型下，共享数据先由一级管理者负责审核和共享，并将其按照数据分类将数据管理权限委托给二级管理者，由二级管理者进一步实现对数据的专业化管理，一级管理者主要负责整体数据的安全操作以及二级管理者的操作和行为审核，以保障数据安全。

3）安全授权模型

安全授权模型采用数据密封的机制防止共享数据的非法扩散，保证只有经过授权的数据才能被授权对象合理访问。该模型根据数据的授权情况，将共享数据与被授权的用户进行匹配，仅当两者符合要求时，数据的共享才被允许。为实现这一功能，需要对用户的设备建立可信代理，通过设备 ID（identity document）、系统乃至硬件信息等信息生成用户设备的唯一识别，据此生成用户的密钥，并在共享时使用此密钥对共享数据进行加密传输。为了方便用户的管理，可以设立不同的用户组统一分配访问权限，而用户则仅需一个密钥即可获取访问的数据。

第三节 主权视角下国际政府数据流动产权保护模式研究

基于上文对我国政府数据流动产权保护的调研，本书同样从政府数据流动的产权的静态保护和动态保护对国外政府数据流动的产权保护进行研究。具体来说，本书通过调研国外政府有关政府数据流动的产权保护相关的法律和政策建设情况，政府数据流动的模式以及具体的授权模式、授权途径的探索实践，对国外相关基本情况进行分析比较，总结提炼出国外政府数据流动产权保护模式的特点和异同。

一、美国政府数据流动产权保护模式研究

对于美国政府数据流动产权保护模式来说，具体分为立法、政策体系的宏观建设以及授权模式、流动模式的探索建设。我们将对美国政府数据流动立法和政策体系的内容和体系建设特点进行调研总结，同时以案例调研的形式对具体的流动模式和授权模式进行归类提炼。

（一）美国政府数据流动产权保护立法体系研究

1. 具有萌芽性的早期立法

不同的技术及社会环境条件下，一国政府对其信息资源的政策的重点及追求的目标是不相同的，但总体来讲，会依次经历以下三个阶段：第一阶段是传统政务阶段。在这个阶段政府信息以纸质为主，并且政策是以纸质资源为导向的。第二个阶段是电子政务阶段。这个阶段，政府注重电子型与纸质型的信息资源的利用效率，政策是以利用效率等为导向的。第三阶段是先进的电子政务阶段。在这个阶段，政府的目的在于利用电子资源为公众便利且主动地提供所需政府信息以加强公众参与度。其政策是以用户的需求为导向的[①]。对于美国

---

① 吕先竞，郑邦坤，汤爱群.中美政府信息资源共享系统建设对比分析[J]. 图书情报知识，2004，（2）：55-57.

来说，其信息资源政策也基本按照以上三个阶段不断优化。

针对美国政府有关政府数据的立法，通过收集美国有关政府信息公开或政府数据开放的法律，我们以时间为顺序对各个法律进行排列，同时通过法律涉及内容对其进行评价（分为三个等级进行描述，第一等级对应的评价是一般，其法律内容仅是部分包含政府数据的。第二等级对应的评价是重要，其法律是带有补充性质的，内容大部分或全部涉及政府数据公开。第三个等级对应最重要，其法律内容带有基石性质，内容大部分或者全部涉及政府数据公开，且被第二等级法律所依靠）。

从早期的立法来看，其内容上都包含了关于政府信息公开或者政府公开职能的描述或者提及，但并未对具体的内容加以规定或者讨论。总体上来说，早期的立法对于整个美国的政府信息公开立法体系的建设提供了萌芽思想。

2. 体系不断完善的立法

通过表 6.5，我们可以清楚地发现，美国政府关于政府数据的立法方面，在走出萌芽阶段后，其多部法律通过自身部分的内容与思想为政府数据开放保驾护航。以《信息自由法》、《阳光下的政府法》、《隐私权法》和《文书消减法》最为重要。

表 6.5　美国政府数据产权保护立法沿革

法律名称及年份	涉及内容	评价	地位
1946 年《联邦行程序法》	少部分提及政府信息公开的内容	一般	初期萌芽
1964 年《联邦会议法》	部分内容涉及政府信息公开	一般	初期萌芽
1966 年《信息自由法》	公众有权依法向联邦政府机关索取任何材料。1986 年修订对定价机制进行商定	最重要	奠定了政府信息公开制度的基础
1974 年《隐私权法》	规定联邦政府部门不可向非本人公布特定个人信息，在政府数据公开中保护个人隐私	最重要	提供政府数据公开边界
1976 年《阳光下的政府法》	政府或公共部门的会议必须受到公众监督，具体的监督包括公民有权获取会议文件或者进程	最重要	奠定开放政府的基调

法律名称及年份	涉及内容	评价	地位
1978年《金融隐私权法案》	增加了金融消费者的数据信息保护，限制了政府机构获取金融消费者数据的权利	重要	发展补充
1986年《联邦电子通信隐私权法》	电子通信中的隐私保护	重要	发展补充
1995年《文书消减法》	法律规定的形式确定有行政管理与预算局（The Office of Management and Budget，OMB）对政府信息资源的管理职权，并规定了联邦各机构的信息管理职责。通过免版税原则，禁止政府机构从事商业性开发，将信息开发权利赋予公众	最重要	继承并发展了美国政府信息相关的定价机制和收费制度，促进政府开放
1996年《电子情报自由法》	公众可在法定范围内自由快速获取其需要的信息	重要	发展补充

　　首先，我们对《信息自由法》进行讨论。1966年美国制定了《信息自由法》。《信息自由法》规定了公众和政府机构在法案下的权利与义务。对公众而言，公众的权利就是可以向联邦政府机关要求并且获取任何政府工作相关的材料，同时在政府拒绝请求时有提出行政复议的权利。对于政府机构而言，政府拥有拒绝向公众提供信息的权利。联邦政府机关的义务是需要对公众关于获取信息的请求做出回应。在拒绝公众要求时，政府机构应当明确说明原因，这些具体的权利义务划分为政府数据公开打下了有法可依的基础，也奠定了政府信息公开制度的基础，此后的法律法规都是以此为基础，贯彻《信息自由法》中行政公开的思想。

　　由于美国法律制度的特殊性，各州政府对《信息自由法》的执行并不够贯彻，导致《信息自由法》在颁布之后具有一定的局限性。具体来说，法案适用或者规制的机构在当时只包括联邦政府部门以及下属的机构。州政府或地方政府有地方法进行规制，并不在该法案的管理范围内。除此之外，政府部门在关于信息公开上拥有拒绝的权利，在信息公开的伊始阶段，这一权利有利有弊。实际上行政部门会依据法案对公民的需求做很保守的开放，对公开的拒绝政府拥有解释权，拒绝的权利太宽泛。随着不断地实践，美国政府对《信息自由法》进行了多次修订，不断完善法案的内容，明晰权利内容和范围，《信息自由法》在一次次的修订下更加符合保障公众知情权的要求。

其次，我们着眼《阳光下的政府法》。美国于 1976 年制定了《阳光下的政府法》。法案从政府部门工作的角度对政府和工作的权利和义务进行了明确，以此支持政府信息公开。对于政府部门或国会委员会，其义务具体来说就是需要公开地进行政府会议。对于公众来说，公众有权利了解政府会议进程，并且有权利获取会议相关文件、信息等。《阳光下的政府法》的颁布促使政府机构的决策过程更多地为公众所了解，并接受公众监督，政府工作尽可能地透明起来。这一法律显示出联邦政府对政府开放的决心和严谨性，政府开放的思想在本法案进一步发扬光大，并且为政府数据开放做了上层设计。

最后，我们着重了解了美国数据流动法律体系中有关隐私的立法中，占有奠基性地位的《隐私权法》。美国于 1974 年制定了《隐私权法》，通过此法律规定联邦政府部门不可向非本人公布特定个人信息。这一点不仅是为了保护公民的个人隐私权利，更是为政府数据开放乃至整个数据行业补充了边界与限制，保证数据行业良性发展，政府数据开放不断成熟。

3. 不断补充且逐渐成体系的立法

如图 6.2 所示，《阳光下的政府法》《隐私权法》《文书消减法》是对《信息自由法》的补充。《阳光下的政府法》补充了政府对开放保持进步的基调，也是加强《信息自由法》在实际中的实施力度；《隐私权法》不仅仅对《信息自由法》的边界进行了补充，同时展示出美国政府对于政府数据开放这一工作的切入点是在公民。通过维护个体的权利，站在个体的角度完成整个数据行业的规划。《文书消减法》属于指导性的法律，美国政府通过该法律将联邦各机构的对于政府信息的职责法定化。美国联邦政府设立该法律的意图不仅仅是为了防止政府机构独占政府信息资源造成垄断，或者造成公民获取政府信息有限制性行为，还为了通过实行免版税的方法以及立法思想，从根源上断绝政府机构作为主体或者主要导向对政府信息进行商业性开发。不难发现，其立法目标就是进一步促进政府信息的再利用。

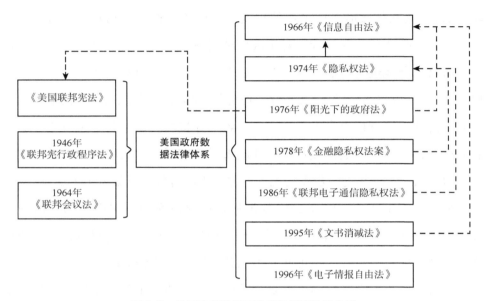

图 6.2　美国政府数据流动产权保护法律体系

具体来看，《金融隐私权法案》《联邦电子通信隐私权法》等法规对《隐私权法》来说是细致的补充与说明，多部法律组成了较为完备的隐私保护立法内容，构建了较为成熟稳定的法律体系；《阳光下的政府法》《隐私权法》《信息自由法》从三个角度对政府信息相关法律关系进行构建，可以看作美国政府信息公开立法体系框架的三个基础支柱。它们从不同的角度确认公民在政府信息公开乃至政府数据开放及其他流动模式中的地位，保护并保障公民的知情权。总体来说，体现出了美国政府不断加大的信息开放力度以及以公民需求为导向的思想。

（二）美国政府数据流动授权路径研究

美国政府数据流动的授权模式可以分为两个大类："法定许可"模式和"完全开放，重点合作"模式。从开放区域来看分为国内和国外两个部分；着眼法律关系的外国主体，其具体包括外国政府、个人、企业和政府部门间（图 6.3）。

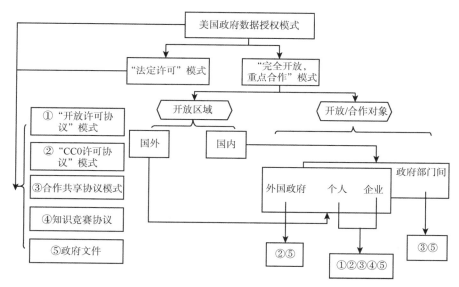

图 6.3 美国政府数据授权模式

CC0 为 creative commons zero 的简称，即放弃版权

1. "完全开放，重点合作"路径

纵观全世界各国的政府数据开放，其政府对待政府数据开放的态度大体上都是越来越开明的，其开放的思路基本以"全社会共享，全民参与"为主。美国在联邦政府数据的开放共享中的态度是与英国不完全相同的，具体的差别体现在政府对待政府数据版权和政策倾向上。美国政府秉持的是最大程度开放政府数据的"完全开放的态度"，并且强调在政府部门间、政府部门与企业、政府部门与个人建立并加强"合作关系"，通过"合作"的模式

进一步地进行政府数据开放。具体的形式是以数据共享协议或者合作合同对数据进行授权，这里的授权具有一定的方向性和群体范围。具体来说，"完全开放"这一概念表现在立法态度和政策思想上。

首先，我们先讨论"完全开放"的立法态度。美国政府数据的相关法律在立法内容和态度上都体现着"完全开放"。纵观其法律体系中的《信息自由法》《版权法》《文书消减法》等，在内容上的特点是对政府数据仅做了必要的限制；在立法目的上都是为了更大程度的政府数据开放。

其次，我们再来看"完全开放"的政策思想。在关于开放模式的奠基和发展中，美国联邦政府政策不断地侧重"合作"这一方式。在 2009 年 1 月《开放和透明政府备忘录》（Memorandum on Transparency and Open Government）中，美国联邦政府将政府数据开放模式定下了"合作"基调，文件着重指出①："在提高政府工作效率上，联邦政府鼓励在联邦政府内部、各级政府各个部门之间以及政府部门与私营部门之间通过双方合作，建立伙伴关系来提高政府的工作效率"。2015 年 7 月，美国联邦政府颁布《第三份开放政府国家行动计划》②，要求加强联邦政府与创新者之间的合作，明确了政府数据开放的目的是要满足公众的需要。

在政府信息使用的收费政策上，美国与欧盟的"回收成本并一定程度获利"的政策不同。根据《信息自由法》和《文书消减法》以及《联邦政府信息资源管理政策》，美国联邦政府奉行的是低收费政策。

2. "法定许可"路径

根据美国政府数据适用的法律体系来看，政府公开信息的需求者（主要是社会公众）依据相关的法律和政策，向政府获取开放的信息。在法律的

---

① DCPD-200900010-Memorandum on Transparency and Open Government[EB/OL].（2009-01-21）[2023-03-19].https://www.govinfo.gov/content/pkg/DCPD-200900010/pdf/DCPD-200900010.pdf.

② The Third U. S. Open Government National Action Plan[EB/OL].（2015-10-28）[2016-04-18]. https://data.gov/meta/open-government-national-action-plan/.

不断完善的过程中，法定许可的具体形式也发生了变化。早期的《信息自由法》约束下，美国联邦政府信息的获取是"法定限制许可"模式，即需求者按照法定程序向联邦政府提出申请，再由政府判定是否可以按照《信息自由法》将信息分发给需求者。经过《信息自由法》的不断修订和法律体系的健全，政府不得出现任何法定限制之外的限制性行为，任何人都可以"自由地"获取政府开放的信息。公众不仅仅是可以获取信息，还存在"自由"的无其他限制的权利；同时，联邦政府需要按照要求的形式将信息分发给需求者，此时模式可以说是改变成法定许可模式。

3. "开放许可协议"路径

美国联邦政府的"开放许可协议"授权模式从根本上来说是"法定许可"模式的一种。随着互联网时代来临和计算机技术的发展，美国联邦政府推出了一系列的数据网站，网站的使用者通过网站上同意接受各类"授权协议"这种形式对政府开放数据进行使用。

2013 年 5 月，美国白宫推行"开放数据项目"（Project-Open-Data）。在项目中提到"开放许可"（Open License）这一概念。"开放许可"是指在开放数据项目中，任何对作品的访问、再使用和再发行的，授予限制很少或不加限制许可的具有法律约束力的文书。开放许可证的必要特征是：允许复制、修改和衍生作品，并允许根据原始作品的条款进行发行；许可证不得限制任何一方自行出售或出售作品。许可证的销售或分配不需收取特许权使用费或其他费用。在政府数据的确权上明确了在美国境内，美国联邦政府数据默认为归入美国公共领域，对与其相关的获取、使用、传播等行为没有任何使用限制。

4. "CC0 许可协议"路径

根据白宫推行的"开放数据项目"，美国联邦政府开放数据在国际范围内使用时，使用 CC0 许可协议进行授权①。

Creative Commons（知识共享许可协议，简称"CC 协议"）②由詹姆斯·博伊尔（James Boyle）、迈克尔·卡罗尔（Michael Carroll）、莫莉·沙弗·范·霍韦林（Molly Shaffer van Houweling）、劳伦斯·莱西格（Lawrence Lessig）等于 2001 年在美国旧金山成立，旨在增加创意作品的流通可及性，尝试着通过法律解释的方式解决知识产权壁垒带来的流通性问题。具体是通过"CC 协议"进行授权调节。起初的"CC 协议"是根据美国法律建立的，后来知识共享通过推出 Commons（International Commons）计划，旨在更好地适应各国国情及相关法律，发展出各国的本地化版本并不断更新。

"CC0 许可协议"是"CC 协议"的一种。美国联邦政府在顺应计算机和互联网技术不断进步的背景下，通过"CC0 协议"完成政府数据在全世界范围内的授权。CC0 许可协议的特点是使用此协议就需要达成放弃所有权利保护的先决条件，所有权利进入公共领域（public domain），具体来说就是放弃以著作权为代表的，法律规定授予创作者的所有权利。协议适用的对象类别全，限定条件少，且授权的对象可以被用于商业领域。CC0 协议这些特点反映出了美国联邦政府对政府数据开放的态度，同时 CC0 的运用在促进政府数据的开放和其他流动模式上起到极其重要的作用。

（三）美国政府数据流动体系研究

我们根据流动的数据是否涉及跨境将美国政府流动分为境内流动和跨境流动两个方向。本书分别对美国政府数据境内流动和跨境流动进行案例调研，通过分析案例对美国政府数据流动实践进行模式研究。

---

① CC0 use for data[EB/OL].（2014-12-03）[2019-02-09]. https://wiki.creativecommons.org/wiki/CC0_use_for_data.
② What is Creative Commons?[EB/OL].（2023-01-09）[2023-03-19].https://smartcopying.edu.au/what-is-creative-commons/.

1. 境内政府数据流动模式实践研究

美国作为世界范围内政府数据开放较为成熟的国家，其流动的实践值得调研和思考。我们根据政府数据流动法律关系涉及的主体不同分为面向公民、企业和政府部门三方面进行调研。

首先是面对公民流动。美国政府数据的开放基本形成了以数据平台为依托的成熟方式。美国政府部门面向公民个人流动数据的模式中，依托数据平台进行的政府数据开放占了重要的地位，同时政府数据与个人共享合作进行开发利用也有着不错的进展，并且重要性越来越高。

第一种是政府数据平台使用模式。以美国的政府数据公开网站为例，该网站是建设最为完备，实用意义和价值都走在国际前列的政府数据开放平台。美国政府数据公开网站截至 2018 年 1 月，共拥有 99 017 个数据集，214 个应用程序接口和 328 个政府应用程序接口（数据来源：https://data.gov/）。公民使用身份认证进行网站注册即可成为网站用户，根据网站提供的接口按照公民需求的格式进行下载。

第二种是政府数据合作使用模式。政府数据合作共享根据主导方的不同可以具体分为政府主导模式和民众主导模式。政府主导模式的具体表现以知识竞赛和社交媒体技术为例。美国政府通过知识竞赛将政府数据价值进一步释放。例如，纽约市政府开展"纽约科技日"活动（Tech Day New York City），通过激发社会公众的积极性来增强政府数据开放共享，其中包含开展知识竞赛来开发创新应用程序①。市政府通过提供现金奖励以及相关的产品开发资源，特别是市政府相关的政府数据，吸引全国各地的个人或者研究团队参与其中，通过运用政府公开发布的数据来创建新的应用程序；通过数据技术为政府决策提供支持，包括解决纽约市政府面临的市政建设等实际问

---

① Tech Day New York City[EB/OL]. [2016-03-06]. https://techdayhq.com/new-york/.

题。美国政府在利用社交媒体技术上也走在前列。社交媒体与公众的日常生活密切相关，利用社交媒体可以拉近政府与公众的距离，促进政府与公民的直接沟通。作为政府开放的手段之一，社交媒体的应用从政府数据主动开放衍生出公民参与政府工作，广泛收集社会各界对政府政策等国家治理问题的发声，促进政府进步。以白宫的"we the people"这个请愿网站为例，该平台为公众发声提供了重要的途径，政府的及时回应也增强了公众对政府的信息的获取。"we the people"不仅限于沟通平台的职能，政府部门或机构也可以通过这个平台了解公众的需求，指导政府数据开放。

政府数据开放从"民众需求为导向"到"增强民众参与度"，民众主导模式逐渐占据美国政府数据开放的重要地位。美国地质调查局（United States Geological Survey，USGS）发起建立检测气候变化对全国动植物影响的网络[①]，通过大范围地建立"数据点"，由公民与专业人员共同完成数据提供，再供给公众分享使用。从 2009 年起至 2014 年，由专业人员和公民参与的"数据点"建立了超过 350 万个，其中包含气候变暖下动植物生产数据、野生动植物生态水平等在内的数据。再以数据点为基础向公众进行数据公开，公众可以访问数据点获取数据，再进行免费的分享和使用。

其次是面向本国企业流动。美国政府的数据开放较为广泛，开放程度也明显高于其他国家。与流动主体间合作方式不同，我们将美国政府数据面向本国企业流动的方式分为以下三种。

第一种是政府主导开放模式。政府主导开放模式实际上就是政府在开放过程中占据主导的位置，引导整个政府数据开放。政府或者政府部门作为数据开放法律关系中的主体，在合理的政策和法规的保障下，主动面向企业进行数据开放，并且以此为基础引导企业利用自身的资金或者技术对政府数

---

① 2014 Open Government Awards[EB/OL].（2014-06）[2018-05-02]. https://obama whitehouse.archives.gov/sites/default/files/ogi/open_gov_awards_final.pdf.

据进行创新开发或者创新使用，释放其中蕴含的丰富价值。政府主导开放政府数据的主要方式可以分为开展知识竞赛、合作完成项目开发等。

知识竞赛以 Blue Button 医疗数据公开方案为例，美国政府通过国家卫生信息技术协调员办公室（Office of the National Coordinator for Health Information Technology，ONC）的协作平台对卫生信息进行公开（公开的过程中，针对个人隐私方面，平台仅公开已授权的个人隐私信息），不断地进行知识竞赛将卫生信息公开出去，发挥其隐藏的价值。竞赛企业需在符合卫生信息公开条例的要求下合理地使用数据。2015 年，ONC 推出挑战"利用健康 IT 提高血压控制"的知识竞赛。竞赛得主绿泉内科（Green Spring Internal Medicine）通过使用公开的临床数据开发出了临床决策支持工具（clinical decision support，CDS），并且通过实际病例验证，该工具已成功用于临床环境中血压控制的改善。在本次竞赛中，首先，ONC 对竞赛者的资质进行审查（竞赛者需要注册 ONC 平台的账户来进行操作）。其次，ONC 向竞赛的参与者公布已有的临床数据以供使用，提供的数据格式统一且经过数据清洗，有关个人隐私的部分被清除。最后，竞赛者提供的工具将由平台管理人员进行临床测试来确认工具的实用性。竞赛优胜者获得相应的现金奖励或者事先约定的其他方式的奖励。这种知识竞赛的模式需要政府先将数据开放给竞赛者，竞赛者获得数据后再进行开发创造。不过这样的流程也增加了政府数据遭遇非法买卖、篡改和隐私侵犯的风险。

合作共享模式以"智慧可持续型城市（Smarter Sustainable Dubuque，SSD）"项目为例。该项目由艾奥瓦州政府与 IBM 合作，由 IBM 为艾奥瓦州政府提供"智慧方案"。IBM 发挥自身的技术优势，利用物联网技术等将城市的所有资源信息进行数字化，同时接入政府提供的如停车、罚款等数据，再依托数据分析等技术为政府的执政决策提供支持。对于州政府来说，合作共享模式丰富了政府数据资源，同时提升了政府行政能力。对于 IBM 公司来说，公司通过此次的合作共享获得了市政府的各项数据的使用权，后期公司的开发以向个人提供私人化定制服务为主要方向。最主要的是获得了数据的使用权，为今后的开发带来便利。

第二种是企业自主使用模式。企业自主使用模式是企业通过政府数据网站，自主使用政府开放的数据进行企业活动。这种方式下，企业对政府开放的格式统一的数据进行有目的性的收集和处理，将企业需求的数据转化为企业自身的数据或者直接进行使用。

美国医疗公司 St.Joseph 医疗健康中心在为患者提供医疗服务的同时，利用"Blue Button 机制"①卫生信息公开平台公开的已授权个人信息对病患进行中心内部的医疗数据完善，之后经过中心内部的大数据分析中心为病患提供精确的治疗计划。除此之外，企业自主使用模式在农业领域也有建树。2006 年，美国气象服务类公司 Climate Corporation 成立②，该公司依托已公开的国家气象数据，将公开的数据按照需要进行收集，通过有侧重的数据处理和分析，重点对美国全国范围内气温和降水进行分析。通过数据处理以后，对照美国农业部（United States Department of Agriculture，USDA）统计的多年的农作物产量，预测玉米、大豆、小麦等经济作物的生长情况，并且对农作物的产量、质量进行合理分析。同时，通过实时气象观察与跟踪显示，公司为使用者提供以天气保险为主的其他增值产品。

企业自主使用模式拥有着政府数据公开的通病：企业通过政府公开获得数据源，并以不透明的方式处理数据，存在个人隐私数据泄露的风险；与此同时，该类信息的转让与买卖也存在侵犯政府数据产权的风险。

第三种是企业主导开放模式。该模式是指企业主动面向政府开放本公司的

---

① Blue Button. [EB/OL]. （2023-03-20）[2023-03-27].https://www.healthit.gov/topic/patient-access-information-individuals-get-it-check-it-use-it/blue-button.

② Bell D E, Reinhardt F, Shelman M.The Climate Corporation[M].Boston：Harvard Business School Case, 2016：44.

数据。这个举动会带来合作双赢的局面。对政府来说，政府拥有了新的数据源并且获得企业技术的支持，对于企业来说，主动面向政府开放数据接受政府相关部门的监督与指导，企业业务会更加合理规范，同时在帮助政府创新开发的时候，拥有海量政府数据做支撑有利于在行业竞争中占据不败之地。

2017 年 1 月 9 日 Uber 推出了"Uber Movement"的数据发布平台，目标是为美国政府下属的各市政府提供交通出行详细数据。"Uber Movement"[①]依托 Uber 这个产品平台对其用户的交通数据统计，利用产品用户端向服务器发送的用户出行记录使利用该数据平台的地方政府能迅速、详细地知晓交通状况，通过数据分析、汇总分析等手段了解辖区内公民的用车以及交通习惯和规律。最后通过决策来优化交通资源调配，改善交通状况等。Uber 公司不仅通过向政府公开数据的方式更加透明地接受政府监督，同时改善交通状况来促进本公司业务发展。截至 2018 年底，平台上提供详细介绍的城市数量仍相对有限，平台提供给用户可查看的交通数据的地区包括华盛顿特区、波士顿、悉尼、马尼拉等。Uber 在公开用户信息数据的同时，存在泄漏用户个人隐私的嫌疑和侵犯用户个人隐私的风险，这也是企业主导开放模式中最普遍也是最难判定的风险。数据清洗和脱敏将是企业主导开放模式的核心所在。

最后是面向政府部门流动。美国政府部门间数据流动的对象至少是两个；其流动方向可以是单向的，也可以是双向的。我们将其他的美国政府数据流动分为三种。

第一种是同类多级政府部门间流动。在我们的讨论中，同类多级政府部门间流动是指同一职责，不同级别的政府部门之间的合作。政府数据开放是国家政策指导下全级别政府的职责，因此在政府数据开放中，政府数据开放这一概念是由各级别政府部门共同协调、合作完成的。同一类别不同级别

---

① FAQs [EB/OL]. [2019-01-23]. https://movement.uber.com/faqs?lang=sw-KE.

的政府部门进行串联、合作以及协调是一个国家政府的根本所在。以美国交通部（Department of Transportation，DOT）执行《开放政府指令》为例①，OMB 颁布的《开放政府指令》指导联邦政府各部门进行数据开放。DOT 根据其中要求联邦政府各部门应制定相应的开放政府计划的相关指示，尝试建立了涉及多部门（包含政策、法律、技术等方向）统筹合作的工作机制，通过各部门间精确分工以及统筹合作，制定交通部的《开放政府计划》。根据《开放政府指令》，美国交通部从美国联邦政府首席信息官（chief information officer，CIO）委员会和 Data.gov 组各选举出 1 名高级官员，分别与国家门户运维机构 Data.gov 和联邦 CIO 委员会对接，分别负责信息技术的协调管理和监管业务、数据识别及数据清单的编制。

第二种是异类多级政府部门间流动。异类多级政府部门间流动是指，不同职责、不同级别的政府部门之间的合作。政府数据开放不仅仅需要在同一类别的上下级部门间完成，异类多级别部门间的协调合作是政府数据开放的新活力和一种重要的趋势，跨部门多级别的数据流动会带来政府数据流动的巨大推动力。

2018 年 10 月，美国农业部、美国环境保护局（U.S. Environmental Protection Agency，EPA）和美国食品和药物管理局（U.S. Food and Drug Administration，FDA）发起了"减少食品废物倡议"②（the Winning on Reducing Food Waste Initiative）。根据这份倡议，各机构声明它们将共同致力于实现到 2030 年将粮食损失和浪费减少 50%的国家目标。各机构将在具体的协调中进行三个部门的数据共享以致力于寻找问题的解决方案。根据具

---

① Open Government Plan，version 2[EB/OL]．（2020-11-10）[2023-03-20]．https://catalog.data.gov/no/dataset/open-government-plan-version-2．

② Winning on Reducing Food Waste Federal Interagency Strategy for FY 2019-2020[EB/OL]．（2020-01-15）[2023-03-20]．https://www.oneplanetnetwork.org/knowledge-centre/projects/winning-reducing-food-waste-federal-interagency-strategy-fy-2019-2020．

体的合作战略，三方将通过各自的 CIO 进行数据共享与交换，具体的数据种类包括有关食品安全指南、食品保质日期标签和食品捐赠信息数据。这一倡议的目的之一就是通过三个部门的数据完成食品回收等级（food recovery hierarchy）的建立与完善，减少粮食浪费等问题。

第三种是同级别政府部门间流动。同级别政府部门间流动是指相互间没有隶属关系的同级政府机关或者部门之间的流动。部门之间任务合理分配，各尽其能是政府日常工作的必备能力。实现多部门之间数据的多方向流动，有利于发掘各部门新的工作能力和工作效率，提升政府各部门的管理能力和决策能力，实现"科学政府"，"智能政府"的目标，避免"数据孤岛"情况下，政府决策数据支撑弱的弊端。2016 年 10 月，美国交通部下属的美国高速公路安全管理局（National Highway Traffic Safety Administration，NHTSA）与其他两个部门成立了名为"Road to Zero"的联合声明[①]，合作的三方共同签署了目标协议，旨在 30 年内消除该国的所有交通死亡事故。具体措施是"联盟"内部共享致命事故数据、事故机动车数据等，通过数据的整合与数据分析为道路安全行政措施提出科学建议。在同级别部门间实现数据共享里，各部门拥有所有数据的非排他性的使用权，对自身拥有的部分数据保留修改和删除的权利。

2. 跨境政府数据流动实践模式研究

我们根据政府数据流动法律关系涉及的主体不同，将政府数据流动分为面向公民、企业和政府部门三方面进行调研。根据具体情况来看，在个人的流动方面，各国对个人的国籍没有限制，所以主要讨论面向外国政府和外国企业流动两个方面。

---

① Road to Zero：A Plan to Eliminate Roadway Deaths[EB/OL].（2018-04-19）[2023-03-20].https://www.saltmarshinsurance.com/road-to-zero-a-plan-to-eliminate-roadway-deaths/.

首先，政府数据面向外国政府流动可以分为双边流动模式和多边流动模式。

第一种，双边流动模式。双边流动模式是以双方国际合作产生的双边合作关系为基础产生的政府数据流动。以 NSF 组织的"组织变革与创新"为例，NSF 与国家自然科学基金委员会（Natural Science Foundation of China，NSFC）达成协议，联合资助中美两国科学家在该领域开展合作，支持双方研究团队合作开展对相关主题的创新性研究。双方在研究过程中互相开放研究数据，达成数据方面的合作共享。除了上述的中美合作关系以外，美国与日本之间也存在数据共享。以"美日军事同盟"为例，美国与日本达成军事上的高度一致，美国在完成同盟义务的同时向日本开放本国在亚太地区的军事坐标信息在内的多种军事数据。日本根据同盟协议拥有数据的使用权，但是根据同盟义务，日本需要保持数据的保密性。

第二种，多边流动模式。多方流动模式的基础是国际多方合作。经济合作与发展组织（Organization for Economic Co-operation and Development，OECD）是由 38 个国家组成的政府间国际组织，旨在通过制定政策，促进所有人的繁荣、平等、机会和福祉①。为了指导成员国制定、完善的科学数据共享政策，OECD 于 2006 年颁布了《公共资金资助的研究数据获取原则与指南》（以下简称《原则与指南》）②。OECD 通过其网站（http://www.oecd.org）为成员国政府提供国际各项统计数据，公开交换的平台成员国需要向组织提供农业、经济、人口等基础国家统计数据以及腐败、犯罪等特殊种类的数据，由组织在网站上公开，各国政府均可以获得

---

① About OECD[EB/OL].[2023-03-20].https://www.oecd.org/about/.

② Recommendation of the OECD Council Concerning Access to Research Data from Public[EB/OL].（2021-01-20）[2023-03-20].https://www.oecd.org/sti/recommendation-access-to-research-data-from-public-funding.htm.

其他成员国的数据，为整个组织的统筹规划、组织稳定发展起到关键作用，同时，多种类数据的开放方便成员国之间除了经济之外的其他合作。美国作为成员国，需要履行数据开放的义务和责任，同时也获得其他国家相关数据。

其次，根据流动过程中政府和外国企业的主次关系，美国政府数据面向外国企业流动分为以下两种。

第一种是企业主导模式。由外国企业主导的美国政府数据流动分为外国公司直接获取使用和主动面向政府开放。外国公司可以根据美国联邦政府有关政府数据开放的相关规定，通过主动获取的方式获得政府数据的使用权，这里的使用权是非排他性的。除此之外，外国企业还存在主动向美国政府公开自己的数据的情况，同时以合作的方式获得政府数据来解决实际问题。以汽车制造商和美国高速公路安全管理局签订的"主动安全"共享协议为例。2016 年 1 月 15 日，美国交通部、美国高速公路安全管理局与 17 家全球主流汽车制造商签订了安全协议。该协议的签订是由政府部门协调，由企业展示"主动合作意向"，向美国政府部门共享公司的数据。具体来说，协议中汽车制造商主动与政府机构（如美国汽车安全监管机构等）合作，通过签订合作协议的方式分享数据以及最佳监测方法完成美国国内汽车领域有关汽车召回监测的工作，旨在科学地建立行业安全标准。在政府主导的数据共享中，合作双方或多方拥有对方数据的非排他性使用权，同时保留自身数据删除和修改的权利。

第二种是本国政府主导模式。由政府主导的合作开发以芝加哥"智慧路灯"项目为例①。芝加哥市政府与施耐德电气有限公司（Schneider Electric SA）进行合作，通过在路灯杆上装传感器，对城市中有关市政建设

---

① About Schneider Electric[EB/OL].[2019-04-08].https://www.schneider-electric.com/en/about-us.

的数据（包括路面信息、环境数据等）进行收集及分析，为市政建设提供数据支持和政府决策建议。在项目中，施耐德公司提供传感器技术和大数据技术与芝加哥市政府一起完成数据收集，公司对于合作过程中收集的数据拥有非排他性的使用权。

二、英国政府数据流动产权保护模式研究

对于英国来说，其政府数据流动产权保护模式具体也可以分为立法、政策体系的宏观建设以及授权模式、流动模式的探索建设四个部分。我们通过对英国政府数据流动立法和政策体系的内容和体系建设特点进行调研总结，在微观实践上以案例调研的形式对具体的流动模式和授权模式进行归类提炼。

（一）英国政府数据流动产权保护立法和政策体系研究

2009 年 6 月，英国政府正式启动"让公共数据公开"倡导计划，标志着英国政府数据开放的伊始①。纵观从 2009 年至今英国政府数据开放的历程，中央政府的高度重视、地方政府和社会公众的积极参与让政府数据开放从构想走向实践，并且在经济社会中发挥出作用。

1. 具有远见性的早期立法与政策

对于早期政府数据流动立法来说，通过分析英国关于政府数据开放的早期的立法的内容及立法思想，我们发现英国政府在这个阶段的立法主要是从个人（或公民）这个角度进行订立的，并且以此为基础对具体的实践进行约束和规范。以 1998 年的《数据保护法案》为例，《数据保

---

① Sheridan J,Tennison J . Linking UK government data[EB/OL]. （2010-04-27）[2023-03-27].https://ceur-ws.org/Vol-628/ldow2010_paper14.pdf.

护法案》①是一部在英国享有重要地位的政府数据相关立法。从内容和目的上来看，英国政府利用该法规去规范相关信息主体的行为，具体规范个人在获取、保存、使用和公布其个人信息时的行为。该法案是政府在数据开放以及所有流动实践中涉及个人隐私保护的重要依据，对个人隐私法律保护起到指导性作用。该法案关于个人隐私保护的思想和具体内容为之后的立法及政策打下了基础和基调。该法案不仅赋予了公众获取自身个人数据的权利，还使得公众能够基于合理的理由要求政府部门、信息服务商等数据管理、控制者停止对其个人相关数据的各种行为。同时，对个人数据的跨境转移做出限制，规定其不得转移到欧洲经济区以外的任何国家或地区等。

对于早期政府数据流动政策来说，早期的政策有《迈向第一线：更聪明的政府》《联合政府：我们的政府计划》《英国政府许可框架》等。英国政府早期关于政府数据开放的政策为政府数据开放定下实践导向的基调，并且将在这个引导下完成政府计划，将政府信息公开等工作列入政府日常工作中去。其中，早期的政策值得一提的是，通过微观角度的具体实践，提出了关于数据交易的《英国政府许可框架》，为政府数据开放乃至整个数据行业的交易提供了具体的解决方案，非常有前瞻性。

2. 不断发展中的立法与政策

英国政府数据开放开展之后，针对政府数据开放的法律与实践一一对应。在立法方面的具体表现是，大部分通过不断修订之前法律中的相关内容，个别做到单独立法，从而由法律规范实践，由实践反馈法律修订。在此期间具有代表性的是 2000 年的《信息自由法》和 2012 年的《自由保护法》以及针对环境信息有具体类别的环境信息而制定的 2004 年的《环境信

---

① Data Protection Act 1998[EB/OL]. （1998-07-16）[2017-01-15]. http://www.legislation.gov.uk/ukpga/1998/29/contents.

息法规》。

首先，对于不断修订的法律来讲，以 2000 年英国议会通过，于 2005 年 1 月 1 日起正式实施的《信息自由法》①（Freedom of Information Act 2000）为例。该法案为个人获取公共部门的信息提供了便利和法律依据，根据该法案，任何人有申请获取信息的权利。与此同时，政府为了进一步加强数据开放和满足政府数据开放的实际要求，于 2012 年推出了《信息自由法》的修订版本，具体内容上增加了有关数据集的法律条款，并首次提出"数据权"这一概念。该法案要求公共部门必须根据法律要求开放由其控制的政府数据集，并指出政府机构及其他公共部门有责任使用指定的许可协议。除此之外，公共权力部门被要求以可利用且可重复利用的数据格式面向公共开放数据。公众则以此法律为依据，要求政府以特定或需要的格式提供相应的数据集。同时，该法案一改以往法案中关于开放获取的信息再利用权利的限制，明确了公众对开放获取的数据集可以自动取得再利用的权利，而不需要像之前必须经过附加请求而获得。同时在保护个人隐私方面，该法案通过排除的形式规定了多种情况下（如申请对个人隐私、个人安全带来威胁的信息，以及申请与《数据保护法案》中规定不予公开相违背的获取信息情况等），公共部门等信息持有者可以拒绝向申请人提供相关数据。

《信息自由法》的颁布以及后续的修改，都是建立在英国政府一步步加大政府数据方法力度的实践的基础上。从最初法案约束下的单一数据开放到修改后法案约束的数据开放和开放后的再利用是与英国政府对政府数据开放力度有计划地扩大紧密相关的。

其次，对于个别单独立法来说，个别单独立法以 2004 年修订的《环境信

---

① Freedom of Information Act 2000[EB/OL].（2000-11-30）[2017-01-15]. http://www.legislation.gov.uk/ukpga/2000/36/contents.

息法规》(The Environmental Information Regulations)为例。《环境信息法规》①是英国政府针对环境类政府信息制定的专门法律。与其他数据开放相关的法律一样,该法规内容也涉及个人隐私保护方面,表明了英国政府对个人隐私保护的重视。基于具体的立法内容来看,该法规明确规定任何人均可依据该法规向英国公共机构申请获取环境相关信息,并且公众不需要提交对于有关申请行为的解释说明。该法规中关于环境信息获取限制的情况,主要与个人隐私保护有关,同时该法规的实施是以 1998 年的《数据保护法案》相关规定为基础而进行的。针对某一类信息的单独立法是有关政府数据开放法律体系完善的开始。单独立法不仅仅是体现政府针对环境信息的重视,也是针对不同种类信息立法的一种尝试。

讨论了早期的法律和政策之后,对于不断发展中的政府数据流动相关政策来说,我们将根据其特点分为连续性的国家行动计划和突出侧重点的国家战略两个类别进行讨论。

对于连续性的国家行动计划来说,具有代表性的就是连续性的国家行动计划和突出侧重点的国家战略。首先针对国家行动计划来说。从最初的《开放政府伙伴关系英国国家行动计划 2011—2013》,到《开放政府伙伴关系英国国家行动计划 2013—2015》《英国开放政府国家行动计划 2016—2018》《英国开放政府国家行动计划 2019—2021》。一系列开放政府国家行动计划之间联系紧密,后一份计划不仅是新的方向,更是对上一份计划的继承和发展。

对于突出侧重点的国家战略来说,英国政府于 2013 年 10 月发布了《英国数据能力发展战略规划》。英国政府将充分利用数据资源,紧抓数据机遇,释放数据价值,进一步加强公民在政府数据开放中的地位,以公民需求

---

① The Environmental Information Regulations2004[EB/OL]. (2004-12-21)[2017-01-15]. http://www.legisl-ation.gov.uk/uksi/2004/3391/contents/made.

为核心实现真正意义上的数据开放。2018 年 4 月底英国专门发布《工业战略：人工智能》报告。英国政府注意到人工智能行业的巨大潜力，英国政府希望能够引领全球人工智能行业的发展方向。报告内容包括政府鼓励相关数据行业创新，培养和集聚数据行业人才等在内的五大维度来指导大数据行业发展。其中值得注意的是，英国对大数据全球化合作的着眼点是英国大数据产业的新兴方向。

3. 不断与国际接轨的立法与政策

英国作为数据大国和数据行业领先的国家，英国一直保持与世界的接触和共同发展进步，具体表现在积极地结合欧盟的指令，完成本国的《公共部门信息再利用条例》（2015）以及《G8 开放数据宪章英国行动计划》（2013）。

2013 年 6 月，欧盟委员会发布修订版的《公共部门信息再利用条例》（以下简称"欧盟指令"）指导欧盟各成员国的政府数据开放和再利用。2015 年，英国政府当时作为其成员国，依据"欧盟指令"，修订了本国的《公共部门信息再利用条例》（2015）① （The Re-use of Public Sector Information Regulations 2015）。《公共部门信息再利用条例》（2015）为英国政府数据开放工作过程中数据的获取，特别是再利用提供了法律保障。首先，该条例对公共机构持有、生产、收集以及保存的各类型数据进行了列举和描述。接着针对列举出的数据涉及的开放和再利用等问题进行了规制。该条例从英国本国实际出发，提出政府机构在内的公共部门必须在开放政府许可协议下，尽可能地以机器可读的形式来完成日常的收集、存储和公开工作，同时在机读形式上满足政府信息再利用。另外，保护个人隐私方面，该

---

① The Re-use of Public Sector Information Regulations 2015[EB/OL]. （2015-06-24）[2017-01-15]. https://www.legislation.gov.uk/uksi/2015/1415/contents/made.

条例涉及的个人隐私问题以现有法律规定为准，当文档中包含信息获取相关法律禁止或限制访问的内容时，以已颁布的法律规定为准，防止在实践中侵犯个人隐私。该法规是数据相关法规本地化的代表。

英国政府主动与世界接轨，2013 年 6 月，八国集团首脑峰会签署《G8 开放数据宪章》之后，英国第一时间响应，并提出《G8 开放数据宪章英国行动计划》（2013）。同时《G8 开放数据宪章和技术附件》（G8 Open Data Charter and Technical Annex）针对政府数据开放过程中技术标准和数据格式做出了限定，为政府数据开放进行了规范上的约束，为英国政府数据跨国开放打下技术和标准的基础（图 6.4）。

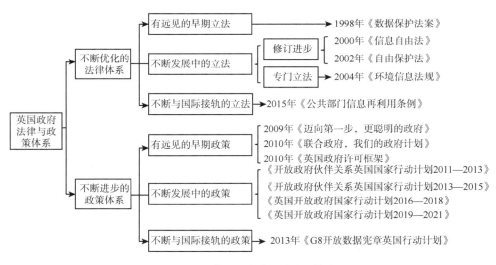

图 6.4　英国政府数据法律政策体系

（二）英国政府数据流动授权模式研究

对于授权模式来说，由于涉及政府数据流动中具体的权利与责任、义务，往往与国家的法律和政策体系紧密相关。随着英国政府对政府数据流动的法律和政策体系不断完善、不断探索，政府数据流动的授权模式也在不断地进步。与政策与法律体系对应地将英国政府数据流动模式分为以下四种。

1. "法定许可"模式

法定许可模式可以说是在政府数据流动实践探索起步时的授权模式，在实践的起步阶段，还没有形成具体的授权协议等标准的授权方式，整个政府数据流动职能根据现有与政府数据流动相关的法律和政策对政府数据流动进行授权，特别是根据现行的法律与政策对政府数据流动授权设置流动边界。根据《信息自由法》的相关规定，任何人都可以获取政府公开的数据且任何人都可以申请数据。所以，在政府数据的开放处于初级阶段，针对政府数据来说，公民或其他组织等仅能通过相关法律的规定在政府有限的公开方式下公开的信息中直接获得，对于未公开的数据可以通过纸质申请的方式依法获得。

2. "许可证授权"模式

随着政府信息开放的进步，英国政府信息公开由单纯的免费但少量的公开阶段进入政府信息增值开发的阶段，政府信息向外界流动从完成政府信息公开职能逐步向释放政府信息社会价值进步。这个阶段的政府信息公开主要表现形式是，英国政府在内的公共部门一般与私营机构依托政府信息开发合同进行合作完成政府信息增值开发。

由于信息种类的不同，开发合作的主体不同，英国政府信息开发合同表现出了形式多样，规格不统一，不具有普适性的特点。2010 年英国政府发布了《英国政府许可框架》（UK Government Licensing Framework，UKGLF），通过将不同种类的许可证匹配给不同的数据或数据集，促进政府信息开放。该框架提出了 3 种许可方式（表 6.6）：开放政府许可证书（Open Government License，OGL）、非商业用途的政府许可证书（Non-

Commercial Government License）、收费许可证书（Charged License）①。在许可证框架颁布之后，一般情况下，英国政府在内的公共部门与私营机构是通过运用公共部门所制定和管理的许可证来构建政府信息增值开发合作的。

表 6.6　三种许可证对比

许可证类型	是否免费	是否可机读（是否可做数据集整合）	使用目的	许可证边界
开放政府许可证书	是	是	商业&非商业	①适用信息：皇家出版局所拥有且指定的信息 a) ②许可证取得：不需注册，几乎无限制 ③使用者权利：使用者可以凭借许可证的授权出于商业或非商业的目的对政府公开的信息进行使用。许可证使用的时候要表明信息来源
非商业用途的政府许可证书	是	是	非商业	①适用信息：适用于接受该框架约束的信息或者信息受约束于皇家出版局授权的皇室信息 b) ②免费限制：该许可证书规范下的信息只可以用于非商业目的的使用 ③注意事项：使用时需要标明信息来源
收费许可证书	否	否	商业&非商业	适用信息：适用于受版权或数据库权保护的信息

a）Open Government Licence v3.0[EB/OL].[2023-03-20].https://www.nationalarchives.gov.uk/doc/open-government-licence/version/3/.

b）Licensing for re-use[EB/OL]. [2016-04-09]. http://www.nationalarchives.gov.uk/information-management/re-using-public-sector-information/licensing-for-re-use/

《英国政府许可框架》是立足于本国不断修订的法律和不断细化的政策，再结合本国的政府数据流动的实践完成的对本国政府数据流动授权协议的规范化。通过许可证框架，英国政府向社会公众提供了具有普遍性的"政府信息开发合同"，也使得英国政府信息开发的授权进入了制度更加完善、授权合同更加规范的阶段。

从整个政府许可框架来看，我们可以发现其许可框架本质就是规范化

---

① UK government licensing framework for public sector information [EB/OL].（2016-01）[2023-03-20].http://www.nationalarchives.gov.uk/documents/information-management/uk-government-licensing-framework.pdf.

的政府数据流动的法律关系。我们将许可框架的构成要素分为信息提供主体、信息需求主体和框架规制的客体，如表 6.7 所示。

表 6.7 政府许可框架要素

政府许可框架要素	信息提供主体	信息需求主体	框架规制的客体
具体内涵	所有公共部门信息的持有者，如： ①中央政府部门及机构 ②信息公平交易方案（Information Fair Trader Scheme, IFTS）成员 ③所有公共部门	①社会公众（包括社团和社会组织） ②公共部门 ③私人部门 ④公共数据团体	①政府和公共部门收集和产生的非个人信息，包括受版权和数据库权保护的作品（多数信息可以通过公共部门网站获取或已由公共部门出版）；②公共部门门户公布而没有出版的数据集；③原始的开源软件和源代码特别是，政府不拥有版权的知识和信息，以及受法律保护的个人数据或机密信息不在许可范围

除此之外，UKGLF 的许可边界是：①政府和公共部门收集和产生的非个人信息，包括受版权和数据库权保护的作品（多数信息可以通过公共部门网站获取或已由公共部门出版）；②公共部门门户（如 www.data.gov.uk）公布而没有出版的数据集；③原始的开源软件和源代码。特别的是，政府不拥有版权的知识和信息，以及受法律保护的个人数据或机密信息不在许可范围。在英国政府数据开放中，除了法律限制政府数据使用的情况，非商业性使用政府许可协议在政府数据使用目的上也做出了限制；收费许可协议是针对政府数据开放中的付费类目；根据国家法律和政策相关要求，OGL 是英国政府数据开放中，中央政府和地方政府默认且优先使用的许可。

3. "点击–使用许可"模式

英国为严格完成"欧盟指令"于 2005 年创建了公共部门信息办公室（the office of public sector information，OPSI），负责管理皇家出版局及英国其他部门的公共信息服务，公共部门信息办公室于 2006 年 6 月 21 日并入英国国家档案馆，职权变更为政府的版权管理（表 6.8）。

表 6.8　"点击-使用许可"制度

"点击-使用许可"制度	具体说明
申请者权利 a)	①出版权，即以任何形式出版获得授权的信息。②最终用户许可，即被授权使用电子或数字信息产品的用户将获得"最终用户许可"。这些使用者可以下载这些信息作为个人使用，但不能再利用这些信息。③翻译权。④为研究或学习需要复制信息。⑤将信息转化为盲文。⑥图书馆对其进行复制。特别的是，上述权利是非排他性的
申请者义务 b)	①申请许可时需提供准确的信息，并在发生变化时及时通知授权人。②如想取消该授权应及时通知授权人。③再利用信息的范围仅限于许可协议允许的内容。④准确地再利用获得的政府信息。⑤注明信息来源，并标明使用了"点击-使用许可"进行出版。⑥不得以广告或推广某一产品和服务为主要目的使用获得的信息，或者暗示获得政府部门或公共部门的背书。⑦禁止将授权信息以可能误导他人的形式使用。⑧不得复制官方印章、部门标识或徽章、军队勋章或徽章。⑨不得以与官方版本同样的形式和外观进行复制。⑩接受授权方的使用监督
内容边界	该协议可授权再利用的信息不包括计算机程序、软件以及根据《信息自由法》规定的不予公开的信息
时间边界	获得许可后指定的起止日期，一般为 5 年

a）Licence to reproduce public sector information[EB/OL]. [2023-03-20]. https://cdn.nationalarchives. gov.uk/documents/psi-licence-tandcs.pdf.

b）Mayo E，Steinberg T. The power of information：an independent review [EB/OL]．（2016-10-02）[2021-11-12]. http://www.opsi.gov.uk/advice/poi/index

　　"点击-使用许可"（Click-Use Licence）是英国公共部门信息办公室于 2001 年推出的一种在线著作权授权协议，具体内容如表 6.8 所示。本质上来说，"点击-使用许可"也属于"许可证制度"的一种，是在线的主要许可模式。在使用时，根据"点击-使用许可"条款，使用者需要填写申请表格，通过唯一的许可码来获得授权。通过申请许可后，公众可以对皇家版权信息和议会版权信息进行再利用。具体来说，公众可以针对政府部门信息和政府增值过的信息进行利用。在该许可协议下，政府针对公众使用大部分政府部门信息是免费的；政府针对公众使用政府增值过的信息可以收取一定的费用。

4. "开放内容授权"模式

由于以上三种的授权模式都是建立在英国政府"开放政府"的政策基调下的具体模式。所以上述三种模式可以概括为"开放政府"模式。

英国作为数据产业走在前列的国家，政府信息公开转向政府数据开放是通过政府数据网站建设的实践完成的。在 Data.gov.uk 建设过程中，英国中央政府部门开始向其提供政府数据，因此网站上的政府数据版权归属于政府。在通过政府数据网站对政府数据实现开放共享的时候，网站允许任何人可以免费地，不经过许可获得政府数据的非排他性使用权，并且没有使用目的的限制。根据开放内容（open content）定义[①]，他人可以在不违反著作权法要求的前提下，对开放内容的作品进行复制和修改，而无须取得额外的许可，也无须支付额外的费用。因此，英国政府数据开放由"开放政府"模式转向"开放内容授权"模式。

模式转变后，在政府开放许可的约束下，用户可以实现商业化或者非商业化目的，具体行为包括用户可以自由地复制、分发、传输、改编信息等。从权力转移上来看，所有信息在全世界的范围内使用时，使用者使用的时候都是免费地获得永久性的非排他性的版权授权；存在的限制是使用者被要求在使用所有信息上标注版权和数据的来源等，但是不对使用目的做限制。"开放内容授权"模式不仅仅符合英国政府对政府数据开放不断进步的政策要求，同时在满足政府数据开放的需求，并与全球普及较广的知识共享协议兼容性很好。

（三）英国政府数据流动模式研究

1. 境内流动模式

与美国类似，英国政府数据流动法律关系涉及的主体不同，可分为面

---

① 陈传夫. 开放内容的类型及其知识产权管理[J]. 中国图书馆学报，2004，30（1）：9–13.

向公民、企业和政府部门三方面进行调研。

首先对于英国政府数据面向公民流动来说。作为数据行业领先全球的英国在面对公民流动政府数据时，其流动的途径主要可以分为政府主导模式和民众主导模式。

第一种是政府数据平台使用模式。以英国的政府数据公开网站（https://www.data.gov.uk）为例。英国政府数据公开网站截至 2018 年 1 月，商业和经济，犯罪和司法，国防，教育，环境，政府，政府支出，健康，地理数据，社会数据，城镇基本情况和运输数据 12 个大类 51 个小类，合计共拥有 79 837 个数据集，同时提供特定的应用程序接口（数据来源：https://www.data.gov.uk/）。在 data.gov.uk 上，网站使用 OGL3.0 版本进行授权[①]，用户获得永久的、免费的、非排他性的授权。公民使用邮箱认证进行网站注册即可成为网站用户，根据网站提供的接口按照公民需求的格式进行下载。数据接口分为自由公开和申请公开。对于申请公开的数据集需要通过网站向数据集提供的部门发出申请，在审核通过后即可下载使用。

第二种是政府数据合作使用模式。除了基础的数据公开网站和政府主导的知识竞赛以外，作为数据产业比较完备的国家之一，英国政府注重利用网络工具（如社交媒体软件等）实现民众对国家治理的参与。在实践中，英国政府充分利用网络增强民众与政府的联系，让政府更准确地捕捉到公众的意愿与需求，及时获取政府工作的反馈，让公众的需求真正地成为政府数据开放的导向，对政府数据的流动起到"精确指导"的作用。英国政府开展My Society 项目。在该项目中，政府向社会公众提供了一个用于交流的信息平台。用户（社会公众）可以依托平台向任何一个政府机构提交自己的申请以及各方面的诉求，并且将请求和回复都开放在网上。

---

① Open Government Licence for public sector information. [EB/OL]. [2019-03-13]. https://www.nationalarchives.gov.uk/doc/open-government-licence/version/3/.

其次对于英国政府数据面向企业流动来说。英国政府数据开放走在世界前列，与美国政府数据开放的模式类似，可以通过流动主体间合作主导者的不同分为政府主导模式、企业自主使用模式和企业主导开放模式。

第一种，政府主导模式。英国政府数据开放方式与美国类似，同样包括开展知识竞赛、合作完成项目开发。在开展知识竞赛（以网络众包为代表）中，具有代表性的是"My society"项目和"Gaffer"项目。以 My Society 为例，My Society①是 UK Citizens Online Democracy（英国慈善机构名）面向公众开源的项目。起初该项目旨在为英国公民提供在线的面向公众开源的工具。公民或企业可以将自己的开源工具上传至网站，提供给公众使用。因为这些工具是开源的，因此可以并且很快将代码重新部署到其他国家，满足世界范围内的开源运用。此外，通过运行 Poplus 项目，鼓励其他人共享开源代码，从而最大限度地减少公民技术编码中的重复数量，避免技术编码的冗杂。

在合作完成项目上，以 Nine Health CIC（九健康投资公司）②与政府合作完善英国国家医疗服务体系（National Health Service，NHS）为例。首先，NHS 分两大层次：一是以社区为主的基层医疗服务；二是以医院为主的医疗健康服务。因此，通过分层次的医疗服务方便采集公民基础健康数据和公民医疗数据。九健康投资公司以 NHS 收集到的健康数据为基础，通过与国家创新基础项目、学术机构、慈善机构、临床网络、互联网资源和其他服务需求机构的合作完善 NHS 的开发并为其提供数据服务。

第二种，企业自主使用模式。英国科技公司 D4SC（Design for Social Change）推出"smarter cities"项目③，目前该项目涉及瑞士、英国、德国3 个国家。将 data.gov.uk 公布的城市数据（城市基础建设、地理信息等）

① MySociety. [EB/OL]. [2019-01-05]. https://www.mysociety.org/about/.
② NINE HEALTH CIC, A Technology Accelerator. [EB/OL]. [2019-02-17]. https://ninecic.org.uk/.
③ About changify. [EB/OL]. [2018-06-17]. https://www.chargify.com/about-us/.

以及公司采集的数据（包括公司主动采集和平台用户上传的数据）接入公司建立的 Changify 平台，经过数据清洗、挖掘和分析，针对市政建设出现的问题做出反应，完成"精准市政"的目标。在使用英国政府数据时，根据 data.gov.uk 的 OGL3.0，D4SC 获得了数据的非排他性的使用权，数据可以不受限制地根据商业或非商业的目的进行复制、分发、发布和传递等。

第三种，企业主导开放模式。Utterberry™①是一家为基础设施监测和智能城市开发提供人工智能无线智能传感器系统的供应商。公司的产品 Utterberry 是全球最小和最轻的无线传感器，它不仅仅具有传感器的基础功能，并且具有微型计算机的网络控制软件。这一特性结合公司的数据收集和处理系统可以完成对监控对象的数据分析。该公司参与了包括英国铁路网络、伦敦地铁、泰晤士河水资源监测等在内的政府工程项目。伦敦地铁项目中，根据合作协议，该公司主动向伦敦地铁有关政府部门开放自己监测获取的数据，向政府部门授予数据的使用权。并且公司以此为基础结合伦敦地铁部门的历史数据和实时数据进行数据分析，针对伦敦地铁线路的检修、维护提出科学意见，帮助地铁部门完成人流量监测预测及伦敦地铁线路物联网建设。

最后对于英国政府数据面向政府部门流动来说，根据具体的调研情况可以分为以下几种流动模式。

第一种是同类多级别部门间流动的流动模式。英国政府建设健康医疗大数据平台 Care.data。Care.data 项目集中了详细的个人健康数据，其中包括（精神病院数据、成人护理院数据、家庭护理及护理机构数据、托儿所数据、带护理数据的住房、带护理数据的病房）。这些数据除了由基础医疗

---

① About UtterBerry [EB/OL]. [2019-03-15]. https://utterberry.com/about-us/.

部门收集上传之外，还来自于其他医疗健康机构检测的数据采集。平台内的数据使用目的之一是直接用于医疗活动（包括单个病例或数据的分析研究等）。NHS 依托此平台将数据资源进行统筹、共享、分析从而用数据分析的思维和角度，研究病理，同时开展相关的药物研发和治疗方式创新等。此平台实现了英国医疗体系两大层级间的数据交流沟通，由平台向各部门进行资源统筹：对其自行上传的数据授予非排他性的使用权和修改、删除、被遗忘权等在内的特殊权利；对其他部门、机构上传的数据，授予其非排他性的使用权。出于商业目的使用带来的收益权由平台统筹享有。与此同时，平台的出现削弱了原先不同级别部门、机构因为行政级别等带来的信息不对称等问题，加强了医疗数据的流动从而为医疗健康问题的研究带来利好条件。

第二种是异类多级别政府部门间流动的流动模式。2004 年英国设立水平扫描中心项目（Horizon Scanning Centre，HSC）来提升跨部门多级别政府部门间的数据合作①。具体来说，该项目主要是利用扫描项目的集中化的预测功能，且集中化预测只适合于跨政府部门的水平扫描。以 2011 年水平扫描中心项目开展了气候变化问题带来的动植物影响研究的项目为例。通过接入来自于各部门各自扫描形成的多数据源（主要包括气象部门、农业部门、水利部门、环保部门等），对数据进行挖掘分析，研究气候变化对动植物生长以及水资源获取的影响等相关问题。为英国政府在环境保护跨国合作上带来新的动力，也通过研究结果对环境保护工作进行指导。

第三种是同级别政府部门间流动的流动模式。英国政府在大数据助力分析防诈骗以及防腐败方面有不小的成就。英国政府通过利用大数据检索手段对政府数据中的相关内容进行检索来预防逃税与诈骗。英国皇家税务与海

---

① 李延梅，曲建升，张丽华. 国外政府水平扫描典型案例分析及其对我国的启示[J]. 图书情报工作，2012，56（8）：65-68，17.

关署，依靠 SAS 公司的技术支持，通过检测行为模式收回了数十亿美元[①]。分析系统能够通过收集到的公民税务和银行数据标记公民的行为，根据数据可视化等技术完成行为判断。在反腐败上，英国政府各部门间实现部分数据互通，减少了数据需求时因为数据获取跨部门限制或者跨级别限制，同时数据接入带来了数据使用权的授权，实际上扩大了处理实际问题时的数据适用范围。

2. 跨境流动模式

通过调研英国相关实践发现，其主要的流动主体包括外国政府和外国企业。因此我们将英国政府数据跨境流动分为面向外国政府流动和面向外国企业流动两个流动方向分开讨论。英国政府数据向外国政府流动，可以分为双边流动模式和多边流动模式。

第一种是双边流动模式。英国政府与一国政府合作带来政府数据双方流动，以中英双方关于海关信息的合作为例，2018 年 1 月 31 日，中国海关总署署长与英国皇家税务与海关署代表在人民大会堂共同签署《中华人民共和国海关总署与大不列颠及北爱尔兰联合王国皇家税务与海关署关于加强打击商业瞒骗合作的谅解备忘录》[②]。合作双方国家通过备忘录的方式，明确交换数据、信息的类目，并且约定数据交换的方式、频率等。备忘录的目的是打击商业诈骗等问题。具体来说双方将通过数据和信息交换、情报共享与反馈以及数据分析技术等完成数据筛选来检索或预测出诈骗行为。中英双方政府拥有对方交换数据的非排他使用权，对己方交换数据保留删除权等。

第二种是多边流动模式。英国政府作为二十国集团（G20）的一员，除

---

① Improving audit efficiency. [EB/OL]. [2019-01-21]. https://www.sas.com/en_us/customers/estonian-tax-and-customs-board.html.

② 中英两国海关签署合作文件. [EB/OL]. （2018-02-02）[2022-05-11]. http://www.customs.gov.cn/customs/302249/hgzssldzj/zyhd95/1457115/index.html.

了上述的国际合作外，还参与了《BEPS 多边公约》（Base Erosion and Profit Shifting）的签订。BEPS 多边公约是指实施税收协定相关措施以防止税基侵蚀和利润转移的多边公约①。根据此多边协议，合约国多方推进关于税收政策和数据等的多边协调，通过加强合约国间的税务合作，实现国际税收的多重目标。根据该合作公约，英国政府与其他合约国进行税务数据等的交换。在完成数据交换的过程中，合作的多方拥有其他国家交换数据的使用权等，同时保留己方数据包括删除权、被遗忘权在内的多项权利。对于英国政府数据面向外国企业流动来说可以分为以下两种。

第一，企业主导模式。对于企业主导的政府数据开放来说，以华为与英国电信的合作为例②。2016 年华为与英国电信达成关于 5G 网络开发的合作意向。在达成 5G 合作意向后，华为主动与英国电信达成在 5G 网络研究上的合作，通过建立实验室等方式进行双方共享研究数据。在华为与英国电信合作开发 5G 过程中，英国电信对华为的技术设备情况进行审查。华为公司向英国电信开放了包括工程流程在内的多项设备技术数据，针对英国电信提出的新规则做出整改以适应英国市场。在合作过程中，华为公司主动向英国电信开放了与合作相关的数据，并通过建设共同开发研究的实验室完成研究数据的共享。在共享数据的过程中，双方授予对方数据的排他使用权，并且有使用目的的限制；此外，己方保留其他的数据权利。

第二，本国政府主导模式。以苏格兰皇家银行的数据驱动决策为例③，苏格兰皇家银行委托 SAS 公司，由银行提供客户评价的数据以及银行基础业务数据，SAS 公司通过视觉辅助、数据挖掘以及文本 Miner 语境分析等

---

① Base erosion and profit shifting. [EB/OL]. [2018-02-02]. https://www.oecd.org/tax/beps/.

② 华为与英国电信启动 5G 研究合作伙伴关系[EB/OL].(2016-12-08)[2023-03-20]. https://www.huawei.com/cn/news/2016/12/BT-Huawei-Embark-5G-Research-Partnership.

③ Royal Bank of Scotland. [EB/OL]. [2018-12-20]. https://www.sas.com/zh_cn/customers/rbs-gb.html.

技术对数据进行挖掘和分析，将评价数据、业务数据与员工工作挂钩，分析银行服务的趋势和优劣来为银行决策提供支持，具体的决策包括公司组织结构、业务流程等。通过数据驱动银行决策从而提高员工的敬业程度，并提供优质的客户服务。在合作过程中，双方存在委托关系。公司拥有数据的非排他使用权。银行在授予使用权的时候加入使用目的的限制（即数据使用的目的仅限于决策合格验证过程），同时保留数据的其他权利。

三、英美两国政府数据流动产权保护模式的对比

政府数据流动的产权保护具体来说就是法律政策体系，授权模式和流动模式从宏观和微观两个方面对其进行引导。法律和政策体系是对政府数据流动的宏观引导，为政府数据流动定下基调，成为微观实践的依靠和根源；政府数据流动的授权模式和流动模式是一国对政府数据流动的实践，是对政府数据流动宏观引导的落地，是对一国政府数据流动宏观设计的具体探索。通过政府数据的微观实践可以反馈到宏观设计上，进行不断的调整。英国和美国作为数据产业较为发达的国家，其政府数据流动在国际范围内也走在前列。本国宏观和微观的引导是政府数据流动领先的关键，我们将从对英美两国的政府数据流动的宏观和微观两个方面进行对比，找出两国政府数据流动在宏观设计和微观实践上的异同点，分析两国政府数据流动走在世界前列的原因。

（一）政府数据流动产权保护立法与政策体系的对比

对于政府数据流动产权保护来说，国家对其的立法体系和政策体系是政府数据流动产权保护的基础，也是解决问题的主要依靠。作为国家的宏观设计，政府数据流动产权保护相关的法律与政策体系为政府数据流动起到奠

基性的作用。

1. 英美两国相关立法与政策体系相同点

通过上文对英国和美国两国政府数据流动产权保护相关的立法体系以及政策体系的研究，我们可以发现两国在立法与政策体系上存在以下的相同点。

第一，立法与政策体系建设都比较成熟完备。从美国和英国的政府数据流动产权保护的立法体系来看，其立法体系都包含了基础性法律和专门性法律。对于基础性法律来说，美国的《信息自由法》和英国的《数据保护法案》都是基础性的立法，都以立法的形式对政府数据流动中政府的责任与义务以及公众获取数据的权利进行了明确的规定，为政府数据流动的实践提供了法律依据。对于专门性法律来说，美国出台了《隐私权法》《财务隐私权法》等对政府数据流动涉及的隐私问题进行界定，英国出台《环境信息法规》对环境保护涉及的数据进行保护，这些法律的订立都是对本国法律体系的补充。

第二，立法与政策体系都在不断完善与发展。美国在 1966 年就已经订立了《信息自由法》，但是由于美国特殊的国家制度，联邦政府法律在各州的实施处处受阻。美国政府通过不断的修订，逐渐地将各州纳入《信息自由法》的约束范围，提升了国家对政府数据立法的权威性和全面性。英国的《信息自由法》也经过多个版本的修订，不断地与实践中涉及的问题进行涵盖，如开始尝试着在政府数据确权上进行法律界定。

第三，立法与政策体系都在不断重视民众参与。英美两国的政策与法律，都表现出重视民众或者社会在政府数据流动中的地位，特别是在政府数据公开中，英美两国都在不断发掘民众的积极性，不断增加民众参与，特别是注重以民众需求为导向。

2. 英美两国相关立法与政策体系不同点

第一，立法与政策思想上存在差异。美国对于政府数据流动产权保护的立法和政策都是趋于"完全开放"的趋势。美国在《版权法》中规定联邦政府放弃政府数据版权，进入公共领域。这一项规定为政府数据流动起到了促进作用。英国的政府数据立法相比之下比较保守，英国中央政府保留其政府信息的版权并且统一管理，这种思路实际上是保护了政府数据的公共属性。

第二，地域性法律的法律效力存在差异。美国因为国家制度的原因，联邦政府法律与州法律并行。在涉及政府数据流动的产权保护问题上，不仅仅要关注联邦政府的法律，同时要兼顾州政府的立法，总体上来说其立法具有明显的地域性。英国中央政府的法律在全国具有权威性，各地的法律均是以中央政府的法律进行修订，在实际操作上减少了国家性法律与地方性法律的冲突，一致性比较高。美国法律体系表现出了更多的灵活性，而英国法律体系表现出更多的一致性与权威性。

（二）政府数据授权模式的对比

1. 英美两国政府数据授权模式相同点

第一，紧贴国家法律政策体系的脉搏。政府数据的授权模式实际上就是政府数据流动政策与法律的具体表现。英美两国在授权模式与法律、政策体系的结合上都表现出了紧密贴合的特点，同时政府数据的授权模式是极具本国法律特色的。英国政府随着本国的法律政策不断深化，建设了"许可证授权"模式。随着政府对政府数据开放的不断深化，"许可证授权"模式改进形成"点击–使用许可"模式。随着"开放内容"概念的提出，英国改变了策略，采取免费的"点击–使用许可"模式。美国政府随着本国的法律政策不断进步，政府数据的授权模式也不断进步。

第二，与政府数据流动的具体实践紧密贴合。随着国家对政府数据运用不断扩大的要求，政府数据流动也不断涌现新的实践。英美两国根据实践的要求，将合作协议、众包协议等形式的授权模式纳入授权体系中。美国联邦政府用"开放许可"的概念涵盖所有的授权协议。

2. 英美两国政府数据授权模式不同点

英美两国在政府数据流动产权授权方面的不同主要表现为跨境授权模式选择不同。英国在建设本国的授权体系时，不断关注国家的趋势和动态，依托知识共享协议建立了本国的政府数据授权体系，统一地约束政府数据境内和跨境流动的产权保护问题。美国在国内采取"开放许可"来调节政府数据产权授权，在国际范围内采用 CC0 知识共享许可协议。在具体的实践中，英美两国的授权模式各有优劣。

（三）政府数据流动模式的对比

政府数据流动模式是在一国政府数据流动相关的政策与法律体系下，由政府数据授权体系约束授权形成的。政府数据流动模式的特点是继承了法律与政策体系的特点，具有明显的国家特点。

1. 英美两国政府数据流动模式相同点

第一，流动目的相同。英美两国作为政府数据流动实践方面走在前列的国家，政府数据流动的目的不仅仅是表现在完成政府数据公开职能的方面，更多地体现在释放政府数据社会价值方面。例如，英国通过政府数据的流动解决腐败问题、城市治理问题。美国通过政府数据流动实现对传统行业的改造，增加就业机会等。

第二，流动导向的相同。英美两国政府数据流动通过不断的实践逐渐都表现出了以公众需求为导向的特点。英美两国愈发重视社会公众在政府数据流动，释放政府数据社会价值方面的作用，也意识到政府数据流动需要更多的公众参与才能实现政府数据最大化的利用。英国开展的"My society"项目和美国地质调查局的气候监测网络都是对公众参与和公众需求的重视。

第三，国际流动的主导地位相同。英美两国在不断发展本国的政府数据流动的过程中，意识到政府数据的跨境流动是另一个重要的流动途径。两国都在不断地积极寻找跨境流动的实践，并且取得主导的地位。例如，英国政府主导建立"开放政府伙伴关系"，积极与世界各国合作，在取得主导地位的同时不断加深本国政府数据流动机制对世界的影响。

2. 英美两国政府数据流动模式不同点

第一，政府部门数据流动模式的不同。在调研英美两国政府数据境内外流动模式后，我们发现在境内流动中，两国政府数据在部门间流动存在一定的不同，这是由两国政府针对政府数据流动制度不同造成的。美国在政府组织结构中加入了"信息官制度"，对于政府数据流动的职责细化到个人，通过各级政府部门的信息官将整个政府数据流动串联在一起。英国则是将政府数据流动细化到政府工作中，并没有选择单独建设专门的政府数据流动机制。

第二，政府数据流动边界的不同。由于政府数据流动相关的政策和法律政策不同，具体的政府数据流动的边界存在不同。权利边界方面，英国政府数据流动采取的是比较保守的态度，总体上来说保留政府数据的版权或者其他权利，对流动者获得的权利有边界限制，如英国数据网站关于政府数据使用的限制中要求表明数据来源等。美国采取的是比较激进的态度，对政府数据流动特别是在政府数据开放中，放弃所有的版权，在合作中也很少对政府数据的使用目的采取限制。

第四节　主权视角下我国政府数据流动产权治理问题分析

前文分别针对国内外政府数据法律关系涉及的法律政策情况、流动模式情况和授权情况进行了细致的调研，从调研中发现，我国在政府数据流动相关问题的实践中取得了一定进展和成果，与国外相关实践对比仍存在很多不足。首先，本节从政府数据流动法律关系的视角，分析我国政府数据流动的实践，再与国外的流动实践成果进行对比，分析我国在法律体系、政策体系、流动模式和授权方面存在的问题。其次，数据行业作为新兴的行业，加之政府数据属性复杂，兼具公共属性和私人属性，在具体的涉及不同主体流动过程中情况极其复杂。因此，本节还从国家、企业和个人三个视角对我国政府数据境内外流动的产权保护问题进行分析总结。

一、我国政府数据确权困境探析

作为法律关系的唯一客体，政府数据是我们研究的核心之一。政府数据的产权保护的前提就是对政府数据进行确权。我国对政府数据确权的实践几乎处于停滞不前的局面。由于我国对政府数据的立法尚且处于伊始阶段，对政府数据的确权还未做明确的规定，在实践中一般是依托其他法律进行约束。具体来说，我国政府数据中包含的具有著作权的数据接受《中华人民共和国著作权法》（以下简称《著作权法》）保护，享有知识产权的接受《知识产权法》保护。在具体的案例中还会对于政府数据表现出来的其他属性根据相符的法律进行约束，但是现阶段我国的政府数据确权确实存在确权不全面的问题。政府数据的来源主要是政府部门的日常工作，政府数据往往是由经济社会中的个人数据、企业数据组成的，因此我国政府数据确权问题主要表现在政府数据包含个人数据和企业数据两种情况下的确权问题。

（一）包含个人数据的政府数据确权问题

在联通用户个人信息篡改纠纷案中①，消费者卢某某在联通公司入网登记的身份证号码被联通公司篡改，导致了个人手机号码关联的个人信息受到了侵犯。在联通公司的数据库中，消费者的个人信息虽然被中国联合网络通信有限公司荆州市分公司收集并且储存，成为其用户数据的一部分，但是对于消费者个人来说仍是个人数据。荆州市工商行政管理局在接到投诉后，经过细致的调研，对中国联合网络通信有限公司荆州市分公司开具《行政处罚决定书》。决定书中认定被告违反《电信和互联网用户个人信息保护规定》第十三条关于个人信息保护问题的规定，以及《消费者权益保护法》第二十九条有关消费者个人信息保护的规定，荆州市工商行政管理局依据《消费者权益保护法》对被告采取罚款的行政处罚。在这个纠纷案中，由于对政府数据没有进行明确的确权，同时法律体系也不完备，对于侵犯的具体权利无法具体说明，导致纠纷案是从消费者权益被侵犯的角度进行界定。

从经济学角度来讲，知识产权权利冲突是云计算模式下各个参与主体之间的利益冲突，具体来讲是云服务商、知识产权所有者和信息消费使用者三者之间的利益冲突。一般情况下来讲，云服务商和知识产权所有者之间是一种利益对立关系，而云服务商和信息消费使用者之间是一种合作统一的关系。云服务商为了获取更大的利益，为了满足消费者更多的信息消费选择，就不得不对知识产权所有者的权利进行侵损，只有这样，才能提升自己的吸引力，赢得更大的市场，进而获得所需的经济利益。但具体而言，三者之间

---

① 中国联合网络通信有限公司荆州市分公司、荆州市工商行政管理局工商行政管理（工商）二审行政判决书［EB/OL］.（2017-12-22）［2022-04-15］.https://aiqicha.baidu.com/wenshu? wenshuId=f0ac819e453cfacc686dfc83700a90c4504758e8.

更是一种相互合作而又相互制约的关系。云服务商和知识产权所有者相互协商约定合作协议内容，以谋求更大的经济利益，但又互相制约监督，避免自身权利损害；云计算服务商和信息消费使用者之间也会签订相应的使用协议，实现资金和信息资源之间的相互转换，但是信息消费使用者总是希望能够找到最适合自身的信息，越多越好，但这对云服务商而言将会产生更多的成本消耗；另外便是知识产权所有者和信息消费使用者之间的对立统一关系，知识产权主体希望实现资金利益的获取，必须有使用者的支撑，同时信息消费使用者也希望知识产权主体进行更多的信息创造以满足更多的信息需求，但同时两者之间的利益冲突对立也很明显。总而言之，三者之间相互协同，但又相互制约，只有实现三者之间的一种动态平衡，才能实现云计算环境下信息消费市场的平衡稳定，否则会导致市场动荡，无论是对于资金利润的转换还是知识产权的保护而言都是不利的，所以采取措施维护三者之间的动态平衡是十分重要的。

从法律视角来看，知识产权法给予知识产权主体对自己智力成果的专有权和独占权，并提供法律支持和国家强制力的维护，但是知识产权主体却热衷于将作品上传至网络环境中，以谋求云计算环境下便利的发布和传播方式来实现资金利益获取；而由于云计算模式固有的传播特点和法律规定上的相关内容空白，知识产权的保护更加困难。但真正与之相互冲突的是宪法赋予公民享有的平等而自由的权利，鼓励人们寻找自身所需要的信息资源和文件信息，但是由于主体的多样性和管制的有限性，知识产权的保护更加困难，从而产生了知识产权保护和使用之间的权利冲突。

（二）包含企业数据的政府数据确权问题

政府部门在完成日常政府工作时，往往会将企业的信息或者数据进行收集，成为政府数据的一部分。政府部门根据政府信息公开的要求，出于对政府信息或者数据公共属性的考量，会将这些企业的信息由政府部门流动至社会公众。武汉市黄陂区人民政府网站上，依据国家政府信息公开的要求，将黄陂区 2019 年度小微工业企业贷款利息和担保费补贴项目进行公示，具体的公示内容涵盖多家企业的贷款金额、贷款年限的情况①。企业贷款信息反映了企业的经营情况，政府信息的公开就有可能被针对性地利用在企业竞争上，此时政府对其数据处置的权利与企业保护其自身的权利就会存在冲突。

二、政府数据流动法律体系问题分析

（一）国外政府数据流动产权保护法律体系特点

美国政府数据相关法律体系的构架清晰且简单；从实际的效果来看，其联邦政府相关法律是比较健全和先进的，其特点如下。

第一，多角度架构。首先，该法律体系涉及多部法律，其中包括基础性法律和补充型法律。多部法律共同构成对政府数据相关问题的约束。其次，其中的主要法律分别从政府、社会和个人三个角度对涉及的问题进行描述。最后，多边法律不断完善，相互补充，共同完善整个体系，缺一不可。

第二，公开多、限制少。在立法中，各部法律以穷举的方式法定公开的信息种类和限制情况总体上表现为公开的内容丰富、法律限制很少。具体表现在其公开的边界是使用——排除的方式进行规定的，排除的内容如国家安全相关的信息、涉及商业秘密的信息、决策前信息、个人隐私等类别的政

---

① 中共武汉市黄陂区委黄陂区人民政府.黄陂区 2019 年度小微工业企业贷款利息和担保费补贴项目公示[EB/OL].（2019-05-06）[2022-04-15]. http://www.huangpi.gov.cn/ywdt/gsgg/ 202001/t20200113_781633.html.

府信息。

第三，社会需求导向。各部法律均是以社会需求为出发点进行描述和订立。具体分为使用需求、隐私需求和公共属性需求。首先，美国联邦政府在政府信息开放中，站在政府信息公共属性这一角度，在法律及政策体系中贯穿"政府信息属于全社会"这一概念，放弃政府信息的版权。美国政府对政府信息使用的收费的政策和态度较为友善，一般来说只收取分发这些信息产生的费用（如打印、传真、邮寄等费用）。其次，政府信息的开放与社会的使用需求挂钩，任何人均有权利根据自己需求的目的和形式获得政府开放的信息，政府信息使用的目的和形式必须不受任何限制。最后，政府信息开放的过程中，不可避免地会遇到隐私数据的问题。根据美国《隐私权法》，个人隐私不容侵犯，个人隐私的保护是政府信息公开中最主要的豁免情况之一。

对于英国来说，英国政府在政府数据开放上呈现出"边开放，边进步"的特点。政府版权的确定是政府数据开放的利好条件。政府版权的确权和统一管理方便政府数据开放的确权以及在权力流动过程中的描述与实践。在政府数据开放流动法律建设上我们可以看出，英国各个阶段法律之间的关系是"同宗同源，批判继承"，最终做到与开放途径多样化相呼应的边界扩大。

第一点是"同宗同源"。对于"同宗同源"来说，首先英国不断发展的法律和政策体系建立的方式就是以之前的法律与政策为基础的。政府数据开放的制度首先都依靠已确立的政府数据开放政策、法律体系。相关政策和法律体系决定了开放制度中的具体内容、细节以及边界。

第二点是"批判继承"。从"法定许可"到"点击许可"再到"许可框架制度"，许可内容不断细化，不断体系化。点击许可继承了法定许可的法定性，并且创新性地适应了政府数据网站对政府数据的开放；许可框架继承了点击许可的适应性，并在此基础上扩大了适用范围，除政府数据网站，其他途径也在适用范围内，同时许可框架细分更多种类信息的使用许可情况，是政府数据开放的进步与创新。

（二）我国政府数据流动产权保护法律体系可资借鉴之处

首先，对政府数据流动基础性确权立法。我国仅在政府信息开放方面做到了立法约束，明确政府的责任与义务和政府信息公开目的，除此之外，对政府数据其他的流动方式并未进行约束，在立法上达不到政府数据开放的基本要求。对政府数据产权的确定及归属没有进行明确。接着，增加对政府数据流动的规制。

三、政府数据流动产权政策问题分析

（一）国外政府数据流动产权保护政策体系的特点

美国政府在政府数据开放上，特别是在政策上呈现出"起点高，自由度高"的特点。美国联邦政府直接放弃政府数据的版权，这一举动将美国政府数据开放定下了很高的起点，即开放决心极大，开放程度极高。美国政府与英国政府在一段时期内针对政府增值过的数据收费的行为和思想不同，而是直接将所有的版权放弃，通过其他的方式（如税收和合作开发等方式）补贴政府对数据的成本。

纵观美英两国，具体的政府数据开放政策体系建设和数据产业的发展事实上证明，美国的方式与英国模式各有长处，两国在政府数据开放的收费方式上也走在前列。美国用其实践证明通过其他方式的收入对政府数据成本进行补贴是一种趋势。同时，两国通过自身实践证明出政府数据流动的政策建立的必由之路就是以需求为导向。

（二）我国政府数据流动产权保护政策体系可资借鉴之处

首先，增加政策与法律的呼应度。一国政策与法律是相互依存的关系，法律体系建设的缺陷同时也表现在了政策上。不能构成体系的政策就缺少了约束力，不利于整个行业的发展。其次，增加政策对社会需求的反馈。

虽然合理使用制度和法定使用制度都是在著作权下规定和使用的，但是智力成果有着基本相同的本质特点，所以除去特殊的知识产权表现形式之外，这两种制度是可以推广至大部分的知识产权中的。而我国现有的合理使用和法定使用制度采取的列举方式，对于云计算模式下纷繁复杂的知识产权利用方式可能有些"捉襟见肘"的体现，但是也更能够限制知识产权的合理使用和法定使用方式，实现最大程度上对知识产权的保护。我国《著作权法》第二十四条规定了十三项合理使用的具体方式：在下列情况下使用作品，可以不经著作权人许可，不向其支付报酬，但应当指明作者姓名或者名称、作品名称，并且不得影响该作品的正常使用，也不得不合理地损害著作权人的合法权益。

四、我国政府数据流动授权模式问题分析

外国政府数据在流动授权方面比我国提早进行了许多年的实践，并且通过实践获得了一定的成果。在授权渠道建设方面，特别是在政府数据公开上，英美两国均有国家级的政府数据公开网站，并且已经完成全国范围内政府数据公开网站的布局与建设，全国各级政府部门不仅仅有自身的政府数据网站，还基本完成了对国家级政府数据公开网站的数据接入，形成了国家政府数据开放网络。在授权协议方面，美国根据本国的立法与政策，在国内外施行两套授权协议，不仅仅规范本国的政府数据流动授权，也在与国际接轨上拥有了实践成果；英国政府根据国际通用的授权协议，结合本国实际情况和立法特点建设了具有本国特色的授权体系，并且根据实践对授权协议进行优化。

由于我国数据行业起步晚，数据立法不完备，我国政府数据流动授权方面的不足表现在授权渠道缺失和授权协议缺失上。在授权渠道建设方面，我国还没有统一的政府数据平台，各级政府部门对于自身的数据平台建设缺乏统筹性。在授权协议方面，我国还没有正式的政府数据流动授权协议。从具体实践来看，授权协议的形式还是停留在网站免责声明或者版权声明上，并且在使用目的方面，禁止商业目的使用，并且对授权的边界界定比较模糊，不利于社会公众对政府数据的利用，阻碍释放政府数据的价值。

五、主权视角下我国政府数据跨境流动产权保护问题分析

根据政府数据跨境流动的实践可以发现，其具体的约束手段不够完备，以国际合作协议等为主要形式，在现行的各国的授权协议方面也"百家争鸣"。跨境流动的问题具体的表现是国家层面的国家主权或者国家对本国数据相关权利的侵权风险或者间接的问题。

（一）国家主权问题

在漫长的网络空间发展历程中，企业等非国家权力主体的"自律"和互联网行业通过"行业标准"实现的"自我监管"是网络空间治理的主流方式。网络技术的不断发展，在推动社会发展的同时，也引发了如黑客攻击、数据窃取、恐怖活动等网络主权侵犯行为，各国对网络主权保护的呼声愈发强烈，网络空间从"去主权化"迈入"再主权化"的新阶段，主权国家在网

络空间的回归态势愈发明显①。

在我国政府数据跨境流动产权保护中，涉及的国家主权问题具体表现在以下两点：第一是我国与其他主权国家之间的政府数据跨境流动产权保护；第二是我国与跨国互联网公司之间的政府数据跨境流动产权保护。

首先，国家或者政府对数据的控制和管理，体现了国家及政府对其数据的控制能力，是国家主权在数据方面的延伸。其次，国家主权不容侵犯是国际社会的共识，更是一个国家立足于社会的根本所在。在政府数据流动的过程中，特别是跨境流动中，国家主权的具体表现就是数据主权。最后，政府数据是在政府机构或公共部门完成其职能的目的下产生的，其内容与国家政府工作息息相关，特别是其中含有与国家机密相关的内容。政府数据主权的侵犯带来的风险还有国家机密方面的风险。政府失去对数据的控制，数据的使用以及其他数据活动会失去有效的监管与限制，也就有可能引起国家机密泄露。

（二）国家治理问题

在政府数据开放下的政府数据，虽然存在主动开放给公众使用情况下的部分权利"默认授予"，但其人格权的保护根据不同国家的不同开放政策、法规是存在差异的；未经政府数据开放的政府数据在数据人格权的保护上更为严格。以开放数据为例，以美国为代表的政府数据"完全开放"，政府数据的使用包括后续流动中的活动是几乎不受限制的，其知情同意权、删除权和修改权根据国家法律和政策体系也是最大限度地授予公众。但以欧盟为例，其政府数据开放是授予公众受限制的数据人格权，比如在政府数据的使用时需要添加数据来源，在数据使用的过程中禁止修改数据内容等。但是

---

① 高奇琦，陈建林. 中美网络主权观念的认知差异及竞合关系[J]. 国际论坛，2016，18（5）：1-7，79.

总的来说，数据人格权受到侵害会带来政府对其数据的控制能力下降，具体会带来政府公信力下降、数据产业波动等。

（三）其他问题

我们将我国政府数据跨境流动产权保护中其他的问题根据成因划分为以下两种。在激进的政府数据授权下，虽然不存在侵权的情况，但是激进的授权或者称为"过度授权"的情况下，政府会授予流动方"过度"的数据权，以至于流动方在授权范围内就会出现上述的问题，比如对政府数据使用权限的限制将使数据主权和数据权利侵害风险加大，具体"过度"授权情况下政府几乎失去对政府数据的控制，国家主权、国家机密都会受到威胁，数据的经济潜能更是直接转移到流动方，降低了政府数据的经济职能。

在保守的政府数据授权下，政府对政府数据权的流动有可能存在过度控制的情况，导致政府数据流动处处存在限制。政府部门的控制过严其实就是一种"垄断"，"垄断"会带来"数据孤岛"的情况，最终给数据行业乃至整个社会都会带来不良的影响。除此之外，政府数据管控过严、政府行政透明度降低以及政府受社会监督减少将导致政府公信力受到一定损害等社会问题。

六、主权视角下我国政府数据境内流动产权保护问题分析

根据上文的调研情况来看，对于我国政府数据流动的境内流动部分，其问题主要表现在企业和个人两个层面。

（一）企业层面问题

政府数据流动中可能出现的问题表现在企业层面可以分为以下三种情况。第一种情况就是，只出现政府和有关企业两个相关方的情况下，源于政府数据流动的企业相关数据泄露。即政府数据开放或者其他流动过程中对企业需要保密的信息的泄露。第二种情况是第三方针对性利用。在此处的讨论的相关方有三个，包括政府、企业以及企业之外的非流动方的第三方的政府数据流动，一般出现在政府数据开放中。即第三方（往往是竞争对手）针对开放的政府数据进行有目的的收集和利用达到获取企业秘密的情况。前两种情况是针对企业商业秘密而言的，而第三种情况是针对政府数据的社会影响来讨论的。

首先，源于政府数据泄露的问题。政府数据中往往会包含与本国企业相关的数据。其中企业的商业机密、知识产权甚至是企业运营信息等与企业竞争息息相关的内容会难免因为政府数据流动出现泄露的风险。仅考虑政府与企业两个相关方时，当政府数据权受侵犯时，企业在数据收集、存储、运用等过程中有可能面临风险。例如，政府数据受到黑客攻击造成数据泄露，或者在完成政府数据开放工作的收集后由于数据管理失误造成数据遗失等；政府数据现今主要依托计算机技术进行存储，那么计算机技术会带来必然存在的风险，如技术性的遗失、损坏等。

其次，政府数据的"过度授权"的问题。这里的"过度授权"具体有两个层次的意思。第一个层次就是在内容上存在"过度"的行为。因为企业信息繁多，商业秘密的判定复杂，从事政府数据开放的工作人员受专业知识所限等原因造成部分商业秘密被归类至开放豁免之外。除此之外"公共利益"与企业利益的必然冲突也会导致内容上的过度。《中华人民共和国政府信息公开条例》第三十二条规定：行政机关认为不公开可能对公共利益造成重大影响的，可以决定予以公开，并将决定公开的政府信息内容和理由书面告知第三方[①]。行政机关认为不公开可能对公共利益造成重大影响的，即会

---

① 中国政府网. 政府信息公开条例. [EB/OL]. （2007-04-05）[2022-04-15]. http://www.gov.cn/xxgk/pub/govpublic/tiaoli.html.

被作为政府信息公开的内容。第二个层次就是在权利上存在"过度"的行为。政府数据开放中，对政府数据的使用目的往往没有过多的限制。但是在其他的政府数据流动中，特别是在政府与企业的合作或者委托开发中，使用目的往往却是有限制的。因此，在政府数据开放中，没有限制的授权也许会带来数据的滥用。在合作开发中，限制效果不好或者限制不到位也会带来政府数据泄露。

再次，第三方针对性利用问题。这里提到的第三方针对性利用与上述的"过度授权"不同，这里的第三方往往是竞争对手，而"针对性利用"也不是与政府合作等行为，第三方针对性利用实际就是竞争对手通过政府数据开放针对性地收集企业相关数据，获得企业商业秘密或者与企业竞争相关重要信息的行为。第三方针对性利用中最具代表性的就是企业竞争者针对企业进行竞争情报行为。竞争情报（competitive intelligence，CI）[1]是指对通过对外部环境、竞争对手等信息研究和学习增强自身竞争力。随着政府数据开放，政府数据成了竞争情报重要的来源。第三方从政府公开的数据中寻找竞争相关的信息并且加以反推等手段就有可能导致企业在竞争上处于劣势；若第三方通过技术手段获得企业秘密，带来的负面影响有可能无法估量。美国安霍伊泽-布施公司在政府网站公开的企业信息被竞争对手利用，使其竞争对手获得市场竞争力[2]。其竞争对手通过获取美国环保署公开的企业废水排放资料，利用技术手段获悉其大致的产量和产量变化趋势，这些就会导致竞争对手获得市场先机，而安霍伊泽-布施公司则在竞争中处处被对手知晓掌握。

最后，政府数据管控过严问题。除去上述的政府数据流动会带来风

---

① Competitive Intelligence：Definition，Types，and Uses[EB/OL].（2022-12-31）[2023-03-27].https://www.investopedia.com/terms/c/competitive-intelligence.asp.

② 陈峰. 施行政府信息公开条例对企业竞争情报工作的影响[J]. 图书情报工作，2008，52（6）：39.

险，政府数据流动过度限制也会带来风险。政府数据管控过度严格，会导致数据行业的发展缓慢，甚至造成与数据相关的企业运营都受到限制，在市场竞争中处于劣势。与此同时，急需依靠数据进行企业转型升级的企业会面临转型滞后、自身发展受阻等情况。

企业是信息消费的重要参与者，尤其是在云计算背景下之下，企业既可能是云服务提供商，也可以是云计算平台服务者，更可能是知识信息的消费者，所以云计算环境下企业信息消费过程中知识产权操作意识和维护观念的提升的重要性不言而喻。企业提升知识产权的认识和维护意识的重要作用主要在于两个层面：①企业自身信息消费行为的规范，对于云服务商企业和云服务平台提升知识产权规范意识来说，规范自身的企业行为主要体现在自身提供的信息服务内容必须来源合法、得到知识产权主体的授权，并且在被告知侵权之后可以及时采取合理方式处理侵权内容；②对于企业信息消费者来说，提升知识产权认知意识的作用也主要体现在两个方面，一方面是维权，避免侵权，在信息消费之前对于云服务商提供的信息资源的辨别分析，避免对侵权信息资源的收购利用，构成自身的善意侵权；另一方面，是侵权后的弥补减缓方式，在被告知侵权之后，停止侵权信息的再次使用和蔓延使用，或者在得到授权之后继续使用。无论是什么角色，企业都应该提高自身运用知识产权管理机制的水平，只有这样才能使得整个信息消费流程有条不紊地进行，才能实现信息消费和经济增长共赢的局面。

（二）个人层面问题

个人是社会的基础单位，随着互联网技术的进步和政府对国内数据行业的建设以及国家有关数据的战略全面铺开，越来越多的个人数据被收集进入政府数据中。个人数据占据政府数据的重要部分，因此，政府数据流动中往往会包含与本国公民相关的数据。针对个人层面来说,政府数据流动带来的风险可以分为流动中的泄露风险、针对性利用风险以及流动迟滞带来的风险。对于前两种风险来说,实际上是针对政府数据中个人隐私来说的。

将隐私适用到政府信息公开领域,个人隐私是指行政机关因行政行为所保管的档案或记录中涉及有关自然人个人的信息。此处的保管属广义,具体包括保管、搜集、利用和传播;个人信息也属广义,具体包括私人信息、私人活动和私人空间①。

首先是源于政府的泄露问题。政府数据在收集、存储、运用等过程中发生的侵害行为,对政府数据权益造成了严重威胁。政府数据现今主要依托计算机技术进行存储,那么计算机技术会带来必然存在的风险,如技术性的遗失、损坏等;除此之外,政府数据受到黑客攻击也会造成数据泄露等风险。新加坡卫生部 2017 年 7 月 20 日披露,新加坡医疗卫生数据的收集和管理者新加坡保健集团遭到网络攻击,大约 150 万名患者的个人资料以及其中 16 万人的门诊开药记录失窃②。

其次是政府数据"过度授权"问题。针对政府数据中的个人隐私而言,政府的"过度授权"行为也会带来风险。这里的"过度授权"表现在政府数据授权的"内容过度"和"权利过度"。对于"内容过度"来说,实际上是数据开放的内容范围扩大了。具体来说成因有三。

第一,数据审查问题。首先,因为个人信息或个人数据往往是包含在政府数据中的,其数量巨大,无法有效分割等问题无法完美解决;其次,纵观世界范围内的政府数据开放,各国政府对政府数据开放仍处于不断优化改善的阶段,各国政府在收集政府数据后,对政府数据中包含的个人信息审查

---

① 赵需要,彭靖. 政府数据开放中个人隐私的泄露风险与保护[J]. 信息安全研究,2016,2(9):792-801.

② 央广网. 新加坡保健集团遭网络攻击李显龙等 150 万患者个人资料失窃 [EB/OL].(2018-07-22)[2022-04-15]. http://china.cnr.cn/xwwgf/20180722/t20180722_524308366.shtml.

力度存在差异、审查机制等建设也参差不齐。这些原因导致数据审查工作存在欠缺，也就造成了公开的政府数据中包含个人隐私。

第二，数据清洗或数据脱敏的标准问题。政府在政府数据开放中为了兼具个人隐私保护采用了数据清洗等技术，但是仍然会存在隐私泄露的问题。首先，个人隐私包含的具体内容实际上是很广泛的，不同种类的数据包含的特征信息或特征点具体来看往往也是不同的。其次，政府数据中包含的个人隐私的使用价值往往是其中包含的特征信息或者特征信息组合（如医疗数据中性别、病症、临床表现与治疗信息的结合就有研究价值），过度清洗会降低使用价值，但是清洗不足就会带来隐私侵犯。

在英国政府开展的 Care.data 项目中，随着项目的运营，不断地被曝出数据安全问题。英国医疗质量委员会在其出具的《安全数据，安全医疗》（*Safe Data，Safe Care*）报告中指出[①]，NHS 作为在联邦政府集权领导下的全国福利性医疗保障体系，对数据安全问题基本做到了高度重视，但部门对外部合作伙伴以及其他商业机构缺乏有效的约束以及应急机制，因此数据在面对合作者流动后面临数据滥用、数据泄露等高危风险。

第三，公共利益与个人隐私的冲突问题。政府数据开放代表的是公共利益，个人隐私保护是个人利益，在实际情况下存在必然的冲突。特别是，政府数据开放成为世界范围内各国政府的必然选项，政府数据开放的力度会越来越大。以中国为例，虽然国家尽力保护政府数据中包含的个人隐私，但是经行政机关认定与公共利益存在比较严重冲突时，个人隐私会服从公共利益而被公开。

对于"权利过度"来说，在政府数据开放中，根据上述三国的实际情况可以看出，政府数据的使用目的往往没有过多的限制。在其他的政府数据

---

① CQC. Safe data, safe care[R/OL]. （2016-07）[2022-04-15]. https://www.cqc.org.uk/sites/default/files/20160701％20Data％20security％20review％20FINAL％20for％20web.pdf.

流动中使用目的往往却是有限制的。实际情况中，政府数据开放对应的是几乎没有限制的授权，这也许会带来数据的滥用。在合作开发中，限制效果不好或者限制不到位也会带来政府数据泄露。这些情况带来的政府数据泄露就有可能造成其中的个人隐私的侵犯。

再次是第三方恶意利用问题。政府数据中的个人数据包含很多特征点，如姓名、性别、年龄等；在不同种类的数据中特征点也有不同，这些特征点就是使用价值的体现。虽然通过数据清洗、脱敏技术，数据可以既维护个人隐私又保留使用价值，但是保留特征点就有可能通过特征点组合，通过细致分析反推得出完整的个人数据，个人隐私会因为这样的第三方恶意利用而存在数据滥用、隐私泄露的风险。在英国政府开展的 Care.data 项目中，英国卫生部设立的英国卫生与社会照护信息中心（Health and Social Care Information Centre，HSCIC）根据英国信息专员办公室（Information Commissioner's Office，ICO）的标准对项目掌握的数据进行匿名化处理，将其处理为可识别的但匿名的数据，并且以此为基础与社会各方合作开展医疗大数据研究项目。虽然严格地对数据进行处理和分级，但是有专家指出这些处理后的数据和其他信息（如保险索赔信息）进行结合有可能会倒推出被处理的个人隐私。卫生与社会照护信息中心在 2013 年的报告中表示认可这种有可能出现的"通过推理恶意重新识别患者的风险"①。这些风险直接导致了该项目的夭折，NHS 被迫于 2016 年 7 月 6 日宣布停止 Care.data 计划，同时也让政府在医疗数据上的尝试受到民众的抵触。

最后是数据流动迟滞问题。对公民来说，政府数据管控过严，政府数据会出现流动迟滞等问题，在这种情况下民众会丧失一定的知情权，政府的透明度降低会造成各种社会问题。以美国为例，政府数据开放经过多年的实

---

① 姚国章. 英国医疗健康大数据 Care. data 的前车之鉴[J]. 南京邮电大学学报：社会科学版，2017，19（3）：38-50.

践，根据实际的开放工作反馈，将政府数据开放调整为个人需求为导向；与此同时，民众参与也是政府数据释放潜能的新方向。只有全民融入"数据时代"，加强个人对政府数据使用才能健全整个国家的数据行业，如果政府数据缺少个人参与，那么数据行业甚至整个社会也将缺少活力，整个数据行业会处于落后的状态。

在传统的网络计算模式下，用户可以在本地完全掌控自己的数据，而在新型的云计算模式下，用户把自己的信息数据上传到云平台，对于信息数据的控制完全依赖于云服务提供商，而用户仅仅是通过云平台提供的服务才进行数据操作。作为云平台直接使用者，用户在使用云平台时，应考虑到可能面临的信息安全风险。

用户的信息隐私指的是用户的个人信息以及用户在云平台中进行的活动所产生的相关信息。云计算服务是一个基于共享的虚拟环境，任何一个人都可以注册并进入使用该环境，而云平台中的数据是依托于第三方来维护的，用户的数据被分散存储在各个地方，但都是以明文的方式进行存储。防火墙虽然能够对恶意的外来攻击提供一定程度的保护，但是这种架构仍可能使得一些关键性的数据被泄露①。

用户信息数据的完整性是指信息的精准性、一致性与有效性。信息数据的完整性是用户数据安全存储的基本要求之一，一方面云计算平台必须确保用户的信息数据不被云平台工作人员、供应商维护人员以及外界用户等无关人员无意或恶意地访问、修改或破坏；另一方面，云平台需保障用户信息的可用性，即用户在操作使用信息数据时不受时间、地域空间的限制，云平台实时提供服务。而在自然灾害、人为破坏或设备故障等意外情况下，用户的信息数据的完整性存在着被破坏的风险，云平台以及提供商应该提前做好

---

① 张慧，邢培振. 云计算环境下信息安全分析[J]. 计算机技术与发展，2011，21（12）：164-166，171.

突发准备，建立数据备份和灾难恢复机制，确保用户的信息数据在意外的情况下也是完整的。

云环境下，用户的信息数据的知识产权变成了网络知识产权，网络知识产权除了传统的知识产权内涵以外，还包括数据库、计算机软件、多媒体、网络域名、数字化作品以及电子版权等。由于网络信息资源具有信息量大、种类繁多、数字化等特征，与传统的文献资源差别较大，所以网络知识产权与传统知识产权具有不同的特点，如传统知识产权具有地域性，而网络知识产权则是无国界的。用户的信息数据存放在云平台中，并没有发生知识产权的转移，用户仍对自己的信息数据具有所有权，云平台无权对用户的信息数据进行修改或者使用，也无权在未授权的情况下让云平台的其他用户进行下载使用。在用户终止与云平台的使用合同后，云平台应根据合同签署的条约，保留或者销毁用户的信息数据，不能私自挪用占有。

政府部门作为一些基础数据的采集者，掌握着大量的重要数据，开放政府大数据能够产生巨大的经济、政治和社会效益，但同时数据的安全与隐私问题也更加突出。近年来对大数据的安全和隐私问题的研究也越来越多，研究内容涉及制度建设、法律标准和保护技术等方面。目前，国家已经出台了一系列的政策和法规来鼓励政府开放数据，但在开放数据的同时，个人信息的保护工作必须紧随其后，但迄今为止，我国还没有一部专门用于个人信息保护的法律，数据相关的保护技术和措施的应用也相对滞后①，如何确保以各种形式存储于网络中的数据不被滥用和泄露仍是需要攻克的难题。

在此部分本书立足隐私保护程度和数据挖掘精度的平衡问题，探讨政府大数据隐私保护机制及合理的技术模型：研究融合统一的隐私度量标准、支持多源信息增量融合的隐私反推演技术、支持时空特征的多维细粒度访问

---

① 王兵. 数据开放中的个人隐私保护问题研究[J]. 无线互联科技，2018，15（13）：116-117.

控制机制、用户搜索意图保护的安全搜索技术等的隐私保护技术模型。

第五节 主权视角下我国政府数据流动产权治理体系构建

我国政府数据流动的问题与风险表现在政府数据确权和境内外流动的实践上，但是回归问题的根源来看，问题的成因还是在于我国对政府数据流动的法律政策体系建设不完备，数据管理体系发展滞后和政府数据流动授权缺少统一性。结合英美两国实践的经验来看，其对于政府数据流动法律关系的调控是从宏、微观两个方面的建设协调进行的。与政府数据流动相关的国家层面宏观建设包括国家法律体系和国家政策体系；微观上来说包括管理体系和授权体系的构建。基于我国的实际情况，结合美英两国的实践经验对我国在宏、微观层面的建设提出合理建议，旨在规范我国政府数据流动相关问题，充分释放政府数据潜能。

一、政府数据确权体系构建

政府数据在开放、合作共享等行为前，最重要也是最基础的就是进行数据确权，清晰的政府数据确权是政府数据流动法律关系的重点之一。对于确权问题来说，各国的实践还未得出确切的结果，没有直接地提出政府数据产权这一概念以及具体的内涵。本书通过调研，选择了两个我国对政府数据的确权学说进行对比选择。

（一）两种主流的确权学说及比较

大多数情况下，数据的采集和记录者与数据管理和使用者非同一主体；数据的存在往往伴随着一定的载体，然而数据主体与载体间不一定是一一对应，不可分割的，数据因为其包含一定的高技术性的知识产权特征，同时兼具一定的经济效益的普通财产产权的特征。数据权伴随着数据的出现应运而生，数据的复杂性导致数据权属的构成极其冗杂。业界存在以下两种数据权属构成的观点。

1. 数据权基本谱系论

齐爱民、肖冬梅认为，数据权分为包含数据管理权和控制权在内的数据主权和包含数据人格权和财产权在内的数据权利。

以国家为主体构建数据权利形成数据主权。数据主权具体来说就是数据管理权和控制权。数据作为一项重要的资源，是国家在国际竞争中重要的砝码；在信息社会的背景下，数据的合理使用是一种主流趋势，更是信息技术行业乃至全部行业的巨大助力。在经济社会中，数据的合理使用将会带来大量直接或间接的经济效益。在国际竞争与合作背景下，数据主权的独立与国家主权独立密不可分，数据主权是国家主权的新领域和新边界。

由于出发点不同，数据权利是以个人为中心建立的，所以数据权利是对应数据主权而言的。由于数据是一种特殊的资源，从知识层面考虑时，数据的使用和流动会带来经济效益；从财产层面考虑时，其中包含的技术、创意兼具知识产权属性和财产属性。数据权利一般分为数据人格权和数据财产权。数据人格权具体包括知情同意权、数据修改权和数据被遗忘权；数据财产权包括数据采集权、数据使用权和数据收益权。

2. 平台公私权论

从实施主体来看，数据权可以根据主体类型不同分为数据公权和数据私权。数据公权的主体是数据平台拥有的在数据交易中针对客户产生的权利，数据私权的主体是客户，是对应于客户在使用数据平台时拥有的权利。这种论点的看法着眼于现有的数据平台，根据主体的不同进行权属讨论。平台拥有数据公权，即平台针对交易平台上的客户交易数据管理和利用的权利；客户拥有数据私权，即客户对基于平台交易保护的权利，以及合理使用自身或其他客户数据的权利。其本质上来说是数据占有权和数据收益权的分配。

通过上述的介绍，我们将两种学说进行比较。由于政府数据具有很强的公共性，基本只能涉及政府数据开放，极少可能涉及市场交易。其中，因为实际工作或其他原因，部分的政府数据中包含着个人隐私、国家机密或者其他社会公共利益，并且涉及国家安全。政府数据的保护是站在国家高度进行的活动，本书探讨的政府数据产权保护研究对象不包含视角局限且不全面的数据权属体系。因此，根据政府数据的特性，对政府数据确权的方法参考的是"数据权基本谱系论"对政府数据进行数据权属框架的搭建。

（二）数据权属国家维度——数据主权

根据前述理论，政府数据的数据主权具体来说就是针对政府数据的数据管理权和控制权。根据数据主权的建立维度，政府数据主权强调的是国家层面这一高度的权力。针对国内而言，国家或者政府根据数据主权对政府数据进行管理和控制，数据的开放、利用等活动受政府约束和管理。国家或政府通过建立相应的法律，颁布相应的政策对数据的开放、使用等进行解释。针对国外而言，拥有数据主权就拥有控制和管理政府数据的权力，国家或政府因此对政府数据的流入、流出进行管制，这是一国政府数据跨境流动相关问题的最顶层的基础。

1. 数据控制权

数据控制权指主权国家拥有对其本国数据采取各种保护手段的权利，本质上是保证本国数据的安全、真实并且完整。政府数据开放这一概念以及政府数据合理使用这类实践操作的基础之一就是政府数据安全、真实和完整。未能保证其安全、真实或者完整，政府数据的流动就无从谈起。同时，政府数据作为一种特殊且重要的资源，其以计算机技术为基础带来的高危、易修改等特殊的性质，需要政府制定相关法律、实行相关政策以及必要的应急机制进行维护。

2. 数据管理权

数据管理权指对主权国家本国数据的传出、传入以及其他数据领域活动发生纠纷时享有司法管辖权，同时对管辖区域内数据的生成、处理等数据活动享有管理权。"全球化"的趋势在各个领域已经得到事实的验证，是一种不可阻挡的趋势，随着计算机技术的发展，信息传递速度达到前所未有的高度，并且有进一步增强的势头。政府数据通过公开、开放及其他方式流动最后都避免不了数据的跨境流动。同时，随着"隐私盾协议"等协议的诞生，各个数据大国在不断完成本国国内政府数据开放时，加强与私营组织和其他国家政府进行合作，进一步推动国内数据产业的完善。因此，政府数据流动特别是政府数据跨境流动需要国家或者政府的管理、监督、保护等。特别是涉及跨境流动产生纠纷时，数据管理权尤为重要。

（三）数据权属公众维度——数据权利

以个人为中心讨论政府数据权属，政府数据表现出数据权利。由于数据与知识这种天然的密切关联以及数据其中蕴含的大量经济效益，因此数据权利在权利属性上与知识产权比较接近。因为数据的特殊性，其实际的生产者、控制者是可以分离的，也是可以转移的，并且往往在权利转移或者部分转移的时候表现为收益或价值的转移；同时，数据可能涉及或者部分涉及知识产权，拥有知识产权的特性。这些特点表明了数据权利其实是一种兼具人格权和财产权双重属性的权利。实际上数据权利并不是知识产权，数据权利与知识产权具体的权利内容有很多不同，两者存在交集但又不存在全包。根据数据的特征以及实践中的需求，数据权利应包含数据人格权和数据财产权。

1. 数据人格权

数据人格权是依托人格权和隐私权为基础产生的新权利。首先，数据人格权是以个人为中心，以个人数据或信息为基础，融合人格权和隐私权确权思想与部分内容的新型人格权。在中国特色社会主义法律体系下，根据《宪法》，中华人民共和国公民的人格尊严不受侵犯；在中国法律体系下，个人数据的保护是以隐私保护为手段进行约束的。在英美两国法律体系下，有关个人数据的立法均是以隐私保护为切入点的。其次，数据人格权与人格权和隐私权均有不同之处。将权利内容对应来看，传统"隐私权"涉及或者涵盖的是个人隐私这一概念下的部分内容，个人数据除了包含隐私数据之外，也包含非隐私数据。数据人格权则对应的是个人数据从产生到消除整个过程中的所有问题，一方面包含着既成问题的解决，如既成事实的隐私侵犯、数据滥用等情况；另一方面也包含着应对可能性的保护与限制，如对可能发生的侵害隐私等问题的限制。

具体来说就是：首先，由个人决定个人数据的提供与否。其次，个人可以针对个人数据的处理及使用中相关事项（包括用途、传播方式等）进行监督和禁止。最后，在要求个人数据完整性、正确性的情况以及其他合理要求的情形下，对个人数据进行修改或者删除的权利。

第一，数据知情同意权。对于数据知情同意权来讲，知情权和同意权这两种权利往往是同时出现的，并且带有一定的逻辑关系，在面对实际情况时常常需要两者组合起来看待问题。所以我们将两者合并形成数据知情同意权。在个人数据的收集、处理及使用中，"知情"一般是前提，"同意"是在

"知情"的情况下的后续行为。数据知情同意权具体是指政府或者服务提供者依托其服务采集或者处理，使用个人数据前，需要告知个人数据的主体，并且征求数据主体同意。在调研中，以企业网站和服务 App 为代表的个人数据收集者通过各种的服务协议或明确的个人数据收集声明等形式向用户告知其个人数据将被收集。欧盟《一般数据保护条例》和美国的《隐私权法》等既成的数据保护立法通过约束数据收集方，予以收集前告知数据主体的义务或规则来保护数据知情同意权。

第二，数据修改权。数据修改权顾名思义就是指数据的主体（可以是实际上生产者，也可以是实际控制者，两者可以重叠，也存在独立的情况）享有或可以授权他人对被收集或处理的数据进行修改的权利。也就是说，数据主体的此权利不仅仅是拥有与个人数据对应的删除权利，更具有排他性的删除权利，同时在授予他人的情况下，可以是排他性的授权，也可以是非排他性的授权，十分灵活。依据数据修改权，数据主体可以保护数据的准确性、真实性等良好的属性，更以此防止个人数据随意篡改或数据收集错误带来的负面影响。值得注意的是，数据控制者和处理者为数据免遭泄密所做的匿名化处理或者其他敏感信息的清洗。此类行为在目的上与上述的修改或删除数据的行为不同，一般都是为了维护相关隐私法律的目的，因此不属于数据主体修改权侵权的范围。

第三，数据被遗忘权。2012 年欧盟颁布了《一般数据保护条例》。在条例针对数据权利的描述中专门地提出了"被遗忘权或删除权"。前者指将某些公开数据完全删除的权利；后者指将用于自动化处理的个人数据删除的权利[1]。具体可以理解为数据主体拥有"被动遗忘"和"主动删除"的权利。针对被动收集的个人数据，服务商根据其需要或者其他原因需要删除收集到

---

① 何治乐，黄道丽. 大数据环境下我国被遗忘权之立法构建——欧盟《一般数据保护条例》被遗忘权之借鉴[J]. 网络安全技术与应用，2014，（5）：172-173，177.

的个人数据，权利主体"被遗忘"；除此之外，权利主体对个人数据删除的权利，具体表现具有"主动"的意味。

2. 数据财产权

建立数据财产权的概念是依托财产权进行的一种细分。作为新兴事物带来的新型权利，我们需要用其他相关或者相似的事物进行比较，最后根据新兴事物的特性进行刻画。根据财产权下属的细分，财产权是由知识产权、物权、债权、数据财产权等权利共同组成的。根据图 6.5 所示，通过知识产权和物权的细分体系，结合新兴事物的特性，我们将数据财产权细分为以下三个部分。

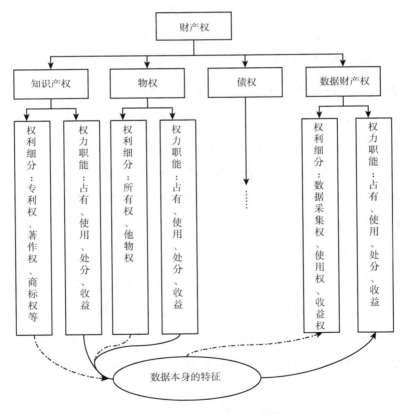

图 6.5　数据财产权示意图

第一，数据采集权。数据财产与其他的任何财产不同，数据的产生是需要收集和其他方法取得的。对于社会公众，特别是个人来说，其数据真正的数据控制者或处理者是提供各类服务的服务商、运营商等，采集者运用计算机和互联网技术将用户的信息或者其他信息收集，普通用户只是数据提供者或产生者，仅仅作为供体。在讨论数据采集权时，主体自然只能是服务商、运营商等。普通用户并不能成为或者很难成为个人数据实际控制者。因而数据采集权实际上是赋予数据供体或者产生者采集自己数据的权利，并且是具有排他性的权利，即供体可以同意、限制或者禁止自身的数据被采集或者获取。这里的"同意"与前文"数据知情同意权"中的"同意"反映的具体意义有着本质的不同。此处讨论的是数据在财产意义上的"许可"，与之前讨论的人格权利有所区别，具体可以说是为了防止数据采集者（或者控制者）对数据表现出的财产内涵进行侵犯。数据采集权不仅表现出数据供体对自身产生的数据在财产意义上的控制，还规范了数据实际采集者的数据收集活动，阻断了收集者利用技术或者手段规避"知情同意"的过程，对数据供体的财产权进行侵犯的意图。除此之外，数据采集权还能防止数据作为"财产"或者"资产"无限制地向拥有高技术的单位进行集中，形成一定意义上的"垄断"。

第二，数据使用权。数据使用权是指数据主体使用其数据的权利。同时这种使用权可以通过附加排他性或非排他性的授权选项对使用权进行转移或部分转移。实际情况下，数据的产生者可以不是数据的实际收集者或者控制者并且往往表现为这种"分离"的情况，数据的产生者没有直接控制或占有其数据或者缺少使用数据的能力。但是数据可以说是一种"特殊的财产"，数据不同于普通形式的"财产"，其多变的"内容可拆分性"和"使用与控制可分离性"等特殊属性，造成多种使用的情况：部分使用权转移、全部使用权转移、全部使用权转移后仍保留子权利等。因此，不能因为没有控制或没有能力使用而忽视数据产生者作为供体对数据进行使用的权利，而是要重点注意产生者的权利。

第三，数据收益权。数据收益权是指数据主体基于其产生的数据获得收益的权利。数据收益权是最体现其财产属性的权益。由于数据财产特殊的收集、处理、储存、转移手段，收益权不确定会存在于哪一个确定的环节或者过程中的确定责任方。收益权的归属一般要根据授权进行转移。转移后出现的排他性与自收益不冲突。例如，个人允许某服务商利用其个人信息获得收益，此时自身利用数据收益的权益仍然合理存在。

由于数据种类的特殊性，特别是从个人数据来说尤为复杂。当个人数据以某种使用目的或方式"排他地"转移给服务商时，此时具有排他性；但是当以其他目的（不影响上一目的）转移时，不具有排他性。这里所说的"排他性"实际上就是对被授权方的限制。例如，当授权某电子商务网站"排他性"地对个人数据进行使用时，实际上是排除该网站将个人数据授权给第三方收益；而对于个人来说，不具有排他性。个人可以授予第三方收益权。

（四）政府数据权属体系构建

在数据确权中，我们可以明确地发现，数据的特点和数据本身的属性将会或多或少影响数据确权；具体谈到某一类数据确权时，我们将根据此类数据的特征，在建立的权属体系下进行进一步确权，明确属于此类数据的权利体系。因此，我们将针对整个权属体系进行批判的使用，对政府数据权属进行体系打造。

数据主权部分属于国家层面的宏观角度，不以数据的具体属性为转移；而在数据权利方面，由于政府数据特殊的公共属性和其特殊的数据主体，加上各个国家针对政府数据的开放程度不同以及政策法规不同，有些权利仿佛被忽视了（如数据知情同意权，根据美国政府开放数据的政策，被开放的政府数据的使用不需要告知政府，不需要征得政府同意就可进行使用），但是细致地对比美英两国的法律及政策，可以发现，其实是美英等国政府将政府数据的部分权利通过成型的法律体系、开放政策以及逐渐成熟的开放方式免费或默认地流动给开放对象。因此政府数据权属体系总体上符合数据权属体系，具体如图 6.6 所示。

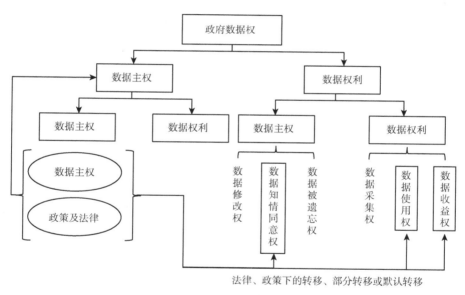

图 6.6　政府数据权属体系

二、政府数据流动产权保护法律体系构建

政府数据流动实际上就是权利的流动，那么国家法律就是流动的基础，是一切流动的依据。一国法律体系的具体表征在于整体立法思想，即法律规则与法律条文之间的"内容与形式"关系。我们以美英两国较为成熟的

数据法律体系为例，结合我国具体情况为我国数据法律体系的建设提出建议。

（一）立法思想

根据本书第三章的论述内容来看，美英两国数据立法通过多年的实践已经比较成熟。具体来说，美英两国数据法律体系的立法思想特点均表现出"政府数据以公开为原则，不公开为例外"、多角度约束、注重数据社会需求并且不断贴合实践的特点。多角度约束表现在立法角度涉及政府、社会和公众三个方面，同时两国立法越来越站在个人和私营组织的角度进行修改和订立。政府方面要不断通过立法完成政府数据开放来提升政府透明度，同时要确立政府数据开放的义务；立法重点由专注政府开放转向社会与公众的参与，赋予公众获取数据的权利。同时不断着重保护和约束社会与公众的参与、社会实践反馈以及公众方面的需求反馈。

美国在个人数据跨境流动的立法中采用了分散式立法，美国至今依然没有对个人数据进行基本法层面的立法确权，而是通过不同领域多部法律的个别规定完成对个人数据跨境流动保护的立法。这种立法模式能够及时有效地解决个人数据跨境流动过程中出现的问题，能够根据不同领域的特点直接立法，针对性很强。美国在个人数据跨境流动的立法中形成了两套体系，一套是对国内关键行业和领域的针对性立法，通过云法案、外国投资风险审查现代化法案等对美国刑事案件、投资等领域中的涉及个人数据跨境流动问题提出了极具针对性的措施和方案；另一套则是与境外国家缔结合约，极力促进个人数据在各国间的自由流动，得益于分散立法的灵活性，美国能够及时更新条约以应对国际上各国间数据跨境流动政策的变化，这一点在与欧盟的数据跨境约定中尤其明显。

我国在整体的立法思想上应确立多角度约束的思想，并且需要明确"公开为原则，不公开为例外的思想"。多角度共同约束是各国政府数据开放实践的结果，"尽可能的政府数据开放，减少对政府数据开放的非必要限制"是各国政府在政府数据开放上不约而同的思想和目标。我国现阶段的立法还停留在政府信息公开的层面，因此政府数据相关立法对于政府来说，需要细化、明确公开数据的义务；对于社会公众层面来说，需要明确地授予公民获取数据的权利并且对其进行保护。在立法角度上也要更多地站在个人或公众的角度进行立法，以此促进政府数据的开放和再利用。

科学技术的发展使得知识产权制度不断促进经济的增长，而在新技术环境下，知识产权法律制度完备的优势是保障良好执法环境的基础。随着知识产权进入云计算时代，一方面，要进一步完善知识产权法律体系，积极引导知识产权促进产业发展的导向作用，在云计算时代激励更多的人创造和运用知识产权；另一方面，政府应建立一套行之有效的知识产权执法管理机制，优化云计算知识产权保护环境，从而保证在新技术背景下知识产权法律有法可依。

（二）立法内容

纵观世界各国的政府数据开放相关的立法内容，较为成熟的政府数据法律体系中的立法内容处于不断发展、不断完善的状态。数据流动的主要问题集中在数据属于谁，流动过程中涉及哪些权利和义务以及流动的边界。因此，我国数据立法的基础首先要解决上述三个问题，并以此为基础不断完善。结合我国实际情况，对于我国来说，现阶段需要通过法律明确的内容主要包含：政府数据归属、政府数据开放的权利与义务、政府数据流动边界。以美英两国的立法内容为例为我国数据法律在内容上提出建议。

1. 政府数据归属

英国作为传统的版权保护大国，英国中央政府以及各级政府对其工作产生的文档享有著作权；美国政府为了最大限度地促进政府数据开放，将联邦政府的信息的版权放弃，使其完全处于公有领域，不具有版权。我国作为数据开放落后国家的实际情况决定了英国模式是我国现阶段适合的学习对象，而美国的模式则需要依靠一定的政府数据开放基础。美国对于个人数据的跨境流动保护中，十分看重数据的自由流动，在美国一般立法中，难以观察到禁止或者限制个人数据跨境流动的明确要求，在国际上美国也一直推行宽松的数据跨境流动政策，在与各国的缔约中强调数据的自由跨境流动。毋庸置疑，美国对跨境数据自由流动的主张来源于其重大经济利益诉求，发达的信息产业决定了美国对于数据跨境自由流动具有最迫切的需求。但同时美国对个人数据流动控制的自信也是其自由流动政策的重要支撑，毕竟美国的互联网巨型企业不仅拥有着美国的绝大部分个人数据，也拥有许多其他国家的数据，美国在数据跨境流动保护中占据着极大的先天优势。

不过宽松的个人数据跨境流动政策下，也并不缺乏对本国个人数据隐私权的保护，只不过这些措施更偏向于维护"国家安全"。美国在个人数据跨境流动中建立起了一种不对等的保护模式，在看似宽松的政策背后为本国个人数据的跨境流动提供了极为严格的保护。例如，美国《合法使用境外数据明确法》（以下简称"CLOUD 法"）为执法机构获取境外数据以及外国政府获取美国境内数据提供依据；而在外国投资风险审查现代化法案中扩大了美国外国投资委员会（Committee on Foreign Investment in the United States，CFIUS）的管辖范围而使其能对涉及个人数据的任何投资进行审查，这样一来即使没有对美国个人数据的一般性跨境流动作限制，也早已通过投资审查将美国的个人数据牢牢控制在美国企业手中。因此在立法内容上，需要明确政府信息版权归属于国家或政府有关部门，这也符合中国特色社会主义制度下的政府调控。

2. 政府数据开放的权利与义务

对于政府数据来说，政府和公众都有各自对应的权利；同时，因为政府数据的复杂性，政府数据在流动中往往可能会涉及多方，因此多方权利保障或者多方侵权也是重点。在数据立法中要保护国家的数据主权，这是一国数据立法的前提。同时政府的数据权利也需要明确，特别是使用权的规定在实际案例中涉及最多；对于公众来讲，为了国家政府数据开放的健康发展，在立法中要明确公众获取和再利用政府数据的权利，这也是政府数据开放的基础之一。

3. 政府数据流动边界

在政府数据流动中，流动边界是必不可少的，特别是在政府数据开放方面，明确的边界是实现"以公开为原则，不公开为例外"的关键。以英国政府数据流动为例，在政府数据开放方面，《信息自由法》规定了具体的豁免情形，凡是涉及国家安全、个人隐私以及商业秘密等方面的政府信息都在开放豁免的边界内，同时每个方面包含细则。在其他的政府数据流动，如政府与企业合作中，根据合作内容一般均为确定边界的政府数据。因此，我国在数据立法中，要明确且细化数据流动边界，并且根据实践及时地调整边界以保证政府数据流动涉及的各方权利不受侵害，保证流动过程的顺利。美国在云法案中明确了美国对于个人数据流动的"控制者原则"，即数据的所有者拥有对数据的控制权，在此原则下美国可以不受数据的地域限制要求对方披露存储于境外服务器上的电子证据。结合美国对涉及个人隐私数据投资的审查规定来看，也侧面反映了美国对此原则的认可和法律的一致性。个人数据的"控制者原则"便利了美国政府与别国间数据的调取，大大降低了美国侦查部门获取存储于境外数据的难度；同时数据控制者的标准一定程度上也有利于打消个人数据跨境存储的疑虑。不过，这一原则也危害了美国公民的个人数据安全，尤其是对美国宪法第四修正案权利造成危害；此外，在别国境内调取数据容易引起主权争端，极易加剧当前国家间与数据有关的司法主权冲突。

对于政府数据流动来说，政策与法律是相辅相成的。如果说法律是固定的范围，那么政策就是固定范围内灵活的"手"。政府数据流动依赖政策的具体指导，流动的顺利也依赖政策的倾斜。政府通过相关政策对数据流动进行具体规划，同时也对政府数据流动过程与趋势进行调控。

（三）体系构建

美英两国现有的数据法律体系在构建上宏观地呈现出多角度多层次架构的特点。这里的多角度包括两层含义。第一层含义是立法涉及政府与公众。第二层意思是本国立法应该与国际法结合；多层次是指基本法与单独立法并行，专门法与其他法共同约束的形式。因此我国在进行数据法律体系构建时需要根据我国实际情况进行借鉴。

1. 多角度

首先，我国政府数据相关立法主要涉及政府和公共两个层面。政府数据流动其实就是政府自身流动和政府面向公众流动。明确了政府以及公众在流动中的权利与责任就能基本满足政府数据流动的需要。

其次，政府数据流动分为境内流动和跨境流动，那么跨境流动中难免会涉及国际法律的约束；政府数据的流动多数源于政府间的合作，特别是多国合作关系居多，具体的流动由合作协议等形式的文件领导。以英国的《公共部门信息再利用条例 2015》为例，该法律其实就是欧盟《公共部门信息再利用条例》在英国的本土化。为了更适应国际合作和政府数据跨境流动，结合本国实际对国际法律或者国际合作带来的国际条例等进行本土化，与本国法律共同构建法律体系。

2. 多层次

纵观美英两国政府数据法律体系，根据与数据的相关程度可以分为三个层次。第一个层次就是基本法。顾名思义就是一国政府数据立法的基础，是其他法律遵循的根源。以美国的《信息自由法》为例，美国以其为基础结合国内实际情况又进一步完成《文书消减法》的订立，并且作为数据立法的基准，比如在豁免情况的规定上一般以《信息自由法》相关规定为基准。

第二个层次就是专门法。专门法是除了基本法之外与数据相关程度最高的法律，一般内容涉及专门种类的政府数据。以英国的《环境信息法规》为例，环境信息是政府数据中具有极高利用价值的数据，同时公众对环境信息的需求很强烈，综合以上情况英国政府针对环境信息专门进行立法，其中对权利、责任的划分更加细致，在很大程度上推进了环境信息的流动，释放出巨大的价值。

第三个层次就是其他法。由于政府数据流动乃至整个数据行业的数据流动不仅仅是单纯的流动，还涉及经济、伦理等多方面的问题需要对应的法律进行约束和治理，因此其他的现行法律也是数据法律体系的重要组成部分。我国由于没有专门的数据立法，现阶段以《知识产权法》、《反不当竞争法》和《合同法》等不属于专门的数据法律的其他法律进行政府信息资源的治理。美国除了专门的数据立法外，也通过《隐私权法》等其他法律进行辅助治理。因此我国在建设数据法律体系时不仅要完成专门的数据法律的订立，也要重视结合现行的其他法律。

三、政府数据流动产权保护政策体系构建

（一）美国成熟经验

根据上文中的调研与分析，美国联邦政府关于政府数据的政策从政策制定的角度来看，可以分为宏观治理政策和微观治理政策。宏观治理政策的代表就是《透明和开放政府备忘录》《美国数据开放行动计划》等。政府通过对数据开放的宏观原则进行了规定，对政府数据开放的宏观框架进行了制定，为整个政府数据开放的各项活动定下基调；微观治理政策代表是元数据标准政策：政府数据元数据标准（project open data meta data schema）[①]。开放数据项目提出数据集应遵循的元数据标准，分别从描述内容、字段类别、元数据元素等对政府数据开放中的数据标准进行了调控与规定。

根据政策内容来看，政策大致可以分为电子政务、数据开放、信息公开、个人隐私保护、信息安全和信息资源管理六个方向[②]。这六个方向设计了政府数据流动的主、客体权力、责任与义务；同时构建了数据流动的边界，基本涉及了数据流动这一概念的各个方面。这六大方向由美国数据法律体系进行支撑，整体上实现了政策与法律的呼应。

首先，电子政务政策是政府数据流动的内容基础。政府数据开放等其他方向的政策内容来源于电子政务的建设，电子政务的政策造就了政府数据在内容上符合开放的基本需求。其次，数据开放政策决定了开放者——联邦政府在政府数据流动中的责任、权利与义务；信息公开政策决定了受众——社会公众在政府数据开放中的权利、责任。最后，个人隐私保护、信息安全和信息资源管理政策则为联邦政府数据细化了流动的边界。

---

① DCAT-US Schema v1.1（Project Open Data Metadata Schema）[EB/OL].（2014-11-06）[2023-03-20]. https://resources.data.gov/resources/dcat-us/.

② 黄璜. 美国联邦政府数据治理：政策与结构[J]. 中国行政管理，2017，（8）：47-56.

近年来，我国在网络主权制度发展与实践建设上，展开了顶层设计、法规制定、机构设置、人才建设等一系列探索。结合前文分析，本书将从其战略原则、战略体系、战略特征、战略内容等七个方面，对中美战略体系进行对比（表6.9）。

表6.9　中美网络主权战略体系对比

对比项	美国	中国
战略原则	"全球公域""网络自由"	"尊重网络主权"
战略体系	多层面战略体系	多级战略体系
战略特征	进攻性战略为主	防御性战略为主
战略内容	既有顶层全面性法规政策，也有涉及竞争指导、技术支持、人才政策等各领域的具体政策，内容丰富	主要为原则宣言，细分领域主要涉及对技术发展的支持，专门性法规政策尚较少论述，散见于各问题解释中
实施模式	多级管控下的行业自律模式	政府主导下的严格控制模式
战略机构	已建立网络司令部、网络威胁情报一体化中心等主管机构，且分工细微，配合紧密	已成立国家互联网信息办公室、中国共产党中央网络安全和信息化委员会等机构，但具体实施依靠相关部门协同
实施手段	网络威慑、网络干预等网络战争手段，并辅以国际交流、合作手段	国际交流为主，侧重网络基础实力发展和对外交流

如表6.9所示，在战略原则上，"网络自由"一直是美国外交重点，主张"全球公域说"和"网络自由论"，强调网络空间的连接自由和信息流动自由不应受到阻碍。而我国则明确"尊重网络主权"的观点，主张国家对信息通信技术设施及其承载的网络空间拥有主权。

战略体系及其内容上，美国从维护本国安全角度，采用多层面战略体系，主要经过了起步期、发展期和调整期三阶段，根据实践逐步转移重心，内容既有整体性规范，也有微观规定。我国主要采用从上至下的法律、行政法规、部门规章三个效力层级进行建设，具体内容主要偏向计算机系统安全和网络保护措施方面。战略特征上，美国总体上呈现先发制人特点，积极对外干涉和发动网络战，我国主要采取防御性战略，主要关注基础建设层面。

实施模式上，美国形成了持续的政企合作伙伴关系，采用多级管控下的行业自律模式，激发社会力量共同支撑国家安全。中国采用政府主导下的严格控制模式，战略推行与网络监管主要依靠政府部门间的协同管理，尚未深化到政府、企业与社会公众共同参与治理。

战略实施机构和实施手段上，美国已经成立相应职能部门全权负责网络安全，且积极推动建设涵盖应急部门、美国计算机应急准备小组（United States Computer Emergency Readiness Team，US-CERT）、国防部的"爱因斯坦系统"体系，综合运用进攻性和防御性的手段推行战略体系。我国已经成立中国共产党中央网络安全和信息化委员会，设立中共中央网络安全和信息化委员会办公室，但我国尚未设立专职部门，仍主要依靠各部门间协同管理，手段以防御、交流等被动手段为主。

（二）英国成熟经验

以英国为例，对比《迈向第一线：更聪明的政府》与《开放政府伙伴关系英国国家行动计划 2011—2013》，从内容上看体现出英国政府进一步"开放"的思想，同时在政策侧重点上不断地向"个人"靠拢。

同时，英国连续地颁布和实施国家行动计划取得了不错的成绩。在2017 年的全球政务数据开放晴雨表第四版中，英国在全球政务数据开放的排行榜上占据第一的位置。从政策实施的结果可以看出，数据政策需要有效的连续性颁布。在连续性的数据政策中，英国政府数据政策的颁布是结合上一政策及政策实施过程中的实践经验进行的，具有关联性，连续的政策有助于在下一阶段不断修正政策的内容与方向，同时政策会更加贴合实际情况，对政府数据的流动更有调控作用。

（三）我国数据政策体系构建

首先，从美英两国的政策体系来看，数据发达国家在政策发布中呈现出"不断开放，促进利用，专门侧重"的特点，但是根据实际情况来看，政府数据的政策微观化是一个不断前进的过程，哪怕是英美两国的政策也没有做到对所有微观实践进行指导。对于我国来说，我国现阶段的国家政策如《促进大数据发展行动纲要》《关于全面推进政务公开工作的意见》《国务院关于加快推进"互联网+政务服务"工作的指导意见》等均是政府的宏观政策，这些政策基本完成了政府的宏观规划，但是缺少细则来指导数据行业前进。我国今后的政策建设要从宏观中跳出来，逐渐形成微观的具有实践意义的政策。

其次，我国政策体系的建设要贴合我国政府数据流动的实际情况，一一涉及政府数据的六大方向。从具体内容上来看：①政策需要调控政府数据流动主体之间的关系、主客体之间的关系。主体关系实际上就是政府部门与流动方的权利及义务等；主客体之间的关系实际上就是政府部门、流动方对政府数据的权利和义务等。②我国政策的建设需要细化政府数据流动的边界，包括政府数据开放的内容、格式，以及涉及国家安全保护、个人隐私等。

此外，站在理论的角度来说，着眼政策与法律两类事务的特点，协调好政策与法律的关系，利用好政策与法律的特点是政府数据宏观建设的根本。政策是指"国家政权机关、政党组织和其他社会政治集团为了实现自己所代表的阶级、阶层的利益与意志，以权威形式标准化地规定在一定的历史时期内，应该达到的奋斗目标、遵循的行动原则、完成的明确任务、实行的工作方式、采取的一般步骤和具体措施"。法律是指"拥有立法权的国家机关依照法定的程序制定和颁布的规范性文件"[①]。

从上述的概念来看，政策具有灵活性、实践性和时间性特点。灵活性表现在其具体约束的内容可以根据实践的需求进行改动，一切以实践为主；除此之外，政策一般都具有时间性，其约束或者管理的实践都具有时间范围。法律的特点是稳定性、理论性和详细性。法律是国家立法机关制度的具有权威性的文件，其制定和修订都有极强的理论性和严肃性，是政府治理国家的根本所在，一般不会轻易做出改动。

纵观世界各国的法律和政策的关系，我们可以发现政策是法律的先导，法律是政策的固化。同时，法律也可以指导后续的政策订立。因此，我国在建立政府数据流动相关的政策体系时，还要注意以下几点。

1）保证政策的灵活性和法律的稳定性

政府数据相关政策来源于实践，同时作用于实践。作为新兴的事物，放眼整个数据行业，实践其实就是"摸着石头过河"。因此，保证政策的灵活性可以适应这种未来未知的实践。同时，创新力和创造力来源于对常规的打破，政策的灵活性也可以使整个行业拥有活力和创造力。除此之外，政策因为其灵活性可以指导法律未涉及或详尽的区域。一国的法律是其国家的根本，一个行业健康的发展离不开健全的法律体系。法律作为强制性的措施，使国家对整个行业的管理更有约束力，也更符合我国"有法可依，有法必依，执法必严，违法必究"的社会主义法治的基本要求。

2）协调好灵活性与稳定性的冲突

虽然国家政策灵活性和法律稳定性存在一定的冲突与矛盾，但都是可以调和的。因此，如何协调好政策的灵活性和法律的稳定性也是需要关注的重点之一。以"个人隐私保护"问题为例，政府数据中难免包含大量的个人

---

① 段钢. 论政策与法律的关系[J]. 云南行政学院学报，2000，（5）：51-54.

隐私。国家为了促进政府数据的开放，政府的政策一般都是采取"非保守"的态度，在政府数据开放中，公开成为惯例，不公开为例外。那么在相关的开放政策中就有可能会将"个人隐私"泄露出去。因此，我们在国家政策的颁布时要明确现行法律的边界，密切注意法律修订的动向，注意有可能的法律边界，尽可能杜绝"政策违法"的情况。

3）双管齐下，互为补充

2014 年 1 月 7 日，中共中央总书记、国家主席习近平在中央政法工作会议上指出，"党的政策和国家法律都是人民根本意志的反映，在本质上是一致的"①。虽然世界各国都在不断修订本国的法律，但是实际上来说法律不可能做到面面俱到，因此在具体的实践中往往会出现法律规定未涉及的地方。虽然"法无禁止皆自由"，但此类灰色区域往往也是亟待国家进行治理的。同时，政策代表的是实践，法律代表的是理论，在具体的政府工作实践中需要理论指导，实践反过来检验理论，实践和理论都需要不断修正。我国的数据政策体系建设一定要与法律体系结合起来，双管齐下，互为补充。

四、政府数据流动产权保护管理体系构建

根据数据发达国家的实践来看，政府数据流动的管理体系包括管理机构和管理机制的建设。管理机制又可以分为数据内容管理以及侵权管理两个方面。国家通过管理机构利用管理机制对政府数据流动进行具体的管理。管理机制来源于国家政策与法律，同时具体的管理过程带来的经验与总结又反馈给立法及政策制定部门，两者相互依托共同促进政府数据的流动，释放价值。

---

①共产党员网. 习近平在中央政法工作会议上强调 坚持严格执法公正司法深化改革 促进社会公平正义保障人民安居乐业［EB/OL］.（2014-01-08）［2023-02-25］. https://news.12371.cn/2014/01/08/ARTI1389185316980832.shtml.

（一）管理机构构建

管理机构是数据政策、法律体系的具体执行者，也是一国法律政策体系具象化的结果。数据发达国家的数据管理机构首先要满足其政策法律体系的具体落实，同时也要解决实际操作中的复杂问题。

美国联邦政府放弃政府数据的版权，对政府数据流动持有比较开放的态度，并且在管理机构的体系上较为简单、清晰，因此我们以美国联邦政府数据流动管理机构的建设为例进行讨论。美国联邦政府数据管理体系如图 6.7 所示。美国联邦政府数据流动管理机构涉及法律、政策、商业以及基础的政府数据来源四个方面，比较全面地贴合了政府数据流动法律关系的各个方面。美国联邦政府数据流动管理机构的建设的特点可以分为三

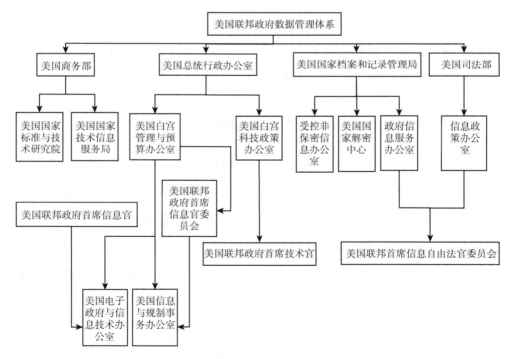

图 6.7　美国联邦政府数据管理体系

点：①管理机构的建设与法律、政策体系紧密贴合；②总体上贯穿各个级别的美国联邦政府自上而下的建设；③从细节上来看美国联邦政府数据跨部门管理机制健全。

1. 与法律、政策体系紧密贴合

政府数据流动相关的法律、政策体系需要具体的管理机构进行配合。在美国联邦政府数据管理体系建设中可以发现，其部门的设置与国家的法律、政策体系紧密结合，特别是政策涉及的六个方面，无论是职能的赋予还是部门的设置呼应度都很高。例如，NARA 涉及电子政务、个人隐私保护、信息安全等，联邦 CIO 委员会涉及数据开放和信息公开以及信息资源管理，各个管理部门涉及了所有政策指导的政府数据流动问题。虽然在职能上存在交叉，但是管理制度处于不断变化和改革的状态下，职能交叉保证了政府数据流动在实际中的问题解决能力。

2. 自上而下的建设

首先，以 OMB 为例，美国联邦政府建立 OMB 直接向总统负责各个联邦机构的监督等工作，其中包含与数据治理相关的包括"电子政务与信息技术办公室（E-Gov）"和"信息与规制事务办公室（OIRA）"。这两个办公室负责宏观的联邦数据管理。

其次，美国联邦政府的 CIO 制度最能体现"自上而下"这一特点。联邦各机构根据 1996 年颁布的《克林格-科恩法》（Clinger-Cohen Act 1996）[①]设立了各自的 CIO。根据法案，在各个政府部门机构设立 CIO 进行各部门有关政府数据开放事由的监督与管理，实现逐级管理政府信息的开放。

---

① Clinger-Cohen Act［EB/OL］．［2022-04-16］．http://acqnotes.com/acqnote/caree-rfields/clinger-cohen-act.

3. 跨部门管理机制健全

由于数据复杂的特性，政府数据相关的工作是不同于其他种类的传统的政府工作，它往往需要跨部门合作解决实际问题。因此在实际工作中，政府为了实现政府数据相关工作这一职能往往需要多部门共同承担。例如，为了推行《信息自由法》（Freedom of Information Act, FOIA）的政府职责，2016年美国政府根据《信息自由法改善法案》成立了联邦首席信息自由法官员委员会（Chief FOIA Officer, CFOIAOC），其成员包括 OMB 负责管理事务的常务副主管和各机构的首席信息自由法官。CFOIAOC 是由信息政策办公室（Office of Information Policy，OIP）和政府信息服务办公室（The Office of Government Information Services，OGIS）的负责人共同担任主席。通过共同担任主席，集成两个部门的人力、物力共同提升信息自由法的执行效率。

除了政府数据职责导向下的跨部门管理，美国较为成熟的政府数据管理体系在实际的工作中也存在跨部门的协作，并起到关键作用。在实际的政府数据流动中，涉及跨部门的数据流动或者共享是极其常见且关键的。美国联邦政府通过这种在各级政府机构建成的 CIO 制度，通过联邦 CIO 委员会实现各个部门数据统筹使用的跨部门流动。美国海岸警卫队（U.S.Coast Guard，USCG）和美国国家海洋和大气管理局（National Oceanic and Atmospheric Administration，NOAA）进行数据合作[①]。美国内河航行遵循《美国海岸警卫队国际海上避碰条例》（the U.S.Coast Guard International Regulations for the Prevention of Collisions at Sea）和《内河航行规则》（the Inland Navigation Rules）。两个部门及其下属的机构通过跨部门的数据共享，对 USCG 导航规则进行了更新。除此之外，USCG 与 NOAA 通过建立海岸试点，对航道的污染进行实时监控，获取包括污染区域数据、污染物量等种类的数据，开展关

---

① U.S.Coast Pilot® now contains navigation rules［EB/OL］.（2019-03-28）［2022-04-16］. https://www.nauticalcharts.noaa.gov/updates/?p=172062.

于航道污染控制的协作。在合作过程中，各部门及下属部门的 CIO 负责制定具体的共享措施。通过各级别 CIO 的协调共同完成部门间数据共享合作。

（二）政府数据标准管理构建

一国对其政府数据流动的管理，宏观上来说是通过法律及政策进行调控和制定边界，那么在边界内部如何进行流动，如何对流动进行微观角度的管理是各国不断实践和探究的方向。对于一个行业来说，行业的顺利运行离不开行业内标准；对于一国政府来说，政府数据的流动的管理也离不开标准。各国对于政府数据流动不约而同地选择通过数据标准进行管理。

1. 国际实践

以美国等数据发达国家为例，从实践来看，其政府数据流动无论是从数量还是质量上都离不开政府数据标准管理。现隶属于美国商务部的美国国家标准与技术研究院（National Institute of Standards and Technology，NIST）是最早进行大数据标准化研究的机构之一，下属的大数据公共工作组（NIST Big Data Public Working Group，NBD-PWG）进行大数据的发展和应用，以及标准化的研究。工作组的成果是大数据互操作性结构体系（Big Data Interoperability Framework，NBDIF），为美国的标准管理提供了依据。

NIST 大数据互操作性结构体系现已经发布三个版本。第一个版本[①]包括七部分：定义、分类、用例和要求、安全和隐私、架构调研白皮书、参考架构、标准路线。第二个版本[②]在修订第一个版本中的基础上，又增加了对大数据参考架构接口和大数据系统的采用以及传统系统的现代化这两部分内容的架构。第三个版本包括九个部分，在第一个版本基础上，增加了参考架

---

① NBDIF Version1.0 Final［EB/OL］.（2019-12-13）[2023-03-20]. https://www.nist.gov/itl/big-data-nist/big-data-nist-documents/nbdif-version-10-final.

② NBDIF Version 2.0 Final［EB/OL］.（2019-12-13）[2023-03-20］.https://www.nist.gov/itl/big-data-nist/big-data-nist-documents/nbdif-version-20-final.

构界面与现代化和采用两卷。

行业标准落实到政府数据后，从数据开放方向来说：对于政府部门不涉密的信息，由联邦 CIO 委员会进行监督，落实信息自由法的实施从而形成开放标准。对于联邦政府中涉密或者受控制的政府信息、数据，由受控非保密信息办公室（Controlled Unclassified Information Office，CUIO）、国家解密中心（National Declassification Center，NDC）和政府信息服务办公室提供支持，对其进行审查、筛选以及判定，汇集成受控制信息的开放标准。对于政府数据的开放平台 Data.gov 平台来讲，平台将数据集分为原始数据集、地理空间数据集、数据工具 3 种类型，原始数据集采用 POD v1.1 元数据标准，地理空间数据集采用 ISO 19115-2 与 CSDGM（Content Standard for Digital Geospatial Metadata，数字化地理空间元数据内容标准）这两种地理空间元数据标准[①]。

除此之外，ISO/IEC JTC1/SC32 数据管理和交换分技术委员会（ISO/IEC JTC1/SC32）和国际电信联盟（International Telecommunication Union，ITU）也紧迫地开展各自的标准化研究。

2. 我国实践

我国成立全国信息技术标准化技术委员会大数据标准工作组和全国信息安全标准化技术委员会大数据安全标准特别工作组开展国内标准化建设以及与国际标准化对接。截至 2019 年，全国信标委大数据标准工作组已开展 33 项大数据国家标准的研制工作，其中已经发布国家标准 24 项，在研 9 项[②]。此外，工作组积极研究和参与大数据领域国际标准化工作，全面参与 ISO/IEC JTC 1/SC 42/WG 2、ISO/IEC JTC 1/SC 32、ISO/IEC JTC 1/AG 9 相关研究工作；重点关注 NIST NBD-PWG 大数据公共工作组，并对 ITU

---

① 司莉，赵洁. 美国开放政府数据元数据标准及启示[J]. 图书情报工作，2018，62（3）：86-93.
② 中国电子技术标准化研究院. 大数据标准化白皮书（2020 版）[EB/OL].（2020-09-21）[2022-04-16]. http://www.cesi.cn/images/editor/20200921/20200921083434482.pdf.

的动态进行研究和跟踪。但是从现状上来看，在建项目多，建成项目少，这样的建设成果还不能满足我国数据行业的需求。

我国对个人数据跨境流动保护的基本框架主要由《网络安全法》及其配套法规构成，对个人数据提出了本地化储存以及安全评估后出境的要求。与美国相比，我国的保护模式相对单一，在域外立法和国际参与上比较缺失，策略上更加关注个人数据的保护以及网络安全问题。从实际状况来看，由于政治立场的不同和审查的限制，目前只有少数境外互联网企业在中国内地实际开展了涉及个人数据的业务，Alphabet、Facebook 以及 Twitter 等大型互联网公司都没能进入内地市场，配合我国对个人数据跨境流动保护的立法，内地公民的个人数据跨境流动得到了较好的保护。但同时随着国内相关企业的不断壮大，在其国际业务的开展中也受到了美国、印度等国家的抵制，数据的自由流动受阻影响着企业的发展，现有的个人数据跨境流动保护模式受到多方面的挑战。通过对美国个人数据跨境流动保护模式的研究和分析，结合我国的实际情况和基本立场，本书认为对美国的模式有以下几点可以借鉴：

第一，根据形势和需要确立个人数据跨境流动的立场。美国从最初就根据其促进本国企业发展的需要确定了数据自由流通的原则和立场，并以此为目标贯彻落实在法律的制定和政策实施中，最终促进了互联网企业在全球的发展和扩张，同时也取得了个人数据跨境流动保护的优势。目前我国互联网产业发展迅速，积极在国外进一步扩展市场，对数据自由流动的需求同样很高；同时由于意识形态的特殊性，我国的国家安全优先的策略依然不可动摇。对于这两者的平衡是当下需要解决的难题，为此需要充分地权衡利弊，根据形势和需要确立个人数据跨境流动的立场。在此平衡中，一方面，要认识到数据流动对于我国企业国际贸易的重要性和紧迫性，考虑到我国在国际互联网领域领先地位初步形成，策略上应考虑向自由流动倾斜，释放积极信号为企业跨境业务树立信心；另一方面，个人数据的跨境流动的保护可随之进一步明确和调整，在自由流动和数据保护间寻找适合中国特色的模式。

第二，进一步完善立法，开展针对性立法强化保护。美国近几年格外重视个人数据跨境流动的相关立法，通过分散立法逐渐构建起了系统的法律体系，同时个人数据保护的专门法案也在积极制定中，我国对个人数据跨境流动的相关立法还有所缺失，立法工作不容懈怠。首先需要对个人数据跨境流动保护的相关内容进行完善，进一步完善个人数据跨境流动的法律保护体系，对如上文提到的域外立法内容等进行补充。其次，个人数据的跨境流动涉及不同国家的法律规定，有时其他国家的法律也会影响到本国个人数据跨境流动的管理，若不及时关注则可能因为法律的缺失处于不利的地位。对此需积极关注国际动向，并针对其他各国的保护条例进行对应立法以完善体系。例如，美国的云法案中的长臂管辖权很有可能对我国公民的数据产生威胁，有学者指出其将对苹果公司在贵州数据中心储存的数据的安全性造成威胁，为此需要格外注意。

第三，加强国家间对话，积极参与国际规则的制定。目前中美关系紧张，美国在本国个人数据跨境流动中对中国特别关注，通过各种手段限制中国企业进入美国市场，对中国企业的发展制造了阻碍。此外，印度也以国家安全和隐私保护为由下架了一大批中国企业的互联网移动应用。对此，中方应积极与相应国家展开有效对话，就关键问题进行讨论，寻求实现国家间数据自由流动共同认可的方案。美国与欧盟间从"安全港协议"到"隐私盾协议"，就已为不同国家对不同个人数据保护模式的有效协商提供了有效实践，中国可多次与其进行对话，促进个人数据的跨境流动。此外，从美国的模式中也可以看出国际条约对促进个人数据跨境流动的有效作用，当前中国国际话语权日益提高，互联网行业发展迅速，因此，在国际规则的制定中要积极发挥作用，同时，中国也应积极与主要国家就主要问题进行商讨并签订合约，在保证国家安全的基础上为跨境数据流动减少阻碍，为数字经济发展打开新的局面。

（三）对我国管理体系构建的建议

1. 完善相关机构制度的建设

对于我国的政府数据流动来说，我国尚无健全的管理机构体系。在中央政府中缺少涉及电子政务、数据开放、信息公开、个人隐私保护、信息安全和信息资源管理六个方面的宏观管理机构。根据发达国家的实践经验来看，管理体系由现有机构（如司法部门）和单独机构（专门的信息开放部门）共同组成。除了赋予单独机构数据管理职能，也需要扩大或增强现有机构的职能，共同实现对政府数据流动的治理。从地方政府来看，缺少专门负责政府信息公开以及政府数据流动的岗位。我们可以通过在各级部门设置专门的信息官完成各自的政府数据工作，除此之外，各级信息官的合作可以实现政府数据的跨级、跨部门流动，有助于优化实际工作中的操作。

2. 完善政府数据标准建设

针对政府数据标准建设而言，由于我国没有成熟的管理机构，也没有成型的法律、政策体系做支撑，政府数据乃至整个数据行业的各类标准建设完成度很低。因此，各级政府在进行政府信息公开或者政府数据流动的具体工作中往往会造成各种各样的问题。例如，各个政府机构的数据清洗标准不统一就可能造成政府信息中包含的个人隐私遭到泄露；政府机构对于政府信息的公开在格式标准上落后，导致政府信息在公开后利用价值很低；政府部门在政府信息的收集和储存中格式不一致，会造成流动不通畅，会因技术造成"数据孤岛"的出现。因此，我国不仅要加紧完成建设中的数据标准，还要结合执行过程中的反馈进行不断修改，特别是在推行标准的过程中，中央政府要考虑到各级地方政府在数据技术上的差距，根据实际情况进行必要的技术指导和财政支持等。

3. 合理使用制度的性质确定

对合理使用制度的性质的确定是一个十分重要的问题，对于合理使用性质不同的确定将导致合理使用的应用方式存在不同的差别。依据吴汉东教授的观点，大致可以分为"权利限制"、"侵权阻碍"和"使用者权"等观点[①]，本书认为"使用者权"学说更为适合云计算环境下的知识产权应用方式，更能解决云计算环境下的知识产权保护疑问和难题。

在"使用者权"学说之下，合理使用是法律赋予使用者的一项基本权利，而知识产权主体具有提供自己的作品供他人免费使用的义务，这并不是对知识产权主体的智力劳动的忽视，而是为了保证智力成果的传承和创新，以促进更多有利于科技进步和社会发展的知识产权产品的产生。当然，权利和义务是相统一的，知识产权主体的智力成果不是完全凭靠自己的臆想和猜测的结果，也都是"站在前人的肩膀之上眺望"的结果，所以他们在进行智力成果创造的前期也使用了"合理使用"的基本权利，自然他们也应该承担提供自己的智力成果供他人在有限范围内合理使用的义务。此外，知识产权主体承担免费提供自己智力成果供他人免费使用的义务并不需要知识产权主体积极作为，而只是消极承受的不作为，因此对于知识产权主体的利益并没有太多的损害，他们也不必为此承担不必要的成本消耗，这对于合理使用下的双方主体都是大有裨益而无损害的。

综上所述，若将合理使用作为一项基本权利而加以强制规定，只要明确合理使用的范围和方式，就将极大程度上地减少权利主体对自己权利保护控制的担忧，也会减少相应的侵权行为的产生，并能够极大程度上促进智力成果为社会公众所使用，实现智力成果的继承和创新，进而促进信息经济时

---

① 吴汉东.知识产权前沿问题研究[M].北京：中国人民大学出版社，2019.

代的繁荣发展。

4. 云计算环境下复制内涵的界定

很多人都认为云服务商等商家企业对智力成果的侵害现象最为明显，侵害后果也最为严重，他们应该承担起侵害著作权人利益的主要责任。其实不然，云计算环境下私人复制对于知识产权主体的权益侵损是最为严重的，由于云计算环境下网络传播的广泛性和参与主体的不确定性，智力成果会被更多的使用者所获取并付诸实际使用，而最明显的便是私人复制行为的肆意蔓延，使用者通过对知识产权智力成果的私人复制行为而侵犯他人的知识产权。而由于云计算模式固有的特点和高成本的追究方式的影响，对于云计算模式下私人复制行为的责任追究更加困难。

为了更好地解决私人复制的解决难题，首先要明确的是复制行为的标准。在云计算模式下，复制行为被改变的方面不仅是不需要依赖于物质载体，可以广泛地存在网络环境中，而且还有复制效率和复制程度、范围的提升扩展。对于复制行为的定义，本书觉得应该是受知识产权保护智力成果作品从一空间到另一空间的实际转移行为，并且在时间上还有一定的停留的实际操作行为，是由使用者自主完成的。在明确了复制行为的定义之后，还应该对智力成果的复制标准和范围进行规定和限制，只有在合理范围内使用智力成果作品才能够认定复制行为的合法性，否则就应该制止过分复制行为的存在和蔓延，而对于复制范围的确定应该依据社会相应学科领域实际研究等具体情况来确定，不能一概而论；此外，复制形式的限制应该只是存在于范围之内，而对于复制文件的次数是宽松自由的，就好比销售权穷竭性质一样，对于取得合理授权下的循环使用的合法性应予以肯定。

5. 侵权行为和合理使用、法定许可界限的明确划分

无论是合理使用还是法定许可制度的实施，都必须避开侵权事实才能

够受到法律的保护，才能够避免侵权行为的产生，才能够实现智力成果的知识产权保护和信息经济时代的繁荣发展。

根据侵权主体侵权行为的直接与否，侵权行为又可以划分为直接侵权和间接侵权，但无论是直接侵权还是间接侵权都应该存在两个基本条件：一是主观侵权故意或者过错的存在；二是侵权行为的关联性。在云计算环境之下，无论是直接侵权还是间接侵权，侵权主体都存在于云服务商和使用者两者之间。对于直接侵权的确定十分明显，关键便是对相应主体的行为是否构成间接侵权的确认。但事实上对于间接侵权与否的确认是十分简单明确的，只要相应主体主观上存在着侵权的过错且其实际行为与直接侵权行为之间存在着相关性，那么间接侵权行为就是客观存在了，无法被否认，便可以与合理使用、法定许可相区分，三者之间的界限也因此明确开来。对于合理使用、法定许可与侵权行为的区分界定同样需要依据具体情况来确定，尤其是侵权行为的判定是最为重要的，也是后期主体相关深层次关系分析探讨的关键。

6. 避风港原则的正确使用

对于避风港原则的适用问题，云服务商等信息服务提供者免责的重要条件便是事前不知侵权内容的存在并且只提供信息转移的空间服务，在被告知侵权内容的存在之后采取及时有效的删除清理行为对侵权内容进行处理，只有这样才可以取得避风港原则的保护，才可以避免相关侵权行为的困扰和法律的责任追究难题。

以往的避风港原则的讨论主要集中于云服务商角度，而忽视了知识产权主体的通知告诉义务，因为知识产权主体对于自己的作品有着最为清楚的认知和了解，对于网络传播作品是否取得自己的授权或者授权的种类和使用程度最为清楚，所以若将知识产权主体的通知告诉行为作为一项基本义务而加以明确规定，那么将有利于云服务商采取措施处理侵权内容，进而对于知识产权主体的知识产权进行有力保护，避免侵权内容的过度传播，避免侵权行为带来更大的权益损失；也可以帮助云服务商更好地管理自己运营服务内容，避免自身不知情的侵权行为的存在和扩张，从而更好地提升自身的服务质量，提升竞争力和吸引力，为信息消费用户和知识产权主体服务。

另外，若将知识产权主体的通知告诉作为义务而加以强制规定，可以避免直接诉讼行为的产生，可以使互联网运营服务商直接核实自身转载的服务内容，若侵权内容的确存在，便可以直接删除，避免法院通知云服务商核实阶段的重复，减少了不必要的时间等行为成本，对于各个主体来说都是有利的。

7. 合理使用、法定许可制度标准的确认

依据吴汉东①的观点，合理使用的标准主要是依据四个层面：第一是作品使用的目的，即是否盈利；第二是使用作品的性质，即是否合法；第三是作品使用的程度，这是起决定性作用的；第四是作品使用之后对知识产权主体是否会产生不利的影响，是否会侵害著作人的利益。而对于法定许可制度的使用大致也可以依据这几个条件，据此合理使用和法定许可制度的标准似乎已经确立。但是在云环境下的，由于云环境其固有的特点，传统意义上的标准衡量因素也必须产生变化，适时而变。

因而在综合云计算模式下具体特点和诸多学者在此层面的研究观点之后，本书认为，对于相关制度的标准确认应该依据以下几个层面：第一是应该参考使用者使用作品的目的，盈利与否不应该成为是否构成符合制度的决定性标准，应该依据具体情况具体分析；第二是使用者使用知识产权主体的智力成果之后，是否对知识产权主体的权益产生了消极影响，若没有那么再

---

① 吴汉东. 著作权合理使用制度研究[M].北京：中国人民大学出版，2020.

依据其他情况进行具体分析；第三是使用作品的行为方式是否符合社会公众利益的需求，在具体的考量中应该将使用者的具体行为放置于社会公众利益的大环境之中思考，而不是主观随意猜测，需要结合实际情况；第四是要依据云环境下的固有模式来思考，这也是不同于以往传统标准的地方，即使用的作品必须是依据云计算模式下的固有途径得到的，也是采取云计算模式处理的文件信息，只有满足这些要素才能构成云计算模式下合理使用和法定许可的基本条件。

8. 相关权益主体关系的认定

云计算模式下的智力成果使用活动主要涵盖三方面的主体：知识产权主体、云服务商和信息消费使用者。他们一同构成云计算模式下的信息消费活动的主体，并在整个活动中实施各种行为促进信息消费进程的正常开展。但如同前文的阐述，三方之间存在着多重的冲突关系，既有相互促进又有相互矛盾的层面，在这里就不再赘述。而所要阐述的是如何实现三者之间的利益平衡，但这里的平衡并不是均衡利润，更有可能是在综合考量多重利益平衡角度之后，保证最大利益主体的主体地位，进而分配其他主体的利益，从而实现三者之间利益的一个动态平衡。

在云计算模式下，云服务商的主体地位不可动摇，虽然使用者和智力成果的创造者的重要性不言而喻，但是云服务商的连接承转作用和迎合时代需求的服务特点决定了它的主体地位，所以在具体的利益考量标准之中，应该将其放在首位，进而对相关制度标准进行决策分析。

五、政府数据流动产权保护授权体系构建

知识产权的保护离不开政府政策的支持，也离不开相应技术体系的服务支撑。完善知识产权公共服务体系，提供公众可以接触到的公共服务平台，可以促进云计算技术的平民化，降低云计算的成本，同时促进云计算技术的应用和推广，创造更多的服务模式和应用模式，进一步推动云计算的发展和成熟；另外可以联合众多的高校和科研院所等智力资源，实现对知识信息的高效率、高标准、高质量的搜集、处理、分析和利用；最终实现信息资源和市场需求的适时结合，并通过完善的公共服务体系，使得知识产权成果真正转换成市场需求所需要的信息资源，并可以直接传达至信息消费用户手中，使得信息消费的流程更加简洁、高效，并减少原本不必要的时间、物质等资源消耗，实现点对点的直接信息资源对口消费，进而促进信息资源利用和创新的双赢局面。

作为政府数据流动中的关键环节，政府数据授权体系的建设尤为重要。健全的授权体系不仅让政府数据流动有了依据，也是政府数据流动具象化的表现。根据对发达国家实践的调研情况来看，授权体系应该包括授权渠道建设和授权协议建设。根据政府数据的流动方向进行分类，政府数据流动分为政府部门间流动、政府面向社会公众流动以及政府面向外国政府流动。因此授权渠道和协议的搭建要满足以上各个方向的流动。除此之外，我们要对开放和未开放的数据进行分开讨论。

（一）开放数据授权体系构建

1. 渠道构建

从英美两国的实践来看，政府数据开放不断深化。一开始政府数据开放为了维护公众对政府数据获取的权利，实现政府开放职能。在实践中，不断深化"公众需求"这一概念，政府数据开放的目的也在实践上表现出了对"公众需求"的响应。以美国的实践为例，数据授权的渠道可以分为由政府开放职能为导向的渠道和公众需求为导向的渠道（表 6.10）。

表 6.10 美国数据授权渠道

美国数据授权渠道	渠道形式	具体案例
政府开放职能为导向	合作项目	艾奥瓦州迪比克市和 IBM 公司共建设"智慧城市"
	知识竞赛	"公民黑客日"活动 （National Day of Civic Hacking）
	数据开放平台	Data.gov、City-data.com
	网络研讨会	第七次联邦与商业用户频谱共享研讨会
公众需求为导向	众包合作	History Hub 项目
	数据消费项目	"绿色纽带"能源消费数据项目
	社交媒体	NSF 的 YouTube 和 Twitter 账号

政府开放职能为导向的渠道其实就是政府为了政府数据开放而进行的手段和举措。在这些举措中，首先要提到的就是政府数据平台网络。各级政府及各部门建立自身的政府数据开放平台，中央政府设立国家级的政府数据开放平台。这种"由上至下"全方位建设的政府数据开放平台通过流通数据，完成连接而形成网络。其次，政府通过知识竞赛、建立合作项目以及网络研讨会等形式加强政府与社会公众互动并且获得不错的成绩。从 2010 年至 2022 年，美国政府通过 challenge.gov 网站面向社会公众发起了 1200 余场竞赛[①]。

在数据开放的过程中，政府将公众需求作为导向指导政府数据开放，公众需求为导向的渠道也应运而生。美国政府通过众包的方式将集体智慧融入政府执政理念。在众包的方式下，公众与政府以合作的关系共同开发、设计公共服务，公众的需求和意见被直接表现在具体的公共服务内。除此之外，美国政府利用社交媒体，了解公众的需求和意见，同时通过社交媒体进行数据的流动。NSF 在主流的社交媒体网站上注册账号与公众沟通交流。以美国国家科学基金会的 YouTube 账号为例，NSF 在账号上提供与科学主

---

① Challenge Gov. About Challenge. Gov［EB/OL］.［2022-04-16］. https://www.challenge. gov/about/.

题有关的视频，并且运用评论与回复的功能与公众进行交流，并且以此为基础调整视频内容。

根据实际情况来看，我国还处于政府信息公开的阶段，虽然各地政府陆续建成了政府数据开放平台，但是欠缺国家级的数据开放平台。整体上来看，渠道网缺失链接，对于政府数据的开放甚至流动都存在很大的影响。所以在渠道建设上，国家级政府数据开放平台的建立以及整个平台网络的优化势在必行。除此之外，政府应当将"公众需求"作为考虑的因素增加到政府数据开放的实践中去，促进数据的流动、使用，释放政府数据的价值。

2. 许可协议构建

与渠道构建同样重要的是许可协议的制定。对于政府开放的数据来说，其中包含着有版权的数据和无版权的数据。在政府数据开放中，无版权的数据可以直接开放，不涉及复杂的授权问题；而有版权的政府数据开放则要涉及复杂的授权问题。为解决这一问题，各国的做法大同小异。美国联邦政府放弃政府数据的版权，因此采用的是国内的"开放许可协议"和国际上的 CC0 协议；英国政府对于享有版权的政府数据采用 OGL 许可协议管辖，该协议与国际上的知识共享协议兼容性很好。

我国现阶段的许可协议还停留在政府数据网站的"版权声明"或者"网站声明"等。以《浙江省政府数据开放平台服务条款》为例，在使用网站的政府数据时，限制转发与复制并且明确限制商业目的的使用。这样的"许可协议"不能满足国家对数据开放的要求，严格限制了数据的利用，甚至与政府数据开放的初衷相悖。

从世界范围内各国政府使用的数据许可协议来看，首先，知识共享协议对各国法律有很强的兼容性。知识共享协议可以对我国《著作权法》规定的合理使用内容起到补充的作用①。其次，知识共享协议在世界范围内应用广泛，因此便于政府数据的跨境流动。我国可以考虑采用知识共享协议用于中国政府数据开放。除此之外，我国可以英国为学习对象。首先建立符合我国实际情况的授权框架，并以此为基础构建授权协议；其次，在与国际接轨上，通过参照国际上主流授权协议对本国的授权框架进行修改来与国际接口。

（二）未开放数据授权体系构建

根据上述的开放数据来说，一经政府数据平台开放，无论流动方向如何，其授权的情况基本一致。而对于未开放的数据而言，这部分数据受政府的控制很强，其流动的情况比较复杂，其流动的方向可以分为部门间流动、面向社会公众流动和面向外国政府流动，在每个方向的流动中，具体的流动方式也比较复杂。因此，与开放数据不同，统一的许可协议并不适用，需要根据实际情况进行确定。政府面向外国政府流动未开放数据的实际情况一般以国际合作为主，具体的合作受到具体的合作协议等来完成授权。所以，在这一流动方向下，授权渠道比较单一，授权协议不具有较多的共性，在这里不做过多讨论。

1. 政府部门间流动授权体系构建

对于未开放的数据，在流动渠道上可以依托上文中的政府数据平台网络实现部门间流动。无论是否属于同一部门，平台网络都可以满足流动的需要。但是由于政府数据有可能存在保密的情况，不同级别的部门对保密信息的获取限制是不同的，因此可以引入管理体系建设中提到的专门数据人员，即 CIO 制度来解决这个问题。通过在各个级别的部门设立对应级别 CIO 来负责部门的数据工作，通过部门共同声明或者合作声明、倡议等形式完成各

---

① 黄如花，李楠. 国外政府数据开放许可协议采用情况的调查与分析[J]. 图书情报工作，2016，60（13）：5–12.

部门各级别 CIO 串联从而进行授权。以美国交通部为例①，美国交通部门根据中央政府指示，依据法律在数据实际控制的部门设立部门的 CIO，由各部门、各层级的 CIO 执行数据流动的任务。在具体的流动中，各 CIO 负责牵头组织，并且明确其他岗位的责任。

2. 政府面向社会公众流动授权体系构建

对于未开放的数据来说，根据国内外政府的实践情况，其流动的方式主要包含政府数据众包、政府数据合作；除此之外，面向社会公众的流动受数据获取目的等因素限制。根据外国政府的实践来看，知识竞赛是数据众包中的重要形式；政府数据合作可以通过项目招标的形式。无论是众包还是合作，都需要专门的协议来约束。

六、政府数据流动权利治理技术体系构建

2016 年底，国家互联网信息办公室发布了《国家网络空间安全战略》，推进网络空间"和平、安全、开放、合作、有序"的发展战略目标。2017年 6 月施行的《网络安全法》更加把网络安全和数据安全提高到法律层面，提出有效控制网络安全风险，健全完善国家网络安全保障体系，安全可控核心技术装备，网络和信息系统运行稳定可靠，全社会的网络安全意识、基本防护技能和利用网络的信息大幅提升。

（一）技术保障体系建设基础

1. 技术保障体系建设的必要性

1）数据泄露、恶意攻击态势严峻

近年来，随着大数据技术的发展和数据价值的提升，数据泄露事件和数据

---

① FY 2026-26 U.S. DOT Strategic Plan[EB/OL].(2022-03-28)[2023-03-20].https://www.transportation.gov/dot-strategic-plan.

泄露总量都在急剧上升，而数据泄露造成的后果也愈发严重。2016 年 8 月，徐玉玉因被诈骗电话骗走大学学费伤心欲绝，心脏骤停死亡，该案例入选中华人民共和国最高人民法院《2017 年推动法治进程十大案件》。这起事件的源头之一就是个人信息的泄露。恶意网络攻击行为日益频繁，且其行为愈发隐蔽，黑客组织对于我国的政府网站和关键基础设施发动的频繁攻击具有很强的破坏力。数据泄露、恶意攻击的严峻态势对数据安全保障提出了要求。

2）新技术的应用带来数据安全技术的滞后

近年来，基于云计算和大数据技术的智慧城市、数据中心、数据共享等信息化应用项目得到了大规模实践，这些项目的实施使得数据更加集中，数据价值得到提升。大数据、云计算以及移动互联网的高度融合，对数据安全技术提出了更高的要求。然而，与新技术相比相对滞后的数据安全防护技术、过于传统的数据审计、安全防护措施和传统的数据安全防护解决方案无法满足云计算、物联网、大数据等应用需要，企业内外部的数据泄露呈增长趋势，频繁发生大规模、后果严重的信息泄漏事件。

3）管理者的安全意识淡薄

《国家安全法》以及网络安全等级保护 2.0 的数据安全要求，进一步强调了数据安全的重要性，国家层面已将数据安全提升到很高的地位①。但在实践中，企事业单位管理层往往只重视系统的应用和功能的完善，对数据的保护和防护缺乏统一的考虑，只在系统建设初期投入一定量的人、财、物保障，缺乏长期的安全管理机制和保障，造成实际管理的缺失，形成了"数据不可知、流动不可溯、违规不可判、过程不可控"的不良后果。

2. 大数据技术保障要求

目前，大数据受到严重的安全威胁，其安全要求主要体现在以下几个

---

① 陈涛. 新时期信息系统数据安全防护方案研究[J]. 上海建设科技，2018，（5）：89-92.

方面。

1）机密性

数据机密性是指数据不被非授权者、实体或进程利用或泄露的特性。为了保障大数据安全，数据常常被加密。常见的数据加密方法有公钥加密、私钥加密、代理重加密、广播加密、属性加密、同态加密等。然而，数据加密和解密会带来额外的计算开销。因此，理想的方式是使用尽可能小的计算开销带来可靠的数据机密性[①]。

在大数据中，数据搜索是一个常用的操作，支持关键词搜索是大数据数据安全保护的一个重要方面。已有的支持搜索的加密只支持单关键字搜索，并且不支持搜索结果排序和模糊搜索。目前，这方面的研究集中在明文中的模糊搜索、支持排序的搜索和多关键字搜索等操作。如果是加密数据，用户需要把涉及的数据密文发送回用户方解密之后再进行，这将严重降低效率。

2）完整性

数据完整性是指数据没有遭受以非授权方式的篡改或使用，以保证接收者收到的数据与发送者发送的数据完全一致，确保数据的真实性[②]。在大数据存储中，云是不可信的。因此，用户需要对其数据的完整性进行验证。远程数据完整性验证[③]是解决云中数据完整性检验的方法，其能够在不下载用户数据的情况下，仅仅根据数据标识和服务器对于挑战码的响应对数据的完整性进行验证。此外，在数据流处理[④]中，完整性验证主要来源于用户对云服务提供商的

---

① Hudic A, Islam S, Kieseberg P, et al. Data confidentiality using fragmentation in cloud computing[J]. International Journal of Pervasive Computing & Communication, 2013, 9（1）: 37-51.

② 魏凯敏, 翁健, 任奎. 大数据安全保护技术综述[J]. 网络与信息安全学报, 2016, 2（4）: 1-11.

③ Ateniese G, Burns R, Curtmola R, et al. Provable data possession at untrusted stores[C]// Proceedings of the 14th ACM Conference on Computer and Communications Security（CCS 2007）, 2007: 598-609.

④ Nirvanix. Cloud Storage Services [EB/OL]. [2023-03-20]. https://www.nirvanix.com/cloud-storage-services/.

不信任性。在这种情况下，确保数据处理结果的完整性也是至关重要的。

3）访问控制

在保障大数据安全时，必须防止非法用户对非授权的资源和数据等的访问、使用、修改和删除等各种操作，同时对合法用户进行细粒度的权限控制。因此，对用户的访问行为进行有效的验证是大数据安全保护的一个重要方面。

3. 技术保障体系设计原则

大数据与传统数据资产相比，具有较强的社会性。为实现上述安全目标，需要自上而下、不同层次综合考虑、系统性地解决问题①。在进行架构设计时需要把握以下几项原则。

1）满足利益攸关者数据安全要求

与海量数据有关的利益攸关者众多，从国家、合作第三方到用户，因位置和出发点不同，对数据的安全要求也不同。在设计大数据安全目标和策略时，需要平衡各方的安全诉求，实现安全管理的统筹规划。

2）实现覆盖数据生命周期的数据安全

大数据包罗万象，不同类别的数据安全要求不同，同一类别的数据也会因内容、时间和位置的不同而面临不同的安全风险和要达到不同的安全级别。大数据在采集、处理、使用过程中跨越不同系统，涉及拥有者、管理者以及使用者等不同角色。因此要实现覆盖数据生命周期的端到端的数据安全。

3）从治理着眼，构建制度、流程、技术多重保障体系

信息系统中的各元素相互影响，互为表里，要保障其中的数据安全，必须从治理着眼，自上而下设计，自下而上支撑，从制度、流程、技术等方面构建多重保障体系。

---

① 张璐，李晓勇，马威，等. 政府大数据安全保护模型研究 [J]. 信息网络安全，2014，（5）：63–67.

4）构建集成框架，有效融合其他框架、标准、指南和最佳实践

大数据安全不仅仅是数据自身的安全，还包含其所处的环境安全（即IT安全）以及数据管理安全。在这方面，行业内都有成熟的框架、理论、标准以及最佳实践以供参考。因此，构建的框架必须有较强的集成能力，抽取各方所长，进行有效融合，使之为大数据安全服务。

（二）大数据技术保障体系架构

1. CDSA 安全体系

Intel 于 1996 年提出了数据安全的基础框架通用数据安全体系结构。作为专门解决 Internet 和 Internet 应用中日益突出的通信和数据安全问题而提出的一系列分级的安全服务构架，CDSA（Common Data Security Architecture）创建了一个安全的、可互操作的、跨平台的安全基础体系。支持使用和管理基础的安全模块，如认证、信任、加密、完整性、鉴定和授权，并且具有很好的可扩展性，可以包含新出现的技术和服务，支持即插即用的服务提供模式。安全服务管理层（common security settees manager，CSSM）是 CDSA 的核心部分，它表现为一组公开的应用程序接口，为应用程序提供安全功能的调用，如确定证书持有者的信任级别和数据访问等。而具体功能的实现由下层完成，下层具有基本的插件式安全模块，逐级向上提供服务。

CDSA 采用多层结构（图 6.8），共分成四层：应用层、安全服务层、安全服务管理层和安全服务提供者层。同时，CDSA 定义了 4 类安全服务提供者：加密服务提供者（CSP）、信任政策提供者（TL）、证书格式提供者（CL）和安全数据存储提供者（DL）。

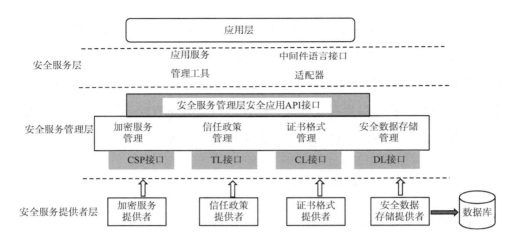

图 6.8　通用数据安全架构

资料来源：李方方，陈雪梅，奚建清. 通用数据安全架构（CDSA）[J]. 工业工程，1999，2（4）：47-50

1）应用层与安全服务层

应用层是各种具体的应用，它可以直接调用 CSSM 提供的 API 或者调用安全服务层的服务。安全服务层介于应用层与 CSSM 之间，提供针对某类应用的服务，如安全套接字协议（secure socket layer，SSL）和安全电子交易协议（secure electronic transaction，SET）等。具体的应用包括：提供高层的安全服务（如安全的电子邮件服务）、提供透明的安全服务、向非C++的开发者提供各种语言的适应层，并提供管理工具，管理整个 CDSA 架构。对于 CDSA 的建立者而言，这两层都是应用层。

2）安全服务管理层

这一层是 CDSA 的核心，它要实现以下功能。

第一，向应用层提供基于证书的服务与操作。CDSA 主要提供基于数字证书的服务，这一层向上层提供了非常高级的接口使其能够不用处理具体的证书格式和加密算法。

第二，向下提供底层加密模块的登记与管理。在 CDSA 的架构中，一个设计良好的应用程序能够独立于具体的安全服务模块，如一个应用程序原来使用软件加密，后来系统中增加了硬件加密模块，这个应用程序不需要经过重新编译就能使用增强了的加密服务。这正是通过登记表实现的。CSSM维护一个登记表，其中记录了系统中已经安装了的安全服务模块的类型等信息，应用程序通过查询登记表来选择所需的数据安全服务。CSSM 向下提供加密模块的登记功能，向上提供信息查询功能。

第三，对于并发的加密操作的管理。CSSM 对于每个并发的加密操作维护一个上下文，从而保证每个操作的可重入性。

第四，把上层应用程序的安全服务调用分发到相应的底层加密模块。上层应用程序看到的是非常高级的调用，每一调用都可能使用到底层好几类不同的模块，CSSM 负责把这些调用分发到下层具体的服务提供者。此外服务提供者也可能使用到其他服务提供者所提供的服务，这也必须通过 CSSM来分发。

第五，对于自身完整性的内置的安全检查。CSSM 在其内部建立基于证书的完整性检查，对于自身可执行文件的各部分进行完整性检查。

第六，对于 Security Provider 的内置的安全检查。CSSM 在每次装载服务提供者时，都要对其完整性进行检查。同时服务提供者也要对 CSSM 进行安全检查。这种双边的检查都是采用数字签名的形式进行。

3）安全服务提供者层

安全服务提供者层包括加密服务提供者模块、信任政策提供者模块、证书格式提供者模块和安全数据存储提供者模块。

（1）加密服务提供者模块。CSP 通过一种高层次的与具体算法和实现无关的界面向 CSSM 提供加解密服务：Sign Data、Verify Data、Digest Data 、 Encrypt Data 、 Decrypt Data 、 Generate Key Pair 、 Generate

Random、Wrap Key。CSP 实现以上功能的具体方式对应用程序是透明的。

CSP 可以实现以下的一种或多种加密算法：

Bulk encryption algorithm：DES，Triple DES，IDEA，RC2，RC4，RC5，Blowfish，CAST；

Digital Signature algorithm：RSA，DSS；

Key negotiation AL gorithm：Diffie/Helman；

Cryptographic hash algorithm：MD4，MD5，SHA；

Unique identification number：hard-code do random generated；

Random number generator：attended and unattended。

此外 CSP 还要负责密钥管理功能。

第一，用户私有密钥的安全保存。用户其他的安全对象如证书等，可以存放到数据存储库中，但私有密钥必须由 CSP 负责保存。第二，用户密钥的输出和输入。为了保证用户能在不同机器上使用，必须提供密钥的输入输出功能，并要保证输出密钥的安全，这要求对输出密钥提供某种类型的加密处理。

（2）信任政策提供者模块。数字证书证明了通信一方的身份，但它有权做这项操作吗？这就是 TL 要回答的问题。通过采用不同的 TL，能够实现不同信任关系，如 X1509 采用的树形信任模型。优良保密协议（pretty good privacy，PGP）采用的介绍人模型等。对于应用程序开发者来说采用一个经过严格测试 TL，而不是对每一个应用都进行测试以保证其百分之百地符合安全政策，这将能极大地减少工作量。对于管理者而言，通过分发一个 TL 就能确保新的安全政策被切实地执行。

（3）证书格式提供者模块。CL 负责处理各种格式不同的证书和证书废止表，如 X.509、SDSI 等。随着电子商务的发展，特别是 IC 卡的推广，X.509 格式的证书越来越显示出其过于庞大的缺点，新的证书格式受到重视，通过更换证书模块能使应用程序支持不同的证书格式。CL 只是处理证书语法方面的内容，对其不作语义上的解释，这方面的工作由信任政策模块负责。

（4）安全数据存储提供者模块。DL 提供对所有安全对象的稳定的存储，如证书、证书废止表、安全政策等。DL 提供了统一的接口去处理这些安全对象的存储检索等，底层如何实现可由 DL 的实现者自己选择。典型的实现方式有：①使用文件系统；②使用商用关系数据库；③使用专用的硬件；④采用目录服务器。DL 对所存储的对象也不作语义上的解释。

2. 入侵防御模型

1）集中式入侵防御模型

集中式入侵防御系统，简称集中式 IPS（intrusion prevention system），是在同一个模块或同一个系统中实现检测和防御功能的系统。当发现攻击时，快速、及时地拦截。

集中式 IPS 不仅监控位于 DMZ（De-militarized zone，非军事区）中的各服务器运作，而且也监控内部子网与外网的通信，保障内部子网的安全，弥补防火墙防外不防内的缺陷。如图 6.9 所示，在内网中从防火墙出来之后就连接入侵防御系统，从防御系统出来连接内网中其他不同区域的网络，包括 DMZ。

DMZ 是内网中一个特殊网络区域，DMZ 内通常放置一些不含机密信息的公用服务器，比如 Web、Mail、FTP 等服务器。这样外网的访问者可以访问 DMZ 中的服务，但不可能接触到存放在内网中的公司机密或私人信息等，即使 DMZ 中服务器受到破坏，也不会对内网中的机密信息造成影响。处于 DMZ 区域的 IPS 功能包括：

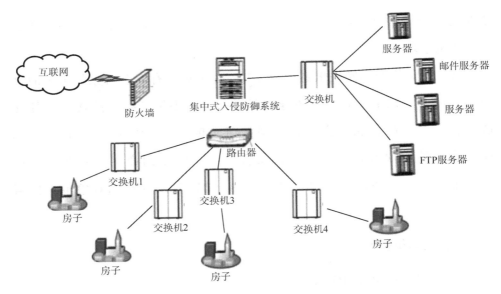

图 6.9　集中式入侵防御模型

（1）监测外网访问 DMZ 内服务器的行为。

（2）监测内网访问 DMZ 内服务器的行为。

（3）监测外网非法访问内网的行为。

（4）DMZ 区域主机不能访问内网，IPS 关闭访问权限。

（5）内网可以访问外网，IPS 监测非法访问流，而 DMZ 不能访问外网，IPS 关闭 DMZ 对外网的访问。

2）分布式入侵防御模型

分布式入侵防御模型，从整个系统拓扑结构来看，根据防御安全系数的不同，对位于不同区域的子网采用不同的安全防御，分布式地保护内部各子网的安全，如图 6.10 所示。在物理位置上，划分不同的区域位置，然后分而治之①。

---

① 孙力娟，甘学士，王汝传. 基于智能技术的分布式实时入侵检测系统模型研究[J]. 计算机应用，2005，25（12）：72-74.

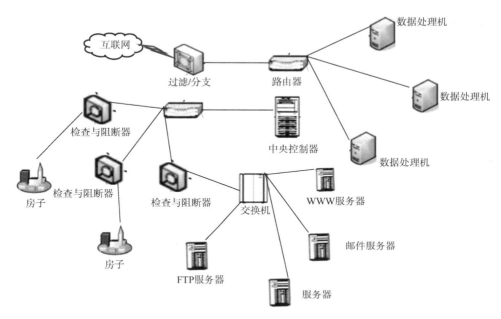

图 6.10　分布式入侵防御模型

其特点分析如下。

（1）检查与阻断器分布在不同地理位置上。负责检查与阻断网络主机的通信。

（2）检查与阻断器，检测被保护网络主机异常行为，审计日志，将最终结果发送到中央控制器，且受中央控制器管理。

（3）DMZ 内的服务器在接受内网与外网访问通信时，都要受到监测器的监测。当确定攻击行为时，则立即调用响应模块进行阻断。

（4）为了避免入侵检测误报造成网络的不可用，系统对可以确定是攻击的类型马上阻断，对不能确定攻击的类型，将统计日志信息一并发送到中央控制器，由中央控制器判断并发送反馈信息。

分布式防御系统，体现了分而治之的思想。分布式防御系统克服了集中式防御系统所带来的性能瓶颈问题。同时，各子防御模块可采用不同来源的安全防御产品，大大提高了系统的扩展性。

3）多元化入侵防御模型

多元化入侵防御系统，采用分布式结构。多元的防御集合了所有能集合的安全模块，包括防火墙、限制网络流量的路由器、具有网管功能的交换机、入侵检测模块，及其他具有防火墙功能的防御产品，防御入侵行为，保护网络安全①。为实现此目标必须实现三个部分的内容：安全统一管理、内部网络强控制以及边缘网络强防御。

第一，安全统一管理。位于多元化入侵防御系统中心的是入侵防御统一管理中心，即主控制引擎。其功能负责控制内部网络与边缘网络通信，是安全防御系统的核心组件。防御对象的不同、性质的差异，可能会用到不同的安全防御产品，来保护网络通信。而产品之间存在着许许多多的差异性，要想把这些产品集中在一起使用，就需要有一个安全统一的管理中心来管理。为此，多元化入侵防御系统设计了多元管理控制引擎，或称主控制引擎（main control engine），通过此引擎管理异常的行为特征，并配有级别设置功能。控制引擎，负责接收和统计子防御模块传过来的可疑行为，进行模拟训练，并更新异常行为特征库。

第二，内部网络强控制。多元化入侵防御系统中的内部网络被划分成不同的管理区域，分布式地进行管理。根据内部网络的特征，采用不同的安全防御产品，在检测方面也适应采用不同的检测技术，包括有网络异常行为检测②。常常能使系统更安全、更有效地防御入侵行为。分布式地进行控制，大大减少了安全控制中心的负担。

第三，边缘网络强防御：边缘网络的防御，不仅可以根据防火墙的静

① 张丙凡. 入侵防御系统的研究与实现[D].镇江：江苏科技大学，2010.

② Lim S Y, Jones A. Network anomaly detection system: The state of art of network behaviour analysis [J]. International Conference on Convergence and Hybrid Information Technology, 2008: 459-465.

态访问规则来过滤控制，而且所提供的 IPS 能及时有效地更新异常行为特征库，当 IPS 检测到绕过防火墙的访问行为时，立即动态更新防火墙的访问规则，进行及时防御入侵行为，以保障边缘网络的安全。

多元化入侵防御系统的特点分析如下。

（1）拓扑结构。多元化入侵防御系统采用了分布式的结构，其网络拓扑结构如图 6.11 所示。

连接内网与外网的第一道屏障是防火墙，通过事先设定的静态访问规则，过滤非法访问与数据包内容。路由器将 DMZ 区域、内部子网和主控制引擎隔离开来，防火墙访问规则限制外部网络访问主控制引擎，以保证其安全。位于 DMZ 区域中的系统服务器，比如 WWW 服务器、邮件服务器、FTP 服务器等，在接受内部子网访问与外部网络访问前，都要经过专门的 IPS 安全监控。内网中路由器连接各子网，子网与路由器之间连接着单元 IPS（下面简称子 IPS），子 IPS 各自能独立工作，自动完成入侵检测及防御的功能，除此之外还能和主控制引擎有联动的作用，能够将可疑的信息发送给主控制引擎，并接收反馈信息。

（2）边缘网络入侵防御。边缘网络，是内网的一道围墙，防火墙在此起到了"守门卫士"的角色，防火墙不仅禁止外网访问内网主机，而且也限制了外网对主控制引擎的访问以及特征库的访问，防火墙通过设置访问规则（access control lists，ACL）：限制外网对主控制引擎的访问，来保证其安全。

防火墙检测的对象为数据包，主控制引擎不仅保存有防火墙的访问规则表，而且还保存有各个子 IPS 的压力值，监控各子 IPS，保证各子 IPS 不超负荷工作。入侵检测的所有异常特征都记录在数据库里，多元入侵防御的检测模块采用异常特征防御方式，因此数据库中保存有攻击行为的特征，当检测到的入侵行为与特征库中的行为相同时，IPS 将及时地做出防御。主控制引擎的任务是特征库的更新和判断可疑行为，当检测到是攻击行为时，及

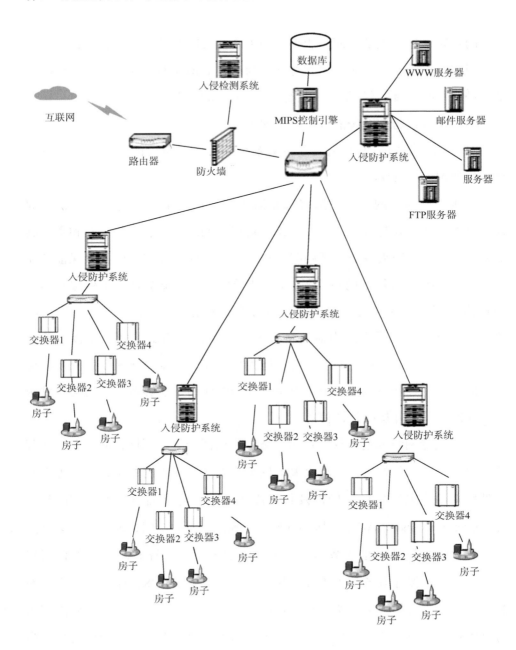

图 6.11　多元化入侵防御系统

时地更新特征库，并更新各个子 IPS 防御。

（3）多元管理控制引擎。多元化入侵防御系统结构，是分布式入侵防御系统结构的一种实现方式。将整个安全防御区域分割成不同的子区域，根据不同区域安全性的需求自由定制防御内容。不同区域都装有各自不同的单元防御系统，各单元防御系统监控其职责区域的安全，单元模块之间的通信需要依靠主控制引擎的作用。

主控制引擎在整个防御系统中起到了管理员的角色。其角色功能主要包括身份认证、安全模块对话、阈值调整、检测算法更新等。主控制引擎负责管理对内部网络安全的防御及内部网络与边界网络的安全防御，其自身的安全性至关重要，要保证其在绝对安全下管理安全防御工作。在主控制引擎模块内部设计有身份认证，通过身份认证判断识别合法身份用户，并响应处理合法身份用户的请求。

防火墙能根据预先设定的规则在一定程度上，保护外网对内网服务器的安全通信。当检测有攻击行为时，防火墙能够及时拦截攻击。在防御方面防火墙也起着至关重要的角色，但防火墙并不是万能的，也存在着或多或少这样或那样的技术约束问题，比如对于未知类型攻击时，就有可能绕过防火墙，而对内部服务器或主机的安全造成威胁。这样就迫切需要内部子网的安全防御来弥补防火墙的不足，当内部子网 IPS 发现攻击行为时，则攻击者的信息提交给主控制引擎，并由主控制引擎发出更新访问规则请求，更新访问规则。

内部子网安全防御和防火墙防御是一样的，都是单向防御，即防外不防内。当内部子网中发现攻击行为时，则立即阻止或抛弃。而当此攻击行为为新出现的攻击（或称未标签攻击），将未知标签攻击提交给主控制引擎，由主控制引擎进行训练分析得出判断，再将信息反馈给各单位防御模块，要求更新。

多元化入侵防御系统中单元检测算法有可能不一样，结构也不尽相同，单元之间的通信是不可能的也是不允许的，必须受主控制引擎的指挥控制。主控制引擎沟通各单元之间的关系，单元防御系统之间的通信就必须遵守一定的协议。单元防御系统防御指定范围的子网入侵行为时，除了防御其特征库中已经存在的一些内容外，时常会遇到一些未知特征的访问，为此单元防御就会将访问特征记下来，当对设备构成巨大压力时，就会先阻断其访问，若没有则先暂时隔离，并将各种审计信息发送给主控制引擎，由主控制引擎负责分析整理，再返回结果。如果分析结果为正常，则下次就允许访问。如果分析后得到的结果是不正常的入侵时，则更新异常特征模块。同时，下发给各安全防御系统更新其特征库。这样协调工作后，在主控制引擎的作用下，各单元防御只负责防御工作，特征库的更新则由主控制引擎来负责完成。

（4）内部网络入侵防御。在现实的应用中，内网中每个区域对网络安全性的要求是不同的。有的要求级别高，有的要求级别低。因此，多元化入侵防御系统，将内部网络根据安全要求系数分割成不同的区域。每个区域受相应的单元防御系统监控。在各单元防御系统中采用不同的检测算法。多元化入侵防御系统中单元防御系统的产品是可选的，网络管理员可以根据防御的需求与重要性自主选择满足其需求的防御产品。比如说，IPS 负责监控DMZ 中服务器的安全时，对于安全系数比较高，则此时可以采用检测算法比较好的系统来防御。单元防御系统，根据防御对象的不同，采用不同的检测算法。但其整体设计结构是一样的，都有入侵检测系统（intrusion detection system，IDS）、特征库、具有防火墙功能的抵御入侵控制子模块和通信模块。

（三）大数据安全保护技术

根据大数据运行和使用的特点，可以将大数据生命周期定义为：收集、传输、存储、管理、分析、发布、使用和销毁①。以下将从大数据生命周期中的几个关键步骤对大数据安全保护技术进行探究。

1. 数据采集层安全防护技术

1）数据清洗

数据清洗是发现并纠正数据文件中可识别错误的一道程序。该步骤针对数据审查过程中发现的明显错误值、缺失值、异常值、可疑数据，选用适当方法进行"清洗"，使"脏"数据变为"干净"数据，有利于后续的统计分析得出可靠的结论。数据清洗还包括对重复记录进行删除、检查数据一致性。如何对数据进行有效的清洗和转换，使之成为符合数据挖掘要求的数据源，是影响数据挖掘准确性的关键因素。此外，从数据安全的角度考虑，采集的数据可能存在恶意代码、病毒等安全隐患，引入这样的数据将会给大数据平台带来严重的安全威胁。因此，在清洗阶段需要对可疑数据进行安全清洗，通过病毒过滤、沙盒验证等手段去除安全隐患。

（1）重复数据清洗。为了提高数据挖掘的速度和精度，有必要去除数据集合中的重复记录。如果有两个及以上的实例表示的是同一实体，即为重复记录。为了发现重复实例，通常的做法是将每一个实例都与其他实例进行对比，找出与之相同的实例。对于实例中的数值型属性，可以采用统计学的方法来检测，根据不同的数值型属性的均值和标准方差值，设置不同属性的置信区间来识别异常属性对应的记录，识别出数据集合中的重复记录，并加以消除。相似度计算是重复数据清洗过程中的常用方法，通过计算记录的各属性的相似度，再考虑每个属性的不同权重值，加权平均后得到记录的相似度。如果两条记录相似度超过了某一阈值，则认为两条记录是匹配的，否

---

① 李树栋，贾焰，吴晓波，等. 从全生命周期管理角度看大数据安全技术研究[J]. 大数据，2017，3（5）：3-19.

则，认为这两条记录指向不同实体。另一种相似度计算算法基于基本近邻排序算法。核心思想是为了减少记录的比较次数，在按关键字排序后的数据集上移动一个大小固定的窗口，通过检测窗口内的记录来判定它们是否相似，从而确定重复记录。

（2）缺失数据清洗。完善缺失数据是数据清洗领域面临的另一个重要问题。在现实世界中，由于手动输入的失误操作、部分信息需要保密或者数据来源不可靠等各种各样的原因，数据集中的内容残缺不完整。比如某条记录的属性值被标记为 NULL、空缺或"未知"等。一旦不完整、不准确的数据用于挖掘，则会影响抽取模式的正确性和导出规则的准确性。当错误的数据挖掘模型应用于前端的决策系统时，就会导致分析结果和执行决策出现严重偏差。

（3）噪声数据处理。数据挖掘前，往往假设数据集不存在任何数据干扰。然而，实际应用中却因为各种原因，在数据收集、整理的过程中，产生大量的噪声数据，即"离群点"。因为噪声数据不在合理的数据域内，所以分析、挖掘过程中输入和输出数据的质量难以保证，容易造成后续的挖掘结果不准确、不可靠。常用的消除噪声数据的方法分为两种。一种叫噪声平滑方法（data polishing），常用的方法是分箱法。将预处理数据分布到不同的箱中，通过参考周围实例平滑噪声数据，包括等宽分箱和等深分箱两大类。具体的分箱技术包括：按箱平均值平滑，即求取箱中的所有值的平均值，然后使用均值替代箱中所有数据；按中位数平滑，和上一种方法类似，采用中位数进行平滑；按设定的箱边界平滑，定义箱边界是箱中的最大和最小值。用最近的箱边界值替换每一个值。另一种是噪声过滤（data filters），利用聚类方法对离群点进行分析、过滤。在训练集中明确并去除噪声实例。噪声过滤的常用算法包括 IPF（iterative-partitioning filter）算法和 EF（ensemble filter）算法。

2）数据标签

为了实现数据后续的安全管理，可以给识别出的数据打上安全数据标签，后续可以根据数据标签实现存储、授权、控制等安全策略。数据标签有很多种，按照嵌入对象的格式可分为结构化数据标签、非结构化数据标签；按照标签的形式可分为嵌入文件格式的标签和数字水印。

数字水印技术是将某些标识信息嵌入到数据载体（如图像、声音、视频、文档、软件等数字媒体）内部，且不改变原始信息外观，不影响原始数据的正常使用。这些数字水印隐藏在原始信息中，不易被察觉和修改，以达到保护数据安全、版权认证、防伪溯源的目的①。

数字水印有以下特性：①隐蔽性。也称不可感知性，即在通常情况下，数字水印是不可见的。嵌入水印后，不降质，不影响视觉效果。②鲁棒性。数字水印必须难以去除，任何破坏或消除水印的企图都会导致载体严重降质而不可用。③抗篡改性。数字水印嵌入到载体后，攻击者很难将其改变或进行伪造。④水印容量。水印容量是指数字载体在不发生形变的前提下，可以嵌入水印的信息容量。隐蔽通信领域，对水印的容量需求很大。⑤安全性。数字水印信息应是安全保密的，同时具有较低的误检测率。当原数据发生变化时，数字水印也应当发生变化，以此检测原始数据的变更。

典型的数字水印方案一般由水印生成、水印嵌入和水印提取或检测三方面组成②。数字水印技术通过对水印的载体媒质分析，对嵌入的信息进行预处理，选择信息的嵌入点，设计不同的嵌入方式，实现相关技术环节的合理优化，寻求最优设计。水印嵌入过程如下：将水印信息经过预处理后，加入到信息载体中。该阶段的设计主要考虑两方面问题：数字水印生成和数字水印嵌入算法。水印的提取或检测过程是从水印化的数据中提取

---

① 金聪. 数字水印理论与技术［M］. 北京：清华大学出版社，2008：13.
② 朱倩，李雪燕. 数字水印技术在大数据安全保护中的应用［J］. 软件导刊，2016，15（1）：153-155.

出水印信息，或者检测水印信息是否存在。目前，水印方案大多在嵌入和提取过程中采用了密钥，密钥已成为水印信息的重要组成部分，也是每个设计方案特色之所在。在信息预处理、信息嵌入点选择等不同环节，完成密钥的嵌入。只有掌握密钥，才能获取水印。大数据时代的来临，针对数据库和文本文档特设的水印方案越来越引起关注，成为信息安全的热门研究领域。

数据库数字水印是将数字水印嵌入到关系数据库内容中，同样具备其他类型数字水印的基本特性。利用水印技术对数据库进行敏感信息隐藏、完整性控制和数据真实性验证，使得数据库数字水印技术不仅可以用于数据库的版权保护，还可以保证数据的可信性，进行数据跟踪等。数据库水印技术的基本原理与普通数字水印大致相同，采用非加密方法，以保护数据的安全性和进行数据归属权证明，并且保证添加水印后的数据库媒介不会影响原有数据对象的正常使用。

文本数字水印算法种类很多，主要分为基于文档结构、基于文档内容和基于自然语三大类。基于文档结构的水印方法，主要是将水印嵌入到文档版面布局或格式化编排中。利用文档自身特点进行文档结构微调编码，如字符间距编码、行间距编码、特征编码等。基于文本内容的水印方法，主要依赖于文档内容的修改，如增加不可见空格、修改标点等。基于自然语言的水印方法，主要是利用自然语言处理技术，在保证文本原意不变的情况下，通过对等价信息替换或转换语态，将水印信息嵌入到文本中。此方案主要有两大类：基于语法结构和基于语义。前者主要是进行句式等价变换，如附加语位置调动、添加形式主语、主被动变换等；后者则对句子进行语义分析，在深层理解基础上对句子加以变换，进行水印嵌入，如同义词替换等。

2. 数据存储安全防护技术

1）数据脱敏

数据脱敏（datamasking），就是通过脱敏规则对数据去隐私化或变形，使数据的安全得到可靠保护。敏感数据又称隐私数据，常包含姓名、身份证号、联系方式、密码、邮箱、银行账号等信息[①]。因数据中包含了大量的敏感信息，而数据的使用必不可少地导致敏感信息的泄露。因此，对大数据脱敏技术和脱敏系统的研究显得非常重要。大数据脱敏技术的研究为提高数据的保密等级和数据的使用安全性提供了技术支撑，从而降低数据泄露风险。

传统的数据脱敏技术主要包括替代、混洗、数值变换、删除和遮挡等技术，大数据背景下的数据脱敏可借助 Hadoop 平台和 Spark 平台实现对海量数据的高效处理。数据脱敏处理平台架构主要由数据采集系统、数据存储平台、数据处理平台和密钥授权服务器等部分组成。其中，数据采集系统可由用户通过第三方软件对数据进行收集，比如在线交易数据、用户登录信息等包含敏感信息的数据；数据存储平台的组成主要是借助大数据处理平台，如 Hadoop、Spark 和 Storm 等平台实现对数据的分布式存储和处理[②]。非授权用户访问数据时，需要从授权服务器获得授权才能访问数据；数据的处理是对访问者所发出的请求进行处理，包括敏感数据的判断、分类梳理和对敏感数据进行屏蔽、变形和字符替换等操作，使得给予用户的反馈信息中不直接包含敏感数据；密钥授权服务器实现对访问权限的管理，达到对用户访问敏感数据真实内容的授权控制。

数据脱敏过程包括以下几步。

（1）敏感数据确认：敏感数据发现阶段主要依据每一种数据类型对应

---

① Dwork C, Mcsherry F, Nissim K, et al. Calibrating noise to sensitivity in private data analysis[J]. Theory of Cryptography, 2006,（23）: 265–284.

② 颜飞. 大数据安全与隐私保护关键技术研究[D]. 锦州: 辽宁工业大学, 2018.

的正则表达式进行敏感数据识别。还可采用机器学习的方法自动发现敏感数据，并对数据进行分类。

（2）脱敏策略制定：依据数据脱敏可恢复性将数据脱敏方法分为可恢复和不可恢复两类，其本质都是对敏感数据进行处理。可恢复性脱敏可采用替换、加密和置乱等操作，经过密钥授权的使用者可依据访问权限的设定还原脱敏数据；不可恢复性脱敏可采用直接删除操作。

（3）数据脱敏保护：依据特征词和脱敏策略对数据进行脱敏操作。针对海量数据可借助 Hadoop、Spark 和 Storm 平台对数据进行分布式存储和并行计算，提高数据处理效率。

2）数据加密

通常情况下，数据在传输的过程中比较容易被泄露或盗取，所以，在传输到云处理过程中一定要加强数据保护，通过 PPTP（point-to-point tunneling protocol）、VPN（virtual private network）、SSL 等不同的方式对传输数据进行加密①，有效提升数据在网络传输中的安全性。云环境实际上是不透明的，不能为用户提供具体的说明，一系列的计算服务大多由服务商来提供，外包服务商对上一家服务商大多采用不可见的方式来提供数据计算处理或存储的服务，所以，服务商会在用户不知情的情况下对数据访问权限进行控制，在对传输数据加密的过程中，为了避免密钥管理的信息泄露风险，需要在系统设计过程中加入加解密请求，确保数据传输安全。

信息加密技术有效应用于计算机网络安全维护中，可以对网络账号的密码、数据信息、口令信息的正常运行进行有效保障，而且，也可以确保传输信息的安全性能。关于信息加密技术主要分为以下几种类型：其一，节点加密。一般是在数据的节点处传输的时候，可以借助特别的加密硬件，解密

---

① 李长生. 云计算的数据安全保护关键技术研究[J]. 电子测试，2018，（17）：84-85.

或者重新加密，这点不同于链接加密，它未经过明码格式传输信息，主要把专业的硬件放置于安全保险箱中。其二，链接加密。一般利用节点之间的加密，实现数据的传输。当数据进入节点部位以后，做相应的解密操作，对各个节点位置的不同密码，有效地进行解密。其三，首尾加密。当信息进入网络后，进行加密操作，当信息通过网络以后，再次展开解密操作，通过首尾加密的方式可以有效地提高计算机网络的安全性能[①]。

3）数据完整性验证

由于大数据平台自身运行环境的不可信，或者其对数据的机密性、完整性保护措施的不完善，大数据平台上的数据有可能遭受到攻击者的窃取或者篡改，也有可能因为大数据平台的软、硬件故障而丢失和损坏。大数据平台上那些安全级别要求比较高的数据如果受到完整性破坏，将导致重大损失。因此，针对大数据平台数据完整性需求，可以基于纠删码和代数签名相结合的方法研究大数据平台数据完整性保护技术和方法，使得用户可以高效地验证大数据平台中所存储数据的完整性，同时有效地检测出数据发生错误的位置，并在一定程度上进行受损数据的恢复。

3. 数据服务层安全防护技术

1）身份认证

在大数据的环境下，会存在海量的访问用户，为了对数据安全的保护以及满足用户对权限管理的需求，互联网服务提供者需要全面构建用户访问的认证以及授权系统，确保只有授权认证的用户才能够访问云计算数据。一般情况下，采用令牌卡的方法来对用户权限进行认证，有效地记录用户登录终端、IP 地址等，确保用户通过严格的认证进入数据系统，从根源上杜绝对系统数据的威胁。以云服务为例，云计算中存在不同服务供应商，用户的

---

① 杨军胜. 大数据背景下计算机网络安全现状与防御技术分析[J]. 电脑知识与技术，2018，14（27）：30-31.

选择余地非常大，在多种服务形式面前，用户很有可能出现遗忘或混淆。为了提供好的用户体验，在云计算认证中，提供了单点登录、联合身份认证、pki 等认证技术①。单点登录是将身份信息安全传递的能力。允许将本地身份信息管理系统提供给其他系统认证，用户只需要使用一次注册和登录，有效地减轻了用户的负担。典型的单点登录协议 OpenID，是谷歌云服务商提供的单点登录技术。联合身份认证是在不同的服务商身份信息库之间建立关联。用户在使用时登录一次，即可对多个云平台进行访问，省去了多个云平台登录的麻烦。

2）访问控制技术

数据的访问控制技术就是用来决定哪些用户、以何种权限、在何时、何地访问合适的数据，从而依据合适的策略给予访问者合适的权限。当用户数据量巨大时，数据就难以直接存储在本地。云计算作为新的计算模式为数据的集约化、规模化与专业化提供了技术支撑。为了保证数据的私密性，需要对数据的访问权限进行审核，如何实现有效的访问控制成了云存储数据安全的一个挑战。

3）防火墙技术

在计算机当中，为了切实保护计算机数据的安全性，就需要运用到防火墙技术，防火墙技术主要是在外部网络和内部的网络之间建立相关的屏障等，这样就可以切实保障计算机终端数据不受到网络病毒攻击，也可以有效防止内部的网络受到没有相关权限的非法用户控制。在网络之间构建安全网关，切实防范非法用户，保障数据安全性，防止内部网络的数据遭到某些人员的非法修改、窃取或者破坏。

防火墙技术是我国当前网络安全技术中非常重要的一部分，其不仅可以对外部的侵扰进行有效的防护，同时还能够对不良信息进行合理的过滤，

① 吴永堂. 面向云计算的数据安全保护关键技术分析[J]. 硅谷，2014，7（7）：66，31.

避免不安全的信息进入。为了更好地实现安全防护的目的，所有的资源流通都必须经过防火墙，只有这样才能够有效地保证数据资料的安全。除此之外，防火墙自身就具备着较强的攻击能力，所以对于外部的攻击也会有着一定的自我保护能力。

防火墙包括过滤型防火墙和应用代理型防火墙：①过滤型防火墙是在传输层和网络层中进行工作，其能够根据数据协议的类型以及源头等来判断信息是否安全①。只有达到规定的标准，并且在安全性和类型上都符合要求，才会被允许传递到目的地，其余一些不安全的信息将会直接被阻挡或是丢弃。②应用代理型防火墙的工作范围主要是在开放式系统互联通信参考模型（open system interconnection reference model，OSI）最高层，也就是计算机的应用层面上。这种防火墙的主要特点是能够完全地进行网络通信流的阻隔，然后应用相关的代理程序来对应用层进行有效的监视和控制。

除了这两种防火墙之外还有好几种类型，如混合防火墙、双闸式防火墙以及边界防火墙等，使用者在实际应用的时候应该根据自己的需求来进行选择，只有这样才能够最大程度上发挥出防火墙的作用，保障自己的上网安全。

本章通过对国内外政府数据流动产权保护涉及的宏、微观两个层面的调研和分析，找出我国政府数据流动的产权保护相应的问题。最后根据具体的问题尝试性地对政府数据流动产权保护进行制度构建，对法律、政策、管理和授权四个体系的建设提出建议，具体如图6.12所示。

① 黄慧，孔晓昀，孙丽华，等. 网络环境下计算机终端的数据安全保护技术[J]. 电子技术与软件工程，2018，（21）：177.

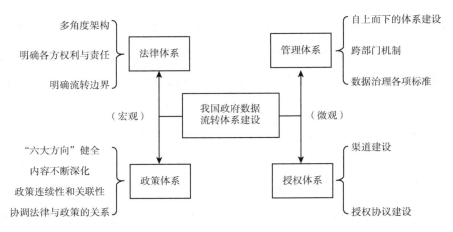

图 6.12　中国政府数据流动体系

宏观层面建设中，对于法律体系的构建来说，我们要注意从立法思想和立法内容入手，注意整体法律体系的需要对具体的法律进行体系构建。对于政策体系的构建来说，我们要注意从政策思想和政策内容入手，注重政策之间的关系来构建政策体系。微观层面建设中，对于管理体系的构建来说，我们需要注意的是管理机构和管理内容的建设。对于授权体系的构建来说，我们要注意区分政府数据是否进行了开放，并且以此为分界对具体的授权渠道和授权协议进行构建。涉及宏观和微观层面的制度构建都不是一蹴而就的，单纯的宏观构建或者微观构建也无法满足政府数据流动的产权保护的需求，因此我国政府数据流动产权保护制度构建需要各个层面的协同发展。

具体来说，从我国政府数据流动的产权保护的现状来看，我国政府数据流动乃至整个数据行业还处于起步阶段，跟国外较为发达的国家相比存在不小的差距。放眼全世界对政府数据流动的研究和实践来看，各国政府数据流动的产权保护与国家的基本情况离不开。为了解决现阶段的问题，实现对国外的弯道超越，我们需要在以下几个方面下足功夫。

首先，我国政府数据流动的产权保护需要兼顾宏观设计和微观实践，同步进行。宏观设计是对整个产权保护的大方向，需要谨慎和严肃，微观实践方面是对整个产权保护理论进行落地，在不违反法律和政策规定的情况下，可以大胆进行尝试，灵活地应对实践中表现出的具体问题。对政府数据流动产权保护的宏观与微观层面必须要兼顾，避免过分注重实践带来理论落后或者过分注重理论研究而带来"空中楼阁"的情况。

其次，我国政府数据流动的产权保护需要注重宏观设计和微观实践的关系。特别是对于微观实践来说，微观实践不仅仅是对宏观设计进行落地，将政府数据流动的产权保护落到实处，还是对宏观设计的检验，微观实践的经验和教训是未来宏观设计修改的重要佐证。例如，通过建立授权协议让法律、政策体系落地。通过对授权协议具体的使用中会发现存在的矛盾与冲突，可以反映出相应的法律政策体系是否存在问题。

最后，我国政府数据流动的产权保护在具体的流动模式上不能停步不前。我们通过调研各类流动模式发现，只有通过大量的实践和尝试才能总结出新的流动模式。因此，在我国政府数据的流动实践中，针对具体的实际问题，要敢于尝试，敢于改变，敢于提出新的流动模式。在授权协议的实践中，我们要注意探索不同主体的授权协议的差别。针对具体的政府数据流动来说，由于数据可分割等特征，不同种类的数据可能会存在不同的产权情况，在实践中要不断优化政府数据流动授权协议的具体内容。

本章对政府数据流动产权保护的研究还处于探索阶段，存在很多不足。首先，虽然在理论上，通过剖析政府数据流动的法律关系，对政府数据流动中涉及的授权模式、权利转移等问题进行了详细、系统性的研究，但是这是建立在一定具有争论的观点下的研究与探索，不具有很好的普适性。其次，对政府数据流动模式以及授权模式的概括可能存在调查不全面的问题，关于案例中涉及的所有权益相关方的论述不够详细，针对存在的问题来说，不仅在分析上趋于理论化，针对问题提出的建议比较笼统，而且对我国政府数据流动相关体系建设的建议在实际应用中存在不足。针对这些不足还需要结合我国的实际情况，进一步拓宽视野加深相关知识的学习，争取提出更有针对性的建议。

我国需要在参考国外不断成型的政府数据流动的相关建设时谨防"拿来主义"，要"取其精华，去其糟粕"，不断完善我国的政府数据治理。除此之外，与政府数据流动相关的现行法律和制度要不断结合实际，推陈出新，与时俱进。随着我国政府数据相关的政策和法律不断完善，政策与法律有效的结合共同作用于整个政府数据流动的治理，加上管理体系和授权体系的细化与深化，可以更好地治理我国政府数据流动的产权保护问题。政府数据的流动释放政府数据的潜能，其中的经济价值将成为国民经济的新动力，成为中国提升国际话语权的砝码。

索　引